工业和信息化普通高等教育“十三五”规划教材

**普通高等学校计算机教育“十三五”规划教材**

# MATLAB 基础与应用教程

## （第2版）

***FUNDAMENTAL AND APPLICATION OF MATLAB***

***(2nd edition)***

蔡旭晖 刘卫国 蔡立燕 ◆ 编著

人 民 邮 电 出 版 社

北 京

**图书在版编目（CIP）数据**

MATLAB基础与应用教程 / 蔡旭晖，刘卫国，蔡立燕编著. -- 2版. -- 北京 : 人民邮电出版社，2019.1
普通高等学校计算机教育“十三五”规划教材
ISBN 978-7-115-49488-7

Ⅰ. ①M… Ⅱ. ①蔡… ②刘… ③蔡… Ⅲ. ①Matlab软件－高等学校－教材 Ⅳ. ①TP317

中国版本图书馆CIP数据核字(2018)第224957号


## 内 容 提 要


本书在第 1 版的基础上修订而成。全书结合科学计算与工程应用的需要，从实用角度出发，通过大量的算法实现和典型应用实例，系统地介绍 MATLAB 的各种功能与应用。全书共 13 章，内容包括 MATLAB 基础知识、MATLAB 数据对象、MATLAB 程序设计、图形绘制、线性代数中的数值计算、数据分析与多项式计算、数值微积分与常微分方程求解、符号计算、图形对象、App 设计、Simulink 仿真与分析、MATLAB 应用接口及 MATLAB 的学科应用。

本书可作为高等院校理工科专业本科生和研究生的教材，也可供广大科技工作者阅读参考。



◆ 编　　著　蔡旭晖　刘卫国　蔡立燕
责任编辑　邹文波
责任印制　彭志环

◆ 人民邮电出版社出版发行　　北京市丰台区成寿寺路 11 号
邮编　100164　　电子邮件　315@ptpress.com.cn
网址　http://www.ptpress.com.cn
固安县铭成印刷有限公司印刷

◆ 开本：787×1092　1/16
印张：20　　　　2019 年 1 月第 2 版
字数：526 千字　　2024 年10月河北第 14 次印刷

定价：59.80 元

**读者服务热线：(010)81055256　印装质量热线：(010)81055316**
**反盗版热线：(010)81055315**

# 第 2 版前言

MATLAB（MATrix LABoratory）是 MathWorks 公司于 1984 年开发的科学与工程计算软件。它以矩阵运算为基础，将高性能的数值计算和符号计算功能、强大的绘图功能、动态系统仿真功能及为数众多的应用工具箱集成在一起，是颇具特色和影响的科学计算软件，在科学研究及工程设计领域有着十分广泛的应用。在高等院校，无论是在课程教学，还是在课程设计、毕业设计等环节中，应用 MATLAB 已十分普遍。许多高等院校将 MATLAB 语言列入培养方案，纳入计算机教育课程体系，开设了相应的课程。

本书是编者在教学实际需要的基础上，根据教学改革的实践经验，结合技术发展趋势，在第 1 版的基础上修订而成的。本书具有以下特点。

第一，反映了 MATLAB 技术的发展和最新的应用成果。

近年来，MATLAB 版本不断更新，功能不断完善。本书交稿时，MATLAB R2018a 已出现，以后还会不断出现新的版本，功能越来越强大。本书以 MATLAB R2017b 为基础，全面介绍 MATLAB 的各种功能与使用方法。在 MATLAB 版本不断更新的同时，MATLAB 的应用领域也在不断拓展。本书介绍了 MATLAB 一些学科方面的应用工具箱和应用案例，能起到引导、示范的作用。

第二，注重体现基本原理，突出应用特色。

本书在介绍 MATLAB 基本功能的同时，介绍具体的实现原理，但最终以应用为目的，体现了“突出基本原理是为了更好地应用，使应用更富有规律”的理念。本书让读者在理解算法原理的基础上使用 MATLAB 的功能，使教材既成为教学内容的载体，也成为思维方法和认知过程的载体。例如，在介绍数值计算功能时，本书尽可能介绍相关的算法背景，使读者能得到基本数值计算方法的训练，这对培养创新能力是很有必要的。

第三，遵循循序渐进的原则，体现认知规律，便于读者学习。

本书以 MATLAB 的基本语言要素为切入点，由浅入深地介绍了 MATLAB 的绘图、数值计算、符号计算等基本功能，非常适合作为学习 MATLAB 的基础教材。在内容的选取上，本书不贪多求全，而是循序渐进、降低台阶、分散难点。全书结合 MATLAB 语言的特点，融入了作者应用 MATLAB 的经验和体会，通过大量的实例讲解知识点和应用，启发读者思考。

本书提供教学用的电子教案和相关实例的源程序代码，读者可以在人邮教育社区（www.ryjiaoyu.com）上下载。

本书第 1～3 章由刘卫国编写，第 4～8 章由蔡立燕编写，第 9～13 章由蔡旭晖编写。此外，参与部分编写工作的还有吕格莉、何小贤、李利明、周欣然、曹岳辉、童键、刘泽星、刘胤宏、舒卫真、李晨等。

编者

2018 年 7 月

# 目 录

# 第1章 MATLAB基础知识

MATLAB是MathWorks公司开发的科学计算软件，它以矩阵运算为基础，将数据分析、数据可视化、算法开发，以及非线性动态系统的建模、仿真等功能有机地融合在一起，并提供了与其他语言程序连接的应用接口和许多面向应用的工具箱，在工程计算与数值分析、控制系统设计与仿真、信号处理与通信、图像处理、金融建模设计与分析等学科领域都有着十分广泛的应用。

【本章学习目标】

- 了解MATLAB的发展与基本功能。
- 熟悉MATLAB的工作环境。
- 掌握MATLAB的基本操作。
- 熟悉MATLAB的帮助系统。

## 1.1 MATLAB的发展与基本功能

MATLAB是英文MATrix LABoratory（矩阵实验室）的缩写，自1984年推向市场以来，经过不断的完善和发展，现已成为国际上科学研究与工程应用领域最具影响力的集成应用开发环境。

### 1.1.1 MATLAB的发展

20世纪70年代中后期，时任美国新墨西哥大学计算机科学系主任的Cleve Moler教授在给学生讲授线性代数课程时，想教学生使用当时流行的线性代数软件包Linpack和基于特征值计算的软件包Eispack，但发现用其他高级语言编程极为不便，于是，Cleve Moler教授为学生编写了方便使用Linpack和Eispack的接口程序并命名为MATLAB，这便是MATLAB的雏形。

早期的MATLAB是用FORTRAN语言编写的，尽管功能十分简单，但作为免费软件，它还是吸引了大批使用者。经过几年的校际流传，在John Little的推动下，由John Little、Cleve Moler和Steve Bangert合作，于1984年成立了MathWorks公司，并正式推出MATLAB第1版（DOS版）。从这时起，MATLAB的核心采用C语言编写，功能越来越强，除原有的数值计算功能外，还新增了图形处理功能。

经过不断努力，MathWorks公司于1986年、1987年和1990年相继推出了MATLAB 2.0、MATLAB 3.0和MATLAB 3.5，功能不断增强。1992年，MathWorks公司推出了基于Windows的

MATLAB 4.0，随之推出符号计算工具包及用于动态系统建模、仿真、分析的集成环境 Simulink 1.0，并加强了大规模数据处理能力，使之应用范围越来越广。从 MATLAB 4.2c 开始，每个版本增加了一个建造标号，如 MATLAB 4.2c 的建造标号是 R7。1996 年、2000 年 10 月、2002 年 6 月、2004 年 7 月，MathWorks 公司先后推出了 MATLAB 5.0（建造标号为 R8）、MATLAB 6.0（建造标号为 R12）、MATLAB 6.5（建造标号为 R13）、MATLAB 7.0（建造标号为 R14），在计算方法、图形功能、用户界面设计、编程手段、工具等方面不断改进，速度变得越来越快，数值性能也越来越好，兼容性也越来越强。

从 2006 年开始，每年发布两次以年份作为建造标号的版本，a 版在上半年发布，b 版在下半年发布，如 MATLAB R2006a（MATLAB 7.2）、R2006b（7.3）等。2012 年 9 月，MathWorks 公司推出了 MATLAB R2012b 即 MATLAB 8.0，从此时起，MATLAB 开始采用与 Office 2010 相同风格的操作界面，用工具条（Ribbon）取代了传统的菜单和工具栏。MATLAB 桌面的工具条由 3 个选项卡构成，同一类操作的命令集成到同一选项卡中，而功能相关的命令集成到选项卡的同一命令组中。MathWorks 公司随后推出了 MATLAB R2013a（8.1）、R2013b（8.2）、R2014a（8.3）、R2014b（8.4），R2015a（8.5）、R2015b（8.6）。

2016 年 3 月，MathWorks 公司推出了 MATLAB R2016a 即 MATLAB 9.0，新增 3D 制图和一些有助于加快模型开发和仿真速度的函数，并且提供了更多大数据处理和分析的工具，更加规范和实用。同时，新增的 App Designer 集成了创建交互式应用程序的两个主要功能——发布可视化组件和设定应用程序的行为，开发者可以用于快速构建 MATLAB 应用程序。2016 年 9 月，MathWorks 公司推出了 MATLAB R2016b（即 MATLAB 9.1），该版本提供一个实时编辑器，用于生成实时脚本（Live script），大大优化了代码可读性。本书交稿时，MATLAB R2018a 已出现，以后还会不断出现新的版本，功能将越来越强大。MATLAB 9.*x* 的操作界面和基本功能是一样的，所以不必太在意版本的变化。本书以 MATLAB R2017b 为基础，全面介绍 MATLAB 的各种功能与使用。

### 1.1.2 MATLAB 的基本功能

MATLAB 将高性能的数值计算和符号计算功能、强大的绘图功能、程序设计语言功能及为数众多的应用工具箱集成在一起，其核心是一个基于矩阵运算的快速解释处理程序。它提供了一个开放式的集成环境，以交互式操作接收用户输入的各种命令，然后执行命令并输出命令执行结果。

**1. 数值计算和符号计算功能**

MATLAB 以矩阵作为数据操作的基本单位，这使矩阵运算变得非常简捷、方便、高效。MATLAB 还提供了十分丰富的数值计算函数，而且所采用的数值计算算法都是国际公认的、可靠的算法，其程序由世界一流专家编制，并经高度优化。高质量的数值计算功能为 MATLAB 赢得了声誉。

在实际应用中，除了数值计算外，往往要得到问题的解析解，这是符号计算的领域。MATLAB 和著名的符号计算语言 MuPAD 相结合，使 MATLAB 具有符号计算功能。

例如，求解线性方程组：

$$\begin{cases} 2x_1 + 3x_2 - x_3 = 7 \\ 3x_1 - 5x_2 + 3x_3 = 8 \\ 6x_1 + 3x_2 - 8x_3 = 9 \end{cases}$$

要得到数值解，可以在 MATLAB 命令行窗口输入以下命令：

```
>> a=[2,3,-1;3,-5,3;6,3,-8];
>> b=[7;8;9];
>> x=inv(a)*b
```

其中，前两条命令分别建立方程的系数矩阵 ***a*** 和常数列向量 ***b***，第 3 条命令求方程的根。inv(a) 为求 ***a*** 的逆矩阵的函数，也可用 $\boldsymbol{x}=\boldsymbol{a}\backslash\boldsymbol{b}$ 求根。

得到的结果为

```
x =
    2.8255
    0.8926
    1.3289
```

此外，也可以通过符号计算来解此方程。在 MATLAB 命令行窗口输入以下命令。

```
>> syms x1 x2 x3;
>> [x1,x2,x3]=solve(2*x1+3*x2-x3-7,3*x1-5*x2+3*x3-8,6*x1+3*x2-8*x3-9)
```

得到的结果为

```
x1 =
421/149
x2 =
133/149
x3 =
198/149
```

### 2. 绘图功能

利用 MATLAB 绘图十分方便，它既可以绘制各种图形，包括二维图形和三维图形，还可以对图形进行修饰和控制，以增强图形的表现效果。MATLAB 提供了两种方式的绘图操作，一种是使用带参数的绘图命令，另一种是先通过绘图命令创建图形对象，然后通过设置该图形对象属性调整图形。

例如，设 $x\in[-5,5]$，绘制函数 $f(x)=\dfrac{100\sin(2x)}{x-10}$ 和函数 $f(x)=x^2-10$ 的曲线，可以在 MATLAB 命令行窗口输入以下命令：

```
>> x=-5:0.1:5;
>> plot(x,100*sin(2*x)./(x-10),'--',x,x.^2-10)
```

其中，第 1 条命令建立 ***x*** 向量，$x$ 的值从−5 变化到 5，第 2 条命令绘制曲线，命令中的参数'--'指定用虚线绘制图形。命令执行后，将打开一个图形窗口，并在其中显示两个函数的曲线，虚线为 $f(x)=\dfrac{100\sin(2x)}{x-10}$ 的曲线，实线为 $f(x)=x^2-10$ 的曲线，如图 1.1 所示。

也可以使用以下命令绘制图 1.1 所示图形：

```
>> x=-5:0.1:5;
>> h1=line(x,100*sin(2*x)./(x-10));
>> h1.LineStyle='--';         %设置图形对象 h1 线型为虚线
>> h2=line(x,x.^2-10)
```

### 3. 程序设计语言功能

MATLAB 具有程序结构控制、函数调用、数据结构、输入/输出等程序设计语言特征，所以使用 MATLAB 也可以像使用 BASIC、C、FORTRAN 等传统程序设计语言一样进行程序设计，而且结合 MATLAB 的数值计算和图形处理功能，使得 MATLAB 程序设计更加方便、编程效率更高。例如，上面提到的求线性方程组的解，用 MATLAB 实现只需要 3 条命令，而用传统语言实现就要复杂得多，因此，对于从事数值计算、计算机辅助设计、系统仿真等领域的人员来说，用 MATLAB 编程的确是一个理想选择。

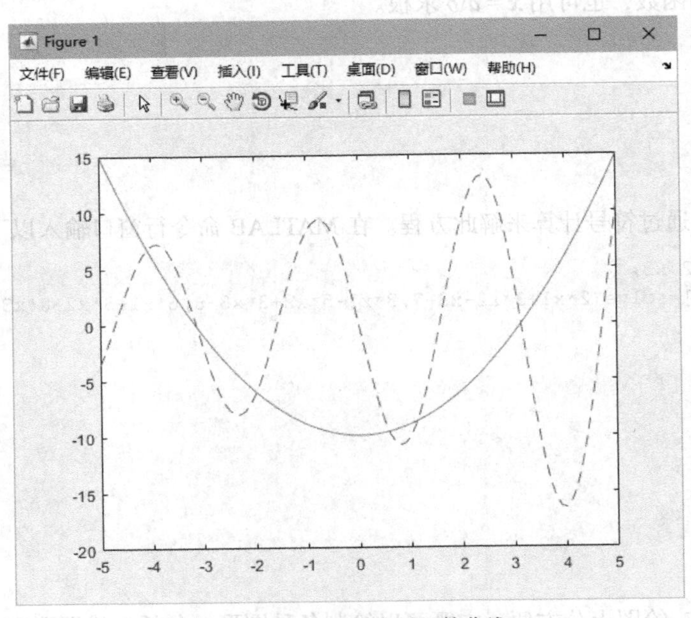


图 1.1 MATLAB 绘制函数曲线

MATLAB 是解释性语言，而且不能脱离 MATLAB 环境而独立运行。MathWorks 公司提供了将 MATLAB 源程序编译为可以在其他语言程序中调用的 DLL 文件，以及将其他语言编写的程序转化为 MATLAB 函数的编译器。

**4. 扩展功能**

MATLAB 的核心内容主要包含两部分，即科学计算语言 MATLAB 及基于模型的设计工具 Simulink。科学计算语言 MATLAB 是 MathWorks 所有产品的基础，包括用于算法开发、数据分析、数值计算和可视化的函数；Simulink 提供一个动态系统建模、仿真和综合分析的集成环境。应用（Applications）工具箱扩展了 MATLAB 的应用范围，专业性比较强，如控制系统工具箱（Control System Toolbox）、信号处理工具箱（Signal Processing Toolbox）、图像处理工具箱（Image Processing Toolbox）等，都是由该领域内学术水平很高的专家编写的，用户可以直接利用这些工具箱进行相关领域的科学研究。

MATLAB 采用开放式的组织结构，除内部函数外，所有 MATLAB 基本函数和各工具箱都是可读、可改的源文件，用户可通过对源文件的修改或加入自己编写的文件来构成新的工具箱。

## 1.2 MATLAB 的工作环境

在使用 MATLAB 之前，首先要安装 MATLAB 软件。其安装过程非常简单，只要执行安装盘上的 setup.exe 文件来启动安装过程，然后按照系统提示进行操作即可。安装完成后，就可以使用 MATLAB 了。

## 1.2.1 启动和退出 MATLAB

### 1. 启动 MATLAB

在 Windows 平台上启动 MATLAB 有多种方法。

（1）在 Windows 10 系统桌面，单击任务栏的“开始”按钮，选择 “所有应用”→“MATLAB Release”项；在 Windows 8 系统桌面，在“开始”屏幕或“应用”桌面，选择“MATLAB Release”项；在 Windows 7 系统桌面，在“开始”菜单中选择“MATLAB Release”项。

（2）打开 Windows 资源管理器，双击 MATLAB 安装文件夹下的 matlab.exe 文件。如果在 Windows 桌面已建立的 MATLAB 快捷方式，则双击图标。

（3）在 Windows 系统提示符下，输入：

```
matlab
```

（4）如果需要从 MATLAB 内部启动另一个 MATLAB 会话，则在 MATLAB 命令行窗口中输入以下命令：

```
>> !matlab
```

（5）MATLAB 安装程序会设置某些文件类型与 MathWorks 产品之间的关联。在打开此类文件时将启动 MATLAB。例如，在 Windows 资源管理器中，双击扩展名为.m 的文件，将启动 MATLAB 并在 MATLAB 编辑器中打开此文件。

### 2. 退出 MATLAB

退出 MATLAB 有以下方法。

（1）单击 MATLAB 桌面中的“关闭”按钮。

（2）单击 MATLAB 桌面标题栏左上角的图标，然后从弹出菜单选择“关闭”命令。

（3）在 MATLAB 命令行窗口键入“quit”或“exit”命令，或按 Alt+F4 组合键。

MATLAB 在关闭前，会执行以下操作：提示用户确认退出，并提示保存所有未保存的文件。如果当前文件夹或搜索路径中存在 finish.m 脚本，退出时运行该脚本。

## 1.2.2 MATLAB 的操作界面

MATLAB 采用图形用户界面，集命令的输入、执行、修改、调试于一体，操作非常直观和方便。在 MATLAB 中，用户进行操作的基本界面就是 MATLAB 桌面。

### 1. MATLAB 桌面

MATLAB 桌面是 MATLAB 的主要工作界面，包括功能区、快速访问工具栏、当前文件夹工具栏等工具和当前文件夹面板、命令行窗口、工作区面板，利用这些工具和面板，可以运行命令、管理文件和查看结果。MATLAB R2017b 桌面如图 1.2 所示。

面板可以内嵌在 MATLAB 桌面中，也可以以子窗口的形式浮动在 MATLAB 桌面上。单击嵌入在 MATLAB 桌面中的某个面板右上角的“显示操作”按钮，再从展开的菜单中选择“取消停靠”命令，即可使该面板成为浮动子窗口。也可以在选中面板后，按 Ctrl+Shift+U 组合键，使该面板成为浮动子窗口。如果单击浮动子窗口右上角的“显示操作”按钮，再从展开的菜单中选择“停靠”命令或按 Ctrl+Shift+D 组合键，则可使浮动子窗口嵌入到 MATLAB 桌面中。

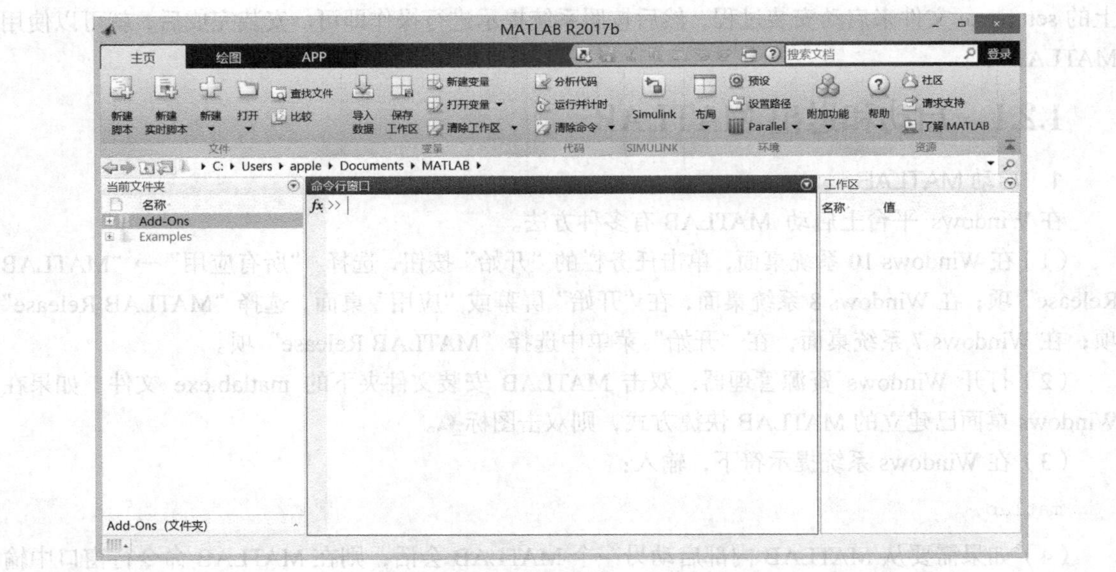


图 1.2　MATLAB R2017b 桌面

MATLAB 桌面的快速访问工具栏包含一些常用的操作按钮，如文件存盘，文本复制、粘贴等。当前文件夹工具栏用于实现当前文件夹的操作。MATLAB 桌面的功能区提供了 3 个命令选项卡，每个选项卡由工具组标题和对应的工具条构成。工具条按功能分成若干命令组，每个命令组包含若干命令按钮，可通过命令按钮来实现相应的操作。“主页”选项卡提供操作文件、访问变量、运行与分析代码、设置环境参数、获取帮助等命令，“绘图”选项卡提供了用于绘制图形的命令，“APP”选项卡提供多类应用工具。

**2. 命令行窗口**

命令行窗口用于输入命令并显示除图形以外的所有执行结果。它是 MATLAB 的主要交互工具，用户的很多操作都是在命令行窗口中完成的。

MATLAB 命令行窗口中的“>>”为命令提示符，表示 MATLAB 正处于准备状态。在命令提示符后输入命令并按下 Enter 键后，MATLAB 就会解释执行所输入的命令，并在命令下方显示执行结果。

在命令提示符“>>”的前面有一个“函数浏览”按钮 *fx*，单击该按钮可以快速查找 MATLAB 的函数。

**3. 工作区**

工作区也称为工作空间，是 MATLAB 用于存储各种变量和结果的内存空间。在工作区面板中可对变量进行观察、编辑、保存或删除，浮动的工作区子窗口如图 1.3 所示。在该窗口中以二维表格形式显示工作区中所有变量的名称、取值。从表格标题行的右键菜单中可选择增/删新的字段，用来显示变量的相关信息，如变量取值的类型、最大值、均值、标准差等。

**4. 当前文件夹**

MATLAB 系统本身包含了数目繁多的文件，再加上用户自己开发的文件，更是数不胜数。如何管理和使用这些文件是十分重要的。为了对文件进行有效的组织和管理，MATLAB 有自己严谨的文件结构，不同功能的文件放在不同的文件夹下，允许通过路径来搜索文件。

当前文件夹是指 MATLAB 运行时的工作文件夹，只有在当前文件夹或搜索路径下的文件、函数才可以被运行或调用。如果没有特殊指明，数据文件也将存放在当前文件夹下。为了便于管理文件和数据，用户可以将自己的工作文件夹设置成当前文件夹，从而使自己的操作都在当前文件夹中进行。

当前文件夹面板用于显示当前文件夹下的文件及相关信息，如图 1.4 所示。如果在当前文件夹窗口的右键快捷菜单中选中了“指示不在路径中的文件”命令，则子文件夹及不在当前文件夹下的文件显示为灰色，而在当前文件夹下的文件显示为黑色。

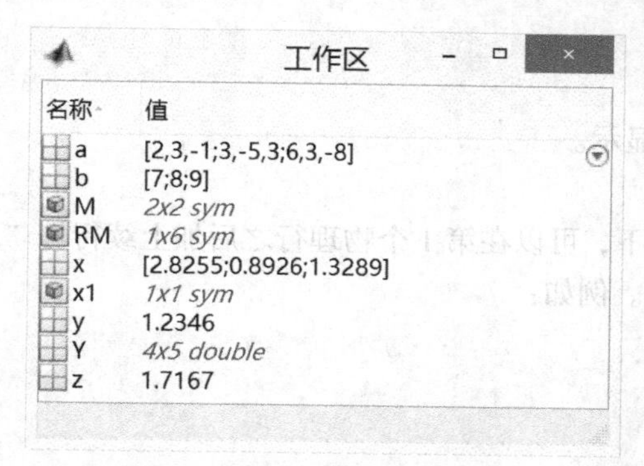


图 1.3　浮动的工作区子窗口

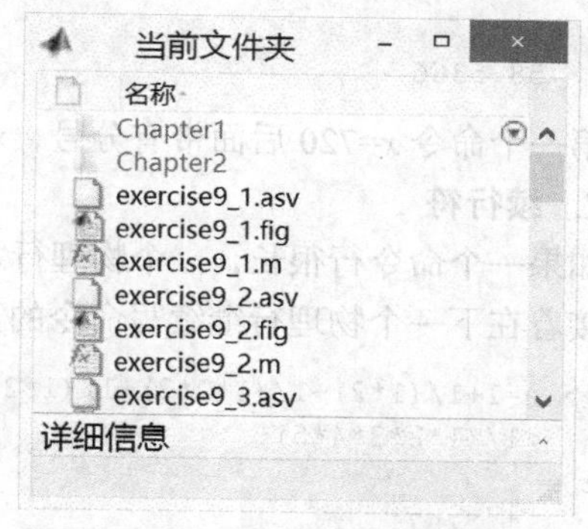


图 1.4　当前文件夹面板

可以通过当前文件夹工具栏中的地址框设置某文件夹为当前文件夹，也可使用“cd”命令。例如，将文件夹 c:\matlab\work 设置为当前文件夹，可在命令行窗口输入以下命令。

```
>> cd c:\matlab\work
```

如果要设置打开 MATLAB 时的初始工作文件夹，可以单击“主页”选项卡的预设按钮，打开“预设项”对话框，单击左边栏中的“常规”项，然后在右边的“初始工作文件夹”的编辑框内输入指定的文件夹，单击“确定”按钮后保存设置。下次启动 MATLAB 时，当前文件夹就是预设的这个文件夹。

**5. 命令历史记录**

命令历史记录面板中会自动保留自安装起所有用过的命令，并且还标明了使用时间，从而方便用户查询。若在布局时设置命令历史记录面板为“弹出”，则在命令行窗口中按键盘中的↑键，就会在命令行窗口光标处弹出该面板；若设置为“停靠”，则面板默认出现在 MATLAB 桌面的右下部。在命令历史记录面板中双击某命令可进行命令的再运行。如果要清除这些历史记录，可以从面板下拉菜单中选择“清除命令历史记录”命令。

# 1.3　MATLAB 的基本操作

在命令行窗口中输入并执行命令，是 MATLAB 最基本的操作。通过执行命令，可以进行各种计算操作，也可以使用命令打开 MATLAB 的工具，还可以查看函数、命令的帮助信息。

## 1.3.1　命令格式与基本规则

**1. 命令格式**

一般来说，一个命令行输入一条命令，命令行以按 Enter 键结束。但一个命令行也可以输入若干条命令，各命令之间以逗号分隔。例如：

```
>> x=720,y=x/12.3
x =
```

```
   720
y =
   58.5366
```

若命令执行后，不需要显示某个变量的值，则在对应命令后加上分号，例如：

```
>> x=720;y=x/12.3
y =
   58.5366
```

第一个命令 $x$=720 后面带有分号，$x$ 的值不显示。

**2. 续行符**

如果一个命令行很长，一个物理行之内写不下，可以在第 1 个物理行之后加上续行符"..."，然后接着在下一个物理行继续写命令的其他部分。例如：

```
>> z=1+1/(1*2)+1/(1*2*3)+1/(1*2*3*4)+ ...
     1/(1*2*3*4*5)
z =
    1.7167
```

这是一个命令行，但占用两个物理行，第 1 个物理行以续行符结束，第 2 个物理行是上一行的继续。

**3. 快捷键**

在 MATLAB 里，有很多控制键和方向键可用于命令行的编辑。如果能熟练使用这些键，将大大提高操作效率。表 1.1 列出了 MATLAB 命令行编辑的常用控制键及其功能。

表 1.1　命令行编辑的常用控制键及其功能

| 键　名 | 功　能 | 键　名 | 功　能 |
|---|---|---|---|
| ↑ | 前寻式回调已输入过的命令 | Home | 将光标移到当前行首端 |
| ↓ | 后寻式回调已输入过的命令 | End | 将光标移到当前行末尾 |
| ← | 在当前行中左移光标 | Del | 删除光标右边的字符 |
| → | 在当前行中右移光标 | Backspace | 删除光标左边的字符 |
| PgUp | 前寻式翻滚一页 | Esc | 删除当前行全部内容 |
| PgDn | 后寻式翻滚一页 | | |

例如，MATLAB 的 power 函数用于求数的幂，若前面调用 power 函数求 $1.234^5$，执行了以下命令：

```
>> a=power(1.234,5)
a =
    2.8614
```

若在后续的操作中需要再次调用 power 函数求 $\frac{1}{5.6^3}$，用户不需要重新输入整行命令，而只需按↑键调出前面输入过的命令行，再在相应的位置修改函数的参数并按 Enter 键即可。

```
>> a=power(5.6,-3)
a =
    0.0057
```

按 Enter 键时，光标可以在该命令行的任何位置，不需将光标移到该命令行的末尾。反复使用↑键，可以回调以前输入的所有命令行。

还可以只输入少量的几个字母，再按↑键，以调出最后一条以这些字母开头的命令。例如，输入 plo 后按↑键，则会调出最后一次使用的以 plo 开头的命令。

如果只需执行前面某条命令中的一部分，按↑键调出前面输入的命令行后，选择其中需要执行的部分，按 Enter 键执行选中的部分。

## 1.3.2 MATLAB 的搜索路径

如前所述，MATLAB 的文件是通过不同的路径进行组织和管理的。当用户在命令行窗口输入一条命令后，MATLAB 将按照一定顺序寻找相关的文件。

### 1. 默认搜索过程

在默认状态下，MATLAB 按下列顺序搜索所输入的命令。

- 检查该命令是不是一个变量。
- 检查该命令是不是一个内部函数。
- 检查该命令是否为当前文件夹下的 M 文件。
- 检查该命令是否为 MATLAB 搜索路径中其他文件夹下的 M 文件。

假定建立了一个变量 result，同时在当前文件夹下建立了一个 M 文件 result.m，如果在命令行窗口输入 result，按照上面介绍的搜索过程，屏幕上应该显示变量 result 的值。如果从工作区删除了变量 result，则执行 result.m 文件。

若操作时不指定文件路径，MATLAB 将在当前文件夹或搜索路径上查找文件。当前文件夹中的函数优先于搜索路径中任何位置存在的相同文件名的函数。

### 2. 设置搜索路径

用户可以将自己的工作文件夹列入 MATLAB 搜索路径，从而将用户文件夹纳入 MATLAB 文件系统的统一管理。

（1）用 path 命令设置搜索路径

用 path 命令可以把用户文件夹临时纳入搜索路径。例如，将用户文件夹 c:\matlab\work 加到搜索路径下，可在命令行窗口输入以下命令：

```
>> path(path,'c:\matlab\work')
```

（2）用对话框设置搜索路径

在 MATLAB 的“主页”选项卡的“环境”命令组中单击“设置路径”按钮或在命令行窗口执行 pathtool 命令，将出现“设置路径”对话框，如图 1.5 所示。

图 1.5 “设置路径”对话框

搜索路径上的文件夹顺序十分重要，当在搜索路径上的多个文件夹中出现同名文件时，MATLAB 将使用搜索路径中最靠前的文件夹中的文件。单击“添加文件夹...”或“添加并包含子文件夹...”按钮，然后将指定文件夹添加到搜索路径列表中。对于已经添加到搜索路径列表中的文件夹，可以单击“上移”“下移”等按钮修改该文件夹在搜索路径中的顺序。对于那些不需要出现在搜索路径中的文件夹，可以单击“删除”按钮将其从搜索路径列表中删除。

在修改完搜索路径后，单击“保存”按钮，系统将所有搜索路径的信息保存在 MATLAB 的安装文件夹下的 toolbox\local 下的文件 pathdef.m 中，通过修改该文件也可以修改搜索路径。

# 1.4　MATLAB 的帮助系统

MATLAB 提供了数目繁多的函数和命令，要全部把它们记下来是不现实的。可行的办法是先掌握一些基本内容，然后在实践中不断地总结和积累，逐步掌握其他内容。通过 MATLAB 集成开发环境提供的帮助系统来学习软件的使用是重要的学习方法。

MATLAB 提供了多种获取 MathWorks 产品帮助的方式。用户可以在命令行窗口中访问简短的函数帮助说明，也可以在文档中搜索深入、全面的帮助主题和实例。

## 1.4.1　帮助浏览器

使用 MATLAB 的帮助浏览器可以检索和查看帮助文档，还能运行有关演示程序。MATLAB R2017b 中文版的帮助浏览器默认打开 mathworks.com 网站的在线帮助中文文档。若要打开本机帮助文档，则需要进行设置。单击 MATLAB 桌面“主页”工具栏的“预设”按钮，打开“预设项”对话框，单击左边栏中的“帮助”项，然后在右边的“文档位置”框选中“安装在本地”单选按钮，如图 1.6 所示。

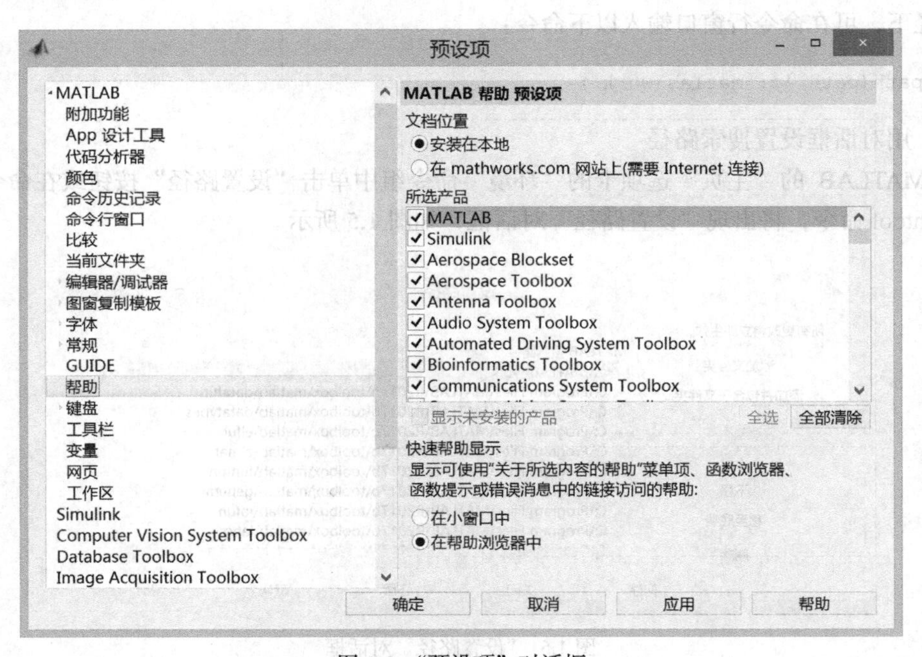


图 1.6　“预设项”对话框

本机帮助文档是英文文档，mathworks.com 网站提供的在线文档包含中文文档。

打开 MATLAB 帮助浏览器有多种方法，常用方法如下。

- 单击 MATLAB 桌面“主页”选项卡工具条中的“资源”命令组中的按钮?或单击“帮助”下拉按钮并选择“文档”命令。
- 单击 MATLAB 桌面快速访问工具栏中的帮助按钮?或按 F1 键。
- 在 MATLAB 命令行窗口中输入“doc”命令。如果需要在帮助文档中检索某个函数的用法，则在 doc 后加入该函数名。例如，检索 power 函数，输入以下命令：

```
>> doc power
```

- 在 MATLAB 桌面快速访问工具栏右侧的搜索框内输入搜索词。

在 MATLAB 帮助浏览器的起始页面中，可以选择 MATLAB 主程序、Simulink 或各种工具箱，然后进入相应的帮助信息页面。例如，在起始页选择 MATLAB 项，即进入 MATLAB 主程序帮助信息页，如图 1.7 所示。

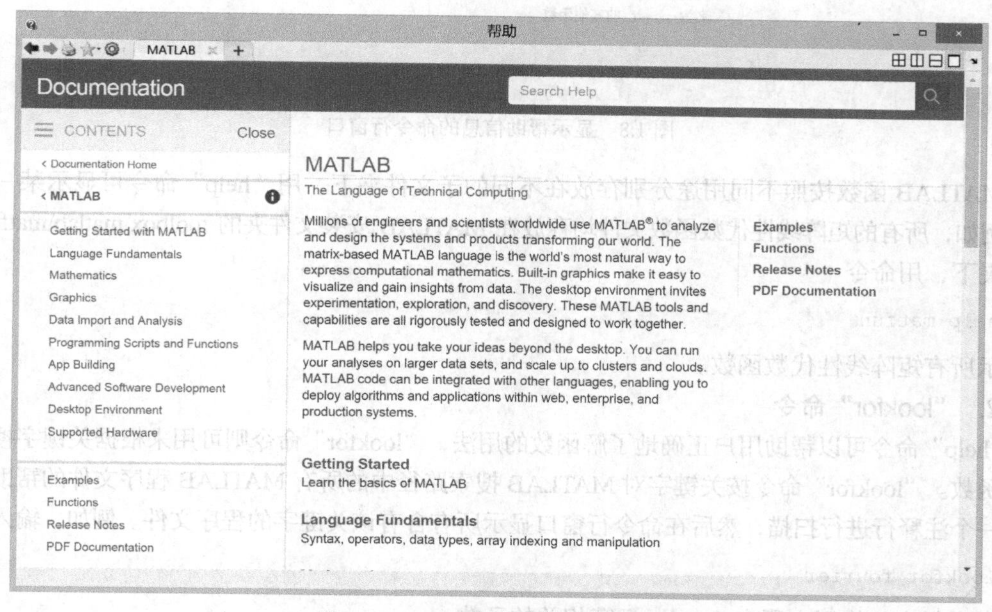


图 1.7 MATLAB 主程序帮助信息页

该页面包括左边的帮助向导栏和右边的帮助信息显示页面两部分。在左边的帮助向导栏选择帮助项目名称，将在右边的帮助显示页面中显示对应的帮助信息。

当然，也可以用其他浏览器查看 MATLAB 提供的在线帮助文档。

## 1.4.2 获取帮助信息的其他方法

要了解 MATLAB，最简捷的方式是在命令行窗口通过帮助提示、帮助命令对特定的内容进行快速查询。

### 1. “help”命令

使用“help”命令是查询函数语法的最基本方法，查询信息直接显示在命令行窗口。在命令行窗口中直接输入“help”命令将会显示当前帮助系统中所包含的所有项目，即搜索路径中所有的文件夹名称。

同样，可以通过使用“help”加函数名的命令来显示该函数的帮助说明。例如，为了显示 power 函数的使用方法与功能，可使用命令

```
help power
```

显示帮助信息的命令行窗口如图 1.8 所示。

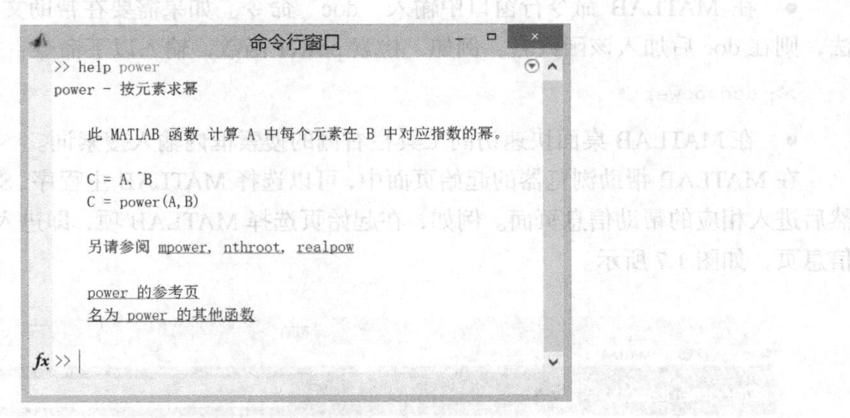


图 1.8 显示帮助信息的命令行窗口

MATLAB 函数按照不同用途分别存放在不同的子文件夹下，用“help”命令可显示某一类函数。例如，所有的矩阵线性代数函数文件均存放在 MATLAB 安装文件夹的 toolbox\matlab\matfun 子文件夹下，用命令

```
help matfun
```

可显示所有矩阵线性代数函数。

**2. “lookfor”命令**

“help”命令可以帮助用户正确地了解函数的用法，“lookfor”命令则可用来根据关键字搜索相关的函数。“lookfor”命令按关键字对 MATLAB 搜索路径中的所有 MATLAB 程序文件的帮助文本的第一个注释行进行扫描，然后在命令行窗口显示所有含有该关键字的程序文件。例如，输入命令

```
lookfor fourier
```

命令行窗口将列出所有 Fourier 运算相关的函数。

**3. 函数浏览器和函数提示**

在命令行窗口的命令提示符前有一个按钮 *fx*，单击此按钮或按 Shift+F1 组合键，将弹出函数浏览器，显示函数的用法和功能。

在命令行窗口输入命令时，可以获得函数用法的帮助提示。在输入函数时，键入左括号之后暂停或按 Ctrl+F1 组合键，在光标处会弹出一个面板，显示该函数的用法。

# 思考与实验

**一、选择题**

1. 下列选项中能反映 MATLAB 特点的是（ ）。

A. 算法最优　　B. 不需要写程序　　C. 程序执行效率高　　D. 编程效率高

2. 要再次执行以前输入的命令，可以使用（　　）。

A. 上移光标键（↑）　　B. 下移光标键（↓）　　C. 左移光标键（←）　　D. 右移光标键（→）

**二、填空题**

1. 工作区面板用于查看和修改变量的________和________。

2. 当在命令行窗口执行命令时，如果不想立即在命令行窗口中输出结果，可以在命令后加上________。

3. 要修改 MATLAB 开发环境的默认参数，可以单击“主页”选项卡的________按钮，打开“预设项”对话框进行设置。

**三、应用题**

1. 在 MATLAB 环境下，建立了一个变量 test，同时又在当前文件夹下建立了一个 M 文件 test.m，如果需要运行 test.m 文件，该如何处理？

2. 在 C 盘的根文件夹创建一个文件夹 Mywork，将 Mywork 设置为当前文件夹。

3. 将 MATLAB 启动后的初始工作文件夹预设成 Mywork。

4. 通过帮助系统，查询 exp 函数的用法。

# 第2章 MATLAB 数据对象

数据是指能够输入到计算机中，并能够被计算机识别和加工处理的符号的集合，是程序处理的对象。数据是有类型的，不同类型的数据有不同的操作方式和取值范围。

【本章学习目标】

- 掌握 MATLAB 数据对象的特点。
- 掌握变量的创建与管理。
- 掌握矩阵的生成、转换与运算。
- 掌握 MATLAB 基本的运算规则。

## 2.1 数值数据及操作

MATLAB 的数据类型包括逻辑类型（logical）、字符类型（char）、数值类型（numeric）、表类型（table）、单元类型（cell）和结构类型（struct）等，如图 2.1 所示。各种数据类型之间可以相互转换。数值类型又分为整形（包含 int8、int16、int32、int64 等）和浮点型（single 和 double）。丰富的数据类型增强了 MATLAB 的数据表达能力，给应用带来了方便。

使用合理类型和操作来存储和处理数据，可以提高内存空间的使用效率和程序的执行速度。

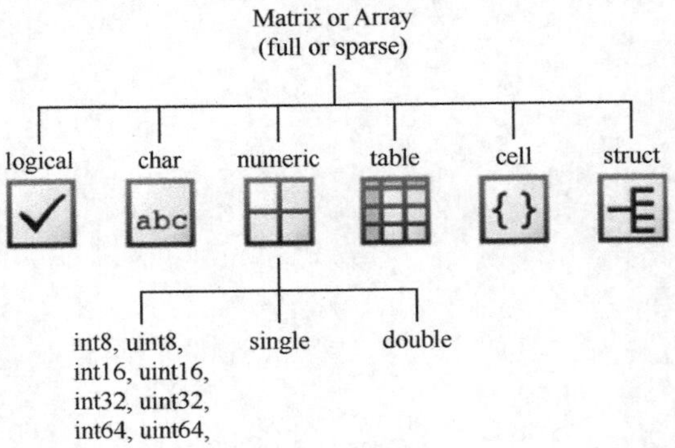

图 2.1 MATLAB 的数据类型

### 2.1.1 数值数据

数值数据是科学计算中最常见、应用最多的数据。MATLAB 中的数值类型包括有符号和无符号整数、单精度和双精度浮点数。默认情况下，MATLAB 会将数值数据按双精度浮点（double）类型存储和处理。存储大量的数值数据时，与双精度数组相比，以整数和单精度数组形式存储数据更节省内存。

**1. 数值数据类型**

（1）整型

MATLAB 支持以 1 字节、2 字节、4 字节和 8 字节几种形式存储整数数据。以 8 位无符号整数为例，该类型数据在内存中占用 1 字节，可描述的数据范围为 0～255。表 2.1 列出了各种整型数据的取值范围和将浮点型数据转换为该类型数据的转换函数。

表 2.1　　　　MATLAB 的整型数据

| 类型 | 取值范围 | 转换函数 | 类型 | 取值范围 | 转换函数 |
|---|---|---|---|---|---|
| 8 位无符号整数 | $0\sim2^{8}-1$ | uint8 | 8 位有符号整数 | $-2^{7}\sim2^{7}-1$ | int8 |
| 16 位无符号整数 | $0\sim2^{16}-1$ | uint16 | 16 位有符号整数 | $-2^{15}\sim2^{15}-1$ | int16 |
| 32 位无符号整数 | $0\sim2^{32}-1$ | uint32 | 32 位有符号整数 | $-2^{31}\sim2^{31}-1$ | int32 |
| 64 位无符号整数 | $0\sim2^{64}-1$ | uint64 | 64 位有符号整数 | $-2^{63}\sim2^{63}-1$ | int64 |

MATLAB 默认以双精度浮点形式存储数值数据。要以整数形式存储数据，则可以使用表 2.1 中的转换函数。例如，以下命令将数 12345 以 16 位有符号整数形式存储在变量 $x$ 中：

```
x=int16(12345);
```

使用表 2.1 中的转换函数将浮点型数据转换为整数时，MATLAB 将舍入到最接近的整数。如果小数部分正好是 0.5，则 MATLAB 会从两个同样临近的整数中选择绝对值更大的整数。例如：

```
>> x=int16([-1.5, -0.8, -0.23, 1.23, 1.5, 1.89])
x =
  1×6 int16 行向量
   -2   -1    0    1    2    2
```

此外，MATLAB 还提供了 4 种转换函数，用于采取指定方式将浮点型数据转换为整型数据。

- round 函数：四舍五入为最近的小数或整数。
- fix 函数：朝零方向四舍五入为最近的整数。
- floor 函数：朝负无穷大方向四舍五入。
- ceil 函数：朝正无穷大方向四舍五入。

例如：

```
>> x=round([-1.5, -0.8, -0.23, 1.23, 1.5, 1.89])
x =
    -2    -1     0     1     2     2
>> x=fix([-1.5, -0.8, -0.23, 1.23, 1.5, 1.89])
x =
    -1     0     0     1     1     1
>> x=floor([-1.5, -0.8, -0.23, 1.23, 1.5, 1.89])
x =
    -2    -1    -1     1     1     1
>> x=ceil([-1.5, -0.8, -0.23, 1.23, 1.5, 1.89])
x =
    -1     0     0     2     2     2
```

（2）浮点型

浮点型用于存储和处理实型数据，分为单精度（single）和双精度（double）两种。单精度型数在内存中占用 4 个字节，双精度型数在内存中占用 8 个字节，双精度型数精度更高。

single 函数和 double 函数分别用于将其他数值数据、字符或字符串及逻辑数据转换为单精度型值和双精度型值。

（3）复型

复型数据包括实部和虚部两个部分，实部和虚部默认为双精度型。在 MATLAB 中，虚数单位用 i 或 j 表示。为了提高复数算术运算的速度和可靠性，MATLAB 建议使用 1i 和 1j 来代替 i 和 j。

当所创建的复数实部或虚部是非浮点型数时，使用 complex 函数生成复数，例如：

```
>> complex(3,int8(4))
ans =
  int8
   3 +    4i
```

可以使用 real 函数获取复型数的实部值，使用 imag 函数获取复型数的虚部值。

## 2. 判别数据类型

在 MATLAB 中，可以使用表 2.2 中的函数判别数据是否为指定类型。

表 2.2　判别数值数据类型的函数

| 函数 | 说明 |
| --- | --- |
| isinteger | 判断是否为整型 |
| isfloat | 判断是否为浮点型 |
| isnumerical | 判断是否为数值型 |
| isreal | 判断是否为实数或复数 |
| isfinite | 判断是否为有限值 |
| isinf | 判断是否为无穷值 |
| ianan | 判断是否包含 NaN 值 |

调用这些函数时，如果函数参数属于该类型，返回值为 1，否则返回值为 0。例如：

```
>> isinteger(1.23)
ans =
  logical
   0
```

也可以使用 isa 函数判别数据对象是否为指定类型，isa 函数的调用格式如下。

```
isa(obj,ClassName)
```

其中，obj 是 MATLAB 数据对象，ClassName 是 MATLAB 类或基础类名，如果 obj 属于 ClassName 类，isa 函数的返回值为 1，否则返回值为 0。例如：

```
>> isa(1.23,'double')
ans =
  logical
   1
```

还可以使用 class 函数获取某个数据对象的类型，函数的返回值是一个字符串。例如：

```
>> class(1.23)
ans =
    'double'
```

## 3. 获取特殊值

在 MATLAB 中，可以使用表 2.3 中列出的函数获取数据对象的特殊值。

表 2.3 获取数值数据特殊值的函数

| 函数 | 说明 |
| --- | --- |
| eps | 浮点相对精度 |
| Inf | 无穷大 |
| NaN | 非数值 |
| intmax | 指定整数类型的最大值 |
| intmin | 整数类型的最小值 |
| realmax | 最大的正浮点数 |
| realmin | 最小的标准正浮点数 |

表 2.3 中的函数调用格式相似，下面以 eps 函数为例进行说明，调用格式如下：

```
eps
eps(x)
eps(datatype)
```

其中，第一种格式返回从 1.0 到一个与 1.0 最接近的双精度数的距离，即 $eps=2^{-52}$。第二种格式返回从 $x$ 的绝对值到一个与 $x$ 最接近的浮点数的距离，若 $x$ 为 1，返回值与第一种格式的返回值相同。第三种格式返回从 1.0 到一个与 1.0 最接近的 datatype 类型数的距离，datatype 可以是 'double' 或 'single'。例如：

```
>> d=eps
d =
   2.2204e-16
>> d=eps('single')
d =
  single
  1.1921e-07
```

## 2.1.2 数据的输出格式

MATLAB 用十进制数表示一个常数，采用日常记数法和科学记数法两种表示方法。例如，1.23456、−9.8765i、3.4 + 5i 等是采用日常记数法表示的常数，它们与通常的数学表示一样。又如，1.56789e2、1.234e−5−10i 等采用科学记数法表示常数 $1.56789 \times 10^2$、$1.234 \times 10^{-5}-10i$，在这里用字母 e 或 E 表示以 10 为底的指数。

MATLAB 中，数值类型的数据默认是用双精度数来表示和存储的。数据输出时用户可以用"format"命令设置或改变数据输出格式。"format"命令的格式为

```
format 格式符
```

其中，格式符决定数据的输出格式，各种格式符及其含义如表 2.4 所示。

表 2.4 控制数据输出格式的格式符及其含义

| 格式符 | 含义 |
| --- | --- |
| short | 固定十进制短格式（默认格式），小数点后有 4 位有效数字 |
| long | 固定十进制长格式，小数点后有 15 位数字 |
| shortE | 短科学记数法。输出时，小数点后有 4 位数字 |
| longE | 长科学记数法。输出 double 类型值时，小数点后有 15 位数字；输出 single 类型值时，小数点后有 7 位数字 |

续表

| 格式符 | 含义 |
|---|---|
| shortG | 从 short 和 shortE 中自动选择最紧凑的输出方式 |
| longG | 从 long 和 longE 中自动选择最紧凑的输出方式 |
| rat | 近似有理数表示 |
| hex | 十六进制表示 |
| + | 正/负格式，正数、负数、零分别用+、-、空格表示 |
| bank | 货币格式。输出时，小数点后有 2 位数字 |
| compact | 输出时隐藏空行 |
| loose | 输出时有空行 |

假定执行“x=[4/3 1.2345e-6];”命令，那么，在各种不同的格式符下的输出如下。

```
短格式(short)：1.3333    0.0000
短科学记数法(shortE)：1.3333e+00    1.2345e-06
长格式(long)：  1.333333333333333    0.000001234500000
长科学记数法(longE)：1.333333333333333e+00   1.234500000000000e-06
十六进制格式(hex)：3ff5555555555555    3eb4b6231abfd271
+格式(+)：++
银行格式(bank)：1.33    0.00
```

“format”命令只影响数据输出格式，而不影响数据的计算和存储。

hex 输出格式是把计算机内部表示的数据用十六进制数输出。对于整数不难理解，但对于单精度或双精度浮点数（MATLAB 默认的数据类型），就涉及数据在计算机内部的表示形式。这是一个不太容易理解的问题，下面简要说明。

单精度浮点数在内存中表示为 4 个字节（32 位）二进制数，其中 1 位为数据的符号位（以 0 代表正数，1 代表负数），8 位为指数部分，23 位为尾数部分，如图 2.2 所示。指数部分表示 2 的幂次，存储时加上 127，也就是说 $2^0$ 用 127（即二进制 1111111）表示。尾数部分是二进制小数，其所占的 23 位是小数点后面的部分，小数点前面还有个隐含的 1 并不存储。

双精度浮点数为 64 位二进制，其中 1 位为符号位，11 位为指数部分，52 位为尾数部分，其存储方式与单精度数类似，请读者自行分析。

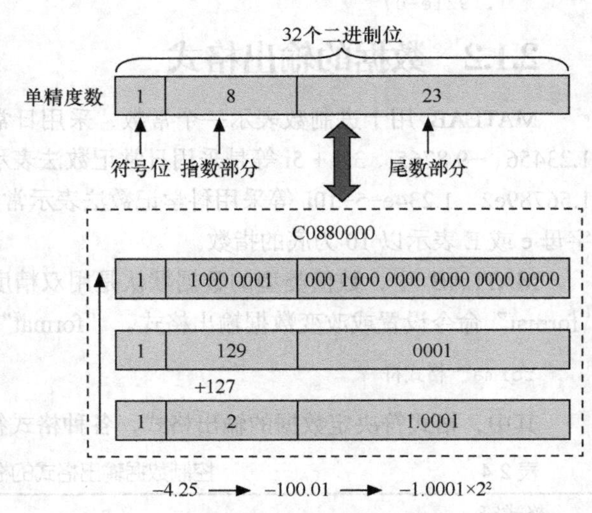


图 2.2　单精度浮点数在计算机内部的表示形式

图2.2所示说明了以下命令的输出结果：

```
>> format hex;
>> single(-4.25)          %将-4.25 转换为单精度浮点数
ans =
single
    c0880000
```

# 2.2 变量及其操作

## 2.2.1 变量与赋值

计算机所处理的数据存放在内存单元中。机器语言或汇编语言是通过内存单元的地址来访问内存单元，而在高级语言中，无须直接通过内存单元的地址，而只需给内存单元命名，以后通过内存单元的名字来访问内存单元。命了名的内存单元就是变量，在程序运行期间，该内存单元中存放的数据可以发生变化。

### 1. 变量命名

在 MATLAB 中，变量名是以字母开头，后跟字母、数字或下画线的字符序列，最多 63 个字符。例如，x、x_1、x2 均为合法的变量名。在 MATLAB 中，变量名区分字母的大小写，这样，addr、Addr 和 ADDR 表示 3 个不同的变量。另外，不能使用 MATLAB 的关键字作为变量名，如 if、end、exist 不能作为变量名。

注意：定义变量时应避免创建与预定义变量、函数同名的变量，如 i、j、power、int16、format、path 等。一般情况下，变量名称优先于函数名称。如果创建的变量使用了某个函数的名称，可能导致计算过程、计算结果出现意外情况。可以使用 exist 或 which 函数检查拟用名称是否已被使用。如果不存在与拟用名称同名的变量、函数或 M 文件，exist 将返回 0，否则返回一个非零值。例如：

```
>> exist power
ans =
     5
>> exist Power
ans =
     0
```

### 2. 赋值语句

MATLAB 赋值语句有两种格式：

```
变量=表达式
表达式
```

其中，表达式是用运算符将有关运算量连接起来的式子。执行第一种语句，MATLAB 将右边表达式的值赋给左边的变量；执行第二种语句，可将表达式的值赋给 MATLAB 的预定义变量 ans。

一般来说，运算结果在命令行窗口中显示出来。如果在命令的最后加分号，那么，MATLAB 仅执行赋值操作，不显示运算的结果。如果运算的结果是一个很大的矩阵或根本不需要运算结果，则可以在命令的最后加上分号。

在 MATLAB 命令后面可以加上注释，用于解释或说明命令的含义，它对命令处理结果不产生任何影响。注释以%开头，后面是注释的内容。

【例 2.1】 当 $x=\sqrt{1+\pi}$ 时，计算表达式 $\frac{e^x+\ln|\sin^2 x-\sin x^2|}{x-5i}$ 的值，并将结果赋给变量 $y$，然后显示结果。

在 MATLAB 命令行窗口分别输入以下命令：

```
>>  x=sqrt(1+pi);
```

```
>>  y=(exp(x)+log(abs(sin(x)^2-sin(x*x))))/(x-5i)          %计算表达式的值
y =
   0.5690 + 1.3980i
```

其中，pi 和 i 都是 MATLAB 的预定义变量，分别代表圆周率 π 和虚数单位。

**3. 预定义变量**

MATLAB 提供了一些系统定义的特殊变量，这些变量称为预定义变量。表 2.5 列出了一些常用的预定义变量。预定义变量有特定的含义，在使用时应避免对这些变量重新赋值。

表 2.5　　常用的预定义变量

| 预定义变量 | 含义 | 实例 |
|---|---|---|
| ans | 存储计算结果的默认变量 | |
| pi | 圆周率 π 的近似值 | |
| Inf | 无穷大 | 1/0、1.e1000、2^2000、exp(1000)的结果为 Inf，log(0)的结果为-Inf |
| NaN | 非数值 | 0/0、Inf/Inf、Inf-Inf、0*Inf 的结果为 NaN；当 $y$ 为零或 $x$ 为无穷值时，rem(x,y)的结果为 NaN |

MATLAB 提供了 isfinite 函数用于判定数据对象是否为有限值，isinf 函数用于判定数据对象是否为无限值，isnan 函数用于确定数据对象中是否含有 NaN 值。

### 2.2.2 变量的管理

**1. 内存变量的显示与修改**

who 命令按字母顺序列出当前工作区中的所有变量，whos 命令按字母顺序列出当前工作区中的所有变量及其大小、类型。下面的例子说明了 who 和 whos 命令的区别。

```
>> who
您的变量为：
R  a  b  c  t  x  y  z
>> whos
  Name        Size                Bytes  Class      Attributes
  R           1x1                     2  int8      complex
  a           1x315                2520  double
  b           2x3                    48  double
  c           2x3                    96  double     complex
  t           1x100                 800  double
  x           1x1                     8  double
  y           1x1                    16  double     complex
  z         100x315              252000  double
```

“clear”命令用于清除 MATLAB 工作区中的变量，但预定义变量不会被清除。

MATLAB 工作区面板用于内存变量的管理。当选中某些变量后，按 Del 键或从右键菜单中选择“删除”命令，就能从内存中删除这些变量。当选中某个变量后，双击该变量或从右键菜单中选择“打开所选内容”命令，将打开变量编辑器，如图 2.3 所示。通过变量编辑器可以观察变量，也可以修改变量中的元素值和修改变量结构。

**2. 内存变量文件**

利用 MAT 文件可以把当前 MATLAB 工作区中的变量长久地保留下来。MAT 文件是 MATLAB 保存数据的一种标准格式二进制文件。MAT 文件的生成和加载由“save”和“load”命令来完成，常用格式为

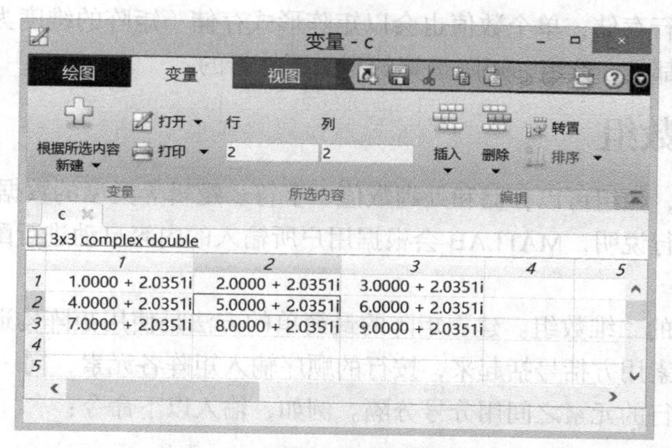


图 2.3 变量编辑器

```
save 文件名 变量名表 -append -ascii
load 文件名 变量名表 -ascii
```

其中，文件名可以带路径，命令默认对 MAT 文件进行操作，文件保存在当前文件夹下。变量名表中的变量个数不限，只要内存或文件中存在即可，变量名之间以空格分隔。当变量名表省略时，保存或加载全部变量。-ascii 选项使文件以 ASCII 格式处理，省略该选项时文件将以二进制格式处理。save 命令中的-append 选项将变量追加到指定 MAT 文件。

假定变量 $a$ 和 $b$ 存在于 MATLAB 工作区中，输入以下命令便可将 $a$ 和 $b$ 保存于当前文件夹的 mydata.mat 文件中：

```
save mydata a b
```

mydata 是用户自己起的文件名，MAT 文件默认扩展名为.mat。若要让 mydata.mat 文件存放在指定的文件夹（如 c:\matlab\work 文件夹）中，则执行以下命令：

```
save c:\matlab\work\mydata a b
```

在后续的计算中需要使用 mydata.mat 文件中的矩阵 $\boldsymbol{a}$ 和 $\boldsymbol{b}$，则执行以下命令：

```
load mydata
```

执行上述命令后，如果 MATLAB 工作区已存在变量 $a$、$b$，则用 mydata.mat 文件中的矩阵 $\boldsymbol{a}$ 和 $\boldsymbol{b}$ 的值替换工作区变量 $a$、$b$ 的值；如果 MATLAB 工作区不存在变量 $a$、$b$，则将 mydata.mat 文件中的矩阵 $\boldsymbol{a}$ 和 $\boldsymbol{b}$ 加载到工作区。

除了操作命令以外，还可以通过以下方法将工作区中的全部变量保存到 MAT 文件。

（1）单击 MATLAB 桌面的“主页”选项卡“变量”组中的“保存工作区”按钮；

（2）单击工作区面板右上角的“显示工作区操作”按钮，从弹出的菜单中选“保存”命令；

（3）打开变量编辑器，单击快速访问工具栏中的“保存”按钮。

如果只想保存工作区的部分变量，就应在选择这些变量后，从右键菜单中选择“另存为”命令。

## 2.3 MATLAB 数组

数组和矩阵是 MATLAB 中信息和数据的基本表示形式。在 MATLAB 中，所有数据均以矩阵或多维数组的形式进行存储，单个数值也会以矩阵形式存储（矩阵的维度为 1×1）。MATLAB 的大部分运算或命令都是在数组、矩阵运算的意义下执行的。

## 2.3.1 构造数组

在 MATLAB 中，数组可以存储和处理数值、字符、逻辑等类型的数据，创建数组时无须对数组的维度和类型进行说明，MATLAB 会根据用户所输入的内容自动进行配置。

**1. 构造矩阵**

矩阵是存储数据的二维数组。建立矩阵的最简单的方法是使用矩阵构造运算符[]。具体方法是：将矩阵的所有元素用方括号括起来，按行的顺序输入矩阵各元素，同一行的各元素之间用空格或逗号分隔，不同行的元素之间用分号分隔。例如，输入以下命令：

```
>> A=[1,2,3;4,5,6;7,8,9]
A =
     1     2     3
     4     5     6
     7     8     9
```

这样，在 MATLAB 的工作区中就建立了一个矩阵 ***A***，以后就可以使用矩阵 ***A***。

在 MATLAB 中，矩阵元素可以是复数，建立复数矩阵的方法和上面介绍的方法相同。例如，建立复数矩阵：

```
>> B=[1,2+7i,5*sqrt(-2);3,2.5i,3.5+6i]
B =
   1.0000 + 0.0000i   2.0000 + 7.0000i   0.0000 + 7.0711i
   3.0000 + 0.0000i   0.0000 + 2.5000i   3.5000 + 6.0000i
```

**2. 构造行向量**

在 MATLAB 中，冒号是一个重要的运算符，利用它可以构建行向量。冒号表达式的一般格式为

```
a:b:c
```

其中，$a$ 为初始值，$b$ 为步长，$c$ 为终止值。冒号表达式可产生一个由 $a$ 开始到 $c$ 结束，以步长 $b$ 自增的行向量。例如：

```
>> t=0:2:10
t =
     0     2     4     6     8    10
>> t=0:-2:-8
t =
     0    -2    -4    -6    -8
```

在冒号表达式中如果省略 $b$，则步长为 1。例如，$t=0{:}5$ 与 $t=0{:}1{:}5$ 等价。

在 MATLAB 中，还可以用 linspace 函数构建线性等间距的行向量，logspace 函数构建对数等间距的行向量，其调用格式为

```
linspace(a,b,n)
logspace(a,b,n)
```

其中，参数 $a$ 和 $b$ 是生成向量的第 1 个和最后 1 个元素，选项 $n$ 指定向量元素个数。当 $n$ 省略时，默认生成 100 个元素。显然，linspace(a, b, n)与 a:(b − a)/(n − 1):b 等价。例如：

```
>> x=linspace(0,10,6)
```

```
x =
     0     2     4     6     8    10
```

如果参数 $b<a$，则生成的向量是递减序列，例如：

```
>> x=linspace(0,-8,6)
x =
     0   -1.6000   -3.2000   -4.8000   -6.4000   -8.0000
```

**3. 串联数组**

串联数组是用已有数组拼接而成大数组的过程。例如：

```
>> A=[1,2,3;4,5,6;7,8,9];
>> B=[11:13;14:16;17:19];
>> C=[A,B;B,A]
C =
     1     2     3    11    12    13
     4     5     6    14    15    16
     7     8     9    17    18    19
    11    12    13     1     2     3
    14    15    16     4     5     6
    17    18    19     7     8     9
```

**4. 获取数组大小**

在有些操作中，需要了解数组的大小，可使用 MATLAB 提供的以下函数。

（1）size 函数

size 函数用于获取数组指定维度的长度，函数的调用格式为

```
size(A, dim)
```

其中，*A* 是数组，dim 指定维度。当 dim 省略时，系统返回一个向量，向量各个元素的值对应每一个维度的长度。例如：

```
>> A=[1,2,3,4;55,66,77,88]
A =
     1     2     3     4
    55    66    77    88
>> size(A)
ans =
     2     4
>> size(A,2)
ans =
     4
```

***A*** 是一个 2×4 的矩阵，size(A)返回一个有两个元素的向量，该向量的第 1 个元素是 ***A*** 的第 1 维的长度，第 2 个元素是 ***A*** 的第 2 维的长度；size(A,2)返回 ***A*** 的第 2 维的长度。

（2）length 函数和 numel 函数

length 函数用于获取最大数组维度的长度，即 length(A) = max(size(A))；numel 函数用于获取数组元素的个数。例如：

```
>> length(A)
ans =
     4
```

***A*** 是 2×4 矩阵，第 2 维的长度最大，所以返回的是第 2 维的长度 4。

```
>> numel(A)
```

```
ans =
     8
```

*A* 是 2×4 矩阵，总共有 8 个元素。

（3）sub2ind 函数和 ind2sub 函数

数组元素可以通过下标来引用，也可以通过索引来引用。索引就是数组元素在内存中的排列顺序。在 MATLAB 中，数组元素按列存储，先存储第 1 列元素，再存储第 2 列元素，依次存储，一直到存储最后一列元素。显然，数组元素的索引（Index）与其下标（Subscript）是一一对应的，以 $m \times n$ 矩阵 *A* 为例，数组元素 A(x, y)的索引为(y−1)*m+x。例如：

```
>> A=[0,20,60,300;555,556,7,88]
A =
     0    20    60   300
   555   556     7    88
>> A(5)
ans =
    60
```

该结果表示 *A* 矩阵中索引为 5 的元素为第 3 列、第 1 行的元素，值为 60。

调用 sub2ind 函数可以将数组元素的下标转换为索引，例如：

```
>> sub2ind(size(A),1,3)
ans =
     5
```

该结果表示在 2×4 的矩阵 *A* 中，第 1 行、第 3 列元素的索引为 5。

调用 ind2sub 函数则可以将数组元素的索引转换为下标，例如：

```
>> [row,col]=ind2sub(size(A),5)
row =
     1
col =
     3
```

该结果表示在 2×4 矩阵 *A* 中，索引为 5 的元素是位于第 1 行、第 3 列的元素。

**5. 构造多维数组**

可以通过扩展下标的方式创建多维数组，即将矩阵扩展为三维数组，将三维数组扩展为四维数组等。例如：

```
>> A=[1,2,3,4;5,6,7,8];   %A 是 2×4 的矩阵
>> AA(:,:,1)=A;
>> AA(:,:,2)=A/2
AA(:,:,1) =
     1     2     3     4
     5     6     7     8
AA(:,:,2) =
    0.5000    1.0000    1.5000    2.0000
    2.5000    3.0000    3.5000    4.0000
```

执行 3 条命令后，创建了一个 2×4×2 的三维数组 *AA*。

## 2.3.2　引用矩阵元素

矩阵是存储数值数据的二维数组，向量和标量都是矩阵的特例，0×0 矩阵为空矩阵。引用矩

阵元素是指获取和修改矩阵元素的值。

### 1. 引用单个矩阵元素

要引用矩阵中的特定元素，使用以下方式：

```
A(row, col)
```

其中，***A*** 为矩阵变量，row 和 col 分别指定其行号和列号。例如：

```
>> A=[1,2,3;4,5,6];
>> A(2,3)=76
A =
     1     2     3
     4     5    76
```

执行第 2 条命令，将矩阵 ***A*** 的第 2 行、第 3 列的元素赋为 76，这时将只改变该元素的值，而不影响其他元素的值。如果给出的行下标或列下标大于原来矩阵的行数和列数，则 MATLAB 将自动扩展原来的矩阵，并将扩展后未赋值的矩阵元素置为 0。例如：

```
>> A=[1,2,3;4,5,6];
>> A(4,6)=100
A =
     1     2     3     4     0     0
     5     6     7     8     0     0
     0     0     0     0     0     0
     0     0     0     0     0   100
```

在 MATLAB 中，也可以采用矩阵元素的索引来引用矩阵元素，例如：

```
>> A(13)=200
A =
     1     2     3   200     0     0
     4     5    76     0     0     0
     0     0     0     0     0     0
     0     0     0     0     0   100
```

用矩阵元素的索引来引用矩阵元素时，索引值不能超过矩阵的总长度，例如，以上矩阵 ***A*** 中元素的个数为 24，以下引用就会出错：

```
>> A(28)=100
试图沿模糊的维增大数组。
```

find 函数用于查找矩阵中的非零元素，其调用格式为

```
k = find(X,n,direction)
[row,col,v] = find(X,n,direction)
```

第一种格式返回矩阵 ***X*** 中的非零元素的索引，第二种格式返回矩阵 ***X*** 中非零元素的下标和值。选项 *n* 指定返回 *n* 个结果，默认返回所有结果。选项 direction 的值为'last'，返回最后 *n* 个索引，默认值为'first'，即返回前 *n* 个索引。例如：

```
>> A=[1,2,0,0;0,4,0,5;0,0,8,9];
>> B=find(A)
B =
     1
     4
     5
     9
    11
```

```
    12
```

### 2. 引用矩阵片段

利用 MATLAB 的冒号运算，可以从给出的矩阵中获得矩阵片段。在 MATLAB 中，用 A(m,n)表示 ***A*** 矩阵第 *m* 行、第 *n* 列的元素，用 A(m1:m0:m2, n1:n0:n2)表示 ***A*** 矩阵第 *m*1～*m*2 行、间距为 *m*0 的那些行，以及第 *n*1～*n*2 列、间距为 *n*0 的那些列中的所有元素。若冒号表达式中的 *m*0(*n*0)缺省，表示第 *m*1～*m*2 行的所有行（第 *n*1～*n*2 列的所有列）。若某维度仅有冒号，表示该维度的所有行（或列），如 A(m,:)表示 ***A*** 矩阵第 *m* 行的全部元素，A(:,n)表示 ***A*** 矩阵的第 *n* 列全部元素。例如：

```
>> A=[1,2,3,4,5;6,7,8,9,10;11,12,13,14,15;16,17,18,19,20]
A =
     1      2      3      4      5
     6      7      8      9     10
    11     12     13     14     15
    16     17     18     19     20
>> A(2:3,5)    %引用A的第2到3行、第5列的元素
ans =
    10
    15
>> A(1:2:3,:)       %引用A的第1行和第3行、所有列的元素
ans =
     1      2      3      4      5
    11     12     13     14     15
```

此外，还可利用一般向量和 end 运算符等来表示矩阵下标，从而获得子矩阵。end 表示某一维度的最后一个元素。例如：

```
A(end,:)                %引用A最后一行元素
ans =
    16     17     18     19     20
A([1,4],3:end)          %引用A第1行和第4行中第3列到最后一列的元素
ans =
     3      4      5
    18     19     20
```

### 3. 删除矩阵行或列

在 MATLAB 中，空矩阵是指无任何元素的矩阵，表示形式为[]。将某些行或列从矩阵中删除，采用将其置为空矩阵的方法就是一种有效的方法。例如：

```
>> A=[1,2,3,4,5,6;7,8,9,10,11,12;13,14,15,16,17,18]
A =
     1      2      3      4      5      6
     7      8      9     10     11     12
    13     14     15     16     17     18
>> A(:,[2,4])=[]   %删除A矩阵的第2列和第4列元素
A =
     1      3      5      6
     7      9     11     12
    13     15     17     18
```

注意，A=[]与 clear A 不同，执行命令 clear A，将从工作区中清除变量 ***A***；而执行 A=[]，矩阵 ***A*** 仍存在于工作区，只是矩阵长度为 0。

**4. 改变矩阵形状**

（1）reshape 函数

reshape(A,m,n)函数在矩阵元素个数保持不变的前提下，将矩阵 ***A*** 重新排成 $m \times n$ 的矩阵。例如：

```
>> x=linspace(100,111,12);          %产生有 12 个元素的行向量 x
>> y=reshape(x,3,4)                 %利用向量 x 建立 3×4 矩阵 y
y =
100   103   106   109
101   104   107   110
102   105   108   111
>> y=reshape(x,2,6)
y =
100   102   104   106   108   110
101   103   105   107   109   111
```

reshape 函数只是改变原矩阵的行数和列数，即改变其逻辑结构，但并不改变原矩阵元素个数及矩阵元素的存储顺序。

（2）矩阵堆叠

A(:)将矩阵 ***A*** 的各列元素堆叠起来，成为一个列向量，例如：

```
>> A =[1,2,3;-4,-5,-61]
A =
     1     2     3
    -4    -5   -61
>> B=A(:)
B =
     1
    -4
     2
    -5
     3
   -61
```

在这里，A(:)产生一个 6×1 的矩阵，等价于 reshape(A,6,1)。

# 2.4　MATLAB 运算

## 2.4.1　算术运算

MATLAB 具有两种不同类型的算术运算，即矩阵运算和数组运算。矩阵运算遵循线性代数的法则，数组运算则是执行逐个元素运算，并支持多维数组。

MATLAB 的基本算术运算有+（加）、-（减）、*（乘）、/（右除）、\（左除）、^（乘方）。

**1. 矩阵运算**

矩阵算术运算是在矩阵意义下进行的，单个数据（即标量）的算术运算只是一种特例。

（1）矩阵加减法

假定有两个矩阵 ***A*** 和 ***B***，则可以由 ***A+B***（或调用函数 plus(A,B)）和 ***A−B***（或调用函数

minus(A,B)）实现矩阵的加减运算。运算规则是：若参与加/减运算的两个矩阵的维度相同，则两个矩阵的相应元素相加减。若参与加/减运算的两个矩阵的维度不相同，则 MATLAB 将给出错误信息。例如：

```
>> A=[1,2,3,4;5,6,7,8];
>> B=[11,12,13,14;20,20,20,20];
>> A+B
ans =
    12    14    16    18
    25    26    27    28
>> B=[11,12,13;20,20,20];
>> A+B
矩阵维度必须一致。
```

标量也可以和矩阵进行加减运算，运算方法是：矩阵的每个元素与标量进行加减运算。例如：

```
>> x=[1,2,3;4,5,6];
>> y=x-5i
y =
   1.0000 - 5.0000i   2.0000 - 5.0000i   3.0000 - 5.0000i
   4.0000 - 5.0000i   5.0000 - 5.0000i   6.0000 - 5.0000i
```

（2）矩阵乘法

假定有两个矩阵 $\boldsymbol{A}$ 和 $\boldsymbol{B}$，若 $\boldsymbol{A}$ 为 $m \times n$ 矩阵，$\boldsymbol{B}$ 为 $n \times p$ 矩阵，则 $\boldsymbol{C}=\boldsymbol{A}\cdot\boldsymbol{B}$ 为 $m \times p$ 矩阵，其各个元素为

$$c_{ij}=\sum_{k=1}^{n} a_{ik}\cdot b_{kj}\ (i=1, 2, \cdots, m;\ j=1, 2, \cdots, p)$$

例如：

```
>> A=[1,2,3;4,5,6;7,8,9];
>> B=[-1,0,1;1,-1,0;0,1,1];
>> C1=A*B
C1 =
    1     1     4
    1     1    10
    1     1    16
>> C2= B*A
C2 =
    6     6     6
   -3    -3    -3
   11    13    15
```

可见，$\boldsymbol{A}\cdot\boldsymbol{B} \neq \boldsymbol{B}\cdot\boldsymbol{A}$，即对矩阵乘法运算而言，交换律不成立。

矩阵 $\boldsymbol{A}$ 和 $\boldsymbol{B}$ 进行乘法运算，要求 $\boldsymbol{A}$ 的列数与 $\boldsymbol{B}$ 的行数相等。如果两者内部维度不一致，则无法进行运算。例如：

```
>> A=[1,2,3;4,5,6];
>> B=A*A
错误使用  *
内部矩阵维度必须一致。
```

在 MATLAB 中，还可以进行矩阵和标量相乘，标量可以是乘数也可以是被乘数。矩阵和标量相乘是矩阵中的每个元素与此标量相乘。

（3）矩阵除法

在 MATLAB 中，有两种矩阵除法运算即\和/，分别表示左除和右除。如果 ***A*** 矩阵是非奇异方阵，则 ***A\B*** 和 ***B/A*** 运算可以实现。***A\B*** 等效于 ***A*** 的逆左乘 ***B*** 矩阵，也就是 inv(A)*B，而 ***B/A*** 等效于 ***A*** 矩阵的逆右乘 ***B*** 矩阵，也就是 B*inv(A)。

对于含有标量的运算，两种除法运算的结果相同，如 3/4 和 4\3 有相同的值，都等于 0.75。又如，设 *a* = [10.5,25]，则 *a*/5 和 5*a* 的结果都是 [2.1000, 5.0000]。

对于矩阵来说，左除和右除表示两种不同的除数矩阵和被除数矩阵的关系。对于矩阵运算，一般 $A\backslash B \neq B/A$。例如：

```
>> A=[3,2,3.5;4,5,6;0.7,8,9];
>> B=[1,8,7;4,5,6;7,8,9];
>> C1=B/A
C1 =
   -2.1326    1.7753    0.4236
         0    1.0000         0
   -0.6961    2.3204   -0.2762
>> C2=B\A
C2 =
   -2.6625    0.7500    0.4375
   -5.2750   -0.5000   -0.8750
    6.8375    0.7500    1.4375
```

矩阵 ***A*** 和 ***B*** 进行右除运算，要求 ***A*** 与 ***B*** 具有相同的列数，否则无法运算。例如：

```
>> A=[3,2,3.5;4,5,6;0.7,8,9];
>> B=[1,8;4,5;7,9];
>> C1=B/A
错误使用  /
矩阵维度必须一致。
```

（4）矩阵的幂运算

矩阵的幂运算可以表示成 ***A***^*x*，要求 ***A*** 为方阵，*x* 为标量。例如：

```
>> A=[1,2,3;11,12,13;7,8,9];
>> A^2
ans =
    44    50    56
   234   270   306
   158   182   206
```

显然，***A***^2 即 ***A*A***。

若 *x* 是一个正整数，则 ***A***^*x* 表示 ***A*** 自乘 *x* 次。若 *x* 为 0，则得到一个与 ***A*** 维度相同的单位矩阵。若 *x* 小于 0 且 ***A*** 的逆矩阵存在，则 ***A***^*x* = inv(***A***)^(−*x*)。例如：

```
>> A=[3,2,3.5;4,5,6;0.7,8,9];
>> A^0
ans =
     1     0     0
     0     1     0
     0     0     1
>> A^-1
ans =
   -0.1105    0.3683   -0.2026
   -1.1713    0.9042   -0.1473
```

```
    1.0497   -0.8324    0.2578
```

### 2. 数组运算

数组运算针对向量、矩阵和多维数组的对应元素逐个执行运算。在 MATLAB 中，数组运算采用在有关算术运算符前面加点的方法，所以又叫点运算。由于矩阵运算和数组运算在加减运算上意义相同，所以点运算符只有.*、./、.\和.^。例如：

```
>> A=[3,2,3.5;4,5,6;0.7,8,9];
>> B=[1,8,7;4,5,6;7,8,9];
>> C3=A.*B
C3 =
    3.0000   16.0000   24.5000
   16.0000   25.0000   36.0000
    4.9000   64.0000   81.0000
```

***A*.*B** 表示 ***A*** 和 ***B*** 单个元素之间对应相乘，显然与 ***A**B** 的结果不同。

数组运算时，如果操作数的大小相同，则第一个操作数中的每个元素都会与第二个操作数中同一位置的元素匹配。如果操作数的大小兼容，则每个输入都会根据需要进行隐式扩展，以匹配另一个输入的大小。例如：

```
>> x=[1,2,3;4,5,6];
>> y=[10,20,30];
>> z1=x.*y    %x 是 2×3 矩阵，y 是 1×3 矩阵
z1 =
   10    40    90
   40   100   180
>> z2=x.^2   %底是 2×3 矩阵，指数是 1×1 矩阵
z2 =
    1     4     9
   16    25    36
>> z3=2.^x    %底是 1×1 矩阵，指数是 2×3 矩阵
z3 =
    2     4     8
   16    32    64
```

如果 ***A***、***B*** 两矩阵具有相同的维度，则 ***A*./*B*** 表示 ***A*** 矩阵除以 ***B*** 矩阵的对应元素，***B*.*A*** 等价于 ***A*./*B***。例如：

```
>> x=[1,2,3;4,5,6];
>> y=[10,20,30;0.1,0.2,0.3];
>> z1=x./y
z1 =
    0.1000    0.1000    0.1000
   40.0000   25.0000   20.0000
>> z2=y.\x
z2 =
    0.1000    0.1000    0.1000
   40.0000   25.0000   20.0000
```

显然 ***x*./*y*** 和 ***y*.*x*** 值相等。这与前面介绍的矩阵的左除、右除运算是不一样的。

若两个矩阵的维度一致，则 ***A*.^*B*** 表示两矩阵对应元素进行乘方运算。例如：

```
>> x=[4,5,6,7;8,9,10,11];
>> y=[4,3,2,1;-1,2,-1,2];
>> z=x.^y
```

```
z =
   256.0000  125.0000   36.0000    7.0000
     0.1250   81.0000    0.1000  121.0000
```

数组运算是 MATLAB 很有特色的一种运算，是许多初学者容易弄混的一个问题。下面再举一个例子进行说明。

当 $x$ 为向量[1, 1.5, 2, 3]时，分别求 $y = x^2\cos x$ 的值。命令应当写为

```
>> x=[1, 1.5, 2, 3];
>> y=x.*x.*cos(x);
```

其中，$x$ 是一个有 4 个元素的向量，求得的 $y$ 也是一个有 4 个元素的向量，$y$ 的各个元素是 $x$ 中对应元素的函数值，因此 $y$ 的表达式中必须使用点乘运算。如果 $x$ 是标量（即 1×1 矩阵），则可以用矩阵的乘法运算。

数组运算中，幂运算的指数可以是分数或小数，即可以用于求根。此时，若作为底数的数组的所有元素都是正数或 0，则运算结果是实数；若底数包含负数，则运算结果是复数。例如：

```
>> x=[0,27,100];
>> y=[x.^(1/3) ; x.^(1/4)]
y =
         0    3.0000    4.6416
         0    2.2795    3.1623
>> x=[0,-27,100];
>> y=[x.^(1/3) ; x.^(1/4)]
y =
   0.0000 + 0.0000i   1.5000 + 2.5981i   4.6416 + 0.0000i
   0.0000 + 0.0000i   1.6119 + 1.6119i   3.1623 + 0.0000i
```

### 3. MATLAB 常用数学函数

MATLAB 提供了许多数学函数，用于计算矩阵元素的函数值。表 2.6 列出了一些常用数学函数。

表 2.6　常用数学函数

| 函数名 | 含义 | 函数名 | 含义 |
|---|---|---|---|
| sin/sind | 正弦函数 | exp | 自然指数（以 e 为底的指数） |
| cos/cosd | 余弦函数 | pow2 | 2 的幂 |
| tan/tand | 正切函数 | sqrt | 平方根 |
| asin/asind | 反正弦函数 | power | *n* 次幂 |
| acos/acosd | 反余弦函数 | nthroot | *n* 次方根 |
| atan/atand | 反正切函数 | real | 复数的实部 |
| sinh | 双曲正弦函数 | imag | 复数的虚部 |
| cosh | 双曲余弦函数 | conj | 复数共轭运算 |
| tanh | 双曲正切函数 | rem | 求余数或模运算 |
| asinh | 反双曲正弦函数 | mod | 模除求余 |
| acosh | 反双曲余弦函数 | factorial | 阶乘 |
| atanh | 反双曲正切函数 | abs | 绝对值 |
| log | 自然对数（以 e 为底的对数） | sign | 符号函数 |
| log10 | 以 10 为底的对数 | gcd | 最大公因子 |
| log2 | 以 2 为底的对数 | lcm | 最小公倍数 |

函数使用说明如下。

（1）函数的自变量规定为矩阵，运算法则是将函数逐项作用于矩阵的元素上，因而运算的结果是一个与自变量同维度的矩阵。例如：

```
>> y=sin(0:pi/2:2*pi)
y =
        0    1.0000    0.0000   -1.0000   -0.0000
>> y=abs(y)
y =
        0    1.0000    0.0000    1.0000    0.0000
```

（2）三角函数都有两个，函数末尾字母为 d 的函数的参数是角度，另一个函数的参数是弧度，例如 sin($x$)中的 $x$ 为弧度，而 sind($x$)中的 $x$ 为角度。

（3）abs 函数可以求实数的绝对值、复数的模、字符串的 ASCII 码值。

```
>> x=[-3.14,3+4i];
>> abs(x)
ans =
    3.1400    5.0000
>> abs('A')
ans =
    65
```

（4）rem 函数与 mod 函数的区别。rem(x,y)和 mod(x, y)要求 $x$、$y$ 必须为相同大小的实矩阵或为标量。当 $y \neq 0$ 时，rem(x, y) = $x - y$.*fix(x./y)，而 mod(x,y) = $x - y$.*floor(x./y)；当 $y = 0$ 时，rem(x, 0) = NaN，而 mod(x,0) = $x$。显然，当 $x$、$y$ 同号时，rem(x,y)与 mod(x,y)相等；当 $x$、$y$ 不同号时，rem(x,y)的符号与 $x$ 相同，而 mod(x, y)的符号与 $y$ 相同。例如：

```
>> x=5;y=3;
>> [rem(x,y),mod(x,y)]
ans =
    2     2
>> x=-5;y=3;
>> [rem(x,y),mod(x,y)]
ans =
   -2     1
```

（5）power 函数的第 2 个参数可以是分数或小数。此时，若 power 函数的第 1 个参数的所有元素都是正数或 0，则运算结果是实数；若 power 函数的第 1 个参数包含负数，则运算结果是复数。例如：

```
>> x=[0,-27,100];
>> y=power(x,2/3)
y =
   0.0000 + 0.0000i  -4.5000 + 7.7942i  21.5443 + 0.0000i
>> y=power(x.^2,1/3)
y =
        0    9.0000   21.5443
```

当幂运算的底数为正数或 0 时，power(x,1/n)与 nthroot(x,n)等效。当底数为负数时，若指数为奇数，则 power(x,1/n)的结果为复数，nthroot(x,n)的结果为实数；当底数为负数时，若指数为偶数或小数、分数，则只能使用 power 函数，不能使用 nthroot 函数。例如：

```
>> nthroot(10,3)
```

```
ans =
    2.1544
>> nthroot(-10,0.3)
错误使用 nthroot (line 28)
如果 X 为负数，那么 N 必须为奇数。
```

### 2.4.2　关系运算

MATLAB 提供了 6 种关系运算符，即<（小于）、<=（小于或等于）、>（大于）、>=（大于或等于）、==（等于）、~=（不等于）。关系运算符的运算法则如下。

（1）当参与比较的量是两个标量时，若关系成立，则关系表达式结果为 1，否则为 0。例如：

```
>> x=5;
>> x==10
ans =
  logical
   0
```

（2）当参与比较的量是两个维度相同的矩阵时，逐个比较对两矩阵相同位置的元素，并给出元素的比较结果。最终的结果是一个维度与原矩阵相同的矩阵，其元素由 0 或 1 组成。例如：

```
>> A=[1,2,3;4,5,6];
>> B=[3,1,4;5,2,10];
>> C=A>B
C =
2×3 logical 数组
    0     1     0
    0     1     0
```

（3）当参与比较的一个是标量，而另一个是矩阵时，则把标量与矩阵的每一个元素逐个比较，并给出元素的比较结果。最终的运算结果是一个维度与矩阵相同的矩阵，其元素由 0 或 1 组成。例如：

```
>>A =[3,1,4;5,2,10];
>> B=A>4
B =
 2×3 logical 数组
    0    0    0
    1    0    1
```

### 2.4.3　逻辑运算

MATLAB 提供了&（与）、|（或）、~（非）逻辑运算符和异或运算函数 xor(a,b)，用于处理矩阵的逻辑运算。

设参与逻辑运算的是两个标量 *a* 和 *b*，那么，逻辑运算符和逻辑运算函数的含义如下。

- *a* & *b* 表示 *a* 和 *b* 做逻辑与运算，当 *a*、*b* 全为非零时，运算结果为 1，否则为 0。
- *a* | *b* 表示 *a* 和 *b* 做逻辑或运算，当 *a*、*b* 中只要有一个非零时，运算结果为 1。
- ~*a* 表示对 *a* 做逻辑非运算，当 *a* 为零时，运算结果为 1；当 *a* 为非零时，运算结果为 0。
- 函数 xor(a,b)表示 *a* 和 *b* 做逻辑异或运算，当 *a*、*b* 的值不同时，运算结果为 1，否则运算结果为 0。

矩阵逻辑运算法则如下。

（1）若参与逻辑运算的是两个维度相同的矩阵，那么运算将逐个对矩阵相同位置上的元素按标量规则进行运算。最终运算结果是一个与原矩阵维度相同的矩阵，其元素由 1 或 0 组成。例如：

```
>> A=[23,-54,12;2,6,-78];
>> B=[5,324,7;-43,76,15];
>> C1=A>0 & B<0
C1 =
  2×3 logical 数组
   0   0   0
   1   0   0
>> C2 = xor(A>0,B>0)
C2 =
  2×3 logical 数组
   0   1   0
   1   0   1
```

（2）若参与逻辑运算的一个是标量，另一个是矩阵，那么运算将在标量与矩阵中的每个元素之间按标量规则逐个进行运算。最终运算结果是一个与矩阵维度相同的矩阵，其元素由 1 或 0 组成。

（3）逻辑非是单目运算符，也服从矩阵运算规则。

MATLAB 还提供了两个用于获取向量整体状况的函数，即 all 函数和 any 函数。若向量的所有元素非零，all 函数的返回值则为 1，否则为 0；若向量的任一元素非零，any 函数的返回值则为 1，否则为 0。例如：

```
>> x=[1,2,3,0];
>> all(x)
ans =
  logical
   0
```

在算术运算、关系运算、逻辑运算中，算术运算优先级最高，逻辑运算优先级最低。

# 2.5 字符数据及操作

MATLAB 提供了用来存储和处理字符类型（character）数据的字符数组和字符串数组。

## 2.5.1 字符向量与字符数组

构建字符向量是通过单撇号括起字符序列来实现的，向量中的每个元素对应一个字符。例如：

```
>> ch1='This is a book.'
ch1 =
    'This is a book.'
```

若字符序列中含有单撇号，则该单撇号字符须用两个单撇号来表示。例如：

```
>> ch2='It''s a book.'
ch2 =
    'It's a book.'
```

构建二维字符数组可以使用创建数值数组相同的方法，例如：

```
>> ch=['abcdef';'123456']
ch =
  2×6 char 数组
    'abcdef'
    '123456'
```

这种创建字符数组的方式要求各行字符数相等。为此，有时不得不用空格来调节各行的长度，使它们彼此相等。如果各个字符串长度不等，可以使用 char 函数将不同长度的字符串组合成字符数组，例如：

```
>> language=char('Basic','Fortran','C++','MATLAB')
language =
  4×7 char 数组
    'Basic  '
    'Fortran'
    'C++    '
    'MATLAB '
```

MATLAB 还有许多与字符处理有关的函数，表 2.7 列出了字符串与其他类型数组的相互转换函数，表 2.8 列出了字符串操作函数，表 2.9 列出了字符串检验函数。

表 2.7　字符串与其他类型数组的相互转换函数

| 函数名 | 含义 | 函数名 | 含义 |
|---|---|---|---|
| char | 其他类型的数组转换为字符串 | mat2str | 将矩阵转换成字符串 |
| num2str | 数值转换成字符串 | int2str | 整数转换成字符串 |
| str2num | 数字字符串转换成数值 | cellstr | 转换为字符向量单元数组 |

表 2.8　字符串操作函数

| 函数名 | 含义 | 函数名 | 含义 |
|---|---|---|---|
| strcat | 串联字符串 | strfind | 在一个字符串内查找另一个字符串出现的位置 |
| strcmp | 比较字符串 | strrep | 查找并替换子字符串 |
| strcmpi | 比较字符串（不区分大小写） | newline | 创建一个换行符 |
| blanks | 生成空格 | deblank | 移除字符串尾部空格 |
| lower | 转换为小写字母 | strtrim | 移除字符串前导和尾部空格 |
| upper | 转换为大写字母 | erase | 删除字符串内的指定子字符串 |
| reverse | 反转字符串中的字符顺序 | | |

表 2.9　字符串检验函数

| 函数名 | 含义 | 函数名 | 含义 |
|---|---|---|---|
| ischar | 确定是否为字符数组 | iscellstr | 确定是否为字符向量单元数组 |
| isspace | 确定哪些元素为空格 | startsWith | 确定字符串是否以指定字符串开头 |
| isletter | 确定哪些元素为字母 | endWith | 确定字符串是否以指定字符串结尾 |

**【例 2.2】** 建立一个字符串向量，然后对该向量做如下处理。

（1）取第 5～12 个字符组成的子字符串。

（2）统计字符串中大写字母的个数。

（3）将字符串中的大写字母变成相应的小写字母，其余字符不变。

命令如下：

```
>> ch='The Language of Technical Computing';
>> subch=ch(5:12)
subch =
   'Language'
>> k=find(ch>='A' & ch<='Z');
>> length(k)
ans =
     4
>> lower(ch)
ans =
    'the language of technical computing'
```

## 2.5.2 字符串数组

从 MATLAB 2016b 开始，MATLAB 提供了字符串数组（String array），可以更加高效地存储和处理文本数据。

字符数组主要用于存储 1 个或多个字符序列，数组中的每个元素都是一个字符，一个字符序列就构成一个字符向量；字符串数组更适合存储多段文本，数组中的每个元素都是一个字符向量，各存储一个字符序列，各个向量的长度可以不同。只有一个元素的字符串数组也称为字符串标量。

构建字符串对象是通过双引号括起字符序列来实现的。例如：

```
>> str1="Hello, world"
str1 =
    "Hello, world"
```

可以使用 string 函数将其他类型的数组转换为字符串数组。

```
>> str2=string('Hello, world')
str2 =
    "Hello, world"
```

在 MATLAB 2017b 中，字符串数组除了可以使用字符数组的处理函数，还增加了字符串数组的专用处理函数，表 2.10 列出了 MATLAB 提供的常用字符串数组处理函数。利用这些函数可以快速分析文本数据。

表 2.10　常用字符串数组处理函数

| 函数名 | 含义 |
|---|---|
| string | 其他类型数组转换为字符串数组 |
| strings | 生成指定大小的字符串数组，每一个元素都是空串 |
| isstring | 确定是否为字符串数组 |
| strlength | 字符串的长度 |
| join | 合并字符串 |
| split | 拆分字符串数组中的字符串 |
| splitlines | 在换行符处拆分字符串 |
| strsplit | 在指定的分隔符处拆分字符串 |
| contains | 确定字符串数组中是否包含指定的字符串 |
| replace | 查找并替换字符串数组中指定的子字符串 |

# 2.6　结构体对象和单元对象

从 MATLAB 5.0 开始，MATLAB 新增加了两种数据类型，即结构体数据类型和单元数据类型。这两种数据类型均是将不同类型的相关数据集成到一个单一变量中，使大量的相关数据的处理与引用变得简单、方便。

## 2.6.1　结构体对象

结构体类型把一组类型不同而逻辑上相关的数据组成一个有机的整体，其作用相当于数据库中的记录。例如，要存储和处理学生的基本信息（包括学号、姓名、出生年月、入学成绩等），就可采用结构体类型。

### 1. 结构体变量

一个结构体变量由若干相关数据组成，存放各个数据的容器称为字段，对字段的访问采用圆点表示法，即“结构体变量.字段”。

建立一个结构体变量可以采用给结构体对象的字段赋值的办法。例如，要建立一个结构体变量 stuinfo，存储某个学生的信息，包括顺序号、姓名、出生日期，命令如下：

```
>> stu.num=101;stu.name='Andy';stu.birth='1996年7月20日'
stu =
  包含以下字段的 struct:
      num: 101
      name: 'Andy'
      birth: '1996年7月20日'
```

以上建立的结构体变量 stu 含有 3 个字段。结构体变量的字段也可以是另一个结构体。例如：

```
>> stu.score.math=90;stu.score.chemistry=92;stu.score.physics=88
stu =
  包含以下字段的 struct:
      num: 101
     name: 'Andy'
    birth: '1996年7月20日'
    score: [1×1 struct]
```

执行上述命令，结构体变量 stu 增加第 4 个字段，这个字段 score 也是结构体。

### 2. 结构体数组

一个结构体变量只能存储一个对象的信息，如果要存储若干个对象的信息，就可以使用结构体数组。在 MATLAB 中，通过调用 struct 函数建立结构体数组。struct 函数的调用格式如下：

```
s = struct(field1, value1, field2, value2…, fieldN, valueN)
```

其中，field1, field2, …, field*N* 为字段名，value1, value2, …, value*N* 为字段值。例如，存储 3 个学生的基本信息，可以使用以下命令：

```
>> f1='num';v1={2001,2002,2004};
>> f2='name';v2={'Angel','Burtt','Cindy'};
>> f3='birth';v3={"1996年7月20日","1996年11月22日","1996年3月21日"};
>> f4='score';v4={[88,90,95,88],[77,78,79,87],[86,85;91,90]};
```

```
>> students=struct(f1,v1,f2,v2,f3,v3,f4,v4)
students =
包含以下字段的 1×3 struct 数组：
num
name
birth
score
```

**3. 结构体对象的引用**

对结构体对象的引用，可以引用其字段，也可以引用整个结构体对象。例如：

```
>> students(1).score   %引用数组元素 student(1)的字段 score
ans =
  88   90    95   88
>> students(3)   %引用数组元素 student(3)
ans =
包含以下字段的 struct:
      num: 2004
     name: 'Cindy'
    birth: "1996年3月21日"
    score: [2×2 double]
```

若要删除结构体的字段，则可以使用 rmfield 函数来完成。例如，要删除前面建立的结构体变量 stu 的字段 num，命令如下：

```
>> stu=rmfield(stu,'num')   %删除 stu 变量的字段 num
stu =
包含以下字段的 struct:
     name: 'Andy'
    birth: '1996年7月20日'
    score: [1×1 struct]
```

执行命令后，stu 变量中只包含 name、birth、score 字段。

## 2.6.2 单元数组

单元数组也是把不同类型的数据组合成一个整体。与结构体数组不同的是，结构体数组的每一个元素由若干字段组成，不同元素的同一字段存储的是相同类型的数据。单元数组的每一个元素是一个整体，存储多种类型的数据。单元数组也称为元胞数组。

**1. 单元数组的建立**

建立单元数组时，数据用大括号括起来。例如，要建立单元数组 $C$，命令如下：

```
>> C={1,[1,2;3,4],3;'text',pi,{11;22;33}}
C =
  2×3 cell 数组
    {[   1]}    {2×2 double}    {[     3]}
    {'text'}    {[  3.1416]}    {3×1 cell}
```

单元数组的元素称为单元。

也可以先调用 cell 函数建立空单元数组，再给单元数组元素赋值来建立单元数组。例如，建立上述单元数组 $C$，也可以使用以下命令：

```
>> C=cell(2,3);
```

```
>> C{1, 1}=1;C{1,2}=[1,2;3,4];C{1,3}=3;
>> C{2,1}='text';C{2,2}=pi;C{2,3}={11;22;33};
```

**2. 单元数组的引用**

引用单元数组的特定单元，通常使用以下方式：

```
A{row, col}
```

其中，*A* 为单元数组，row 和 col 分别指定其行号和列号，例如：

```
>> C{1,2}
ans =
     1     2
     3     4
```

也可以采用圆括号下标的形式引用单元数组的单元，例如：

```
>> C(2,1)
ans =
  1×1 cell 数组
    {'text'}
```

用圆括号下标的形式给单元数组中的单元赋值，数据要用大括号括起来。例如：

```
>> C(1,2)={[77,88,99]}
C =
  2×3 cell 数组
    {[   1]}    {1×3 double}    {[     3]}
    {'text'}    {[  3.1416]}    {3×1 cell}
```

若要删除单元数组中的某个元素，则给该元素赋值为[ ]。例如，删除 *C* 的第 1 行第 2 列的元素，命令如下：

```
>> C{1,2}=[]
C =
  2×3 cell 数组
    {[   1]}    {0×0 double}    {[     3]}
    {'text'}    {[  3.1416]}    {3×1 cell}
```

# 思考与实验

## 一、思考题

1. 写出完成下列操作的命令。

（1）将矩阵 ***A*** 第 2～5 行中第 1、3、5 列元素赋给矩阵 ***B***。

（2）删除矩阵 ***A*** 的第 7 号元素。

（3）将矩阵 ***A*** 的每个元素值加 30。

（4）求矩阵 ***A*** 的大小和维度。

（5）将向量 ***t*** 中值为 0 的元素值用 NaN 代替。

（6）将含有 12 个元素的向量 ***x*** 转换成 3 × 4 矩阵。

（7）建立存储 3 个单词的字符数组 ch0 和存储 3 个单词的字符串数组 str0。

（8）建立存储 1 位同学姓名、百米跑时间的结构体变量 *s*。

2. 已知

$$A=\begin{bmatrix} 97 & 67 & 34 & 10 \\ -78 & 75 & 65 & 5 \\ 32 & 5 & -23 & -59 \\ 0 & -12 & 54 & 7 \end{bmatrix}$$

写出完成下列操作的命令。

（1）取出 ***A*** 的前 3 行构成矩阵 ***B***，前两列构成矩阵 ***C***，右下角 3 × 2 子矩阵构成矩阵 ***D***，***B*** 与 ***C*** 的乘积构成矩阵 ***E***。

（2）输出[50, 100]范围内的全部元素。

**二、实验题**

1. 设 $x=-74°$，$y=-27°$，求 $\dfrac{\sin(x^2+y^2)}{\sqrt{\tan|x+y|+\pi}}$ 的值。

2. 设 $a=1+2i$，$b=3+4i$，$c=e^{\frac{\pi}{6}i}$，求 $c+\dfrac{ab}{a+b}$ 的值。

3. 当 $a$ 取−3.0、−2.9、−2.8、…、2.8、2.9、3.0 时，求 $e^{-0.3a}\sin(a+0.3)$ 在各点的函数值。

4. 设 $x=\begin{bmatrix} 2 & 4 \\ -0.45 & 5 \end{bmatrix}$，求 $\dfrac{1}{2}\ln\left(x+\sqrt{1+x^2}\right)$ 的值，并分析结果矩阵中各元素的含义。

5. 已知

$$A=\begin{bmatrix} 3 & 54 & 2 \\ 34 & -45 & 7 \\ 87 & 90 & 15 \end{bmatrix}, B=\begin{bmatrix} 1 & -2 & 67 \\ 2 & 8 & 74 \\ 9 & 3 & 0 \end{bmatrix}$$

求下列表达式的值。

（1）***A*B*** 和 ***A.*B***。

（2）***A***^3 和 ***A.***^3。

（3）***A/B*** 及 ***B\A***。

（4）[***A, B***]和[***A***([1, 3],:); ***B***^2]。

# 第3章 MATLAB程序设计

利用 MATLAB 提供的标准函数可以解决许多复杂的科学计算问题，但有时难免会碰到仅靠调用标准函数无法满足要求的情况，这时就需要自己编写专门的程序。通过 MATLAB 编程，我们可以提高设计效率，快速、高效求解复杂性高或特殊的计算问题。

【本章学习目标】

- 掌握建立和执行脚本的方法。
- 掌握利用 if 语句、switch 语句实现选择结构的方法。
- 掌握利用 for 语句、while 语句实现循环结构的方法。
- 熟悉利用向量运算来代替循环操作的方法。
- 掌握定义和调用 MATLAB 函数的方法。

## 3.1 脚 本

MATLAB 命令有两种执行方式：一种是交互式的命令执行方式，另一种是脚本执行方式。命令执行方式是在命令行窗口逐条输入命令，MATLAB 逐条解释执行。脚本执行方式是将有关命令编成程序存储在一个扩展名为.m 的文件中，每次运行该脚本，MATLAB 就会自动依次执行脚本中的命令。

### 3.1.1 脚本的编辑

脚本是一个文本文件，它可以用任何文本编辑程序来建立和编辑，默认用 MATLAB 编辑器打开进行编辑。在 MATLAB 编辑器中可以方便、灵活地编写、调试 MATLAB 程序。

1. MATLAB 编辑器

MATLAB 编辑器是一个集编辑与调试功能于一体的集成环境。利用它不仅可以完成基本的程序编辑操作，还可以对脚本进行调试、发布。

MATLAB 编辑器界面包括功能区和编辑区两个部分。功能区有 3 个选项卡：“编辑器”选项卡提供编辑、调试脚本的命令，“发布”选项卡提供管理文档标记和发布文档的命令，“视图”选项卡提供设置编辑区显示方式的命令。MATLAB 编辑器的编辑区会以不同的颜色显示注释、关键词、字符串和一般的程序代码，例如：蓝色标识关键字，紫色标识字符串，绿色标识注释，深绿色标识分节。

#### 2. 启动 MATLAB 编辑器

为建立新的脚本，应启动 MATLAB 编辑器，有 3 种方法。

（1）单击 MATLAB 桌面的“主页”选项卡工具条中的“新建脚本”按钮，将打开 MATLAB 编辑器。也可以单击“主页”选项卡工具条中的“新建”按钮，再从弹出的列表中选择“脚本”项，或按 Ctrl+N 组合键，打开 MATLAB 编辑器。默认，MATLAB 编辑器以面板方式嵌入 MATLAB 桌面，单击面板右上角的“显示编辑器操作”按钮，从弹出的列表中选择“取消停靠”项，编辑器成为独立子窗口，如图 3.1 所示。

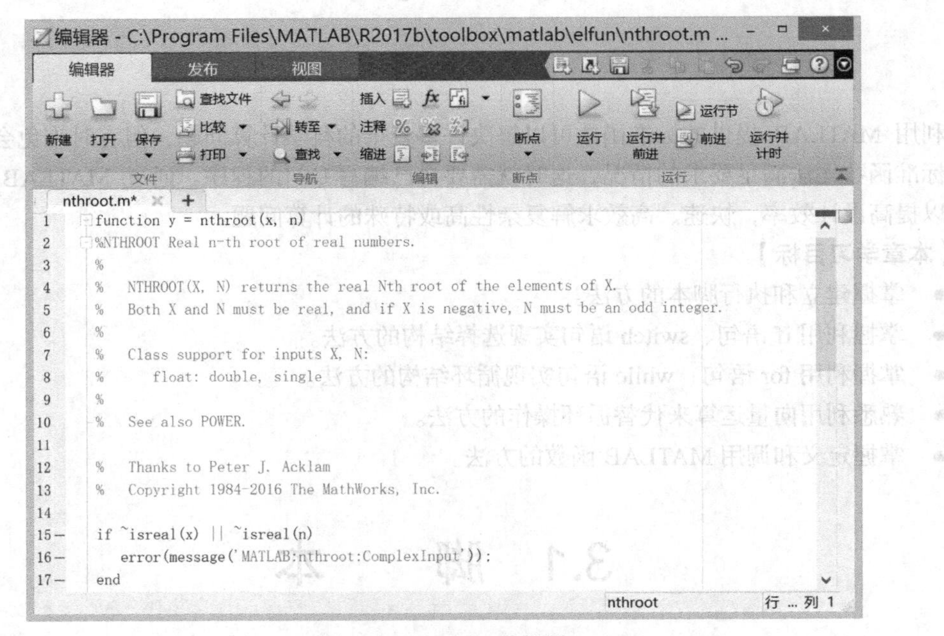


图 3.1　MATLAB 编辑器

（2）在 MATLAB 命令行窗口输入以下命令：

```
edit 文件名
```

文件扩展名为.m。如果指定的文件不存在，会提示是否创建新文件；如果指定的文件存在，就直接打开该文件。

（3）在“命令历史记录”面板选中一些命令（按住 Ctrl 键可同时选择多条命令），然后从右键菜单中选择“创建脚本”命令，将启动 MATLAB 编辑器，并在编辑区中加入所选中的命令。

启动 MATLAB 编辑器后，可在编辑区中编辑程序。编辑完成后，单击 MATLAB 编辑器的“编辑器”选项卡中的“保存”按钮（或单击快速访问工具栏的“保存”按钮，或按 Ctrl+S 组合键），可保存文件。脚本文件存放的位置默认是 MATLAB 的当前文件夹。

也可以通过在 MATLAB 桌面的当前文件夹面板双击已有的.m 文件，启动 MATLAB 编辑器。

MATLAB 提供的内部函数及各种工具箱，都是利用 MATLAB 命令开发的脚本。用户也可以结合自己的工作需要，开发专用的脚本、函数或工具箱。

**【例 3.1】** 建立一个脚本，其功能是：用两个实变量 R、M 生成复变量 RM，然后运行该脚本。

首先建立脚本文件并以文件名 setcomp.m 保存在当前文件夹下。

```
clear;
```

```
R=[1,2,3;4,5,6];
M=[11,12,13;14,15,16];
RM=complex(R,M);
```

然后在 MATLAB 编辑器的“编辑器”选项卡中单击“运行”按钮 ▷，或在 MATLAB 的命令行窗口中输入脚本文件名 setcomp，然后按 Enter 键，MATLAB 将会按序执行该脚本中各个命令。

若要在程序的执行过程中中断程序的运行，可按 Ctrl+C 组合键。

## 3.1.2 实时脚本

为加快探索性编程和分析的速度，从 2016a 起，MATLAB 增加了实时脚本（Live script）功能。实时脚本文件后缀名为.mlx。除了基本的代码，实时脚本还能插入格式化文本、方程式、超链接、图像，将代码、输出和格式化文本相结合，从而可以作为交互式文档与他人分享。

**1. 实时编辑器**

实时脚本在 MATLAB 实时编辑器中创建、编辑、调试。MATLAB 实时编辑器如图 3.2 所示，包括上部的功能区、左部的编辑区和右部的输出区 3 个部分。

功能区有 3 个选项卡：“实时编辑器”选项卡提供了文件管理、文本排版、代码调试等工具，“插入”选项卡提供了插入图像、方程等资源的工具，“视图”选项卡提供了排列子窗口、调整显示、布局等工具。

编辑区除了以不同的颜色显示注释、关键词、字符串和一般的程序代码外，还可插入文本、超链接、图像、公式，并可以对文本设置格式，例如，图 3.2 中的首行文字被自动设为标题，以橙色标识。设计人员在调试和修订程序时，可以通过在代码间插入公式、图形和超链接，对代码进行批注，方便其他设计人员查看、修改。

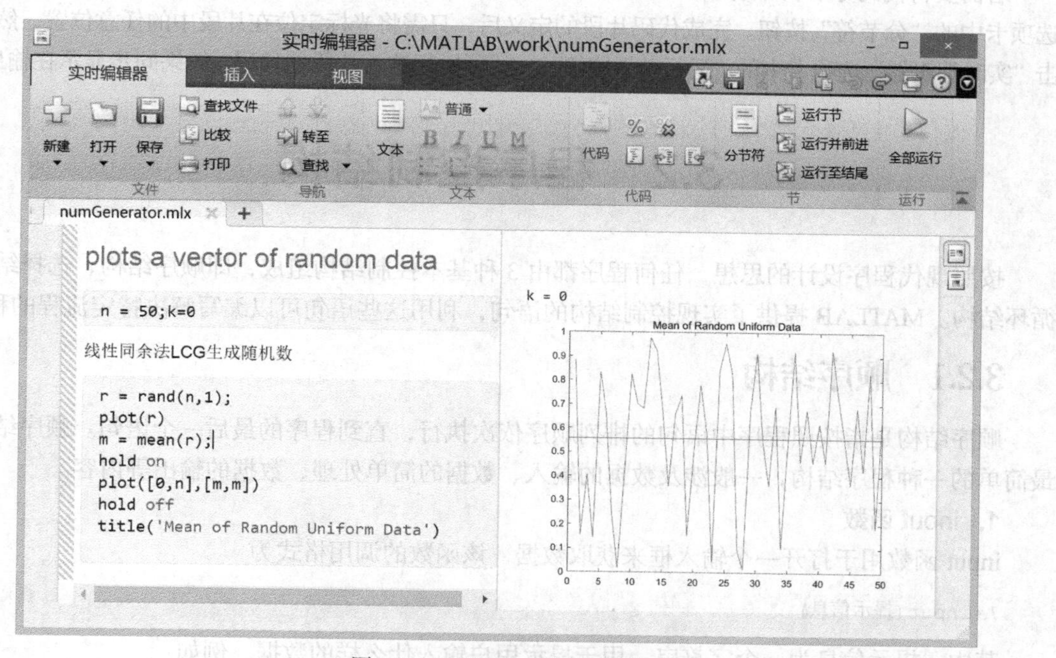


图 3.2 MATLAB 实时编辑器

输出区用于显示运行过程结果和图形，实现可视化调试。

**2. 启动 MATLAB 实时编辑器**

启动实时编辑器有以下方法。

（1）单击 MATLAB 桌面的“主页”选项卡工具条中的“新建实时脚本”按钮，将打开 MATLAB 实时编辑器。也可以单击“主页”选项卡工具条中的“新建”按钮，再从弹出的列表中选择“实时脚本”项，打开 MATLAB 编辑器。在默认情况下，MATLAB 实时编辑器以面板方式嵌入 MATLAB 桌面，单击面板右上角的“显示实时编辑器操作”按钮，从弹出的菜单中选择“取消停靠”项，实时编辑器成为独立子窗口，如图 3.2 所示。

（2）在 MATLAB 命令行窗口输入以下命令：

```
edit 文件名.mlx
```

如果指定的文件不存在，就提示是否创建新文件；如果指定的文件存在，就在实时编辑器中打开该文件。

（3）在命令历史记录面板中选择一些命令（按住 Ctrl 键可同时选择多条命令），然后从右键快捷菜单中选择“创建实时脚本”命令，将启动实时编辑器，并在编辑区中加入所选中的命令。

启动实时编辑器后，可在编辑区中编辑程序。编辑完成后，单击实时编辑器的“实时编辑器”选项卡中的“保存”按钮，可保存实时脚本文件。实时脚本文件存放的默认位置是 MATLAB 的当前文件夹。也可以通过在 MATLAB 桌面的当前文件夹面板中双击已有的.mlx 文件，启动 MATLAB 实时编辑器。

**3. 分节运行代码**

实时脚本通常包含很多命令，有时只需要运行其中一部分，这时可通过设置分节标志，将全部代码分成若干代码片段（也称为代码单元）。

若需要将代码分节，则将光标定位在片段首部或上一片段的尾部，然后单击实时编辑器的“插入”选项卡中的“分节符”按钮。完成代码片段的定义后，只需将光标定位在片段中的任意位置，然后单击“实时编辑器”选项卡中的“运行节”按钮，就可执行这一片段的代码，结果同步显示在输出区。

# 3.2 程序控制结构

按照现代程序设计的思想，任何程序都由 3 种基本控制结构组成，即顺序结构、选择结构和循环结构。MATLAB 提供了实现控制结构的语句，利用这些语句可以编写解决特定流程的程序。

## 3.2.1 顺序结构

顺序结构是指按照程序中语句的排列顺序依次执行，直到程序的最后一个语句。顺序结构是最简单的一种程序结构，一般涉及数据的输入、数据的简单处理、数据的输出等内容。

**1. input 函数**

input 函数用于打开一个输入框来获取数据，该函数的调用格式为

```
A=input(提示信息)
```

其中，提示信息为一个字符串，用于提示用户输入什么样的数据。例如：

```
>> A=input('输入A矩阵:')
输入A矩阵:[1,2,3;4,5,6]↙
```

```
A =
     1     2     3
     4     5     6
```

执行该语句时，在屏幕上显示提示信息“输入A矩阵：”，然后等待用户从键盘按MATLAB规定的格式输入***A***矩阵的值。此时，若直接按Enter键，则***A***返回一个空矩阵；若输入一个无效的表达式，则命令行窗口会显示错误信息，并要求重新输入。

若要输入一个字符串，则应在输入的字符串前后加单撇号或双引号，界定字符串的起始和结束。例如：

```
>> xm=input('What is your name?')
What is your name?'Tommy Tune'↙
xm =
    'Tommy Tune'
```

输入一个字符串也可以使用以下调用方法：

```
A=input(提示信息, 's')
```

采用这种方法，提示信息后直接输入字符串，不需要加单撇号或双引号界定。例如：

```
>> xm=input('What''s your name?','s')
What's your name?Tommy Tune↙
xm =
    'Tommy Tune'
```

2. disp函数

disp函数用于在命令行窗口显示变量和表达式的值，其调用格式为

```
disp(输出项)
```

其中，输出项既可以为字符串，也可以为矩阵。例如：

```
>> A='Hello,World!';
>> disp(A)
Hello,World!
>> A=[1, 2, 3; 4, 5, 6];
>> disp(A)
     1     2     3
     4     5     6
```

和前面介绍的矩阵显示方式不同，用disp函数显示矩阵时将不显示矩阵的名字，而且其输出格式更紧凑，不留任何没有意义的空行。

## 3.2.2 选择结构

选择结构是根据给定的条件成立或不成立，分别执行不同的语句。MATLAB用于实现选择结构的语句有if语句、switch语句和try语句。

1. if语句

在MATLAB中，if语句的格式为

```
if  条件1
    语句块1
elseif  条件2
    语句块2
```

```
…
elseif  条件n
    语句块n
else
    语句块n+1
end
```

其中，elseif 和 else 部分是可选的。当条件表达式的值非空，且仅包含非零元素（逻辑真或任意不为 0 的实数）时，该条件的判定结果为真，否则为假。if 语句的执行过程如图 3.3 所示。

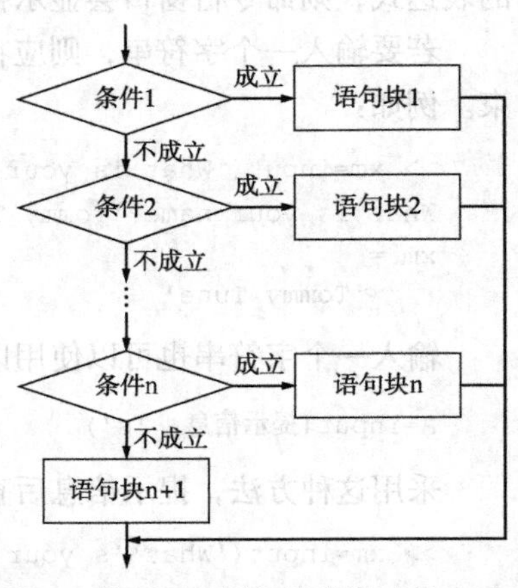


图 3.3　if 语句的执行过程

【例 3.2】 计算分段函数：

$$y=\begin{cases}|x| & x<0\\ \dfrac{\sin x}{x+1} & 0\leqslant x<10\\ x^3 & 10\leqslant x<20\\ (3+2x)\ln x & x\geqslant 20\end{cases}$$

这是一个具有 4 个分支的分段函数，可以用选择结构来实现。程序如下：

```
x=input('请输入 x 的值:');
if x<0
  y=abs(x);
elseif x<10
  y=sin(x)./(x+1);
elseif x<20
  y=power(x,3);
else
  y=(3+2*x).*log(x);
end
disp(y)
```

输入−5，程序运行结果如下：

```
请输入 x 的值:-5↙
     5
```

由于 $x<0$，第 1 个条件表达式的值为 1（即逻辑真），因此执行第 1 个分支中的语句 y=abs(x)。再次运行程序，输入一个 1×3 矩阵，运行结果如下：

```
请输入 x 的值:[-5,5,15]↙
     -125           125          3375
```

首先计算第 1 个条件表达式 $x<0$，其结果是逻辑数组[1 0 0]，数组中有零元素；继续计算第 2 个条件表达式 $x<10$，其结果是逻辑数组[1 1 0]，数组中也有零元素；继续计算第 3 个条件表达式 $x<20$，其结果是逻辑数组[1 1 1]，数组中无零元素，因此执行这个分支中的语句 y=power(x,3)，得到数组[-125 125 3375]。

【例 3.3】 输入一个字符，若为大写字母，则输出其对应的小写字母；若为小写字母，则输出其对应的大写字母；若为数字字符，则输出其对应数的平方；若为其他字符，则原样输出。

关于字符的处理，用 lower 函数将大写字母转换成相应的小写字母，用 upper 函数将小写字母转换成相应的大写字母，用 str2double 函数将字符串转换为数值。MATLAB 2013 以后的版本建

议条件表达式中尽量使用标量，当对标量进行逻辑运算时，运算符采用&&、||。

程序如下：

```
c=input('请输入一个字符：','s');
if c>='A' && c<='Z'
   disp(lower(c));
elseif c>='a' && c<='z'
    disp(upper(c));
elseif c>='0' && c<='9'
    disp(str2double(c)^2);
else
    disp(c);
end
```

程序执行结果如下：

```
请输入一个字符：R↙
   r
```

再次运行程序，程序执行结果如下：

```
请输入一个字符：8↙
   64
```

### 2. switch 语句

switch 语句根据表达式的取值不同，分别执行不同的语句，其语句格式为

```
switch  测试表达式
   case  结果表 1
      语句块 1
   case  结果表 2
      语句块 2
      …
   case  结果表 n
      语句块 n
   otherwise
      语句块 n+1
end
```

switch 语句的执行过程如图 3.4 所示。当表达式的值等于结果表 1 中的值时，执行语句块 1；当表达式的值等于结果表 2 中的值时，执行语句块 2……当表达式的值等于结果表 n 中的值时，执行语句块 n；当表达式的值不等于 case 所列的表达式的值时，执行语句块 n+1。当任意一个分支的语句执行完后，直接执行 switch 语句的下一句。

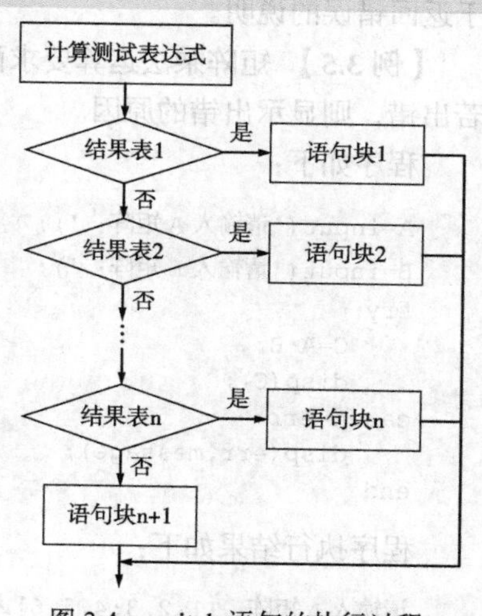


图 3.4　switch 语句的执行过程

switch 子句后面的表达式应为一个标量或一个字符串，case 后面的结果不仅可以为一个标量或一个字符，还可以是一个由标量或字符组成的单元数组。当 case 后面是一个单元数组时，若测试表达式的值等于该单元数组中的某个元素，则执行对应分支中的语句块。

【例 3.4】 将例 3.3 改用 switch 语句实现。

程序如下：

```
c=input('请输入一个字符：','s');
switch c
    case num2cell('A':'Z')
        disp(lower(c));
    case num2cell('a':'z')
        disp(upper(c));
    case num2cell('0':'9')
        disp((c-'0')^2);
    otherwise
        disp(c);
end
```

程序中的 num2cell 函数用于将矩阵转化为单元数组。表达式'A':'Z'生成一个 1×26 的字符矩阵'ABCDEFGHIJKLMNOPQRSTUVWXYZ'，表达式 num2cell('A':'Z')则将这个字符矩阵转换为 1×26 的单元数组。程序执行结果如下：

```
请输入一个字符：f↙
    F
```

再次运行程序，程序执行结果如下：

```
请输入一个字符：@↙
    @
```

### 3. try 语句

try 语句是一种试探性执行语句，为开发人员提供了一种捕获错误的机制，其格式为

```
try
   语句块 1
catch  变量
   语句块 2
end
```

try 语句先试探性执行语句块 1，如果语句块 1 在执行过程中出现错误，则将错误信息赋给 catch 后的变量，并转去执行语句块 2。catch 后的变量是一个 MException 类的对象，其 message 属性用于返回错误的说明。

**【例 3.5】** 矩阵乘法运算要求两矩阵的维度相容，否则会出错。编写程序，求两矩阵的乘积，若出错，则显示出错的原因。

程序如下：

```
A=input('请输入 A 矩阵：');
B=input('请输入 B 矩阵：');
try
    C=A*B;
    disp(C);
catch err
    disp(err.message);
end
```

程序执行结果如下：

```
请输入 A 矩阵：[1,2,3;4,5,6]↙
```

```
请输入 B 矩阵：[7,8,9;10,11,12]↙
内部矩阵维度必须一致。
```

再运行一次程序，执行结果如下：

```
请输入 A 矩阵：[1,2,3;4,5,6]↙
请输入 B 矩阵：[7,8;11,12;13,14]↙
    68    74
   161   176
```

### 3.2.3 循环结构

循环是指按照给定的条件，重复执行某些语句。MATLAB 提供了两种实现循环结构的语句，即 for 语句和 while 语句。

#### 1. for 语句

for 语句用于处理能事先确定循环次数的情况。for 语句的格式为

```
for 循环变量=表达式 1:表达式 2:表达式 3
    循环体语句
end
```

其中，表达式 1 的值为循环变量的初值，表达式 2 的值为步长，表达式 3 的值为循环变量的终值。步长为 1 时，表达式 2 可以省略。

for 语句的执行过程如图 3.5 所示。首先计算 3 个表达式的值，再将初值赋给循环变量，如果此时循环变量的值介于初值和终值之间，则执行循环体语句，否则结束循环的执行。执行完一次循环之后，循环变量自增一个步长，然后再判断循环变量的值是否介于初值和终值之间，如果满足，就执行循环体，直至不满足为止。这时将结束 for 语句的执行，而继续执行 for 语句后面的语句。

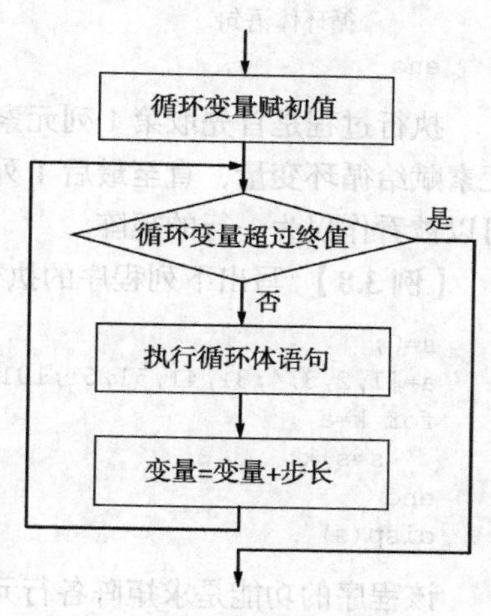

图 3.5 for 语句的执行过程

【例 3.6】 一个各位数字的立方和等于该数本身的 3 位整数被称为水仙花数。试输出全部水仙花数。

程序如下：

```
shu=[];                        %建立一个空矩阵 shu，用于存放结果
for n=100:999
   n1=fix(n/100);              %求 n 的百位数字
   n2=mod(fix(n/10),10);       %求 n 的十位数字
   n3=mod(n,10);               %求 n 的个位数字
   if n==n1*n1*n1+n2*n2*n2+n3*n3*n3
     shu=[shu,n];               %存入结果
   end
end
disp(shu)
```

程序执行结果如下：

```
   153   370   371   407
```

【例 3.7】 已知 $y=1-\frac{1}{2}+\frac{1}{3}-\frac{1}{4}+\cdots-\frac{1}{100}$，求 $y$ 的值。

程序如下：

```
y=0;
n=100;
f=1;
for i=1:n
   y=y+f/i;
   f=-f;
end
disp(['y=',num2str(y)])
```

程序执行结果如下：

```
y=0.68817
```

在上述例子中，for 语句的循环变量都是标量，这与其他高级语言的相关循环语句（如 FORTRAN 语言中的 DO 语句，C 语言中的 for 语句等）等价。在 MATLAB 中，for 语句也可以采用以下格式：

```
for 循环变量=矩阵
      循环体语句
end
```

执行过程是首先取第 1 列元素赋给循环变量，然后执行循环体语句，然后依次将矩阵的各列元素赋给循环变量，直至最后 1 列。实际上，本节一开始给出的“表达式 1:表达式 2:表达式 3”可以被看作仅为一行的矩阵。

【例 3.8】 写出下列程序的执行结果。

```
s=0;
a=[1,2,3,4;31,41,51,61;101,102,103,104];
for k=a
   s=s+k;
end
disp(s)
```

该程序的功能是求矩阵各行元素之和，执行结果是：

```
    10
   184
   410
```

2. while 语句

对于事先不能确定循环次数，而是根据条件是否满足来决定循环是否继续的情况，一般使用 while 语句。while 语句的一般格式为

```
while 条件
        循环体语句
end
```

其执行过程为：若条件成立，则执行循环体语句，执行循环体语句后再判断条件是否成立，如果不成立则结束循环，如图 3.6 所示。当条件表达式的值非空，且仅包含非零元素（逻辑真或任意不为 0 的实数），该条件的判定结果为真，否则为假。

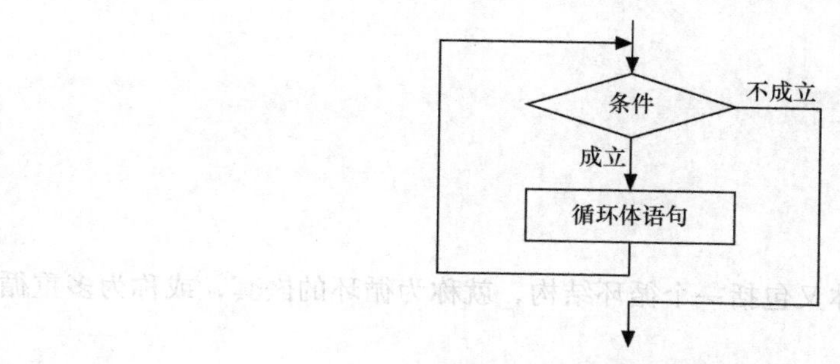


图 3.6　while 语句的执行过程

【例 3.9】 求使 $\frac{1}{1^2}+\frac{1}{2^2}+\frac{1}{3^2}+\cdots+\frac{1}{n^2}>1.5$ 的最小的 $n$。

程序如下：

```
y=0;
n=0;
while (y<=1.5)
    n=n+1;
    y=y+1/n/n;
end
disp(['满足条件的 n 是：',num2str(n)])
```

程序执行结果如下：

```
满足条件的 n 是：7
```

3. break 语句和 continue 语句

与循环结构相关的语句还有 break 语句和 continue 语句。它们一般与 if 语句配合使用。

break 语句用于终止循环的执行。当在循环体内执行到该语句时，程序将跳出循环，继续执行循环语句的下一语句。

continue 语句控制跳过循环体中的某些语句。当在循环体内执行到该语句时，程序将跳过循环体中所有剩下的语句，继续下一次循环。

【例 3.10】 输入两个整数，求它们的最小公倍数。

程序如下：

```
x=input('请输入第一个数:');
y=input('请输入第二个数:');
z1=max(x,y);
z=0;
while z<x*y
    z=z+z1;
    %如果 z 不能被 x 整除，则跳过循环体中的后续语句，不再判断 z 能否被 y 整除
    if mod(z,x)~=0
        continue;
    end
    %如果 z 既能被 x 整除，又能被 y 整除，则跳出循环
    if mod(z,y)==0
        break;
    end
end
disp([num2str(x),'和',num2str(y),'的最小公倍数是：',num2str(z)])
```

程序执行结果如下：

```
请输入第一个数:24↙
请输入第二个数:45↙
24 和 45 的最小公倍数是: 360
```

**4. 循环的嵌套**

如果一个循环结构的循环体又包括一个循环结构，就称为循环的嵌套，或称为多重循环结构。

**【例 3.11】** 设 $x$、$y$、$z$ 均为正整数，求下列不定方程组共有多少组解。

$$\begin{cases} x+y+z=20 \\ 25x+20y+16z=400 \end{cases}$$

这类方程的个数少于未知数的个数的方程或方程组称为不定方程，一般没有唯一解。对于这类问题，可采用穷举法，即一个一个地试所有可能的取值，看是否满足方程，如满足即是方程的解。

首先确定 3 个变量的可取值，$x$、$y$、$z$ 均为正整数，即有 $x \geqslant 1$、$y \geqslant 1$、$z \geqslant 1$。根据第 2 个方程，可以确定 $x$ 的最大值是 $\text{fix}\left(\dfrac{400-16\times1-20\times1}{25}\right)$，即 14。在 $x$ 为某个值时，$y$ 的最大值是 $20-x-1$，即 $19-x$。程序如下：

```
n=0;
a=[]; %建立一个空矩阵 a，用于存放方程的解
for x=1:14
    for y=1:19-x
        z=20-x-y;
        if 25*x+20*y+16*z==400
            a=[a;x,y,z];
            n=n+1;
        end
    end
end
disp(['方程组共有',num2str(n),'组解']);
disp(a)
```

程序执行结果如下：

```
方程组共有 2 组解
     4    11     5
     8     2    10
```

# 3.3 函　数

函数用于 MATLAB 应用程序的扩展编程。事实上，MATLAB 提供的标准函数大部分都是由函数文件定义的。

## 3.3.1 函数文件

**1. 函数文件的基本结构**

函数由 function 语句引导，其基本结构为

```
function 输出形参表=函数名(输入形参表)
         注释说明部分
         函数体语句
```

其中，以 function 开头的一行为引导行，声明函数名称、输入和输出。函数名的命名规则与变量名的命名规则相同。函数文件定义了输出参数和输入参数的对应关系。当有多个参数时，参数和参数之间用逗号分隔。若输出参数多于一个，则应该用方括号括起来。

说明

（1）函数通常保存在函数文件中，函数文件名的扩展名是.m。只包含函数定义的函数文件的文件名应与文件中其函数的名称一致。2016b 后的 MATLAB 也支持将函数保存在脚本文件中，但函数必须位于该脚本文件的末尾，脚本文件不能与文件中的函数具有相同的名称。

（2）函数文件的注释说明包括如下内容。

- 紧随函数文件引导行之后以%开头的第一注释行。这一行一般包括大写的函数文件名和函数功能简要描述，供"lookfor"关键词查询和"help"在线帮助用。
- 第一注释行及之后连续的注释行。这些行通常包括函数输入/输出参数的含义及调用格式说明等信息，构成全部在线帮助文本。

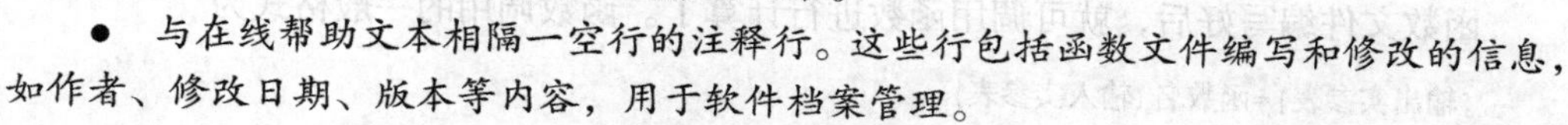

- 与在线帮助文本相隔一空行的注释行。这些行包括函数文件编写和修改的信息，如作者、修改日期、版本等内容，用于软件档案管理。

（3）函数定义中的输入/输出参数称为形式参数（或虚拟参数），简称形参（或虚参）。调用函数时的输入/输出参数称为实际参数，简称实参。形参的数目通常是确定的，在调用时要依次给出与形参对应的所有实参。

（4）如果在函数文件中加入了 return 语句，则执行到该语句就结束函数的执行，程序流程转至调用该函数的位置。若函数文件中没有 return 语句，则在被调用函数执行完成后自动返回。

### 2．函数文件的编辑

单击 MATLAB 桌面功能区的"主页"选项卡的"新建"按钮，从弹出的列表中选择"fx 函数"项，将打开 MATLAB 编辑器，编辑区自动填入了函数头、注释等函数结构的基本元素，这些元素可以帮助设计人员快速建立自定义函数。

【例 3.12】 编写函数文件，求 $\frac{1}{m+1}+\frac{1}{m+2}+\cdots+\frac{1}{m+n}$ 和 $\frac{1}{m(m+1)}+\frac{1}{(m+1)(m+2)}+\cdots+\frac{1}{(m+n-1)(m+n)}$。

函数文件如下：

```
function [s1,s2]=sumfraction(m,n)
%SUM  sumfraction.m calculates sum of fractions
%m          区间下界
%n          区间上界
%s1         1/(m+1)+1/(m+2)+...+1/(m+n)
%s2         1/m/(m+1)+1/(m+1)/(m+2)+...+1/(m+n-1)/(m+n)
if (length(m)~=1 || length(n)~=1)
   error('输入参数应该是两个数！');
   return;
end
```

```
s1=0;s2=0;
for k=m+1:m+n
   s1=s1+1/k;
   s2=s2+1/(k-1)/k;
end
```

将以上函数文件以文件名 sumfraction.m 存盘。

使用“help”命令或“lookfor”命令可以显示出注释说明部分的内容，其功能和一般 MATLAB 函数的帮助信息是一致的。

使用“help”命令可查询“sumfraction”函数的注释说明：

```
>> help sumfraction
 SUM  sumfraction.m calculates sum of fractions
 m          区间下界
 n          区间上界
 s1         1/(m+1)+1/(m+2)+...+1/(m+n)
 s2         1/m/(m+1)+1/(m+1)/(m+2)+...+1/(m+n-1)/(m+n)
```

### 3.3.2 函数调用

函数文件编写好后，就可调用函数进行计算了。函数调用的一般格式为

```
[输出实参表]=函数名(输入实参表)
```

函数调用时各实参出现的顺序，应与函数定义时形参的顺序一致，否则会出错。函数调用时，先将实参的值传递给相应的形参，从而实现参数传递，然后再执行函数的功能。

**【例 3.13】** 调用例 3.12 中定义的函数，求 $\frac{1}{3}+\frac{1}{4}+\cdots+\frac{1}{7}$ 和 $\frac{1}{2\cdot3}+\frac{1}{3\cdot4}+\cdots+\frac{1}{6\cdot7}$。

分析算式，形参 $m$ 对应的值是 2，$n$ 对应的值是 5。在 MATLAB 命令行窗口输入以下命令：

```
>> [a1,a2]=sumfraction(2,5)
a1 =
   1.0929
a2 =
   0.3571
```

在 MATLAB 中，函数可以嵌套调用，即一个函数可以调用别的函数，甚至调用它自身。在数学与计算机科学中，在函数的定义中使用函数自身的方法称为递归（Recursion），是指一种通过重复将问题分解为同类的子问题而解决问题的方法。

**【例 3.14】** $n$ 的阶乘在数学上定义为 $n!=\begin{cases}1 & n\leqslant1\\ n(n-1)! & n>1\end{cases}$

求 $n$ 的阶乘需要求 $n$–1 的阶乘，这时可采用递归调用。函数文件 factorialfun.m 定义如下：

```
function f=factorialfun(n)
if n<=1
   f=1;
else
   f=factorialfun(n-1)*n;       %递归调用求(n-1)!
end
```

编写主调程序，调用 factorialfun 函数文件，求 $s=1!+2!+3!+4!+5!$。

```
s=0;
```

```
n=input('请输入 n: ');
for i=1:n
    s=s+factorialfun(i);
end
disp (['1到',num2str(n),'的阶乘和为: ',num2str(s)])
```

运行主调程序，执行结果如下：

```
请输入 n: 5↙
1 到 5 的阶乘和为: 153
```

### 3.3.3 可变参数

在 MATLAB 中，函数参数的数目通常是确定的，在调用时要依次给出与形参对应的所有实参。MATLAB 也支持可变数量的输入和输出。

在调用函数时，MATLAB 提供 4 个预定义变量存储调用可变参数的函数时实参的信息，数值变量 nargin 和 nargout 分别存储输入实参和输出实参的个数，单元数组 varargin 和 varargout 分别存储输入实参传递的数据和输出实参对应的变量。只要在函数文件中引用这 4 个变量，就可以获取该函数被调用时的输入/输出参数的信息，从而决定函数如何进行处理。

【例 3.15】 nargin 用法实例。

建立函数文件 varfun.m。

```
function fout=varfun(varargin)
if nargin==1
    fout=varargin{1}.^2;
elseif nargin==2
    fout=1./(varargin{1}+varargin{2});
elseif nargin==3
    fout=power(varargin{1}*varargin{2}*varargin{3},3);
end
```

在命令行窗口执行以下命令：

```
>> x=varfun(1:3)
x =
     1     4     9
>> x=varfun(1:3,23:25)
x =
    0.0417    0.0385    0.0357
>> x=varfun(1:3,[23;24;25],0.1)
x =
   3.1121e+03
```

3 次调用函数文件 varfun.m，因输入参数的个数分别是 1、2、3，从而执行不同的操作，返回不同的函数值。

### 3.3.4 匿名函数

匿名函数是一种特殊的函数定义形式，不存储成函数文件。匿名函数的调用与标准函数的调用方法一样，但定义只能包含表达式。通常，匿名函数与函数句柄变量相关联，通过句柄变量调用该匿名函数。定义匿名函数的基本格式为

```
函数句柄=@(匿名函数形参表) 匿名函数表达式
```

其中，@是创建函数句柄的运算符，匿名函数的形参是匿名函数表达式中的自变量。当有多个参数时，参数和参数之间用逗号分隔。例如：

```
>> fun1=@(x)3*x.*x+5*x+6;
>> a=1:1:4;
>> c=fun1(a)
c =
   14    28    48    74
>> fun2=@(x,y)x.*x-y.*y;
>> a=7:10;
>> b=1:4;
>> z=fun2(a,b)
z =
   48    60    72    84
```

### 3.3.5 全局变量与局部变量

在 MATLAB 中，函数文件中的变量的作用域默认是局部的，与其他函数文件及 MATLAB 工作区相互隔离，即在一个函数文件中定义的变量不能被另一个函数文件或其他对象引用。如果在若干函数中，都把某一变量声明为全局变量，那么这些函数将公用这一个变量。因此，定义全局变量可以作为对象或函数间传递信息的一种手段。

全局变量用“global”命令定义，命令格式为

```
global var1 var2 … varN
```

变量 var1、var2、var*N* 之间用空格分隔。

【**例 3.16**】 全局变量应用实例。

先建立函数文件 wmean.m，该函数计算输入参数加权平均值。

```
function f=wmean(x,y)
global w1 w2;
f=(w1*x+w2*y)/(w1+w2);
```

建立脚本文件 meanmain.m，调用函数 wmean。

```
global w1 w2
w1=3;
w2=4;
wavemean=wmean(92,86);
disp(['加权平均值为： ',num2str(wavemean)])
```

在命令行窗口运行脚本文件 meanmain.m：

```
>> meanmain
加权平均值为： 88.5714
```

由于在函数 wmean 和调用函数的脚本文件中都把 *w*1 和 *w*2 两个变量定义为全局变量，所以只要在脚本文件中改变 *w*1 和 *w*2 的值，就可改变函数中 *x*、*y* 的权值，而无须修改函数文件。

需要指出的是，在程序设计中，全局变量固然可以带来某些方便，却破坏了函数对变量的封装，降低了程序的可读性，因此，在结构化程序设计中，全局变量是不受欢迎的。尤其当程序较大，子程序较多时，全局变量将给程序调试和维护带来不便，故不提倡使用全局变量。

# 3.4 程序调试

程序调试是程序设计的重要环节，是修正语法错误和逻辑错误的过程，因此，程序设计人员必须学习和掌握调试程序的技能。MATLAB 提供了相应的程序调试功能，既可以通过 MATLAB 编辑器对程序进行调试，又可以在命令行窗口结合具体的命令进行。

## 3.4.1 程序调试概述

一般来说，应用程序的错误有两类，一类是语法错误，另一类是运行时的错误。语法错误包括语法或文法的错误，如函数名拼写错、表达式书写错、数据类型错误等。MATLAB 能够检查出大部分的语法错误，给出相应错误的信息，并标出错误在程序中的行号。

程序运行时的错误是指程序的运行结果有错误，这类错误也称为程序逻辑错误。MATLAB 系统对逻辑错误是无能为力的，不会给出任何提示信息。这时可以通过一些调试手段来发现程序中的逻辑错误，最常用的办法是通过观测中间结果来发现错误可能发生的程序段，以便进一步分析错误的原因。采取的办法如下。

（1）使用 MATLAB 编辑器，在打开的脚本中设置断点。然后单击“编辑器”选项卡的“▷运行”按钮，程序进入调试模式，并运行到第一个断点处，“编辑器”选项卡上出现调试命令模块，如图 3.7 所示，命令行窗口的提示符相应变成 K>>。进入中断状态后，最好将编辑器窗口锁定，即停靠到 MATLAB 桌面上，便于观察代码运行时变量的变化。要退出调试模式，应在调试命令模块中单击“退出调试”按钮。

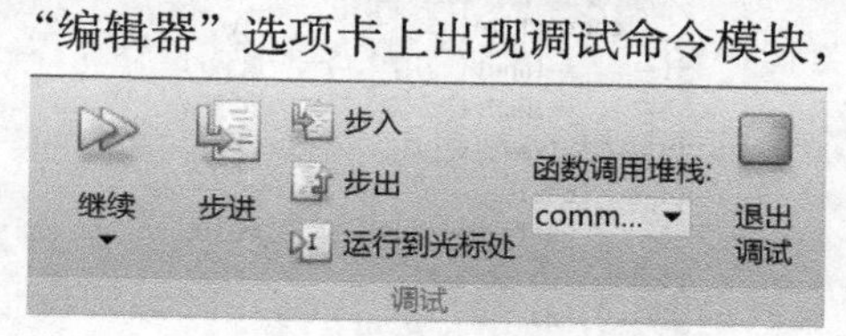

图 3.7　调试命令模块

（2）在命令行窗口里调用调试函数。常用的调试函数有以下几个。

- dbstop：设置断点。
- dbclear：清除断点。
- dbstep：从断点处开始单步运行。
- keyboard：将程序的运行状态转换到键盘控制模式，命令行窗口的提示符相应变成 K>>，利用命令操作来进行程序调试。
- dbquit：退出调试模式。

## 3.4.2 MATLAB 调试模块

MATLAB 编辑器提供 3 类与调试有关的功能模块，编辑器的“编辑器”选项卡中有对应的 3 个命令组：“断点”命令组提供设置、清除断点的命令，“运行”命令组提供运行脚本的命令，“调试”命令组提供调试中的控制单步运行的命令。通常，工具条中出现的是“运行”功能组，当进入调试状态，工具条中出现“调试”命令组。

### 1. 断点操作

在 MATLAB 编辑器中，通过对脚本设置断点可以使程序运行到某一行暂停运行，这时可以查看和修改工作区中的变量。单击“断点”按钮，弹出的列表中的前 4 项分别用于清除所有断点、设置/清除断点、启用/禁用断点、设置或修改条件断点（条件断点可以使程序执行到满足一定条件时停止），后面的“错误处理”项包括出现错误时暂停（不包括 try…catch 语句中的错误）、出现警告时暂停两个选项。

**2. 控制单步运行**

控制单步运行的命令共有 4 个。在程序运行之前，有些按钮未激活。只有当程序中设置了断点且程序停止在第一个断点处时，这些按钮才被激活。这些按钮的功能如下。

（1）步进：单步运行。每单击一次，程序运行一条语句，但不进入函数。

（2）步入：单步运行。遇到函数时进入函数内，仍单步运行。

（3）步出：停止单步运行。如果在函数中，就跳出函数；如果不在函数中，就直接运行到下一个断点处。

（4）运行到光标处：直接运行到光标所在的位置。

**【例 3.17】** 在图 3.8 所示的编辑器窗口中，有一个求两个数的最小公倍数的程序 commulti.m，试设置断点来控制程序执行。

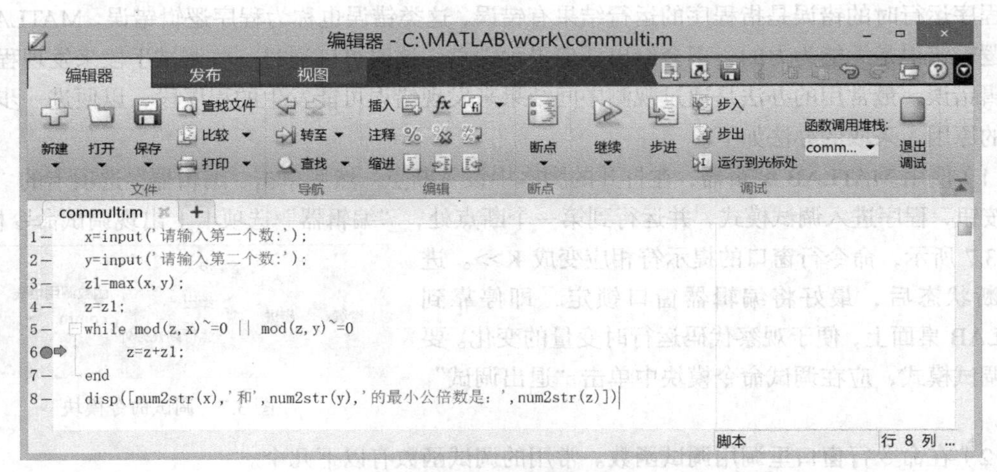


图 3.8　通过断点控制程序的运行

在编辑器中编辑脚本文件 commulti.m，然后将 MATLAB 的当前文件夹设置到本文件所在文件夹或将本文件所在文件夹添加至 MATLAB 的搜索路径。后续调试步骤如下。

（1）在“z=z+z1”语句处设置断点：在该语句的行号后的“—”符号上单击，或将插入点移至该语句所在行，单击“编辑器”选项卡的“断点”按钮，从下拉列表中选择“设置/清除”命令，则在该行行号后出现一个红色圆点，程序运行时，将在断点处暂停。也可以通过在命令行窗口中调用调试函数设置断点：

```
>> dbstop in commulti at 6;
```

命令中 dbstop 函数用于设置断点，commulti 为待调试的程序文件，6 为断点的位置（行号）。

（2）运行程序，检查中间结果。单击编辑器窗口中“编辑器”选项卡的“运行”按钮，或在命令行窗口输入待调试的程序文件名，例如：

```
>> commulti;
```

当程序运行到断点处时，在断点和文本之间将会出现一个绿色箭头，表示程序运行至此暂停，如图 3.8 所示，命令行窗口的提示符由“>>”变成了“K>>”。

这时可以在 K>>后输入变量名或表达式，观测指定变量的值，也可以直接在工作区窗口观察各个变量的值。通过观察程序执行中的相关变量的值，可以判断程序逻辑的正确性。

（3）单击编辑器窗口中“编辑器”选项卡的“继续”按钮或按 F5 键，程序继续运行，在断点处又暂停，这时可继续观察变量的值。如此重复，一直到发现问题为止。

（4）如果不想继续观测当前程序段的执行，可单击此程序段的断点标志，清除该断点；或者将光标定位在断点所在行，单击编辑器窗口中“编辑器”选项卡的“断点”按钮，从下拉列表中选择“启用/禁用”命令，使该断点失效。

（5）要结束对程序的调试，可单击编辑器窗口中“编辑器”选项卡的“退出调试”按钮，或者在命令行窗口的提示符 K>> 后输入以下命令：

```
k>> dbquit
```

# 3.5 程序性能分析与优化

程序设计的思路是多种多样的，针对同样的问题可以设计出不同的程序，而不同程序的执行效率会有很大不同，特别是数据规模很大时，差别尤为明显，所以，有时需要借助性能分析工具分析程序的执行效率，并对程序进行优化。

## 3.5.1 程序性能分析

调试器只负责脚本中语法错误和运行错误的定位，而利用 MATLAB 的探查器、tic 函数和 toc 函数能获得程序各环节的耗时情况，这些工具提供的分析报告能帮助用户探寻影响程序运行速度的“瓶颈”所在，以便于进行代码优化。

探查器以图形化界面让用户深入地了解程序执行过程中各函数及函数中的每条语句所耗费的时间，从而有针对性地改进程序，提高程序的运行效率。打开探查器有以下 3 种方法：

（1）在命令行窗口中调用 profile 函数。先执行“profile on”命令启动探查器，在执行其他计算命令后，执行“profile viewer”命令打开探查器窗口查看结果。

（2）单击 MATLAB 桌面“主页”选项卡中的“运行并计时”按钮。

（3）单击 MATLAB 编辑器的“编辑器”选项卡中的“运行并计时”按钮。

使用后两种方法，探查器会自动运行并探查当前编辑器编辑区中的代码。

假定当前文件夹下有脚本文件 profilertest.m，文件中包含如下代码：

```
t=linspace(0,2*pi,100);
x=sin(t);
y=t.*cos(t);
plot(x,y)
```

在 MATLAB 的命令行窗口输入以下命令：

```
>> profile on
>> profilertest
>> profile viewer
```

如果已在 MATLAB 编辑器中打开了脚本文件 profilertest.m，则单击 MATLAB 编辑器的“编辑器”选项卡中的“运行并计时”按钮。这时，MATLAB 将打开“探查器”窗口，显示分析结果，如图 3.9 所示。检测摘要表提供了运行文件的时间和相关函数的调用频率等信息，其中“总时间”列反映出整个程序耗时 0.053s，其中绘制图形中调用的 newplot 函数耗时最多。单击某函数名，则可以打开相应函数执行的详细报告；单击脚本文件名，则可以看到执行各行代码所耗费的时间。

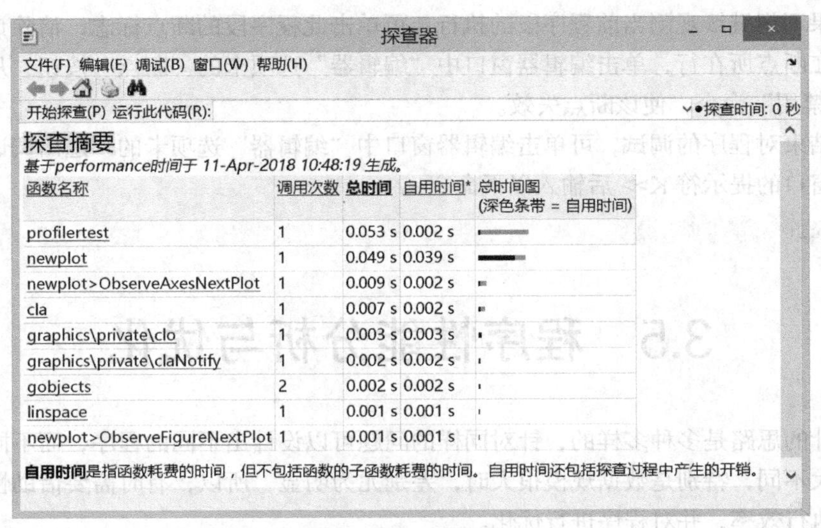


图 3.9 “探查器”窗口

## 3.5.2 程序优化

MATLAB 是解释型语言，计算速度较慢，所以在编程时如何提高程序的运行速度是需要重点考虑的问题。优化程序运行可采用以下方法。

（1）向量化。在实际 MATLAB 编程中，为提高程序的执行速度，常用向量或矩阵运算来代替循环操作。

**【例 3.18】** $y=\frac{1}{1\cdot 2}+\frac{1}{2\cdot 3}+\cdots+\frac{1}{100000\cdot 100001}$，求 $y$ 的值。

此例可用循环结构实现，程序如下：

```
n=100000;
y=0;
for x=1:n
    y=y+1/x/(x+1);
end
```

此例也可以采用向量求和的方法实现。首先生成一个向量 $\boldsymbol{x}$，然后调用 MATLAB 提供的 sum 函数求 $\boldsymbol{x}$ 各个元素之和。程序如下：

```
n=100000;
vx=1:n;
x=1./vx./(vx+1);
y=sum(x)
```

分别运行这两个程序，从探查器的评估报告中可以看出，后一种方法编写的程序比前一种方法快得多。

（2）预分配内存空间。通过在循环之前预分配向量或数组的内存空间，可以提高 for 循环的处理速度。例如，下面的代码用函数 zeros 预分配 for 循环中用到的向量 $\boldsymbol{a}$ 的内存空间，使这个 for

循环的运行速度显著加快。

程序 1：

```
clear;
a=0;
for n=2:10000
   a(n)=a(n-1)+10;
end
```

程序 2：

```
clear;
a=zeros(1,10000);
for n=2:10000
   a(n)=a(n-1)+10;
end
```

程序 2 采用了预定义矩阵的方法，运行时间少于程序 1。

（3）减小运算强度。采用运算量更小的表达式，一般来说，加法比乘法运算快，乘法比乘方运算快，位运算比求余运算快。例如：

```
clear;
a=fix(rand(1000)*10);                    %生成一个 1000×1000 的矩阵
x=a.^4;
y=a.*a.*a.*a
```

单击 MATLAB 编辑器的“编辑器”选项卡中的“运行并计时”按钮，然后单击探查摘要列表中的脚本文件名，查看脚本的各行代码所耗费的时间。如图 3.10 所示，a.*a.*a.*a 运算比 a.^4 运算所花的时间少得多。

| 行号 | 代码 | 调用次数 | 总时间 | % 时间 | 时间 绘图 |
|---|---|---|---|---|---|
| 3 | x=a.^4; | 1 | 0.035 s | 72.7% | ▬▬ |
| 2 | a=fix(rand(1000)*10); ... | 1 | 0.009 s | 18.8% | ▬ |
| 4 | y=a.*a.*a.*a; | 1 | 0.002 s | 4.3% | ' |
| 1 | clear; | 1 | 0.002 s | 4.2% | ' |
| 所有其他行 | | | 0.000 s | 0.1% | |
| 总计 | | | 0.048 s | 100% | |

图 3.10　代码的时间开销

# 思考与实验

## 一、思考题

1. 什么叫脚本？如何建立并执行一个脚本？
2. 程序的基本控制结构有几种？在 MATLAB 中如何实现？
3. 已知

$$s = 1+2+2^2+2^3+\cdots+2^{63}$$

分别用循环结构和调用 MATLAB 的 sum 函数求 $s$ 的值，并总结 MATLAB 程序设计的特点。

4. 什么叫函数文件？如何定义和调用函数文件？
5. 为了提高程序的执行效率，可采取哪些措施？

## 二、实验题

1. 从键盘输入一个 4 位整数，按加密规则加密后输出。加密规则：每位数字都加上 7，然后用和除以 10 的余数取代该数字；然后将第 1 位数与第 3 位数交换，第 2 位数与第 4 位数交换。

2. 硅谷公司员工的工资计算方法如下。

（1）工作时数超过 120h 者，超过部分加发 15%。

（2）工作时数低于 60h 者，扣掉 700 元。

（3）其余按每小时 84 元计发。

试编程按输入的工号和员工的工时数，计算应发工资。

3. 根据 $\frac{\pi^2}{6}=\frac{1}{1^2}+\frac{1}{2^2}+\frac{1}{3^2}+\cdots+\frac{1}{n^2}$，求 π 的近似值。当 $n$ 分别取 100、1 000、10 000 时，结果是多少？

要求：分别用循环结构和向量运算来实现。

4. 根据 $y=1+\frac{1}{3}+\frac{1}{5}+\cdots+\frac{1}{2n-1}$，求：

（1）$y<3$ 时的最大 $n$ 值；

（2）与（1）的 $n$ 值对应的 $y$ 值。

5. 已知

$$y=\frac{f(40)}{f(30)+f(20)}$$

（1）当 $f(n)=n+10\ln(n^2+5)$ 时，$y$ 的值是多少？

（2）当 $f(n)=1\times2+2\times3+3\times4+\cdots+n\times(n+1)$ 时，$y$ 的值是多少？

# 第4章 图形绘制

图形可以帮助人们直观感受数据的内在规律和联系，便于加深和强化对数据的理解和记忆。MATLAB具有非常强大的图形功能，使用MATLAB的绘图函数和绘图工具，我们既可以绘制二维图形，也可以绘制三维图形，还可以通过标注、视点、颜色、光照等操作，对图形进行修饰。

【本章学习目标】

- 掌握绘制二维和三维图形的方法。
- 掌握图形修饰处理方法。
- 了解图像处理的基本原理和方法。
- 掌握交互式绘图工具的使用方法。

## 4.1 二维曲线绘制

二维曲线是将平面上的数据点连接起来的图形。除直角坐标系外，还可采用对数坐标系、极坐标系。数据点可以用向量或矩阵形式给出，类型可以是实型或复型。二维曲线的绘制是其他绘图操作的基础。

### 4.1.1 绘制二维曲线

#### 1. plot函数

plot函数用于绘制平面上的线性坐标曲线，是最基本且应用最为广泛的绘图函数。plot函数的基本调用格式为

```
plot(x, y)
```

其中，参数 ***x*** 和 ***y*** 为向量或矩阵，分别用于存储要绘制的数据点的横坐标和纵坐标。plot函数绘制曲线时，用线段将各数据点连接起来，形成一条折线。数据点越多，曲线越光滑。

**【例4.1】** 绘制曲线 $\begin{cases} x=\sin t+\sin 2t \\ y=\cos t-\cos 2t \end{cases}$

这是以参数方程形式给出的二维曲线，只要给定参数向量，再分别求出 ***x***、***y*** 向量，即可绘出曲线。程序如下：

```
t=linspace(0,2*pi,200);
x=sin(t)+sin(2*t);
y=cos(t)-cos(2*t);
```

```
plot(x,y)
```

程序执行后，打开一个图形窗口，在其中绘出二维曲线，如图 4.1 所示。

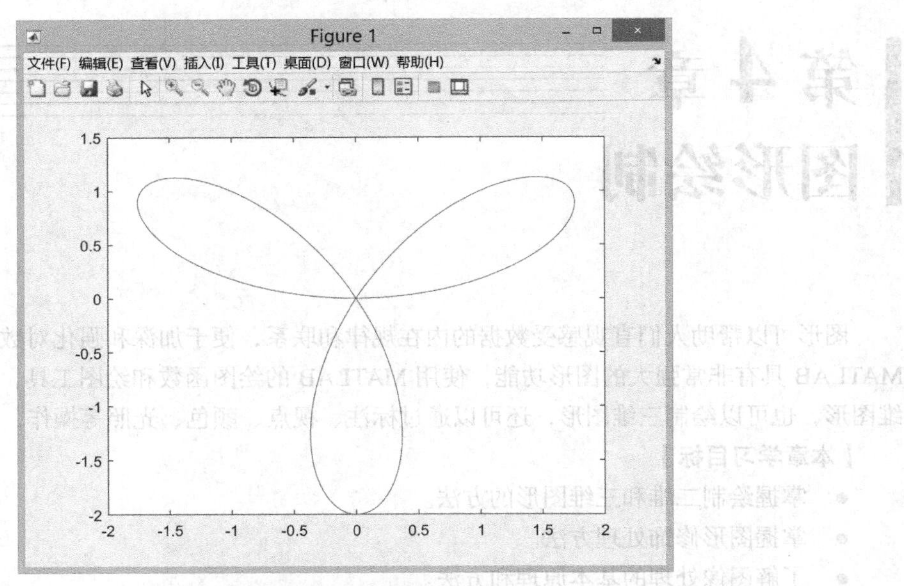


图 4.1　以参数方程形式绘制的二维曲线

如果 plot 函数的输入参数的数据点太少，绘制的图形不能反映数据的变化特性。例如，若例 4.1 中的 ***x***、***y*** 各只有 10 个数据，则绘制的图形是 3 个三角形。

在实际应用中，plot 函数的输入参数有许多变化形式，下面详细介绍。

（1）当 ***x*** 和 ***y*** 是同样大小矩阵时，配对的 ***x***、***y*** 按对应列的元素为横、纵坐标分别绘制曲线，曲线条数等于矩阵的列数。例如，在同一坐标中绘制 3 条幅值不同的正弦曲线，命令为

```
x=linspace(0,2*pi,100);
y=sin(x);
plot([x; x; x]',[y; y*2; y*3]')
```

如果 ***x*** 或 ***y*** 一个是行向量，另一个是矩阵，则矩阵的列数应与向量的元素个数相同，绘图时按矩阵的行对数据分组绘制，曲线条数为矩阵的行数；如果 ***x*** 或 ***y*** 一个是列向量，另一个是矩阵，则矩阵的行数应与向量的元素个数相同，绘图时按矩阵的列对数据分组绘制，曲线条数为矩阵的列数。例如，在同一坐标中绘制 3 条幅值不同的正弦曲线，命令也可以写成

```
x=linspace(0,2*pi,100);
y=sin(x);
plot(x,[y; y*2; y*3])
```

（2）当 plot 函数只有一个输入参数时即“plot(y)”，若 ***y*** 是实型向量，则以该向量元素的下标为横坐标、元素值为纵坐标绘制出一条连续曲线；若 ***y*** 是复数向量，则分别以向量元素实部和虚部为横、纵坐标绘制一条曲线。若 ***y*** 是实矩阵，则按列绘制每列元素值相对其下标的曲线，曲线条数等于输入参数矩阵的列数；若 ***y*** 是复数矩阵，则按列分别以元素实部和虚部为横、纵坐标绘制多条曲线。例如，绘制 3 个同心圆，命令为

```
t=linspace(0,2*pi,100);
x=cos(t)+1i*sin(t);
y=[x;2*x;3*x]';
```

```
plot(y)
```

（3）当 plot 函数有多个输入参数且都为向量即“plot(x1,y1,x2,y2,⋯,xn,yn)”时，其中，**x**1 和 **y**1、**x**2 和 **y**2⋯⋯**xn** 和 **yn** 分别组成一组向量对，以每一组向量对为横、纵坐标绘制出一条曲线。采用这种格式时，各组向量对的长度可以不同。例如，在同一坐标中绘制 2 条不同的曲线，命令可以写成

```
t1=linspace(0,3*pi,90);
x=cos(t1)+t1.*sin(t1);
t2=linspace(0,2*pi,50);
y=sin(t2)-t2.*cos(t2);
plot(t1,x,t2,y)
```

### 2. fplot 函数

使用 plot 函数绘图时，先要取得 $x$、$y$ 坐标，然后再绘制曲线，$x$ 往往采取等间隔采样。在实际应用中，函数随着自变量的变化趋势未知，或者在不同区间函数频率特性差别大，此时使用 plot 函数绘制图形，如果自变量的采样间隔设置不合理，则无法反映函数的变化趋势。例如，$\sin(1/x)$ 在 0～0.1 范围有许多个振荡周期，函数值变化大，而 0.1 以后变化较平缓，如果将 plot 函数的采样间隔设置为 0.005，绘制的曲线无法反映函数在[0, 0.1]区间的变化规律。

从 2014b 版本开始，MATLAB 提供了 fplot 函数，可根据参数函数的变化特性自适应地设置采样间隔。当函数值变化缓慢时，设置的采样间隔大；当函数值变化剧烈时，设置的采样间隔小。fplot 函数的基本调用格式为

```
fplot(fun,lims)
```

其中，fun 代表定义曲线 $y$ 坐标的函数，通常采用函数句柄的形式；lims 为 $x$ 轴的取值范围，用二元行向量[xmin,xmax]描述，默认为[-5, 5]。选项定义与 plot 函数相同。

【例 4.2】 用 fplot 函数绘制曲线 $f(x)=\dfrac{\sin(x^2)}{x}$，$x\in[0, 4\pi]$。

命令如下：

```
>> fplot(@(x)sin(x.^2)./x,[0,4*pi])
```

命令执行后，得到图 4.2 所示的曲线。

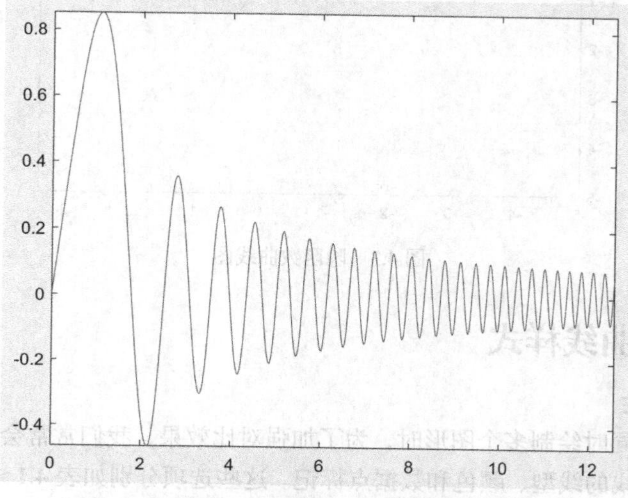


图 4.2　fplot 函数绘制的曲线图

从 2016a 版本开始，MATLAB 提供了 fplot 函数的双输入参数的用法，其调用格式为

```
fplot(funx,funy,lims)
```

其中，funx、funy 代表函数，通常采用函数句柄的形式。lims 为参数函数 funx 和 funy 的自变量的取值范围，用二元向量[tmin, tmax]描述。例如，例 4.1 也可以用以下命令实现：

```
>> fplot(@(t)sin(t)+sin(2*t),@(t)cos(t)-cos(2*t),[0,2*pi])
```

### 3. fimplicit 函数

如果给定了定义曲线的显式表达式，可以根据表达式计算出所有数据点坐标，用 plot 函数绘制图形，或者用函数句柄作为参数，调用 fplot 函数绘制图形。但如果曲线用隐函数形式定义，如 $x^3+y^3-5xy+\frac{1}{5}=0$，则很难用上述方法绘制图形。从 2016b 版本开始，MATLAB 提供了 fimplicit 函数绘制隐函数图形，其调用格式为

```
fimplicit(f,[a,b,c,d])
```

其中，$f$ 是匿名函数表达式或函数句柄，$[a,b]$指定 $x$ 轴的取值范围，$[c,d]$指定 $y$ 轴的取值范围。若省略 $c$ 和 $d$，则表示 $x$ 轴和 $y$ 轴的取值范围均为$[a,b]$。若没有指定取值范围，$x$ 轴和 $y$ 轴的默认取值范围为[-5,5]。

例如，绘制曲线 $x^3+y^3-5xy+\frac{1}{5}$，使用以下命令：

```
>> fimplicit(@(x,y)x.*x.*x+y.*y.*y-5*x.*y+1/5)
```

运行结果如图 4.3 所示。

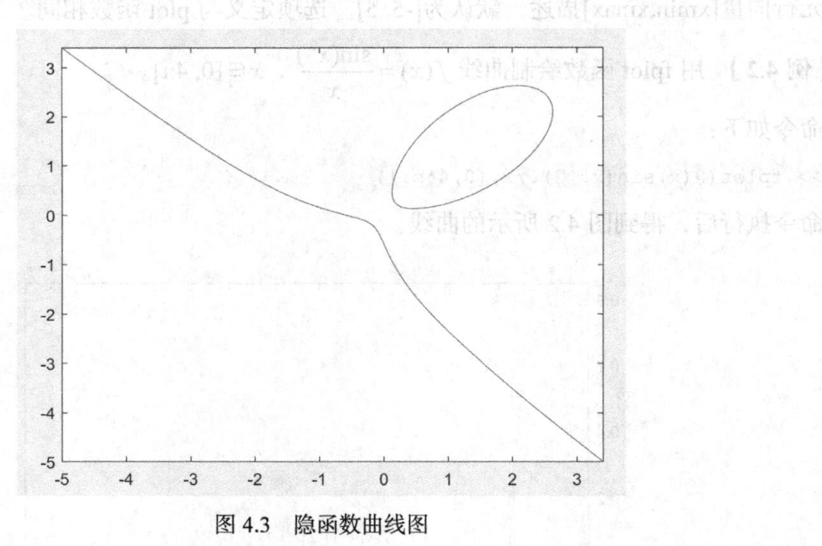


图 4.3　隐函数曲线图

## 4.1.2　设置曲线样式

### 1. 曲线基本属性

绘制图形特别是同时绘制多个图形时，为了加强对比效果，我们常常会在 plot 函数中加上选项，用于指定所绘曲线的线型、颜色和数据点标记。这些选项分别如表 4.1～表 4.3 所示，它们可以组合使用。例如，'b-.'表示蓝色点画线，'y:d'表示黄色虚线并用菱形符标记数据点。当选项省略

时，MATLAB 规定，线型用实线，颜色自动循环使用当前坐标轴的 ColorOrder 属性指定的颜色，无数据点标记。

表 4.1　线型选项

| 选项 | 线型 | 选项 | 线型 |
| --- | --- | --- | --- |
| '-' | 实线（默认值） | '--' | 短画线 |
| ':' | 虚线 | '-.' | 点画线 |

表 4.2　颜色选项

| 选项 | 颜色 | 选项 | 颜色 |
| --- | --- | --- | --- |
| 'b' 或 'blue' | 蓝色 | 'm' 或 'magenta' | 品红色 |
| 'g' 或 'green' | 绿色 | 'y' 或 'yellow' | 黄色 |
| 'r' 或 'red' | 红色 | 'k' 或 'black' | 黑色 |
| 'c' 或 'cyan' | 青色 | | |

表 4.3　数据点标记选项

| 选项 | 标记符号 | 选项 | 标记符号 |
| --- | --- | --- | --- |
| '.' | 点 | 'v' | 朝下三角符号 |
| 'o' | 圆圈 | '^' | 朝上三角符号 |
| 'x' | 叉号 | '<' | 朝左三角符号 |
| '+' | 加号 | '>' | 朝右三角符号 |
| '*' | 星号 | 'p' 或 'pentagram' | 五角星符号 |
| 's' 或 'square' | 方块符号 | 'h' 或 'hexagram' | 六角星符号 |
| 'd' 或 'diamond' | 菱形符号 | | |

要设置曲线样式可以在 plot 函数、fplot 函数中加绘图选项，其调用格式为

```
plot(x,y,选项)
plot(x1,y1,选项 1,x2,y2,选项 2,…,xn,yn,选项 n)
fplot(funx,选项)
fplot(funx,funy,选项)
```

【例 4.3】 在同一坐标内，分别用不同线型和颜色绘制曲线 $y = x^2 - 3$ 和 $y = 2\sin x + 3\cos x$，并标记两曲线交点。

程序如下：

```
x=linspace(-3,3,1000);
y1=x.*x-3;
y2=2*sin(x)+3*cos(x);
k=find(abs(y1-y2)<1e-2);%查找 y1 与 y2 相等点(近似相等)的下标
x1=x(k);                %取 y1 与 y2 相等点的 x 坐标
y3=x1.*x1-3;            %求 y1 与 y2 值相等点的 y 坐标
plot(x,y1,x,y2,'k:',x1,y3,'bp');
```

程序执行结果如图 4.4 所示。plot 命令中未指定曲线 $y = x^2 - 3$ 的线型和颜色，绘制时采用默认颜色和线型（实线），曲线 $y = 2\sin x + 3\cos x$ 为黑色虚线，两曲线的交点为蓝色五角星。

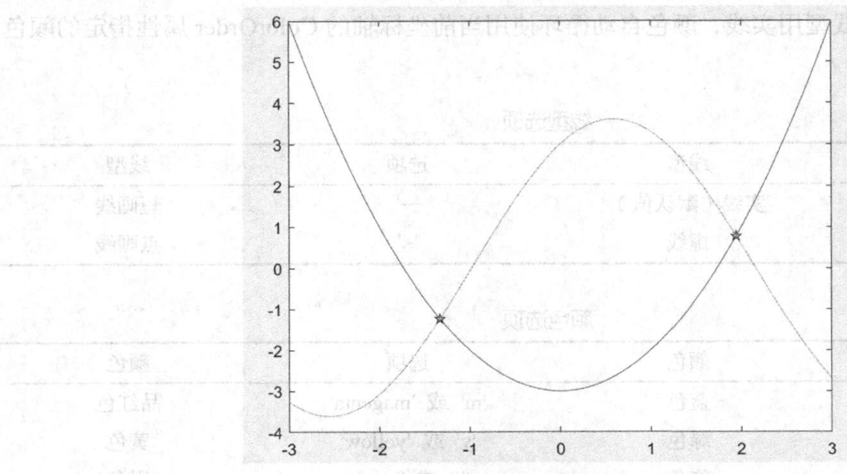

图 4.4　用不同线型和颜色绘制的曲线

### 2. 其他属性设置方法

调用 MATLAB 绘图函数绘制图形，还可以采用属性名-属性值配对的方式设置曲线属性，即

```
plot(x,y,属性1,值1,属性2,值2,…,属性n,值n)
```

常用的曲线属性如下。

- Color：指定线条颜色，除了使用表 4.2 中的字符，还可以使用 RGB 三元组，即用行向量[R G B]指定颜色，R、G、B 分别代表红、绿、蓝 3 种颜色成分的亮度，取值范围为[0,1]。表 4.4 列出了常用颜色的 RGB 值。

表 4.4　常用颜色的 RGB 值

| RGB 值 | 颜色 | RGB 值 | 颜色 |
|---|---|---|---|
| [0 0 1] | 蓝色 | [1 1 1] | 白色 |
| [0 1 0] | 绿色 | [0.5 0.5 0.5] | 灰色 |
| [1 0 0] | 红色 | [0.67 0 1] | 紫色 |
| [0 1 1] | 青色 | [1 0.5 0] | 橙色 |
| [1 0 1] | 品红色 | [1 0.62 0.40] | 铜色 |
| [1 1 0] | 黄色 | [0.49 1 0.83] | 宝石蓝色 |
| [0 0 0] | 黑色 | | |

- LineStyle：指定线型，可用值为表 4.1 中的选项。
- LineWidth：指定线宽，缺省时，线宽默认为 0.5 个像素。
- Marker：指定标记符号，可用值为表 4.3 中的选项。
- MarkerIndices：指定哪些点显示标记，其值为向量。若未指定，默认在每一个数据点显示标记。
- MarkerEdgeColor：指定五角星、菱形、六角星标记符号的框线颜色。除了使用表 4.2 中的选项，还可以使用三元向量[R G B]指定颜色。
- MarkerFaceColor：指定五角星、菱形、六角星标记符号内的填充颜色。除了使用表 4.2 中的选项，还可以使用三元向量[R G B]指定颜色。

- MarkerSize：指定标记符号的大小，缺省时，符号大小默认为 6 个像素。

例如：

```
>> t=linspace(0,2*pi,121);
>> plot(t,sin(2*t),'Color',[0 0 0],...   %设置曲线为黑色
        'LineWidth',2,...                %设置曲线线宽为 2
        'Marker','o',...                 %设置曲线标记为圆
        'MarkerIndices',[1,31,61,91,121],...  %在 5 个点显示标记
        'MarkerEdgeColor','r',...        %设置曲线标记外框为红色
        'MarkerFaceColor','y',...        %设置曲线标记内填充黄色
        'MarkerSize',8)                  %设置曲线标记大小为 8
```

执行以上命令，结果如图 4.5 所示。

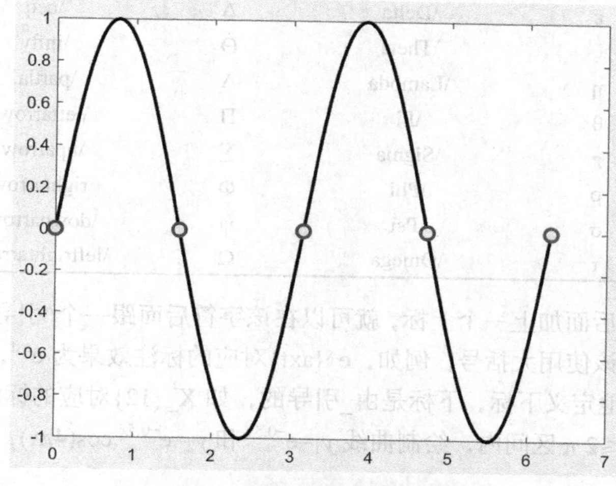


图 4.5　用指定属性绘制的曲线

### 4.1.3　图形标注与坐标控制

**1. 图形标注**

在绘制图形的同时，可以对图形加上一些说明，如图形名称、坐标轴说明、图形某一部分的含义等，这些操作称为添加图形标注，以使图形意义更加明确，可读性更强。有关图形标注函数的调用格式如下。

- title(坐标轴标题)
- xlabel($x$ 轴说明)
- ylabel($y$ 轴说明)
- text($x$, $y$, 图形说明)
- legend(图例 1, 图例 2, …)

title 函数用于给坐标轴添加标题；xlabel、ylabel 分别用于给 $x$ 轴、$y$ 轴添加说明；text 函数用于在指定位置（$x, y$）添加图形说明；legend 函数用于添加图例，说明绘制曲线所用线型、颜色或数据点标记。

上述函数中的说明文字除使用常规字符外，还可使用 TeX 标识符输出其他字符和标识，如希腊字母、数学符号、公式等。在 MATLAB 支持的 TeX 字符串中，\bf、\it、\rm 标识符分别定义字

形为加粗、倾斜和常规字体。常用的 TeX 标识符如表 4.5 所示，其中的各个字符既可以单独使用，又可以和其他字符及命令联合使用。为了将控制字符串、TeX 标识符与输出字符分隔开来，可以用大括号界定控制字符串，以及受控制字符串的起始和结束。例如：

```
>> text(0.3,0.5,'sin({\omega}t+{\beta})');  %标注 sin(ωt+β)
```

表 4.5　　常用的 TeX 标识符

| 标识符 | 符号 | 标识符 | 符号 | 标识符 | 符号 |
|---|---|---|---|---|---|
| \alpha | α | \phi | φ | \leq | ≤ |
| \beta | β | \psi | ψ | \geq | ≥ |
| \gamma | γ | \omega | ω | \div | ÷ |
| \delta | δ | \Gamma | Γ | \times | × |
| \epsilon | ε | \Delta | Δ | \neq | ≠ |
| \zeta | ζ | \Theta | Θ | \infty | ∞ |
| \eta | η | \Lambda | Λ | \partial | ∂ |
| \theta | θ | \Pi | Π | \leftarrow | ← |
| \pi | π | \Sigma | Σ | \uparrow | ↑ |
| \rho | ρ | \Phi | Φ | \rightarrow | → |
| \sigma | σ | \Psi | ψ | \downarrow | ↓ |
| \tau | τ | \Omega | Ω | \leftrightarrow | ↔ |

如果想在某个字符后面加上一个上标，就可以在该字符后面跟一个^引导的字符串。若想把多个字符作为指数，则应该使用大括号，例如，e^{axt}对应的标注效果为 $e^{axt}$，而 e^axt 对应的标注效果为 $e^{a}xt$。可以类似地定义下标，下标是由_引导的，如 X_{12}对应的标注效果为 $X_{12}$。

【例 4.4】 在 $0 \leqslant x \leqslant 2\pi$ 区间内，绘制曲线 $y_1=e^{-0.5x}$ 和 $y_2=e^{-0.5x}\cos(4\pi x)$，并添加图形标注。

程序如下：

```
x=0:pi/100:2*pi;
y1=exp(-0.5*x);
y2=exp(-0.5*x).*cos(4*pi*x);
plot(x,y1,x,y2);
title('x from 0 to 2{\pi}');                 %添加坐标轴标题
xlabel('Variable X');                        %添加 X 轴说明
ylabel('Variable Y');                        %添加 Y 轴说明
text(1.5,0.5,'曲线 y_1=e^{-0.5x}');          %在指定位置添加图形说明
text(3,-0.2,'曲线 y_2=cos(4{\pi}x)e^{-0.5x}');
legend('y_1','y_2')                          %添加图例
```

程序执行结果如图 4.6 所示。

添加图形说明也可用“gtext”命令。gtext 函数没有位置参数，执行命令时，十字光标跟随鼠标移动，单击鼠标即可将文本放置在十字光标处。例如：

```
>> gtext('cos(x)')
```

执行命令后，单击坐标轴中的某点，即可放置字符串“cos(x)”。

**2．坐标控制**

绘制图形时，MATLAB 可以自动根据要绘制图形数据的范围，选择合适的坐标刻度，使曲线能够尽可能清晰地显示出来。所以，一般情况下不必选择坐标轴的刻度范围。有时，绘图需要自

已定义坐标轴，这时可以调用 axis 函数来实现。该函数的调用格式为

```
axis([xmin,xmax,ymin,ymax,zmin,zmax])
```

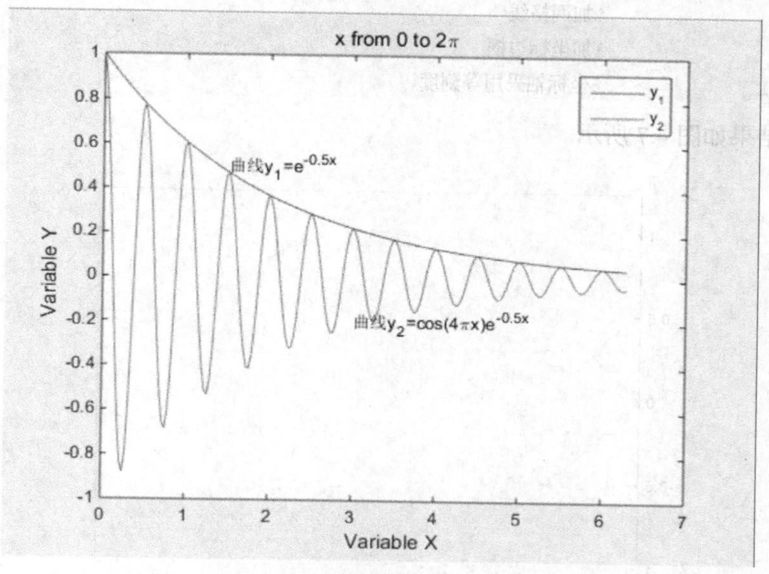


图 4.6　给图形加图形标注

系统按照给出的 3 个坐标轴的最小值和最大值设置坐标轴范围，通常，绘制二维图形时只给出前 4 个参数。例如：

```
>> axis([-pi,pi,-4,4])
```

axis 函数功能丰富，其他用法如下。

- axis auto：使用默认设置。
- axis equal：纵、横坐标轴采用等长刻度。
- axis square：产生正方形坐标轴（默认为矩形）。
- axis on：显示坐标轴。
- axis off：不显示坐标轴。

例如，画一个边长为 1 的正方形，使用以下程序：

```
x=[0,1,1,0,0]; %为了得到封闭图形，曲线首尾两点坐标重合
y=[0,0,1,1,0];
plot(x,y);
axis([-0.1,1.1,-0.1,1.1]); %使曲线与坐标轴边框不重叠
axis square                %使图形呈现正方形
```

坐标轴设定好以后，还可以通过给坐标轴加网格、边框等手段改变坐标轴显示效果。给坐标轴加网格线用“grid”命令来控制。“grid on”命令控制显示网格线，“grid off”命令控制不显示网格线，不带参数的“grid”命令用于在两种状态之间进行切换。给坐标轴加边框用“box”命令。“box”命令的使用方法与“grid”命令相同。如果程序中没有出现“box”命令，默认是有边框线的。

**【例 4.5】** 绘制曲线 $y = \sin t \sin(9t)$ 及其包络线，$x \in [0,\pi]$。

程序如下：

```
t=0:pi/100:pi;
```

```
y1=sin(t).*[1;-1];          %包络线函数值
y2=sin(t).*sin(9*t);
plot(t,[y1;y2]);
grid on;                    %加网格线
box on;                     %加坐标边框
axis equal                  %坐标轴采用等刻度
```

程序执行结果如图 4.7 所示。

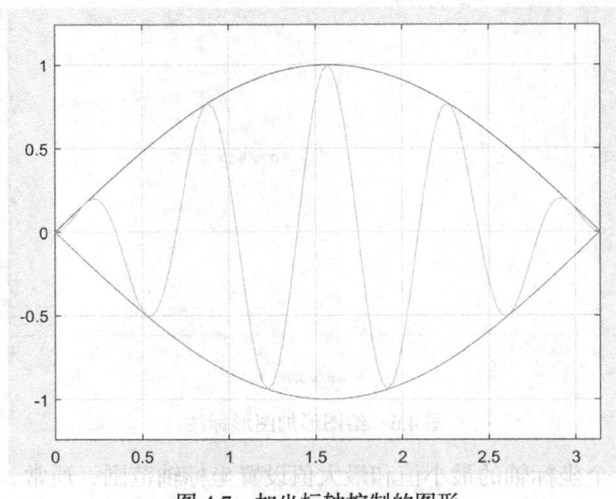


图 4.7　加坐标轴控制的图形

## 4.1.4　多图形显示

### 1. 图形窗口的分割

在实际应用中，常常需要在一个图形窗口内绘制若干个独立的图形，这就需要对图形窗口进行分割。分割后的图形窗口由若干个绘图区组成，每一个绘图区可以有自己的坐标轴。同一图形窗口中的不同坐标轴下的图形称为子图。MATLAB 系统提供的 subplot 函数，用来实现对当前图形窗口的分割。subplot 函数的调用格式为

```
subplot(m,n,p)
```

其中，参数 *m* 和 *n* 表示将图形窗口分成 *m* 行 *n* 列个绘图区，区号按行优先编号。第 3 个参数指定第 *p* 个区为当前活动区，后续的绘图命令、标注命令、坐标控制命令都作用于当前活动区。若 *p* 是向量，则表示将向量中的几个区合成 1 个绘图区，然后在这个合成的绘图区绘制图形。

【例 4.6】 在图形窗口中，以子图形式同时绘制多根曲线。

程序如下：

```
x=-3:0.1:3;
subplot(2,2,2);       %将图形窗口划分成 2×2—4 个子图，选定 2 区为当前活动区
y2=sin(2.*x.^2);
plot(x,y2);xlabel('(b)'); axis([-3,3 -1.2,1.2])
subplot(2,2,4);
y3 = cos(x.^3);
plot(x,y3);xlabel('(c)'); axis([-3,3 -1.2,1.2]); grid on;
subplot(2,2,[1 3]);   %选定 1 和 3 号区为当前活动区
```

```
fplot(@(x)(x-cos(x.^3)-sin(2*x.^2)),[-3,3]);
xlabel('(a)')
```

程序执行结果如图 4.8 所示。

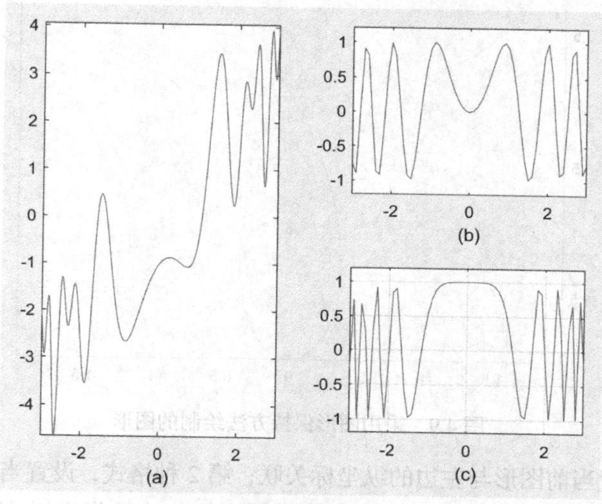


图 4.8　图形窗口的分割

还可以在指定的位置创建绘图区，此时，subplot 函数调用格式为

```
subplot('Position',pos)
```

其中，'Position'指定参数 pos 用四元向量[left,bottom,width,height]表示，其元素值均在 0.0～1.0 之间，其中 left 和 buttom 指定绘图区的左下角在图形窗口中的位置，width 和 height 指定绘图区的大小。

**2. 图形的叠加**

一般情况下，绘图命令每执行一次就刷新当前图形窗口，图形窗口原有图形将不复存在。若希望在已存在的图形上再叠加新的图形，可使用图形保持命令“hold”。“hold on”命令控制保持原有图形，“hold off”命令控制刷新图形窗口，不带参数的“hold”命令控制在两种状态之间进行切换。例如：

```
t=linspace(0,2*pi,200);
x=sin(t)+sin(2*t);
y=cos(t)-cos(2*t);
plot(x,y);  %绘制 3 个叶片
axis equal;
hold on;    %保持原有图形
fplot(@(x)sin(x),@(x)cos(x),[-pi,pi]) %绘制圆
```

程序执行结果如图 4.9 所示。

**3. 具有两个纵坐标标度的图形**

在 MATLAB 中，如果需要在同一个坐标轴绘制具有不同纵坐标标度的两个图形，可以使用 yyaxis 函数，这种方式有利于图形数据的对比分析。该函数常用的调用格式为

```
yyaxis left
yyaxis right
yyaxis(ax,'left')
```

```
yyaxis(ax,'right')
```

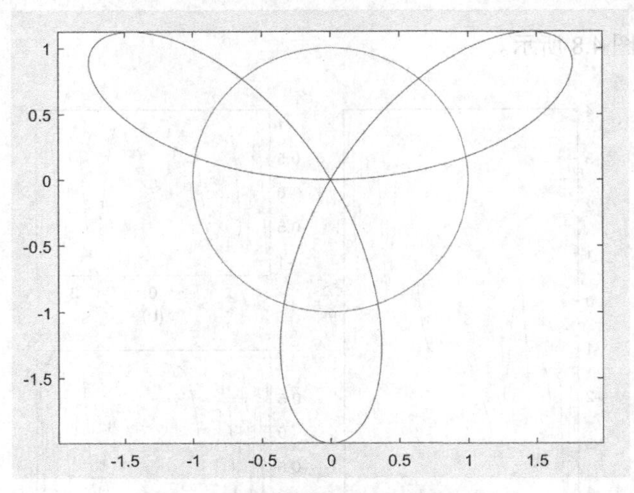

图 4.9　采用图形保持方法绘制的图形

第 1 种格式，设置当前图形与左边的纵坐标关联；第 2 种格式，设置当前图形与右边的纵坐标关联；第 3 种和第 4 种格式用于指定坐标轴 ax 中的图形与左/右边纵坐标关联，ax 为坐标轴句柄。

【例 4.7】 用不同标度在同一坐标轴内绘制曲线 $y_1 = 0.2e^{-0.5x}\cos(2x)$ 和 $y_2 = 1.5e^{-0.5x}\cos(\pi x)$。

程序如下：

```
x=0:pi/50:2*pi;
y1=0.2*exp(-0.5*x).*cos(2*x);
yyaxis right;
plot(x,y1);
text(2,0.2*exp(-0.5*2)*cos(2*2),'曲线 y_1');
y2=1.5*exp(-0.5*x).*cos(pi*x);
yyaxis left;
plot(x,y2);
text(2,1.5*exp(-0.5*2)*cos(pi*2),'曲线 y_2')
```

程序执行结果如图 4.10 所示。

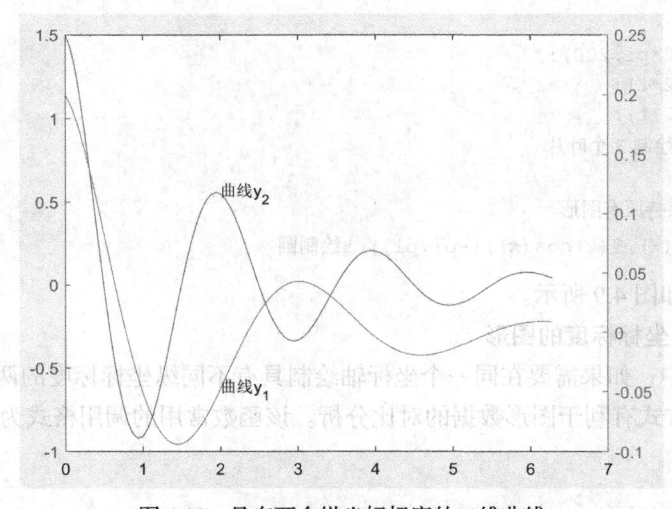


图 4.10　具有两个纵坐标标度的二维曲线

### 4.1.5 其他坐标系下的曲线

在工程实践中，常需要使用一些其他坐标系下的图形，MATLAB 提供了若干绘制其他坐标系图形的函数，如对数坐标的绘图函数、极坐标的绘图函数和等高线的绘图函数等。

**1. 对数坐标图**

在很多工程问题中，通过对数据进行对数转换可以更清晰地看出数据的某些特征，例如自动控制理论中的 Bode 图，采用对数坐标反映信号的幅频特性和相频特性。MATLAB 提供了绘制半对数和全对数坐标曲线的函数。这些函数的调用格式为

```
semilogx(x1,y1,选项 1,x2,y2,选项 2,…)
semilogy(x1,y1,选项 1,x2,y2,选项 2, …)
loglog(x1,y1,选项 1,x2,y2,选项 2,…)
```

其中，选项的定义与 plot 函数一致，所不同的是坐标轴的选取。semilogx 函数使用半对数坐标，$x$ 轴为常用对数刻度，$y$ 轴为线性刻度。semilogy 函数也使用半对数坐标，$x$ 轴为线性刻度，$y$ 轴为常用对数刻度。loglog 函数使用全对数坐标，$x$ 轴和 $y$ 轴均采用常用对数刻度。

【例 4.8】 绘制 $y=e^{-x}$ 的对数坐标图并与直角线性坐标图进行比较。

程序如下：

```
x=0:0.1:10;
y=exp(-x);
subplot(2,2,1);plot(x,y);
title('plot(x,y)');grid on;
subplot(2,2,2);semilogx(x,y);
title('semilogx(x,y)');grid on;
subplot(2,2,3);semilogy(x,y);
title('semilogy(x,y)');grid on;
subplot(2,2,4);loglog(x,y);
title('loglog(x,y)');grid on
```

程序执行结果如图 4.11 所示。

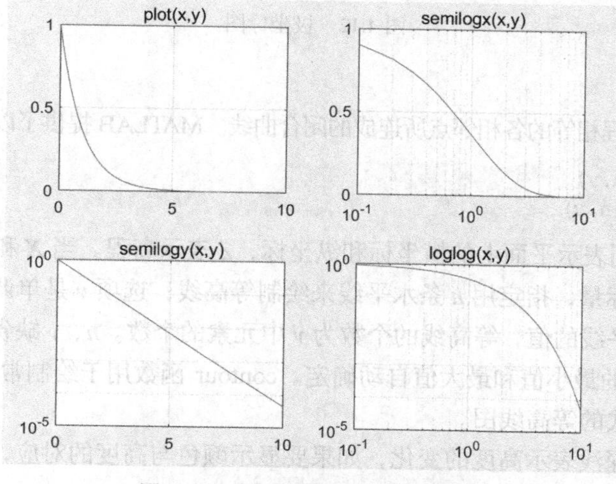


图 4.11　线性坐标图与对数坐标图

比较 4 个图形，可以看出：由于 semilogx 函数绘制的图形 $y$ 轴仍保持线性刻度，所以子图 2

与子图 1 的纵坐标刻度相同。同理，子图 3 与子图 4 的纵坐标刻度相同，子图 3 与子图 1 的横坐标刻度相同。

**2. 极坐标图**

极坐标图用一个夹角和一段相对极点的距离来表示数据。有些曲线，采用极坐标时，方程会比较简单。MATLAB 中用 polarplot 函数来绘制极坐标图，其调用格式为

```
polarplot(theta,rho,选项)
```

其中，theta 为极坐标极角，rho 为极坐标极径，选项的定义与 plot 函数一致。

【**例 4.9**】 已知 $t\in[0,6\pi]$，按极坐标方程 $\rho=1-\sin\theta$ 绘制曲线。调整 $\theta$，改变曲线的方向，使图形逆时针旋转 90°，在另一绘图区绘制旋转后的图形。

程序如下：

```
t=0:pi/100:2*pi;
r=1-sin(t);
subplot(1,2,1);
polarplot(t,r);
subplot(1,2,2);
r1=1-sin(t-pi/2) ; %旋转角度为负数，图形逆时针方向旋转
polarplot(t,r1)
```

程序执行结果如图 4.12 所示。

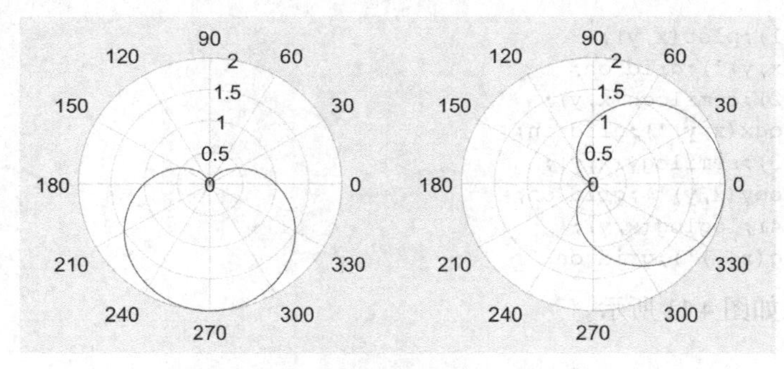


图 4.12　极坐标图

**3. 等高线图**

等高线是地面上高程相等的各相邻点所连成的闭合曲线。MATLAB 提供了以下函数绘制等高线图：

```
contour(X,Y, Z,n,v)
contourf(X,Y, Z,n,v)
```

其中，$X$ 和 $Y$ 分别表示平面上的横坐标和纵坐标，$Z$ 表示高程。当 $\boldsymbol{X}$ 和 $\boldsymbol{Y}$ 是矩阵时，大小应和 $Z$ 相同；选项 $n$ 是标量，指定用 $n$ 条水平线来绘制等高线；选项 $\boldsymbol{v}$ 是单调递增向量，其中的每一个元素对应一条水平线的值，等高线的个数为 $v$ 中元素的个数。$n$、$v$ 缺省时，等高线的数量和水平线的值将根据 $Z$ 的最小值和最大值自动确定。contour 函数用于绘制常规等高线图，contourf 函数用于绘制填充方式的等高线图。

等高线图用颜色深浅表示高度的变化，如果要显示颜色与高度的对应，可调用 colorbar 函数在指定位置显示颜色条。colorbar 函数的常用格式为

```
colorbar(位置)
```

其中，位置为字符串，可取值包括：'north'（坐标轴的上部）、'south'（坐标轴的下部）、'east'（坐标轴的右部）、'west'（坐标轴的左部）、'northoutside'（坐标轴上）、'southoutside'（坐标轴下）、'eastoutside'（坐标轴右）、'westoutside'（坐标轴左）、'manual'（通过 position 属性设定的位置）。缺省时，颜色条位置为'eastoutside'。例如：

```
>> contour(peaks(40),20);
>> colorbar
```

程序执行结果如图 4.13 所示，图形坐标轴右边为颜色条。

其他用颜色深浅表示数据变化的图形也可以调用 colorbar 函数显示颜色栏。

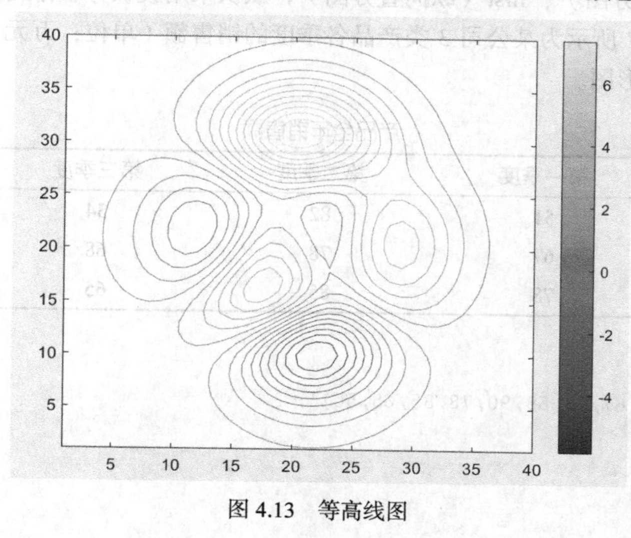


图 4.13　等高线图

# 4.2　其他二维图形绘制

除绘制二维曲线的函数以外，MATLAB 还提供了绘制其他特殊二维图形的函数，包括用于绘制统计分析的条形类图形、面积类图形、散点类图形，以及矢量场图形的函数等。

## 4.2.1　条形类图形

条形类图形用一系列高度不等的条纹表示数据大小，常用的有条形图和直方图。

条形图用于显示不同时间点的数据大小或比较各组数据的大小。MATLAB 提供了绘制不同条形图的函数，表 4.6 列出了常用的绘制条形图的函数。

表 4.6　条形图与直方图函数

| 函数 | 功能 | 函数 | 功能 |
|---|---|---|---|
| bar | 绘制条形统计图 | bar3 | 绘制三维条形统计图 |
| barh | 绘制水平条形统计图 | bar3h | 绘制三维水平条形统计图 |
| histogram | 绘制直方图 | histogram2 | 绘制二元直方图 |
| histcounts | 直方图区间计数 | histcounts2 | 二元直方图区间计数 |
| pareto | 绘制排序直方图 | rose | 绘制角度直方图 |

### 1. 条形图函数

下面以 bar 函数为例，说明条形图函数的用法。bar 函数的基本调用格式为

```
bar(x,width,style)
```

其中，输入参数 $x$ 存储绘图数据。若 $\boldsymbol{x}$ 为向量，则分别以每个元素的值作为每一个矩形条的高度，以对应元素的下标作为横坐标；若 $\boldsymbol{x}$ 为矩阵，则以 $\boldsymbol{x}$ 的每一行元素组成一组，用矩阵的行号作为横坐标，分组绘制矩形条。选项 width 设置条形的相对宽度和控制在一组内条形的间距，默认宽度为 0.8；选项 style 用于指定分组排列模式，类型有'grouped'（簇状分组）、'stacked'（堆积）、'histc'（横向直方图）、'hist'（纵向直方图），默认采用簇状分组排列模式。

**【例 4.10】** 表 4.7 所示为某公司 3 类产品各季度的销售额（单位：万元），分别按季度绘制簇状柱形图和堆积条形图。

表 4.7　　产品全年销售额　　单位：万元

| 产品 | 第一季度 | 第二季度 | 第三季度 | 第四季度 |
|---|---|---|---|---|
| 产品 A | 51 | 82 | 34 | 47 |
| 产品 B | 67 | 78 | 68 | 90 |
| 产品 C | 78 | 85 | 65 | 50 |

程序如下：

```
x=[51,82,34,47;67,78,68,90;78,85,65,50]';
subplot(2,1,1);
bar(x);
title('Group');
subplot(2,1,2);
barh(x,'stacked');
title('Stack')
```

程序执行结果如图 4.14 所示。

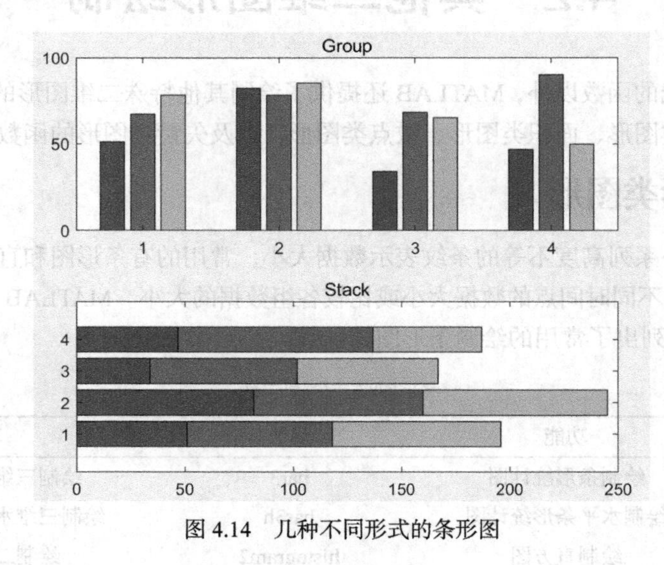


图 4.14　几种不同形式的条形图

### 2. 直方图函数

直方图描述计量资料的频率分布，帕累托图是按照发生频率大小顺序绘制的直方图。

MATLAB 提供了绘制直方图的 histogram 函数和绘制帕累托图的 pareto 函数。下面以 histogram 函数为例，说明这类函数的用法。histogram 函数的基本调用格式为

```
histogram(x,nbins)
```

其中，输入参数 $x$ 存储绘图数据，用法与 bar 函数的输入参数 $x$ 一致。选项 nbins 用于设置统计区间的划分方式，若 nbins 是一个正整数，则统计区间均分成 nbins 个小区间；若 nbins 是向量，则向量中的每一个元素指定各区间的最小值，默认按 $x$ 中的值自动确定划分的区间数。

**3. 玫瑰花图**

玫瑰花图又称为角度直方图，是描述数值分布情况的极坐标图。MATLAB 提供 rose 函数绘制玫瑰花图，rose 函数的用法如下：

```
rose(theta,nbins)
```

其中，参数 theta 是一个向量，用于确定每一区间与原点的角度。绘图时将圆划分为若干个角度相同的扇形区域，每一扇形区域三角形的高度反映了落入该区间的 theta 元素的个数。若 nbins 是标量，则在 $[0, 2\pi]$ 区间内均匀划分为 nbins 个扇形区域；若 nbins 为向量，向量各元素指定分组中心值，nbins 元素的个数为数据分组数，默认为 20。

## 4.2.2　面积类图形

**1. 扇形统计图**

扇形统计图反映一个数据系列中各项在总数量中所占比重，面积统计图反映数量随时间变化的趋势。MATLAB 提供了绘制扇形统计图的 pie 函数。pie 函数的基本调用格式为

```
pie(x,explode)
```

其中，输入参数 $x$ 存储绘图数据，用法与 bar 函数的输入参数 $x$ 一致。explode 是与 $x$ 同等大小的向量或矩阵，与 explode 的非零值对应的部分将从饼图中心分离出来。explode 缺省时，饼图是一个整体。例如，用饼图分析例 4.10 中产品 A 该年度各季度的产品销售情况：

```
x=[51,82,34,47;67,78,68,90;78,85,65,50]';
pie(x(:,1),[0 0 0 1]); %对应第四季度的部分从饼图中心分离
title('产品 A 销售情况');
legend('一季度','二季度','三季度','四季度')
```

程序执行结果如图 4.15 所示。

**2. 面积图**

面积图又称为区域图，用于描述数量随时间或类别变化的趋势。MATLAB 提供了绘制面积图的 area 函数。area 函数的基本调用格式为

```
area(Y,basevalue)
```

其中，输入参数 $Y$ 可以是向量，也可以是矩阵。若 $\boldsymbol{Y}$ 是向量，以 $\boldsymbol{Y}$ 为纵坐标绘制一条曲线，并填充 $X$ 轴和这条曲线间的区域；若 $\boldsymbol{Y}$ 是矩阵，则矩阵 $\boldsymbol{Y}$ 的每一列元素对应一条曲线，堆叠绘制多条曲线，每条曲线下方的区域用不同颜色填充。选项 basevalue 指定区域的基值，默认为 0。例如，将例 4.10 的产品销售情况用面积图描述，使用以下命令：

```
>> x=[51,82,34,47;67,78,68,90;78,85,65,50]';
>> area(x)
```

命令执行结果如图 4.16 所示，从图中可以看出各个产品销售的趋势和总的趋势。

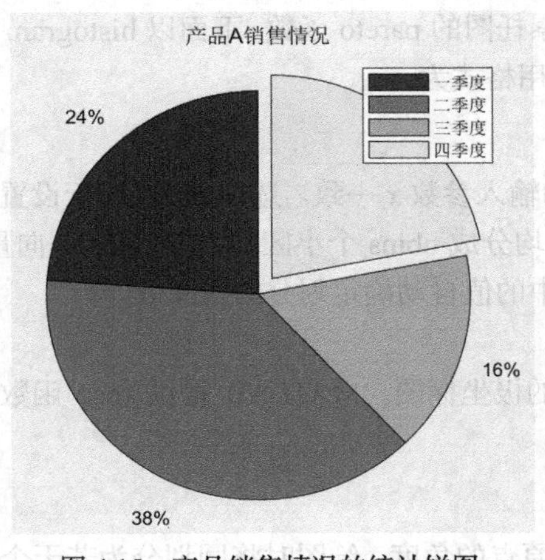


图 4.15　产品销售情况的统计饼图

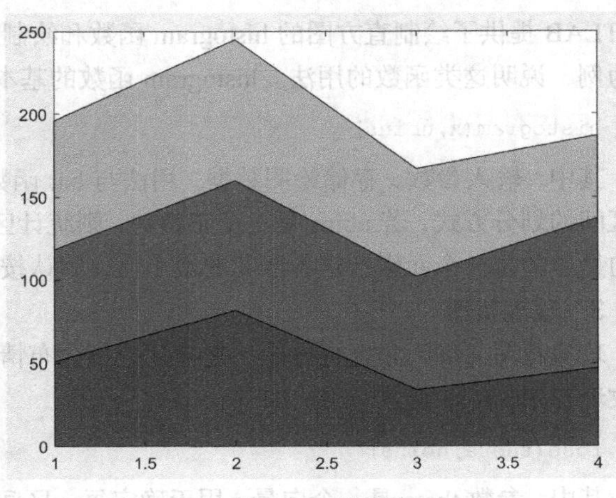

图 4.16　面积图

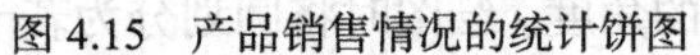

**3. 实心图**

实心图是将数据的起点和终点连成多边形，并填充颜色。MATLAB 提供了 fill 函数用于绘制实心图，其调用格式为

```
fill(x1,y1,选项 1,x2,y2,选项 2,…)
```

fill 函数按向量元素下标递增次序依次用直线段连接 $x$、$y$ 对应元素定义的数据点。若连接所得折线不封闭，MATLAB 将自动把该折线的首尾连接起来，构成封闭多边形，然后将多边形内部填充指定的颜色。

【例 4.11】 绘制一个蓝色的六边形。

程序如下：

```
dt=2*pi/6;
st=0:dt:2*pi;
x=sin(t);
y=cos(t);
fill(x,y,'b');
axis([-1.5 1.5 -1.5 1.5])
```

## 4.2.3　散点类图形

散点类图形常用于描述离散数据的分布或变化规律。表 4.8 列出了常用的绘制散点类图形的函数。

表 4.8　　常用的绘制散点类图形的函数

| 函数 | 功能 | 函数 | 功能 |
|---|---|---|---|
| scatter | 绘制平面散点图 | scatter3 | 绘制三维散点图 |
| stem | 绘制平面针状图 | stem3 | 绘制三维针状图 |
| stairs | 绘制阶梯图 | | |

下面以 scatter 函数为例，说明这类函数的用法。scatter 函数常用于呈现二维空间中数据点的分布情况，其基本调用格式为

```
scatter(x,y,s,c,'filled')
```

其中，$x$、$y$、$s$ 和 $c$ 为同等大小的向量。输入参数 $x$ 和 $y$ 存储绘图数据；选项 $s$ 指定各个数据点的大小，若 $s$ 是一个标量，则所有数据点同等大小；选项 $c$ 指定绘图所使用的色彩，$c$ 也可以是表 4.2 中列出的颜色字符，则所有数据点使用同一种颜色。如果数据点标记符号是封闭图形，如圆圈或方块，可以用选项'filled'指定填充数据点标记，默认数据点是空心的。

**【例 4.12】** 表 4.9 所示为某冷饮点热饮销售与气温关系的记录，绘制散点图观察热饮销售随气温变化的趋势。

表 4.9　热饮销售与气温关系

| 气温（℃） | −5 | 0 | 4 | 7 | 12 | 15 | 19 | 23 | 27 | 31 | 36 |
|---|---|---|---|---|---|---|---|---|---|---|---|
| 热饮杯数 | 156 | 150 | 132 | 128 | 130 | 116 | 104 | 89 | 93 | 76 | 54 |

程序如下：

```
t=[-5,0,4,7,12,15,19,23,27,31,36];
y=[156,150,132,128,130,116,104,89,93,76,54];
scatter(t,y,50)
```

程序执行结果如图 4.17 所示。

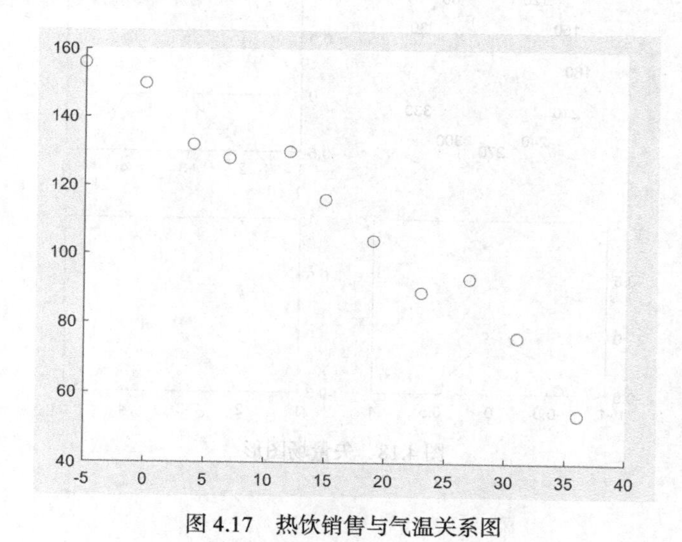


图 4.17　热饮销售与气温关系图

### 4.2.4　矢量场图形

矢量（Vector）是一种既有大小又有方向的量，如速度、加速度、力、电场强度等。如果空间每一点都存在着大小和方向，则称此空间为矢量场，如风场、引力场、电磁场、水流场等。场通常用力线来表示，说明力作用于某一点的方向；力线密集的程度代表力的强度，从而表示该区域场的大小。

MATLAB 提供了若干函数绘制矢量场图形。compass 函数用从原点发射出的箭头表示矢量，绘制的图形又称为罗盘图；feather 函数用从 $x$ 轴发射出的箭头表示矢量，绘制的图形又称为羽毛图；quiver、quiver3 函数用从空间指定位置发射出的箭头表示位置矢量，绘制的图形又称为箭头图或速度图。函数的基本调用格式为

```
compass(z)或compass(u,v)
feather(z)或feather(u,v)
```

```
quiver(x,y,u,v)
quiver3(x,y,z,u,v,w)
```

其中，***z*** 为复型量，***x***、***y***、***z***、***u***、***v***、***w*** 必须是同型矩阵。绘制图形时，quiver 函数以（*x, y*）为起点，quiver3 函数以（*x, y, z*）为起点，***u***、***v***、***w*** 为 ***x***、***y***、***z*** 方向的速度分量，若缺省 ***x***、***y***、***z***，默认在空间均匀地取若干个点作为起点。例如：

```
z=[1+1i,0.5i,-1-0.5i,0.5-0.5i];
subplot(2,2,1);
compass(z);
subplot(2,2,2);
feather(z);
subplot(2,2,3);
quiver([0,0,0,0],[0,0,0,0],real(z),imag(z));
subplot(2,2,4);
quiver([1,2,3,4],[0,0,0,0],real(z),imag(z));
```

程序执行结果如图 4.18 所示。

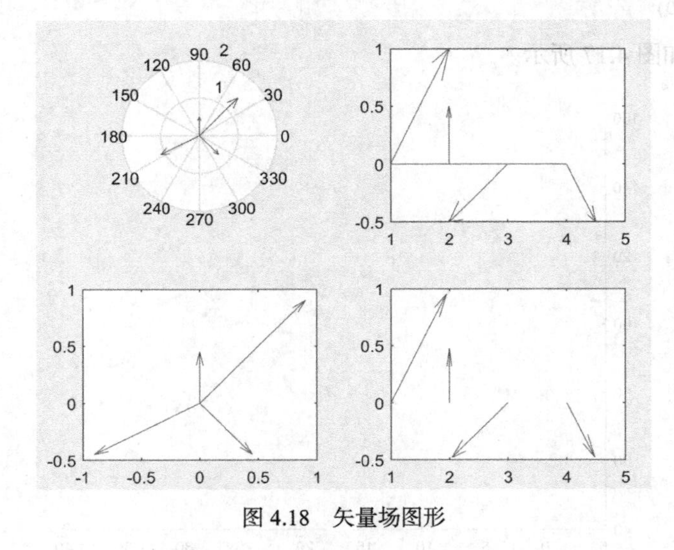


图 4.18　矢量场图形

# 4.3　三维图形绘制

三维图形具有更强的数据表现能力。MATLAB 提供了丰富的函数来绘制三维图形。绘制三维图形与绘制二维图形的方法十分类似，很多三维图形都是在二维绘图的基础上扩展而来的。

## 4.3.1　三维曲线

三维曲线是将空间中的数据点连接起来的图形。三维曲线的绘制是其他绘图操作的基础。

### 1. plot3 函数

plot3 是绘制三维曲线最常用的函数，它将绘制二维曲线的 plot 函数的有关功能扩展到三维空间。plot3 函数的基本调用格式为

```
plot3(x,y,z,选项)
```

其中，输入参数 $x$、$y$、$z$ 组成一组曲线的空间坐标。通常，$\boldsymbol{x}$、$\boldsymbol{y}$ 和 $z$ 为长度相同的向量，$\boldsymbol{x}$、$\boldsymbol{y}$、$z$ 对应元素构成一条曲线上各数据点的空间坐标；当 $\boldsymbol{x}$、$\boldsymbol{y}$、$z$ 是同样大小的矩阵时，以 $\boldsymbol{x}$、$\boldsymbol{y}$、$z$ 对应列元素作为数据点坐标，曲线条数等于矩阵列数。当 $\boldsymbol{x}$、$\boldsymbol{y}$、$z$ 中有向量也有矩阵时，向量的长度应与矩阵相符，也就是说，行向量的长度与矩阵的列数相同，列向量的长度与矩阵的行数相同。plot3 函数选项的含义及使用方法与 plot 函数相同。

【例 4.13】 绘制三维曲线：

$$\begin{cases} x = \sin t + t\cos t \\ y = \cos t - t\sin t \qquad (0 \leqslant t \leqslant 10\pi) \\ z = t \end{cases}$$

程序如下：

```
t=0:pi/20:10*pi;
x=sin(t)+t.*cos(t);
y=cos(t)-t.*sin(t);
z=t;
plot3(x,y,z);
title('螺旋线');
xlabel('X');ylabel('Y');zlabel('Z');
grid on
```

程序执行结果如图 4.19 所示。

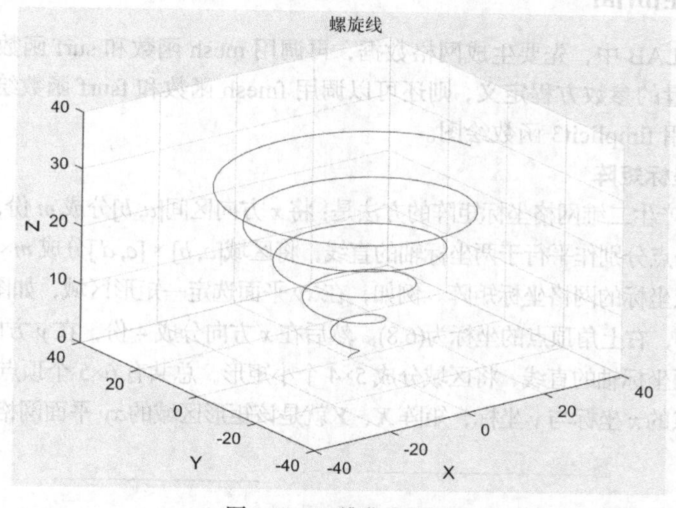


图 4.19 三维曲线图形

当需要绘制不同长度的多条曲线时，应采用包含若干组向量对的格式。含多组输入参数的 plot3 函数的调用格式为

```
plot3(x1,y1,z1,x2,y2,z2,…,xn,yn,zn)
```

调用 plot3 函数绘制图形时，每一组向量 $\boldsymbol{x}$、$\boldsymbol{y}$、$z$ 构成一组数据点的空间坐标，绘制一条曲线，$n$ 组向量则绘制 $n$ 条曲线。例如，绘制三条不同长度的正弦曲线：

```
t1=0:0.01:1.5*pi;
t2=0:0.01:2*pi;
t3=0:0.01:3*pi;
plot3(t1,sin(t1),t1,t2,sin(t2)+1,t2,t3,sin(t3)+2,t3)
```

### 2. fplot3 函数

使用 plot3 函数绘图时，先要取得曲线上各点的 $x$、$y$、$z$ 坐标，然后再绘制曲线。如果采样间隔设置较大，绘制的曲线不能反映其真实特性，如例 4.13，若将向量 $t$ 的步长设为 $\frac{\pi}{5}$，即 t=0:pi/5:10*pi，绘制的图形呈现为一根折线。从 2016a 开始，MATLAB 提供了 fplot3 函数，可根据参数函数的变化特性自适应地设置采样间隔。当函数值变化缓慢时，设置的采样间隔大；当函数值变化剧烈时，设置的采样间隔小。fplot3 函数的基本调用格式为

```
fplot3(funx,funy,funz,lims, 选项)
```

其中，输入参数 funx、funy、funz 代表定义曲线 $x$、$y$、$z$ 坐标的函数，通常采用函数句柄的形式。lims 为参数函数自变量的取值范围，用二元向量[tmin, tmax]描述，默认为[-5, 5]。选项定义与 plot 函数相同。

【例 4.14】 用 fplot3 函数绘制例 4.13 曲线。

程序如下：

```
fx=@(t)sin(t)+t.*cos(t);
fy=@(t)cos(t)-t.*sin(t);
fz=@(t)t;
fplot3(fx,fy,fz,[0,10*pi])
```

## 4.3.2 三维曲面

通常，在 MATLAB 中，先要生成网格数据，再调用 mesh 函数和 surf 函数绘制三维曲面。若曲面用含两个自变量的参数方程定义，则还可以调用 fmesh 函数和 fsurf 函数绘图。若曲面用隐函数定义，则可以调用 fimplicit3 函数绘图。

### 1. 产生网格坐标矩阵

在 MATLAB 中产生二维网格坐标矩阵的方法是：将 $x$ 方向区间$[a, b]$分成 $m$ 份，将 $y$ 方向区间$[c, d]$分成 $n$ 份，由各划分点分别作平行于两坐标轴的直线，将区域$[a, b] \times [c, d]$分成 $m \times n$ 个小网格，生成代表每一个小网格顶点坐标的网格坐标矩阵。例如，在 $xy$ 平面选定一矩形区域，如图 4.20 所示，其左下角顶点的坐标为(2,3)，右上角顶点的坐标为(6,8)。然后在 $x$ 方向分成 4 份，在 $y$ 方向分成 5 份，由各划分点分别作平行于两坐标轴的直线，将区域分成 5×4 个小矩形，总共有 6×5 个顶点。用矩阵 $\boldsymbol{X}$、$\boldsymbol{Y}$ 分别存储每一个网格顶点的 $x$ 坐标与 $y$ 坐标，矩阵 $\boldsymbol{X}$、$\boldsymbol{Y}$ 就是该矩形区域的 $xy$ 平面网格坐标矩阵。

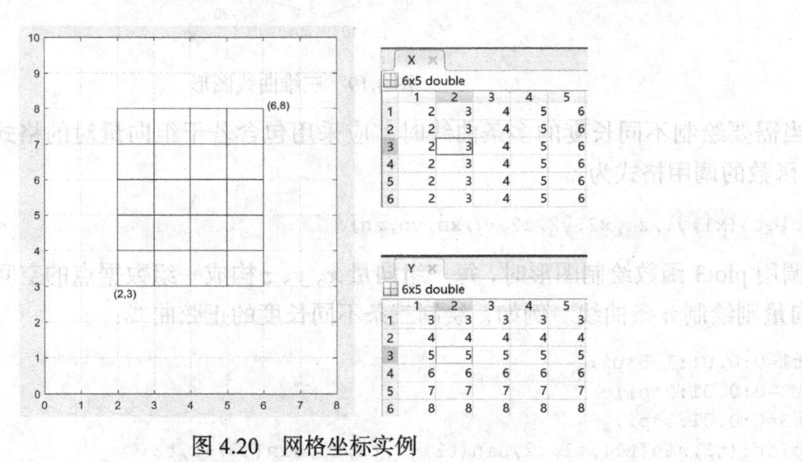


|   | 1 | 2 | 3 | 4 | 5 |
|---|---|---|---|---|---|
| 1 | 2 | 3 | 4 | 5 | 6 |
| 2 | 2 | 3 | 4 | 5 | 6 |
| 3 | 2 | 3 | 4 | 5 | 6 |
| 4 | 2 | 3 | 4 | 5 | 6 |
| 5 | 2 | 3 | 4 | 5 | 6 |
| 6 | 2 | 3 | 4 | 5 | 6 |

|   | 1 | 2 | 3 | 4 | 5 |
|---|---|---|---|---|---|
| 1 | 3 | 3 | 3 | 3 | 3 |
| 2 | 4 | 4 | 4 | 4 | 4 |
| 3 | 5 | 5 | 5 | 5 | 5 |
| 4 | 6 | 6 | 6 | 6 | 6 |
| 5 | 7 | 7 | 7 | 7 | 7 |
| 6 | 8 | 8 | 8 | 8 | 8 |

图 4.20 网格坐标实例

在 MATLAB 中，产生平面区域内的网格坐标矩阵有两种方法。

（1）利用矩阵运算生成。例如，生成图 4.20 中的网格坐标矩阵，可使用以下命令：

```
>> a=2:6;
>> b=(3:8)';
>> X=[a;a;a;a;a;a];
>> Y=[b,b,b,b,b]
```

（2）调用 meshgrid 函数生成二维网格坐标矩阵，函数的调用方法为

```
[X,Y]=meshgrid(x,y)
```

其中，输入参数 $\boldsymbol{x}$、$\boldsymbol{y}$ 为向量，输出参数 $\boldsymbol{X}$、$\boldsymbol{Y}$ 为矩阵。命令执行后，矩阵 $\boldsymbol{X}$ 的每一行都是向量 $\boldsymbol{x}$，行数等于向量 $\boldsymbol{y}$ 的元素的个数；矩阵 $\boldsymbol{Y}$ 的每一列都是向量 $\boldsymbol{y}$，列数等于向量 $\boldsymbol{x}$ 的元素的个数。矩阵 $\boldsymbol{X}$ 和 $\boldsymbol{Y}$ 相同位置上的元素（$X_{ij}, Y_{ij}$）存储二维空间网格顶点（$i, j$）的坐标。例如，生成图 4.20 中的网格坐标矩阵，也可以使用以下命令：

```
>> a=2:6;
>> b=(3:8)';
>> [X,Y]=meshgrid(a,b)
```

函数参数可以只有一个，此时生成的网格坐标矩阵是方阵，例如：

```
x=3:5;
[X,Y]=meshgrid(x)
X =
      3     4     5
      3     4     5
      3     4     5
Y =
      3     3     3
      4     4     4
      5     5     5
```

meshgrid 函数也可以用于生成三维网格数据，调用格式为

```
[X,Y,Z]=meshgrid(x,y,z)
```

其中，输入参数 $\boldsymbol{x}$、$\boldsymbol{y}$、$\boldsymbol{z}$ 为向量，输出参数 $X$、$Y$、$Z$ 为三维数组。命令执行后，数组 $X$、$Y$ 和 $Z$ 的第 1 维大小和向量 $\boldsymbol{x}$ 元素的个数相同，第 2 维大小和向量 $\boldsymbol{y}$ 元素的个数相同，第 3 维大小和向量 $\boldsymbol{z}$ 元素的个数相同。$X$、$Y$ 和 $Z$ 相同位置上的元素（$X_{ijk}, Y_{ijk}, Z_{ijk}$）存储三维空间网格顶点（$i, j, k$）的坐标。例如：

```
x=1:3;
y=22:25;
z=[11,12];
[X,Y,Z]=meshgrid(x,y,z)
```

ndgrid 函数用于生成 $n$ 维网格数据，调用格式为

```
[X1,X2,…,Xn]=ndgrid(x1,x2,…,xn)
```

其中，输入参数 $\boldsymbol{x}1, \boldsymbol{x}2, \cdots, \boldsymbol{x}n$ 为向量，输出参数 $X1, X2,\cdots, Xn$ 为 $n$ 维数组。

### 2. mesh 函数和 surf 函数

MATLAB 提供了 mesh 函数和 surf 函数来绘制三维曲面图。mesh 函数用于绘制三维网格图，网格线条有颜色，网格线条之间无颜色；surf 函数用于绘制三维曲面图，网格线条之间的补面用

颜色填充。surf 函数和 mesh 函数的调用格式为

```
mesh(x,y,z,c)
surf(x,y,z,c)
```

通常，输入参数 **x**、**y**、**z** 是同型矩阵，**x**、**y** 定义网格顶点的 *xy* 平面坐标，**z** 定义网格顶点的高度。选项 *c* 用于指定在不同高度下的补面颜色。*c* 缺省时，MATLAB 认为 *c*=*z*，即颜色的设定值默认正比于图形的高度，这样就可以绘制出层次分明的三维图形。当 **x**、**y** 是向量时，要求 **x** 的长度等于矩阵 **z** 的列数，**y** 的长度等于矩阵 **z** 的行数，**x**、**y** 向量元素的组合构成网格顶点的 *x*、*y* 坐标。

【例 4.15】 绘制三维曲面图 $z=\sin x^2+\cos y^2, x\in[0,\pi], y\in[0,\pi/2]$。

程序如下：

```
[x,y]=meshgrid(0:pi/50:pi,0:pi/50:pi/2);
z=sin(x.^2)+cos(y.^2);
subplot(1,2,1);
mesh(x,y,z);
subplot(1,2,2);
surf(x,y,z)
```

程序执行结果如图 4.21 所示。

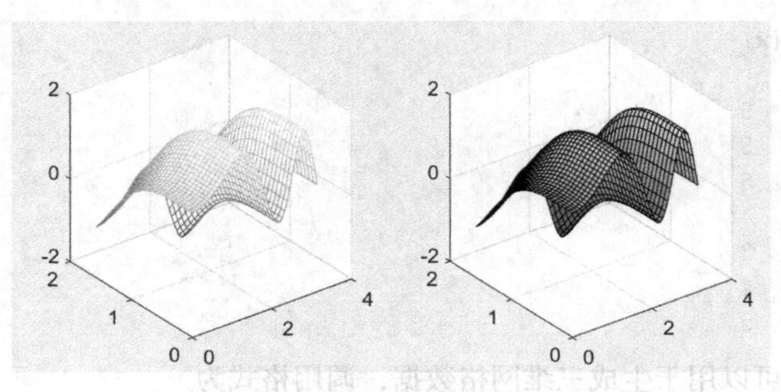


图 4.21 三维曲面图

若调用 surf、mesh 函数时，省略前两个输入参数 *x*、*y*，则把 **z** 矩阵的第 2 维下标当作 *x* 坐标，把 **z** 矩阵的第 1 维下标当作 *y* 坐标，然后绘制三维曲面图。例如：

```
>> t=1:5;
>> z=[0.5*t;2*t;3*t];
>> mesh(z)
```

第 2 条命令生成的 **z** 是 1 个 3×5 的矩阵，执行“mesh(z)”命令绘制图形，曲面各个顶点的 *x* 坐标是 **z** 元素的列下标，*y* 坐标是 **z** 元素的行下标。

此外，还有两个和 mesh 函数功能相似的函数，即 meshc 函数和 meshz 函数，其用法与 mesh 函数类似，不同的是 meshc 函数还在 *xy* 平面上绘制曲面在 *z* 轴方向的等高线，meshz 函数还在 *xy* 平面上绘制曲面的底座。surf 函数也有两个类似的函数，即具有等高线的曲面函数 surfc 和具有光照效果的曲面函数 surfl。

【例 4.16】 在 *xy* 平面内选择区域[−2,2]×[−2,2]，绘制函数 $x=-\mathrm{e}^{-(x^2+y^2)}$ 的 4 种三维曲面图。

程序如下：

```
vx=linspace(-2,2,25);
[x,y]=meshgrid(vx);
```

```
z=-exp(-x.^2-y.^2);
subplot(2,2,1);
meshz(x,y,z);
title('meshz(x,y,z)');
subplot(2,2,2);
meshc(x,y,z);
title('meshc(x,y,z)');
subplot(2,2,3);
surfl(x,y,z);
title('surfl(x,y,z)');
subplot(2,2,4);
surfc(x,y,z);
title('surfc(x,y,z)')
```

程序执行结果如图 4.22 所示。

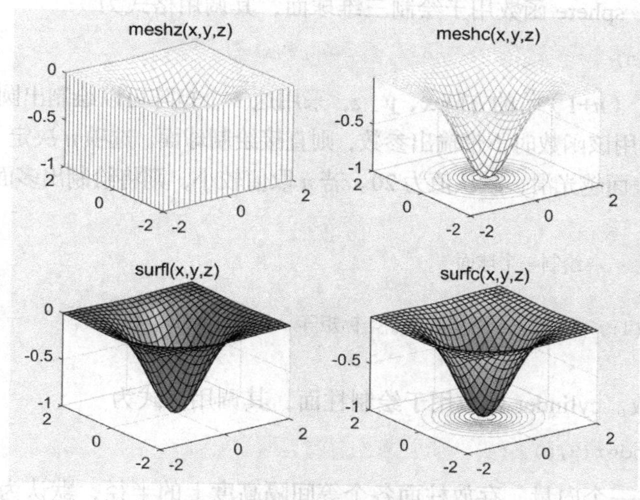


图 4.22　4 种形式的三维曲面图

### 3. fmesh 函数和 fsurf 函数

使用 mesh 函数和 surf 函数绘图前，先要取得曲面上各网格顶点的 $x$、$y$、$z$ 坐标。如果网格顶点间距设置大，绘制的曲面不能反映其真实特性。从 2016a 开始，MATLAB 提供了 fmesh 函数和 fsurf 函数，可根据参数函数的变化特性自适应地设置网格顶点间距。fmesh 函数和 fsurf 函数的基本调用格式为

```
fmesh(funx,funy,funz,lims, 选项)
fsurf(funx,funy,funz,lims, 选项)
```

其中，输入参数 funx、funy、funz 代表定义曲面网格顶点 $x$、$y$、$z$ 坐标的函数，通常采用函数句柄的形式。参数函数 funx、funy、funz 有两个自变量，lims 为自变量的取值范围，用四元向量[umin, umax, vmin, vmax]描述，umin、vmin 为自变量的下限，umax、vmax 为自变量的上限，默认为[-5, 5, -5, 5]。若 lims 是 1 个二元向量，则表示两个自变量的取值范围相同。选项定义与 mesh 函数、surf 函数相同。

fmesh 函数和 fsurf 函数最简单的调用格式是只有 1 个输入参数，即

```
fmesh(fun,lims,选项)
fsurf(fun,lims,选项)
```

其中，fun 是一个二元函数，定义网格顶点的高度。

【例 4.17】 用 fmesh 函数和 fsurf 函数绘制例 4.15 图形。

程序如下：

```
subplot(1,2,1);
fmesh(@(x,y)sin(x.^2)+cos(y.^2),[0,pi,0,pi/2]);
subplot(1,2,2);
fsurf(@(x,y)sin(x.^2)+cos(y.^2),[0,pi,0,pi/2])
```

**4. 标准三维曲面**

MATLAB 提供了一些函数用于绘制标准三维曲面，还可以利用这些函数产生相应的绘图数据，常用于三维图形的演示，例如，生成三维球面数据的 sphere 函数和生成柱面数据的 cylinder 函数等。

（1）sphere 函数。sphere 函数用于绘制三维球面，其调用格式为

```
[x,y,z]=sphere(n)
```

该函数将产生 3 个（$n$+1）阶的方阵 $\boldsymbol{x}$、$\boldsymbol{y}$、$\boldsymbol{z}$，采用这 3 个矩阵可以绘制出圆心位于原点、半径为 1 的单位球体。若在调用该函数时不带输出参数，则直接绘制球面。选项 $\boldsymbol{n}$ 决定了球面的圆滑程度，$\boldsymbol{n}$ 越大，绘制出的球体表面越光滑，默认值为 20。若 $\boldsymbol{n}$ 取值较小，则将绘制出多面体表面图。例如：

```
subplot(1,2,1);
Sphere;                %绘制一个球面
subplot(1,2,2);
[x,y,z]=sphere(4); %生成 16 面体的顶点坐标矩阵
surf(x,y,z)
```

（2）cylinder 函数。cylinder 函数用于绘制柱面，其调用格式为

```
[x,y,z] = cylinder(R,n)
```

其中，选项 $\boldsymbol{R}$ 是一个向量，存放柱面各个等间隔高度上的半径，默认为 1，即圆柱的底面半径为 1；选项 $\boldsymbol{n}$ 表示在圆柱圆周上有 $\boldsymbol{n}$ 个间隔点，默认有 20 个间隔点。例如：

```
subplot(1,3,1);
cylinder(3);                  %绘制一个底面半径为 3 的圆柱面
subplot(1,3,2);
cylinder(0:0.1:1.5);          %参数是线性渐变的向量，绘制一个圆锥面
x=0:pi/20:2*pi;
R=2+sin(x);
subplot(1,3,3);
cylinder(R,30)                %R 是向量
```

程序执行结果如图 4.23 所示。

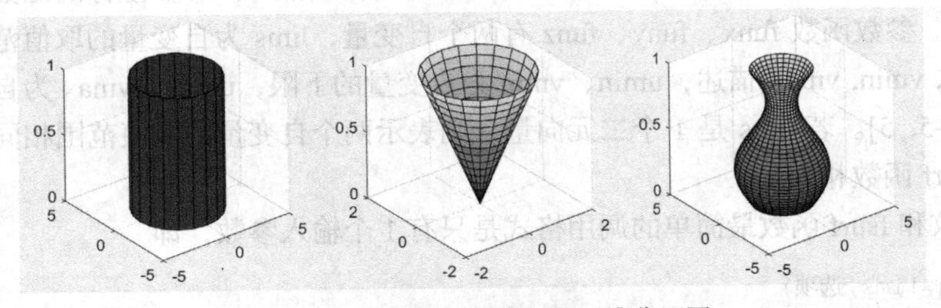


图 4.23　cylinder 函数绘制的三维曲面图

（3）peaks 函数。peaks 函数也称为多峰函数，常用于生成平面网格顶点的高度矩阵，高度的计算公式为

$$f(x,y)=3(1-x^2)\mathrm{e}^{-x^2-(y+1)^2}-10\left(\frac{x}{5}-x^3-y^5\right)\mathrm{e}^{-x^2-y^2}-\frac{1}{3}\mathrm{e}^{-(x+1)^2-y^2}$$

调用 peaks 函数生成的矩阵可以作为 mesh、surf 等函数的参数而绘制出多峰函数曲面图，其基本调用格式为

```
Z=peaks(n)
Z=peaks(V)
Z=peaks(X,Y)
```

第 1 种格式中的输入参数 $n$ 是一个标量，指定将[−3,3] 区间划分成 $n$−1 等份，生成一个 $n$ 阶方阵，默认为 49 阶方阵。第 2 种格式的输入参数 $\boldsymbol{V}$ 是一个向量，生成一个方阵。第 3 种格式中的输入参数 $\boldsymbol{X}$、$\boldsymbol{Y}$ 是大小相同的矩阵，定义平面网格顶点坐标，生成的是与 $\boldsymbol{X}$、$\boldsymbol{Y}$ 同样大小的矩阵。若在调用 peaks 函数时不带输出参数，则直接绘制出多峰函数曲面。例如：

```
subplot(1,2,1);
peaks;
subplot(1,2,2);
[x,y]=meshgrid(-4:0.2:4,0:0.2:3);
z=peaks(x,y);
surf(x,y,z)
```

程序执行结果如图 4.24 所示。

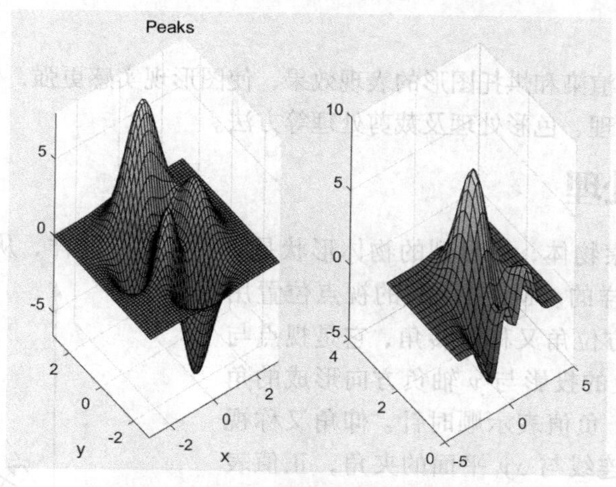


图 4.24　标准三维曲面图

### 5. fimplicit3 函数

如果给定了定义曲面的显式表达式，可以根据表达式计算出所有网格顶点坐标，用 surf 函数或 mesh 函数绘制图形，或者用函数句柄作为参数，调用 fsurf 函数或 fmesh 函数绘制图形。若曲面用隐函数定义，如 $f(x,y,z)=x^2+y^2-\frac{z^2}{4}-1$，则可以调用 fimplicit3 函数绘制图形。从 2016b 开始，MATLAB 提供了 fimplicit3 函数绘制隐函数图形，其调用格式如下：

```
fimplicit3(f,[a,b,c,d,e,f])
```

其中，$f$ 是匿名函数表达式或函数句柄，$[a,b]$指定 $x$ 轴的取值范围，$[c,d]$指定 $y$ 轴的取值范围，

$[e,f]$指定 $z$ 轴的取值范围。若省略 $c$、$d$、$e$、$f$，则表示 3 个坐标轴的取值范围均为$[a,b]$。若没有指定取值范围，则 3 个坐标轴默认取值范围为[-5,5]。

例如，绘制曲线 $f(x,y,z)=x^2+y^2-\frac{z^2}{4}-1$ 在[-3,3]区间的图形，应使用以下命令：

```
>> fimplicit3(@(x,y,z)x.^2+y.^2-z.^2/4-1,[-3,3])
```

运行结果如图 4.25 所示。

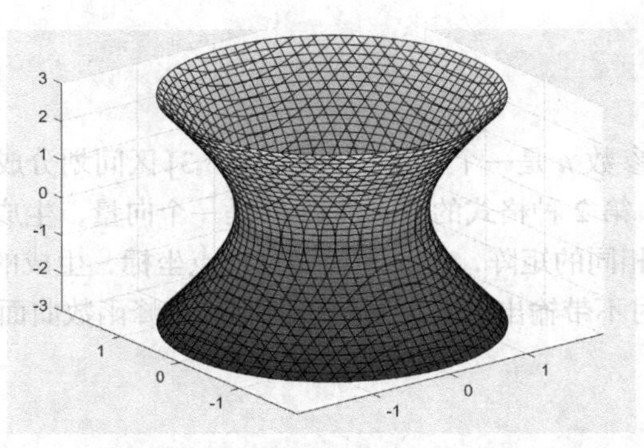


图 4.25　隐函数表示的曲面图

# 4.4　图形修饰处理

图形修饰处理可以渲染和烘托图形的表现效果，使图形现实感更强，传递的信息更丰富。图形修饰处理包括视点处理、色彩处理及裁剪处理等方法。

## 4.4.1　视点处理

从不同的视点观察物体，所看到的物体形状是不一样的；同样，从不同的视点绘制的图形，其形状也是不一样的。MATLAB 的视点位置用方位角和仰角表示。方位角又称旋转角，它是视点与原点连线在 $xy$ 平面上的投影与 $y$ 轴负方向形成的角度，正值表示逆时针，负值表示顺时针。仰角又称视角，它是视点与原点连线与 $xy$ 平面的夹角，正值表示视点在 $xy$ 平面上方，负值表示视点在 $xy$ 平面下方。图 4.26 示意了坐标轴中视点的含义，图中箭头方向表示正方向。

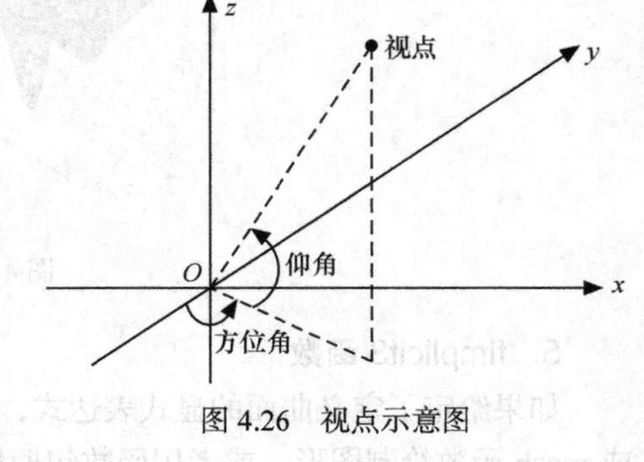


图 4.26　视点示意图

MATLAB 提供了设置视点的函数 view，其调用格式为

```
view(az,el)
view(x,y,z)
view(2)
view(3)
```

第 1 种格式中，az 为方位角，el 为仰角，它们均以度为单位，系统默认的视点定义为方位角

−37.5°，仰角 30°。第 2 种格式中，*x*、*y*、*z* 为视点在笛卡尔坐标系中的位置。第 3 种格式设置从二维平面观察图形，即 az=0°，*e*l=90°。第 4 种格式设置从三维空间观察图形，视点使用默认方位角和仰角（az=-37.5°，*e*l=30°）。

【例 4.18】 绘制函数 $z = 2(x-1)^2 + (y-2)^2$ 曲面，并从不同视点展示曲面。

程序如下：

```
[x,y]=meshgrid(0:0.1:2,1:0.1:3);
z=2*(x-1).^2+(y-2).^2;
subplot(2,2,1);
mesh(x,y,z);
title('方位角=-37.5{\circ},仰角=30{\circ}');
subplot(2,2,2);
mesh(x,y,z);
view(2);title('方位角=0{\circ},仰角=90{\circ}');
subplot(2,2,3);
mesh(x,y,z);
view(90,0); title('方位角=90{\circ},仰角=0{\circ}');
subplot(2,2,4);
mesh(x,y,z);
view(-45,-60); title('方位角=-45{\circ},仰角=-60{\circ}')
```

程序执行结果如图 4.27 所示。绘制图形时，在子图 1 中没有指定视点，采用默认设置，方位角为-37.5°，仰角为 30°，视点设置在图形斜上方。子图 2 中指定从正上方看图形投影至平面的效果。子图 3 是将视点设置在图形侧面时的效果。子图 4 是将视点设置在图形斜下方时的效果。

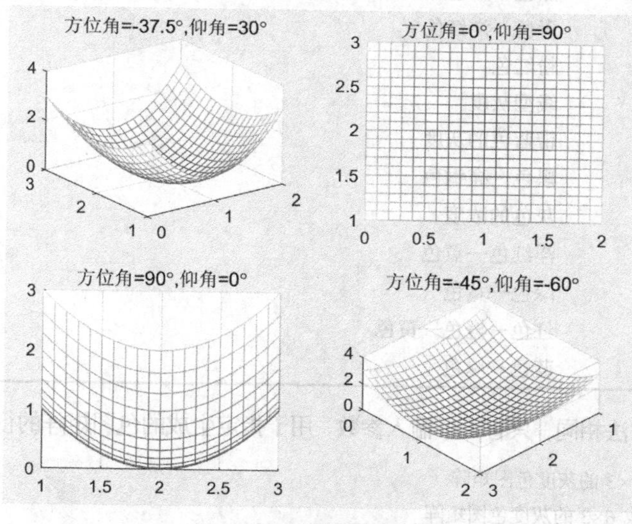


图 4.27　不同视点的图形

## 4.4.2　色彩处理

很多时候，一个简单的二维或三维图形不能展现数据的全部含义。这时，颜色可以使图形呈现更多的信息。前面讨论的许多绘图函数都可以接受一个颜色参数，来增强图形。

### 1. 色图

色图（Colormap）是 MATLAB 填充表面所使用的颜色参照表。色图是一个 $m \times 3$ 的数值矩阵，其每一行是一个 RGB 三元组，定义了一个包含 *m* 种颜色的列表，mesh、surf 等函数给图形着色时依次使用列表中的颜色。

MATLAB 中使用函数 colormap 设置和获取当前图形所使用的色图，函数的调用格式为

```
colormap cmapname
colormap(cmap)
cmap=colormap
```

其中，参数 cmapname 是内建的色图函数，cmap 是色图矩阵。第 1、2 种格式用于设置色图，第 3 种格式用于获取当前色图。色图矩阵 cmap 的每一行是一个 RGB 三元组，对应一种颜色，色图矩阵保存着从一种颜色过渡到另一种颜色的所有中间颜色。例如，使用以下命令，创建一个灰色系列色图矩阵。

```
>> c=[0,0.2,0.4,0.6,0.8,1]';
>> cmap=[c,c,c]
```

可以自定义色图矩阵，也可以调用 MATLAB 提供的色图函数来定义色图矩阵。表 4.10 列出了常用生成色图矩阵的函数，MATLAB 2014b 及以后的版本默认绘图时使用 parula 色图。

表 4.10　常用生成色图矩阵的函数

| 色图函数 | 颜色范围 |
|---|---|
| parula | 蓝色—青色—黄色 |
| jet | 蓝色—青色—黄色—橙色—红色 |
| hsv | 红色—黄色—绿色—青色—洋红—红色 |
| hot | 黑色—红色—黄色—白色 |
| cool | 青色—洋红色 |
| pink | 粉红色 |
| gray | 线型灰度 |
| bone | 带蓝色的灰度 |
| copper | 黑色—亮铜色 |
| lines | 灰色的浓度 |
| spring | 洋红色—黄色 |
| summer | 绿色—黄色 |
| autumn | 红色—橙色—黄色 |
| winter | 蓝色—绿色 |

色图函数的调用方法相同，只有 1 个输入参数，用于指定生成的色图矩阵的行数，默认为 64。例如：

```
M=gray; %生成 64×3 的灰度色图矩阵
P=gray(6); %生成 6×3 的灰度色图矩阵
Q=gray(2) %生成 2×3 的灰度色图矩阵，只有黑、白两种颜色
```

**2. 三维图形表面的着色**

三维图形表面的着色实际上就是用色图矩阵中定义的各种颜色在每一个网格片上涂抹颜色。与调用 plot 函数绘制平面图形的方法相似，调用 surf、mesh 类函数绘制三维图形时，可以采用属性名-属性值配对的方式设置图形表面的颜色。下面以 surf 函数为例，说明与着色有关的属性的设置方法。方法如下：

```
surf(X,Y,Z,选项,值)
```

常用选项包括 FaceColor 和 EdgeColor，分别用于设置网格片和网格边框线的着色方式，可取值有以下几个。

- 'flat'：每个网格片内用系统默认色图中的单一颜色填充，这是系统的默认方式。
- 'interp'：每个网格片内填充渐变色，渐变采用插值法计算。
- 'none'：每个网格片内不填充颜色。
- 'texturemap'：每个网格片内用纹理填充。
- RGB 三元组或颜色字符：每个网格片内用指定的颜色填充。

【例 4.19】 使用统一色图，以不同着色方式绘制圆锥体。

```
[x,y,z]= cylinder(pi:-pi/5:0,10);
colormap(lines);
subplot(1,3,1);
surf(x,y,z);
subplot(1,3,2);
surf(x,y,z,'Facecolor','interp')
subplot(1,3,3);
surf(x,y,z,'Facecolor','none')
```

程序执行结果如图 4.28 所示。

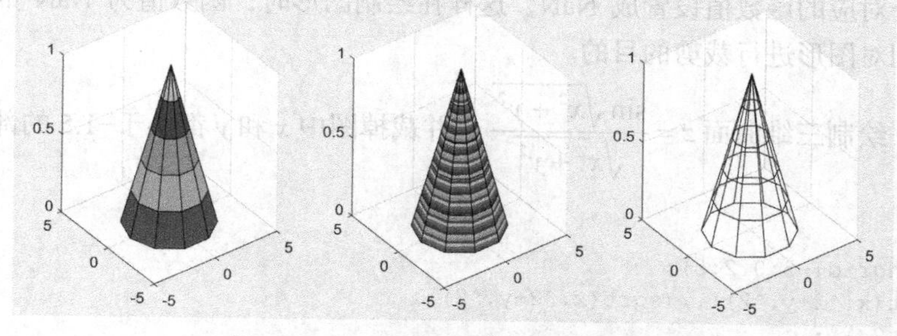

图 4.28 以不同着色方式绘制的圆锥体

**3. 图形表面的色差**

着色后，还可以用"shading"命令来改变色差，从而影响图形表面着色效果。"shading"命令的调用格式为

```
shading 选项
```

其中，选项有如下 3 种取值。

- faceted：将每个网格片用色图中与其高度对应的颜色进行着色，网格线是黑色。这是系统的默认着色方式。
- interp：在网格片内和网格间的色差采用插值处理，无网格线，绘制出的表面显得最光滑。
- flat：将每个网格片用同一个颜色进行着色，网格线的颜色与网格片的颜色相同。

【例 4.20】 不同色差对图形显示效果的影响。

程序如下：

```
[x,y,z]=cylinder(pi:-pi/5:0,10);
colormap(gray);
subplot(1,3,1);
surf(x,y,z);
subplot(1,3,2);
```

```
surf(x,y,z);shading interp;
subplot(1,3,3);
surf(x,y,z);shading flat
```

程序执行结果如图 4.29 所示。

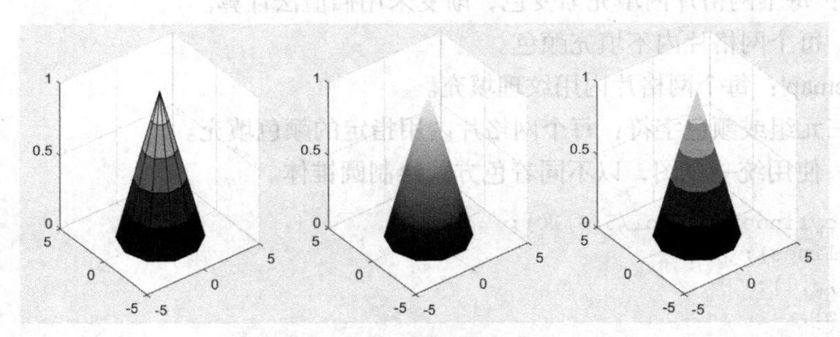

图 4.29　不同色差的影响

## 4.4.3　图形的裁剪处理

MATLAB 定义的 NaN 常数可以用于表示那些不可使用的数据，利用这种特性，可以将图形中需要裁剪部分对应的函数值设置成 NaN，这样在绘制图形时，函数值为 NaN 的部分将不显示出来，从而达到对图形进行裁剪的目的。

【例 4.21】 绘制三维曲面 $z=\frac{\sin\sqrt{x^2+y^2}}{\sqrt{x^2+y^2}}$，并裁掉图中 $x$ 和 $y$ 都小于−1.5 的部分。

程序如下：

```
[x,y]=meshgrid(-5:0.2:5);
z=sin(sqrt(x.^2+y.^2))./(sqrt(x.^2+y.^2));
subplot(1,2,1);
mesh(x,y,z);
subplot(1,2,2);
k=find(x<-1.5 & y<-1.5);
z1=z;
z1(k)=NaN;
mesh(x,y,z1)
```

程序执行后，得到裁剪前后的曲面图如图 4.30 所示。

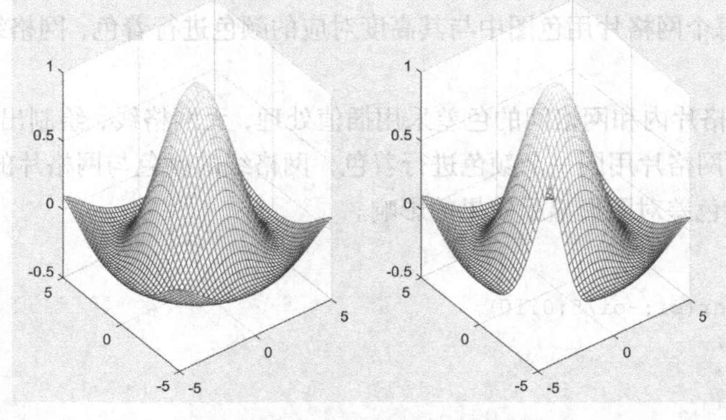

图 4.30　裁剪前后的曲面图

# 4.5 图 像 处 理

## 4.5.1 图像数据读写与显示

MATLAB 提供了几个用于简单图像处理的函数，利用这些函数可进行图像的读写和显示。此外，MATLAB 还有一个功能更强的图像处理工具箱（Image Processing Toolbox），可以对图像进行更专业的处理。

**1. 图像文件读写函数**

imread 函数用于从文件中读取图像数据到 MATLAB 工作空间，imwrite 函数用于将图像像素位置、颜色信息写入文件。函数的调用格式为

```
A=imread(fname,fmt)
imwrite(A, fname)
```

其中，输入参数 fname 为字符向量，存储读/写的图像文件名；选项 fmt 为图像文件格式，默认按文件名后缀对应格式读取文件。若读写的是灰度图像，则 $A$ 为二维数组，$A$ 中的各元素存储图像每个像素的灰度值；若读写的是彩色图像，则 $A$ 为三维数组，第三维为 RGB 三元组，存储颜色数据。

**2. 图像显示函数**

image、imshow 和 imagesc 函数用于将数组中的数据显示为图像。函数的调用格式为

```
image(x,y,A)
imshow(A,map)
imagesc(x,y,A)
```

其中，输入参数 $A$ 用于存储图像数据，$x$、$y$ 指定图像显示的位置和大小，map 指定显示图形时采用的色图。若 $A$ 是二维数组，则 image(A)用单一色系的颜色绘制图形，imshow(A)用黑白色绘制图形，imagesc(A)使用经过标度映射的颜色绘制图形。若 $A$ 是三维数组，则直接显示图像。

【例 4.22】 绘制多峰曲面，并用 3 种方式绘制水平面上的投影。

程序如下：

```
Z=10+peaks;
subplot(1,3,1);
surf(Z);
hold on;
image(Z);
subplot(1,3,2);
surf(Z);
hold on;
imshow(Z);
subplot(1,3,3);
surf(Z);
hold on;
imagesc(Z)
```

程序执行后，采用不同显示方式绘制的图形如图 4.31 所示。

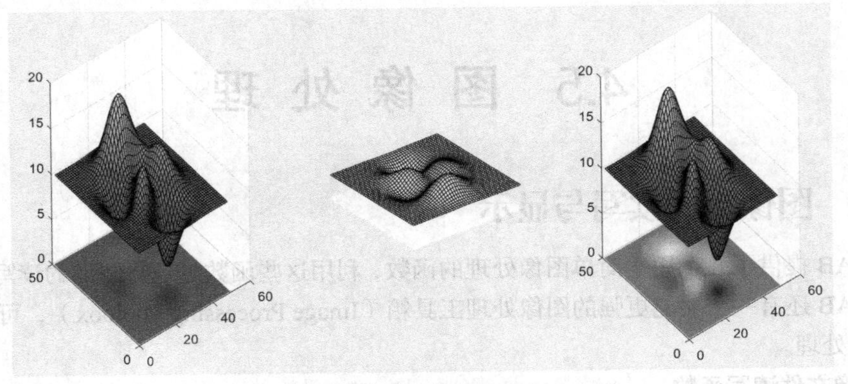

图 4.31　采用不同显示方式绘制的图形

### 4.5.2　图像捕获与播放

MATLAB 提供 getframe 函数用于捕获图像数据，函数的调用格式为

```
F=getframe(h)
F=getframe(h,rect)
```

其中，选项 *h* 为坐标轴句柄或图形窗口句柄，默认从当前坐标轴捕获图像数据。第 2 种调用格式指定从某个区域捕获图像数据。用 getframe 函数截取一帧图像数据存储于结构体变量 *F* 中，*F* 的第 1 个分量存储图像各个点的颜色，第 2 个分量存储色图。

逐帧动画是一种常见的动画形式，利用视觉效应，连续播放一些影片帧形成动画。MATLAB 提供的 movie 函数用于播放录制的影片帧，通过控制播放速度产生逐帧动画效果。movie 函数的调用格式为

```
movie(M, n, fps)
```

其中，输入参数 *M* 为数组，保存了用 getframe 函数获取的多帧图像数据，每列存储一帧图像数据。选项 *n* 控制循环播放的次数，默认值为 1。选项 fps 指定以每秒 fps 帧的速度播放影片，默认值为 12。

【例 4.23】 绘制一个水平放置的瓶状柱面，并且将它绕 *z* 轴旋转。

程序如下：

```
t=0:pi/30:2*pi;
[x,y,z]=cylinder(2+sin(t),30);
mesh(z,y,x);
axis off;
%保存 20 帧以不同视点呈现的图形
for k=1:20
   view(-37.5+18*(k-1),30);   %改变视点
   M(k)=getframe;
end
movie(M,2)      %用默认的播放速度播放 2 次
```

## 4.6　交互式绘图工具

MATLAB 提供了多种用于绘图的函数，这些函数可以在命令行窗口或程序中调用。此外，

MATLAB 2012 以后的版本还提供了交互式绘图工具，利用交互式绘图工具可以快速构建图形与调整图形效果。

MATLAB 交互式绘图工具包括 MATLAB 桌面的功能区中“绘图”选项卡的绘图命令、图形窗口的绘图工具以及工具栏等。

## 4.6.1　“绘图”选项卡

“绘图”选项卡的工具条提供了绘制图形的基本命令，如图 4.32 所示。工具条中有 3 个命令组：“所选内容”命令组，用于显示已选中用于绘图的变量；“绘图”命令组，提供了绘制各种图形的命令；“选项”命令组的选项用于设置绘图时是否新建图形窗口。

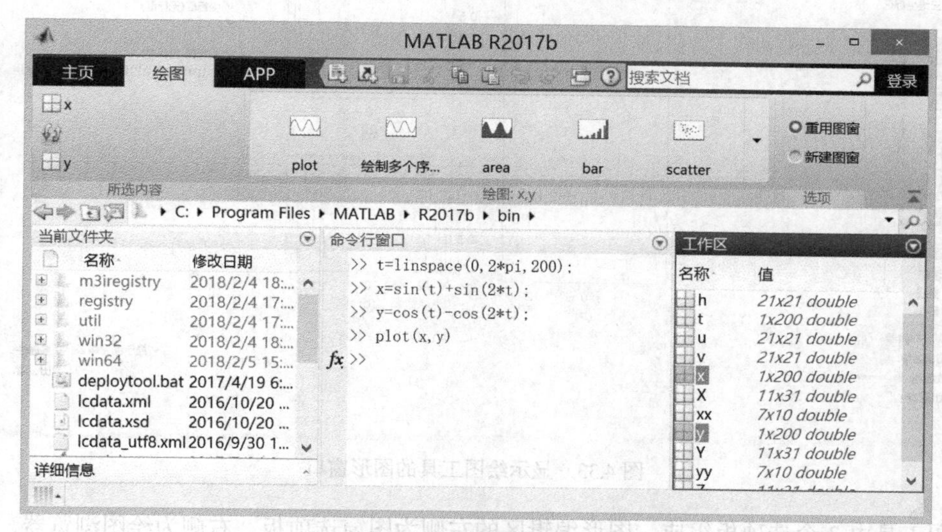


图 4.32　“绘图”选项卡

如果未选中任何变量，“绘图”命令组的命令是不可用的。如果在工作区中选择了变量，“绘图”命令组中会自动根据所选变量类型提供相应绘图命令，此时，单击某个绘图命令按钮，则会在命令行窗口自动输入该命令并执行，然后打开一个图形窗口，在其中绘制图形。

例如，用“绘图”选项卡中的工具绘制例 4.1 的曲线。首先在工作空间选中 $x$ 变量，按住 Ctrl 键，再选中 $y$ 变量，然后在绘图选项卡中单击“plot”按钮，命令行窗口的命令提示符后出现命令“plot(x,y)”，如图 4.32 所示，然后弹出图 4.1 所示图形窗口。绘制二维图形时，以先选中的变量作为横坐标，后选中的变量作为纵坐标。可以单击变量之间的“切换变量顺序”按钮交换 $x$、$y$ 坐标。绘制三维图形时，也是按选中的先后顺序依次确定 $x$、$y$、$z$ 坐标。

## 4.6.2 图形窗口

执行绘图命令或在 MATLAB 命令行窗口输入命令“figure”，都将打开一个图形窗口。图形窗口的工具栏包含一些常用工具按钮，分成多组。左边的第 1 组按钮用于图形文件操作，左边的第 2 组按钮用于图形操作，包括选择、放大、缩小、平移、旋转、添加数据游标、刷新数据，添加数据游标是指在光标处显示该点数据。中间的一组按钮用于给图形窗口添加颜色栏、图例，颜色栏显示的是当前使用的色图，可通过右键快捷菜单编辑色图及设置颜色栏的位置。

绘制图形后，如果需要修改绘图参数和显示方式，可利用 MATLAB 图形窗口提供的绘图工具。图形窗口打开时，默认不显示绘图工具。要使用绘图工具，可采用两种方法：在图形窗口的快捷工具栏中单击最右侧的“显示绘图工具和停靠图形”按钮，或在 MATLAB 的命令行窗口中输入命令“plottools”，显示绘图工具。例如，运行例 4.6 的程序后，在图形窗口显示绘图工具，如图 4.33 所示。

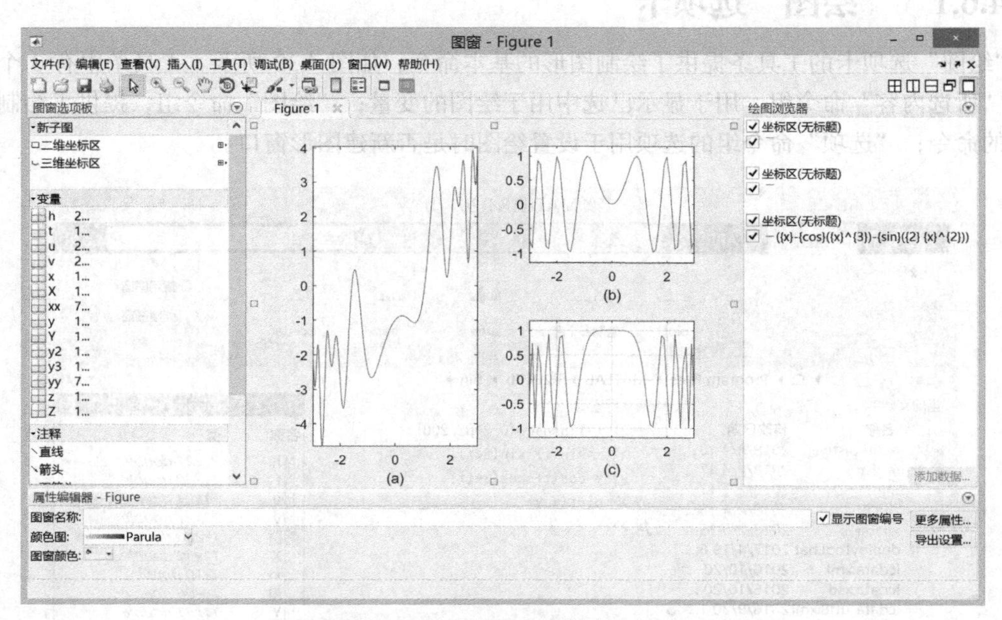


图 4.33　显示绘图工具的图形窗口

绘图工具由 3 个选项板组成，图形编辑区的左侧为图窗选项板，右侧为绘图浏览器，下方为属性编辑器。

### 1. 图窗选项板

图窗选项板用于在图形窗口中添加和排列子图，观察和选择绘图数据，以及添加图形标注。要打开图窗选项板，可以从图形窗口的“查看”菜单中选中菜单项“图窗选项板”，或在命令行窗口输入命令：

```
>> figurepalette
```

图窗选项板包含 3 个面板。

（1）新子图面板

新子图面板用于添加二维、三维子图。例如，若要将图形窗口分割成 2×3 的 6 个用于绘制二维图形的子图，则单击选择面板中二维坐标轴栏右边的“创建平铺的子图”按钮，然后单击第 2 行第 3 列方格。

（2）变量面板

变量面板用于浏览和选择绘图数据。若双击某变量，则直接以该变量为纵坐标调用 plot 函数绘图。若选中多个变量，在选中变量的图标上单击鼠标右键，则可以从弹出的快捷菜单中选择“绘图”命令绘制图形，或从快捷菜单列表中选择一种函数绘图。

（3）注释面板

注释面板用于为图形添加标注。从面板中选择一种标注工具，可以在图形窗口中绘制出各种标注图形，如直线、箭头、标注文本框等。例如，给某子图添加箭头，单击注释面板中的“箭头”图标，然后将光标移动到坐标轴中，用拖拽操作画出箭头，箭头两端有两个控制点，通过这两个控制点可以调整标注位置和大小。

**2. 绘图浏览器**

绘图浏览器以图例的方式列出了图形中的元素。在绘图浏览器中选中一个对象，图形窗口中该对象上出现方形控制点，属性编辑器展现该对象的属性。若选中某个坐标轴，可以在其中添加新图形。例如，选中图 4.33 中的子图 2 的坐标轴，子图 2 的坐标轴四周出现控制点。单击绘图浏览器下方的“添加数据”按钮，将打开一个“在坐标区上添加数据”的对话框，从中选择一种“绘图类型”及图形的“数据源”，单击“确定”按钮返回图形窗口，这时子图 2 中会增加 1 条曲线。

**3. 属性编辑器**

属性编辑器用于观测和设置所选对象的名称、颜色、填充方法等参数。不同类型的对象，属性编辑器中的内容不同。例如，选中图 4.33 中的右下子图的曲线，可以在属性编辑器的“显示名称”编辑栏查看和修改图形的名称，在“X 数据源”下拉列表中选择 $x$ 轴的数据源；然后可以在“绘图类型”下拉列表中选择绘图函数，在线条、标记栏中选择图形线条的颜色、线型、标记符号等。设置完成后，单击“刷新数据”按钮，刷新坐标轴显示。

## 思考与实验

### 一、思考题

1. 在同一坐标轴绘制多条二维曲线，有哪些方法？

2. 如何绘制曲面交线？

3. 写出绘制由曲面 $z=xy$、$x+y-1=0$、$z=0$ 所围成的立体图形的 MATLAB 命令。

4. 已知 $y=\frac{\sqrt{3}}{2}\mathrm{e}^{-4t}\sin\left(4\sqrt{3}t+\frac{\pi}{3}\right)$，编写程序，实现以 0.01s 为间隔，在[0,1.5]区间内绘制 $y$ 及其导数的图形。

5. 绘制函数 $z=x^3-3xy^2$ 图形有哪些方法？写出相应命令。

6. 在一丘陵地带测量高程，$x$ 和 $y$ 方向每隔 100m 测一个点，测得的高程如表 4.11 所示，试拟合一曲面，确定合适的模型，并由此找出最高点和该点的高程。

表 4.11 高程数据

| $x$ \ $y$ | 100 | 200 | 300 | 400 |
|---|---|---|---|---|
| 100 | 636 | 697 | 624 | 478 |
| 200 | 698 | 712 | 630 | 478 |
| 300 | 680 | 674 | 598 | 412 |
| 400 | 662 | 626 | 552 | 334 |

### 二、实验题

1. 绘制下列曲线。

（1）$y=x-\frac{x^3}{3!}$ （2）$y=\frac{1}{2\pi}\mathrm{e}^{-\frac{x^2}{2}}$

（3）$x^2+2y^2=64$　　（4）$\begin{cases} x = t\sin t \\ y = t\cos t \end{cases}$

2. 已知 $y = 2x^2-0.5, x\in[-1,1]$ 和 $\begin{cases} x = \sin(3t)\cos(t) \\ y = \sin(3t)\sin(t) \end{cases}, 0\leqslant t\leqslant \pi$，完成下列操作。

（1）在同一坐标轴下用不同的颜色和线型绘制两条曲线，给曲线添加文字说明。

（2）以子图形式，分别绘制两条曲线，并为各子图添加函数标题。

3. 分别用 plot 和 fplot 函数绘制函数 $y=\sin\frac{1}{x}$ 的曲线，分析两曲线的差别。

4. 设 $y=\frac{1}{1+e^{-t}}, -\pi\leqslant t\leqslant \pi$，在同一图形窗口采用子图的形式绘制条形图、阶梯图、杆图和对数坐标图。

5. 绘制下列极坐标图。

（1）$\rho=5\cos\theta+4$　　（2）$r=a(1+\cos\varphi), a=1, \varphi\in[0,2\pi]$

6. 绘制下列三维图线。

（1）$\begin{cases} x = e^{-t/20}\cos t \\ y = e^{-t/20}\sin t, 0\leqslant t\leqslant 2\pi \\ z = t \end{cases}$　　（2）$\begin{cases} x = t \\ y = t^2, 0\leqslant t\leqslant 1 \\ z = t^3 \end{cases}$

7. 已知 $z=\frac{10\sin\sqrt{x^2+y^2}}{\sqrt{1+x^2+y^2}}$，绘制其在 $x>-30$ 和 $y<30$ 范围内的网格图和等高线。

8. 已知 $f(x,y)=-\frac{5}{1+x^2+y^2}, |x|\leqslant 3, |y|\leqslant 3$，绘制其曲面图，并将 $|x|\leqslant 0.8$ 与 $|y|\leqslant 0.5$ 部分镂空。

9. 绘制 $\begin{cases} x=3u\sin v \\ y = 2u\cos v \\ z = 4u^2 \end{cases}$ 曲面图形，应用插值着色处理，并设置光照效果。

10. 设计一个蓝色球体沿正弦曲线运动的动画。

# 第5章 线性代数中的数值计算

线性代数是处理矩阵和向量空间的数学分支，在现代科学的各个领域都有广泛应用。随着计算机技术的发展，实现这些线性代数数值计算的计算机算法和软件也在不断发展。MATLAB 中的线性代数函数提供快速且稳健的矩阵计算，包括各种矩阵分解、线性方程求解、计算特征值、奇异值等。

**【本章学习目标】**

- 掌握生成特殊矩阵的方法。
- 掌握矩阵结构变换和矩阵求值的方法。
- 掌握矩阵运算的基本方法。
- 掌握求解线性方程组的方法。
- 了解矩阵的稀疏存储方式及稀疏矩阵的操作方法。

## 5.1 特殊矩阵的生成

在数值计算中，经常需要用到一些特殊形式的矩阵，如零矩阵、幺矩阵、单位矩阵等，这些特殊矩阵在应用中具有通用性。还有一类特殊矩阵在某些特定领域中得到应用，如希尔伯特矩阵、范德蒙矩阵、帕斯卡矩阵等。大部分特殊矩阵可以利用第 2 章介绍的建立矩阵的方法来实现，MATLAB 也提供了一些函数，利用这些函数可以更方便地生成特殊矩阵。

### 5.1.1 通用的特殊矩阵

#### 1. 零矩阵/幺矩阵

为了提高运行效率，在编写脚本时，通常先创建零矩阵或幺矩阵，然后修改指定元素的值。MATLAB 提供了如下函数，用于创建零矩阵/幺矩阵。

- zeros 函数：生成全 0 矩阵，即零矩阵。
- ones 函数：生成全 1 矩阵，即幺矩阵。
- eye 函数：生成单位矩阵，即对角线上的元素为 1、其余元素为 0 的矩阵。
- true 函数：生成全 1 逻辑矩阵。
- false 函数：生成全 0 逻辑矩阵。

这几个函数的调用格式相似，下面以生成零矩阵的 zeros 函数为例进行说明。

zeros 函数的调用格式如下。

- zeros(m)：生成 $m \times m$ 零矩阵，$m$ 缺省时，生成一个值为 0 的标量。
- zeros(m,n)：生成 $m \times n$ 零矩阵。
- zeros(m, classname)：生成 $m \times m$ 零矩阵，矩阵元素为 classname 指定类型，classname 可以为'double'、'single'、'int8'、'uint8'、'int16'、'uint16'、'int32'、'uint32'、'int64'或'uint64'中任意一个字符串，默认为'double'。
- zeros(m, 'like', p)：生成 $m \times m$ 零矩阵，矩阵元素的类型与变量 $p$ 一致。

zeros 函数也可以用于生成多维全 0 数组，方法如下。

- zeros(sz1,sz2.⋯,szN)：生成 sz1×sz2⋯×sz$N$ 全 0 数组，sz1, sz2, ⋯, sz$N$ 分别指定各维的长度。
- zeros(sz)：生成一个维数与 sz 长度相同的全 0 数组，参数 sz 是一个向量，其中的元素分别指定所生成的数组各维的长度。

【例 5.1】 分别建立 3×3、2×3 的零矩阵。

（1）建立一个 3×3 的零矩阵。

```
>> S=zeros(3)
S=
     0     0     0
     0     0     0
     0     0     0
```

（2）建立一个 2×3 的零矩阵。

```
>> T1=zeros(2,3)
```

建立一个 2 × 3 的零矩阵也可以使用以下命令：

```
>> T1=zeros([2,3])
```

如果需指定矩阵中的元素为整型，则使用以下命令：

```
>> T2=zeros(2,3,'int16')
```

如果需指定矩阵中的元素为复型，则可以使用以下命令：

```
>> x=1+2i;
>> T3=zeros(2,3,'like',x)
T3=
    0.0000 + 0.0000i   0.0000 + 0.0000i   0.0000 + 0.0000i
    0.0000 + 0.0000i   0.0000 + 0.0000i   0.0000 + 0.0000i
```

### 2. 随机矩阵

MATLAB 提供了 4 个生成随机矩阵的函数。

（1）rand(m, n)函数：生成一组值在(0, 1)区间均匀分布的随机数，构建 $m \times n$ 矩阵。

（2）randi(imax, m, n)函数：生成一组值在[1, imax]区间均匀分布的随机整数，构建 $m \times n$ 矩阵。

（3）randn(m, n)函数：生成一组均值为 0、方差为 1 的标准正态分布随机数，构建 $m \times n$ 矩阵。

（4）randperm(n, k)函数：将[1, $n$]区间的整数随机排列，构建一个向量，参数 $k$ 指定向量的长度。

MATLAB 默认生成的是伪随机数列，然后从伪随机数列中依次取出多个数按函数的输入参数指定的方式构建矩阵。因此，在不同程序中调用同一个生成随机矩阵的函数，得到的随机矩阵是相同的。若需要生成不同的随机数列，则在调用以上函数之前调用 rng 函数。rng 函数的调用格式为

```
rng(seed,generator)
rng('shuffle',generator)
```

其中，参数 seed 作为生成随机数的种子，可取值是一个小于 $2^{32}$ 的非负整数；参数'shuffle'指定用当前时间作为生成随机数的种子；选项 generator 用于确定生成器的类型，可取值包括'twister'（默认值）、'simdTwister'、'combRecursive'、'multFibonacci'、'v5uniform'、'v5normal'、'v4'。

假设已经得到了一组在(0, 1)区间均匀分布的随机数 $x$，若想得到一组在$(a, b)$区间上均匀分布的随机数 $y$，可以用 $y_i = a + (b - a+1)x_i$ 计算得到。假设已经得到了一组标准正态分布随机数 $x$，如果想得到一组均值为 $\mu$、方差为 $\sigma^2$ 的随机数 $y$，可用 $y_i = \mu + \sigma x_i$ 计算得到。

**【例 5.2】** 建立以下随机矩阵。

（1）在区间[10, 30]内均匀分布的 4 阶随机矩阵。

（2）均值为 0.6、方差为 0.1 的 4 阶正态分布随机矩阵。

命令如下：

```
>> a=10;
>> b=30;
>> x=a+(b-a)*rand(4)
x=
    26.2945    22.6472    29.1501    29.1433
    28.1158    11.9508    29.2978    19.7075
    12.5397    15.5700    13.1523    26.0056
    28.2675    20.9376    29.4119    12.8377
>> y=0.6+sqrt(0.1)*randn(4)
y=
    0.5607    0.8123    0.7546    0.6929
    1.0711    0.2182    0.9272    0.3510
    1.0456    0.8268    0.8299    0.8809
    1.0482    1.1155    0.5040    0.2373
```

## 5.1.2 面向特定应用的特殊矩阵

MATLAB 提供了若干能生成其元素值具有一定规律的特殊矩阵的函数，这类特殊矩阵在特定领域中是很有用的。下面介绍几个常用函数的功能和用法。

**1. 魔方矩阵**

魔方矩阵又称幻方、九宫图、纵横图，将自然数 $1,2,3,\cdots,n^2$，排列成 $n$ 行 $n$ 列的方阵，使每行、每列及两条主对角线上的 $n$ 个数的和都等于 $\frac{n(n^2+1)}{2}$。在 MATLAB 中，函数 magic(n)生成一个 $n$ 阶魔方矩阵。

**【例 5.3】** 生成 5～12 阶的魔方矩阵，通过 imagesc 函数观察奇偶阶魔方矩阵的特性。

程序如下：

```
for n=1:8
    subplot(2,4,n);
    ord=n+4;
    m=magic(ord);
    imagesc(m);
    title(num2str(ord));
    axis equal;
    axis off;
end
```

程序运行结果如图 5.1 所示。从图中可以看出，图案取决于魔方矩阵的阶数是奇数、偶数还是能被 4 整除的数，子图 5、7、9、11 图案相似，子图 6、10 图案相似，子图 8、12 图案相似。

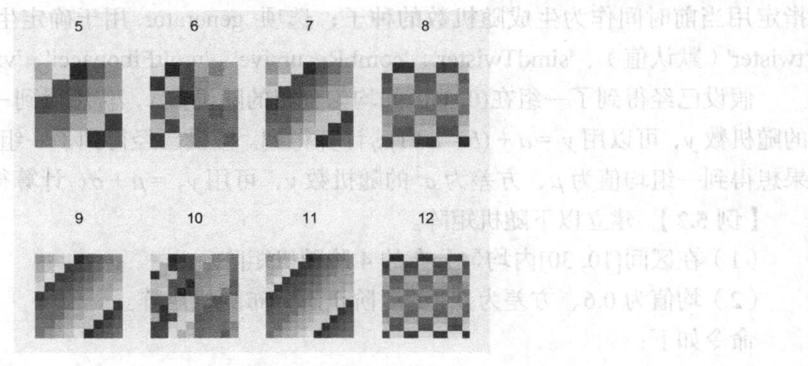


图 5.1　5～12 阶魔方矩阵的映射图

**2. 范得蒙矩阵**

范得蒙（Vandermonde）矩阵的最后一列全为 1，倒数第二列为一个指定的向量，其他各列是其后列向量与倒数第二列向量的点乘积。在 MATLAB 中，函数 vander(V)生成一个以向量 ***V*** 为基础向量的范得蒙矩阵。例如：

```
>> A=vander([1,7,3,6])
A =
     1     1     1     1
   343    49     7     1
    27     9     3     1
   216    36     6     1
```

**3. 希尔伯特矩阵**

希尔伯特（Hilbert）矩阵是一种数学变换矩阵，它的每个元素 $h_{ij}=1/(i+j-1)$。在 MATLAB 中，函数 hilb(n)生成一个 *n* 阶希尔伯特矩阵。希尔伯特矩阵是一个高度病态的矩阵，即任何一个元素发生微小变动，整个矩阵的值和逆矩阵都会发生巨大变化，病态程度和阶数相关。MATLAB 提供了一个专门求希尔伯特矩阵的逆矩阵的函数 invhilb(n)，当 $n<15$ 时，invhilb(n)生成 Hilbert 矩阵的精确逆矩阵；当 $n\geqslant15$ 时，invhilb(n)生成 Hilbert 矩阵的近似逆矩阵。

**【例 5.4】** 求 4 阶希尔伯特矩阵。

命令如下：

```
>> format rat;          %以有理形式输出
>> H=hilb(4)
H=
     1           1/2          1/3          1/4
    1/2          1/3          1/4          1/5
    1/3          1/4          1/5          1/6
    1/4          1/5          1/6          1/7
>> format short     %恢复默认输出格式
```

**4. 托普利兹矩阵**

托普利兹（Toeplitz）矩阵除第一行和第一列元素外，其他元素都与该元素左上角的元素相同。在 MATLAB 中，函数 toeplitz(x,y)生成一个以 ***x*** 为第一列、***y*** 为第一行的托普利兹矩阵。这里 ***x***、***y*** 均为向量，***x***、***y*** 长度可以不同，但 ***x*** 和 ***y*** 的第 1 个元素必须相同。只有一个输入参数的函数 toeplitz(x)用向量 ***x*** 生成一个对称的托普利兹矩阵。例如：

```
>> T=toeplitz([5,6,7],[5,18,16,12])
T =
     5    18    16    12
     6     5    18    16
     7     6     5    18
```

5. 帕斯卡矩阵

二次项$(x+y)^n$展开后的系数随 $n$ 的增大组成一个三角形表，称为杨辉三角形表。由杨辉三角形表组成的矩阵称为帕斯卡（Pascal）矩阵。帕斯卡矩阵的第 1 行元素和第 1 列元素都为 1，其余元素是同行的前一列元素和上一行的同列元素相加而得，即 $p_{1j}=1$，$p_{i1}=1$，$p_{ij}=p_{i,j-1}+p_{i-1,j}$（$i$>1，$j$>1）。在 MATLAB 中，函数 pascal(n)生成一个 $n$ 阶帕斯卡矩阵。

【例 5.5】 求$(x+y)^4$的展开式。

命令如下：

```
>> T4=pascal(5)
T4 =
     1     1     1     1     1
     1     2     3     4     5
     1     3     6    10    15
     1     4    10    20    35
     1     5    15    35    70
```

矩阵次对角线上的元素 1、4、6、4、1 即为展开式的系数，即

$$(x+y)^4=x^4+4x^3y+6x^2y^2+4xy^3+y^4$$

## 5.1.3 特殊构造矩阵

向量运算是 MATLAB 语言的重要特征之一，向量函数的应用，使代码更加简洁，也提高了代码的执行效率。MATLAB 提供了一些函数，利用这些函数，可以快速构造基于向量运算的矩阵。

1. 累计矩阵

函数 accumarray(subs, val, sz, fun, fillval)用于对向量 val 中指定元素进行累计（如累加、累乘、求均值等）运算，用计算所得结果构造新的矩阵。运算时，以输入参数 subs 中的元素值作为提取向量 val 元素的下标。选项 sz 控制输出矩阵的大小，默认根据 subs 自动判定大小；选项 fun 用于指定累计运算方法，默认为累加（sum）；选项 fillval 指定填补所创建矩阵中的空缺项的值，默认 fillval 为 0。如果 subs 为向量，创建一个向量，该向量的长度为 subs 中元素的最大值。例如：

```
>> val=101:105;
>> subs=[2;3;1;3;4];
>> A=accumarray(subs,val)
A =
   103
   101
   206
   105
```

因为 subs 元素的最大值是 4，因此创建一个有 4 个元素的列向量。subs(1)=2，即指定 A(2)的值为 val(1)；subs(2)、subs(4)的值都为 3，则 A(3)=val(2)+val(4)，即 206；subs(3)=1，即指定 A(1)的值为 val(3)；subs(5)=4，即指定 A(4)的值为 val(5)。

如果 subs 为矩阵，创建一个矩阵，该矩阵的第 1 维大小为 subs 中第 1 列元素的最大值，第 2 维大小为 subs 中第 2 列元素的最大值。例如：

```
>> val=101:106;
>> subs=[1 1;2 2;3 2;1 1;2 2;4 1];
>> A=accumarray(subs,val)
A =
   205     0
     0   207
     0   103
   106     0
```

因为 subs 的第 1 列元素的最大值是 4，第 2 列元素的最大值是 2，因此创建一个 4×2 的矩阵。subs 的第 1、4 个行向量的值为[1 1]，即指定 A(1,1)的值为 val(1)+val(4)；subs 第 2、5 个行向量的值为[2 2]，即指定 A(2,2)的值为 val(2)+val(5)；subs 第 3 个行向量的值为[3 2]，即指定 A(3,2)的值为 val(3)；subs 第 6 个行向量的值为[4 1]，即指定 A(4,1)的值为 val(6)；***A*** 的其余元素为 0。

**2. 级联矩阵**

MATLAB 提供了用于将若干矩阵在指定方向进行合并来构建新矩阵的函数，函数调用格式如下。

（1）C = cat(dim, A1, A2,⋯ )：在指定维度合并矩阵，C=cat(1,A,B)等同于 C=[A;B]，而 C=cat(2,A,B)等同于 C=[A,B]。

（2）C = horzcat(A1, A2,⋯,AN)：横向合并矩阵，C=horzcat(A,B)等同于 C=[A,B]。

（3）C = vertcat(A1, A2,⋯,AN)：纵向合并矩阵，C=vertcat(A,B)等同于 C=[A;B]。

（4）C = repmat(A,m,n)：通过复制矩阵 ***A*** 来构造矩阵 ***C***，***C*** 的纵向有 *m* 个 ***A***，横向有 *n* 个 ***A***。

# 5.2 矩阵分析

## 5.2.1 矩阵结构变换

**1. 对角阵**

若一个矩阵除了主对角线上的元素外，其余元素都等于 0，则称为对角矩阵。对角线上的元素都为 1 的对角矩阵称为单位矩阵。矩阵的对角线有许多性质，如转置运算时对角线元素不变，相似变换时对角线的和不变等。在研究矩阵时，很多时候需要将矩阵的对角线上的元素提取出来形成一个列向量，而有时又需要用一个向量构造一个对角阵。

（1）提取矩阵的对角线元素

设 ***A*** 为 *m*×*n* 矩阵，函数 diag(A)用于提取矩阵 ***A*** 主对角线元素，生成一个具有 min(m,n)个元素的列向量。例如：

```
>> A=[1,2,3;11,12,13;110,120,130]
A =
     1     2     3
    11    12    13
   110   120   130
>> d=diag(A)
d =
     1
    12
   130
```

函数 diag(A)还有一种形式 diag(A,k)，其功能是提取第 *k* 条对角线的元素。主对角线为第 0

条对角线；与主对角线平行，往上为第 1 条、第 2 条……第 $n$ 条对角线，往下为第 −1 条、第 −2 条……第 $-n$ 条对角线。例如，对于上面建立的 $\boldsymbol{A}$ 矩阵，提取其主对角线两侧对角线的元素，命令如下：

```
>> d1=diag(A,1)
d1 =
     2
    13
>> d2=diag(A,-1)
d2 =
    11
   120
```

（2）构造对角矩阵

设 $\boldsymbol{V}$ 为具有 $m$ 个元素的向量，diag(V,k)的功能是生成一个 $n \times n$（$n = m + |k|$）对角阵，其第 $k$ 条对角线的元素即为向量 $\boldsymbol{V}$ 的元素。例如：

```
>> diag(10:2:14,-1)
ans =
     0     0     0     0
    10     0     0     0
     0    12     0     0
     0     0    14     0
```

默认 $k$ 为 0，其主对角线元素即为向量 $\boldsymbol{V}$ 的元素。例如：

```
>> diag(10:2:14)
ans =
    10     0     0
     0    12     0
     0     0    14
```

## 2. 三角阵

三角阵又进一步分为上三角阵和下三角阵。所谓上三角阵，即矩阵的对角线以下的元素全为 0 的一种矩阵，而下三角阵则是对角线以上的元素全为 0 的一种矩阵。

与矩阵 $\boldsymbol{A}$ 对应的上三角阵 $\boldsymbol{B}$ 是与 $\boldsymbol{A}$ 具有相同的行数和列数的一个矩阵，并且 $\boldsymbol{B}$ 的对角线以上（含对角线）的元素和 $\boldsymbol{A}$ 对应相等，而对角线以下的元素等于 0。求矩阵 $\boldsymbol{A}$ 的上三角阵的 MATLAB 函数是 triu(A)。例如，提取矩阵 $\boldsymbol{A}$ 的上三角元素，形成新的矩阵 $\boldsymbol{B}$，命令如下：

```
>> A=randi(99,5,5)
A =
    76    70    82    44    49
    74     4    69    38    45
    39    28    32    76    64
    65     5    95    79    71
    17    10     4    19    75
>> B=triu(A)
B =
    76    70    82    44    49
     0     4    69    38    45
     0     0    32    76    64
     0     0     0    79    71
     0     0     0     0    75
```

triu 函数也有另一种形式 triu(A,k)，其功能是求矩阵 $\boldsymbol{A}$ 的第 $k$ 条对角线以上的元素。例如，

提取上述矩阵 ***A*** 的第 2 条对角线以上的元素，形成新的矩阵 ***B***1，命令如下：

```
>> B1=triu(A,2)
B1 =
     0     0    82    44    49
     0     0     0    38    45
     0     0     0     0    64
     0     0     0     0     0
     0     0     0     0     0
```

在 MATLAB 中，提取矩阵 ***A*** 的下三角矩阵的函数是 tril(A)和 tril(A,k)，其用法与 triu(A)和 triu(A,k)相同。

**3. 矩阵的转置**

所谓转置，即把源矩阵的第 1 行变成目标矩阵第 1 列，第 2 行变成第 2 列，依此类推。显然，一个 *m* 行 *n* 列的矩阵经过转置运算后，形成一个 *n* 行 *m* 列的矩阵。MATLAB 中，转置运算使用运算符“.'”，或调用转置运算函数 transpose。例如：

```
>> A=randi(9,2,3)
A =
     3     6     2
     7     2     5
>> B=A.'   %或 B=transpose(A)
B =
     3     7
     6     2
     2     5
```

复共轭转置运算是针对含复数元素的矩阵，除了将矩阵转置，还对原矩阵中的复数元素的虚部符号求反。复共轭转置运算使用运算符“'”，或调用函数 ctranspose。例如：

```
>> A=[3,4-1i,2+2i;7i,1+1i,6-1i]
A =
   3.0000 + 0.0000i   4.0000 - 1.0000i   2.0000 + 2.0000i
   0.0000 + 7.0000i   1.0000 + 1.0000i   6.0000 - 1.0000i
>> B1=A.'   %或 B1=transpose(A)
B1 =
   3.0000 + 0.0000i   0.0000 + 7.0000i
   4.0000 - 1.0000i   1.0000 + 1.0000i
   2.0000 + 2.0000i   6.0000 - 1.0000i
>> B2=A'    %或 B2=ctranspose(A)
B2 =
   3.0000 - 0.0000i   0.0000 - 7.0000i
   4.0000 + 1.0000i   1.0000 - 1.0000i
   2.0000 - 2.0000i   6.0000 + 1.0000i
```

矩阵 ***B***2 中的元素与矩阵 ***A*** 的对应元素虚部符号相反。

**4. 矩阵的旋转与翻转**

（1）矩阵的旋转

在 MATLAB 中，利用函数 rot90(A,k)可以很方便地以 90° 为单位对矩阵 ***A*** 按时针方向进行旋转，选项 *k* 指定旋转 *k* 倍 90°，默认 *k* 为 1。当 *k* 为正整数时，将矩阵 ***A*** 按逆时针方向进行旋转；当 *k* 为负整数时，将矩阵 ***A*** 按顺时针方向进行旋转。例如，先将 ***A*** 按逆时针方向旋转 90° 得到矩阵 ***B***，再将 ***A*** 按顺时针方向旋转 90°，得到矩阵 ***C***，命令如下：

```
>> A=rand(3,2)
A =
    0.5060    0.9593
    0.6991    0.5472
    0.8909    0.1386
>> B=rot90(A,-1)
B =
    0.8909    0.6991    0.5060
    0.1386    0.5472    0.9593
>> C=rot90(A)
C =
    0.9593    0.5472    0.1386
    0.5060    0.6991    0.8909
```

（2）矩阵的翻转

矩阵的翻转分左右翻转和上下翻转。对矩阵实施左右翻转是将原矩阵的第 1 列和最后 1 列调换，第 2 列和倒数第 2 列调换，依此类推。MATLAB 对矩阵 ***A*** 实施左右翻转的函数是 fliplr(A)。例如：

```
>> A=randi(99,2,5)
A =
    78    13    47    34    79
    93    57     2    17    31
>> B=fliplr(A)
B =
    79    34    47    13    78
    31    17     2    57    93
```

与矩阵的左右翻转类似，矩阵的上下翻转是将原矩阵的第 1 行与最后 1 行调换，第 2 行与倒数第 2 行调换，依次类推。MATLAB 对矩阵 ***A*** 实施上下翻转的函数是 flipud(A)。

**5. 矩阵求逆**

若方阵 ***A***、***B*** 满足等式

$$\boldsymbol{A}\cdot\boldsymbol{B}=\boldsymbol{B}\cdot\boldsymbol{A}=\boldsymbol{I}\text{（}\boldsymbol{I}\text{为单位矩阵）}$$

则称 ***A*** 为 ***B*** 的逆矩阵，当然，***B*** 也为 ***A*** 的逆矩阵。这时 ***A***、***B*** 都称为可逆矩阵（或非奇异矩阵、满秩矩阵），否则称为不可逆矩阵（或奇异矩阵、降秩矩阵）。可以用 MATLAB 的 det、cond、rank 等函数来检验是否为奇异矩阵、满秩矩阵。

MATLAB 提供的 inv(A)函数可以用来计算方阵的逆矩阵。若 ***A*** 为奇异矩阵、接近奇异矩阵或降秩矩阵时，系统将会给出警告信息。inv(A)函数等效于 A^(-1)。

**【例 5.6】** 求方阵 ***A*** 的逆矩阵并赋值给 ***B***，且验证 ***A*** 与 ***B*** 是互逆的。

命令如下：

```
>> A=[1 -1 1;5 -4 3;2 1 1];
>> B=inv(A)
B=
   -1.4000    0.4000    0.2000
    0.2000   -0.2000    0.4000
    2.6000   -0.6000    0.2000
>> C=A*B
C =
    1.0000    0.0000    0.0000
   -0.0000    1.0000    0.0000
   -0.0000    0.0000    1.0000
```

```
>> D = B*A
D =
    1.0000    0.0000    0.0000
   -0.0000    1.0000    0.0000
   -0.0000    0.0000    1.0000
>> C==D
ans =
  3×3 logical 数组
   0   0   0
   0   0   0
   1   0   0
```

在理想情况下，$\boldsymbol{A}\cdot\boldsymbol{B}=\boldsymbol{B}\cdot\boldsymbol{A}$。但是，由于计算机采用二进制存储和处理数据，影响浮点运算的精度，因此 $\boldsymbol{A}\cdot\boldsymbol{B}$ 和 $\boldsymbol{B}\cdot\boldsymbol{A}$ 非常接近，并不相等，命令“C==D”的结果为逻辑 0（假）。如果执行以下命令，就可以看到两个变量的值是不同的。

```
>> C-D
ans =
   1.0e-14 *
  -0.044408920985006  -0.005551115123126   0.016653345369377
  -0.210942374678780   0.044408920985006  -0.005551115123126
                   0  -0.022204460492503   0.022204460492503
```

## 5.2.2 矩阵求值

### 1. 方阵的行列式

按照一定的规则，由排成正方形的 $n^2$ 个数之乘积形成的代数和，称为 $n$ 阶行列式。2 阶矩阵 $\boldsymbol{A}$ 的行列式为 $A_{11}A_{22}-A_{21}A_{12}$，3 阶矩阵 $\boldsymbol{A}$ 的行列式为

$$A_{11}A_{22}A_{33}+A_{12}A_{23}A_{31}+A_{13}A_{21}A_{32}-A_{11}A_{23}A_{32}-A_{12}A_{21}A_{33}-A_{13}A_{22}A_{31}$$

在 MATLAB 中，函数 det(A)用于求矩阵 $\boldsymbol{A}$ 的行列式。例如：

```
>> A=[1,2,3;2,1,0;12,5,9]
A=
     1     2     3
     2     1     0
    12     5     9
>> dA=det(A)
dA=
   -33
```

### 2. 矩阵的秩与迹

（1）矩阵的秩

矩阵线性无关的行数与列数称为矩阵的秩。一个 $m\times n$ 矩阵 $\boldsymbol{A}$ 可以看成由 $m$ 个行向量组成或由 $n$ 个列向量组成。通常，对于一组向量 $x_1$，$x_2$，…，$x_p$，若存在一组不全为零的数 $k_i$（$i=1$，2，…，$p$），使

$$k_1x_1+k_2x_2+\cdots+k_px_p=0$$

成立，则称这 $p$ 个向量线性相关，否则称线性无关。对于 $m\times n$ 阶矩阵 $\boldsymbol{A}$，若 $m$ 个行向量中有 $r$（$r\leqslant m$）个行向量线性无关，而其余为线性相关，则称 $r$ 为矩阵 $\boldsymbol{A}$ 的行秩；类似地可定义矩阵 $\boldsymbol{A}$ 的列秩。矩阵的行秩和列秩总是相等的，因此将行秩和列秩统称为矩阵的秩，也称为该矩阵的奇异值。

在 MATLAB 中，求矩阵秩的函数是 rank(A)。例如：

```
>> A=[1,2,3;2,1,0;12,5,9];
>> r=rank(A)
r=
      3
>> A1=[1,2,3;4,8,12;12,5,9];
>> r=rank(A1)
r =
      2
```

此处，**A** 是一个满秩矩阵（矩阵的秩与阶相等），**A**1 是一个不满秩矩阵。**A**1 又称为奇异矩阵。

（2）矩阵的迹

矩阵的迹即矩阵的主对角线元素之和。在 MATLAB 中，函数 trace(A)用于求矩阵的迹。例如：

```
>> A=[1,2,3;2,1,0;12,5,9];
>> trace(A)
ans=
      11
```

### 3. 向量和矩阵的范数

在求解线性方程组时，由于实际的观测和测量误差，以及计算过程中的舍入误差的影响，所求得的数值解与精确解之间存在一定的差异，为了了解数值解的精确程度，必须对解的误差进行估计，线性代数中常采用范数进行线性变换的误差分析。范数有多种方法定义，其定义不同，范数值也就不同，因此，讨论向量和矩阵的范数时，一定要弄清是求哪一种范数。

（1）向量的范数

设向量 $\boldsymbol{V}=(v_1,v_2,\cdots,v_n)$，向量的 3 种常用范数定义如下。

① 1-范数：向量元素的绝对值之和，即$\|\boldsymbol{V}\|_1=\sum_{i=1}^{n}|v_i|$。

② 2-范数：向量元素平方和的平方根，即$\|\boldsymbol{V}\|_2=\sqrt{\sum_{i=1}^{n}v_i^2}$。

③ ∞-范数：所有向量元素绝对值的最大值，即$\|\boldsymbol{V}\|_\infty=\max\limits_{1\leqslant i\leqslant n}\{|v_i|\}$。

在 MATLAB 中，函数 norm 用于计算向量的范数，其基本调用格式如下。

- norm(v)：求向量 **v** 的 2-范数。
- norm(v,p)：求广义向量 **v** 的 *p*-范数。参数 *p* 指定范数类型，可取值为 1、2（默认值）、正整数标量、Inf 或-Inf。

例如：

```
>> va=randi(19,1,5)-10
va =
    0     9    -3     2    -5
>> nva=[norm(va,1),norm(va),norm(va,inf)]    %求向量 V 的 3 种范数
nva =
  19.0000    10.9087     9.0000
```

（2）矩阵的范数

设 **A** 是一个 $m\times n$ 的矩阵，矩阵的 3 种常用范数定义如下。

① 1-范数：组成矩阵的各个列向量元素的绝对值之和的最大值，即$\|\boldsymbol{A}\|_1=\max\limits_{1\leqslant j\leqslant n}\left\{\sum_{i=1}^{m}|a_{ij}|\right\}$。

② 2-范数：$\boldsymbol{A}'\boldsymbol{A}$ 最大特征值的平方根，即 $\|\boldsymbol{A}\|_2=\sqrt{\lambda_1}$，其中 $\lambda_1$ 为 $\boldsymbol{A}'\boldsymbol{A}$ 最大特征值。

③ ∞-范数：组成矩阵的各个行向量元素的绝对值之和的最大值，即 $\|\boldsymbol{A}\|_\infty=\max\limits_{1\leqslant i\leqslant m}\left\{\sum\limits_{j=1}^{n}|a_{ij}|\right\}$。

④ Frobenius 范数：所有元素的平方和的平方根，即 $\|\boldsymbol{A}\|_{\mathrm{F}}=\sqrt{\sum\limits_{i=1}^{m}\sum\limits_{j=1}^{n}a_{ij}^2}$。

在 MATLAB 中，函数 norm 也用于计算矩阵的范数，其基本调用格式如下。

- norm(X)：求矩阵 $\boldsymbol{X}$ 的 2-范数或最大奇异值，该值近似等于 max(svd(X))。
- norm(X, p)：求矩阵 $\boldsymbol{X}$ 的 $p$-范数，其中 $p$ 为 1、2 或 Inf，分别表示求矩阵的 1-范数、2-范数、∞-范数。
- norm(X, 'fro')：求矩阵 $\boldsymbol{X}$ 的 Frobenius 范数。

例如：

```
>> A=[1,2,3,4;-9,0,2,5]
A =
     1     2     3     4
    -9     0     2     5
>> nA=[norm(A,1),norm(A),norm(A,inf),norm(A,'fro')]  %求矩阵A的4种范数
nA =
   10.0000   10.6519   16.0000   11.8322
```

**4. 矩阵的条件数**

矩阵 $\boldsymbol{A}$ 的条件数定义为 $\boldsymbol{A}$ 的范数与 $\boldsymbol{A}$ 的逆矩阵的范数的乘积，即 $\mathrm{cond}(\boldsymbol{A})=\|\boldsymbol{A}\|\cdot\|\boldsymbol{A}^{-1}\|$。对于线性方程组 $\boldsymbol{Ax}=\boldsymbol{b}$，如果 $\boldsymbol{A}$ 的条件数大，$\boldsymbol{b}$ 的微小改变就能引起解 $\boldsymbol{x}$ 较大的改变，说明数值稳定性差。如果 $\boldsymbol{A}$ 的条件数小，$\boldsymbol{b}$ 有微小的改变，$\boldsymbol{x}$ 的改变也很微小，说明数值稳定性好。条件数越接近于 1，矩阵的性能越好。矩阵的条件数用于检测线性方程组的解对数据的敏感度，可以表示矩阵求逆结果和线性方程解的精度。

在 MATLAB 中，函数 cond(A,p)用于计算矩阵 $\boldsymbol{A}$ 的条件数，其中 $p$ 为 1、2（默认值）、Inf 或'fro'。例如：

```
>> A=[1,2,3;3,-4,5;-5,6,7];
>> cA=cond(A)
cA =
    5.4598
>> B=[1,2,5;-2,-7,5;-5,1,-2];
>> cB=cond(B)
cB =
    2.1901
```

矩阵 $\boldsymbol{B}$ 的条件数比矩阵 $\boldsymbol{A}$ 的条件数更接近于 1，因此，矩阵 $\boldsymbol{B}$ 的性能要好于矩阵 $\boldsymbol{A}$。

## 5.2.3 矩阵的特征值与特征向量

矩阵的特征值与特征向量在科学研究和工程计算中应用广泛。例如，机械中的振动问题、电磁振荡中的某些临界值的确定等问题，往往归结成求矩阵的特征值与特征向量的问题。

设 $\boldsymbol{A}$ 是 $n$ 阶方阵，如果存在数 $\lambda$ 和 $n$ 维非零向量 $\boldsymbol{x}$，使 $\boldsymbol{Ax}=\lambda\boldsymbol{x}$ 成立，则称 $\lambda$ 是矩阵 $\boldsymbol{A}$ 的一个特征值或本征值，称向量 $\boldsymbol{x}$ 为矩阵 $\boldsymbol{A}$ 属于特征值 $\lambda$ 的特征向量或本征向量，简称 $\boldsymbol{A}$ 的特征向量或 $\boldsymbol{A}$ 的本征向量。

在 MATLAB 中，计算矩阵 $\boldsymbol{A}$ 的特征值和特征向量的函数是 eig(A)，常用的调用格式有如下 3 种。

- e = eig(A)：求矩阵 $\boldsymbol{A}$ 的全部特征值，构成向量 $\boldsymbol{e}$。
- [V,D] = eig(A)：求矩阵 $\boldsymbol{A}$ 的全部特征值，构成对角阵 $\boldsymbol{D}$，并求 $\boldsymbol{A}$ 的右特征向量，构成矩阵 $\boldsymbol{V}$。
- [V,D,W] = eig(A)：返回以特征值为主对角线的对角阵 $\boldsymbol{D}$、以右特征向量构成的矩阵 $\boldsymbol{V}$，以及以左特征向量构成的矩阵 $\boldsymbol{W}$。

如果调用 eig 函数时，加上选项'nobalance'，表示禁用该算法中的初始均衡步骤。默认为'balance'，表示启用初始均衡步骤。

矩阵 $\boldsymbol{A}$ 的特征向量有无穷多个，eig 函数只找出其中的 $n$ 个，$\boldsymbol{A}$ 的其他特征向量，均可由这 $n$ 个特征向量的线性组合表示。例如：

```
>> A=[1,1,0.5;1,1,0.25;0.5,0.25,2];
>> [V,D]=eig(A)
V=
    0.7212    0.4443    0.5315
   -0.6863    0.5621    0.4615
   -0.0937   -0.6976    0.7103
D=
   -0.0166         0         0
         0    1.4801         0
         0         0    2.5365
```

求得的 3 个特征值是 − 0.0166、1.4801 和 2.5365，各特征值对应的特征向量为 $\boldsymbol{V}$ 的各列向量。

```
>> format long;
>> A*V-V*D
ans =
   1.0e-15 *
   0.083266726846887  -0.111022302462516   0.222044604925031
   0.204697370165263   0.222044604925031   0.444089209850063
   0.203396327558281   0.222044604925031   0.222044604925031
>> A*V==V*D
ans =
  3×3 logical 数组
   0   0   0
   0   0   0
   0   0   0
```

在理想情况下，特征值分解可满足 $\boldsymbol{A}\cdot\boldsymbol{V}=\boldsymbol{V}\cdot\boldsymbol{D}$。但是，由于计算机采用二进制存储和处理数据，影响浮点运算的精度，因此 $\boldsymbol{A}\cdot\boldsymbol{V}$ 与 $\boldsymbol{V}\cdot\boldsymbol{D}$ 非常接近，并不相等。

# 5.3　矩 阵 分 解

矩阵分解是指将一个矩阵分解成若干个矩阵的乘积。常见的矩阵分解有 LU 分解、QR 分解、Cholesky 分解、SVD 分解及 Hessenberg 分解等。本节介绍前 4 种分解方法。通过这些分解方法求解线性方程组可以提高运算精度。

## 5.3.1　矩阵的 LU 分解

矩阵的 LU 分解又称 Gauss 消去分解或三角分解，就是将一个方阵 $\boldsymbol{X}$ 表示为一个行交换下三

角矩阵 $\boldsymbol{L}$ 和一个上三角矩阵 $\boldsymbol{U}$ 的乘积形式，即 $\boldsymbol{X}=\boldsymbol{LU}$。线性代数中已经证明，只要方阵 $\boldsymbol{X}$ 是非奇异的，LU 分解总是可以进行的。LU 分解主要用于简化一个大矩阵的行列式的计算过程、求反矩阵和求解联立方程组。

MATLAB 的 lu 函数用于对矩阵进行 LU 分解，其调用格式如下。

- [L,U] = lu(X)：采用顺序消元分解法，生成一个上三角阵 $\boldsymbol{U}$ 和一个变换形式的下三角阵 $\boldsymbol{L}$（行交换），使之满足 $\boldsymbol{X}=\boldsymbol{LU}$。矩阵 $\boldsymbol{X}$ 必须是方阵。
- [L,U,P] = lu(X)：采用列主元消元分解法，生成一个上三角阵 $\boldsymbol{U}$、一个下三角阵 $\boldsymbol{L}$ 和一个置换矩阵 $\boldsymbol{P}$，使之满足 $\boldsymbol{PX}=\boldsymbol{LU}$。矩阵 $\boldsymbol{X}$ 必须是方阵。
- [L,U,P,Q] = lu(X)：采用全主元消元分解法，生成一个上三角阵 $\boldsymbol{U}$、一个下三角阵 $\boldsymbol{L}$，以及置换矩阵 $\boldsymbol{P}$、$\boldsymbol{Q}$，使之满足 $\boldsymbol{PXQ}=\boldsymbol{LU}$。$\boldsymbol{X}$ 必须是非空稀疏矩阵。
- [L,U,P,Q,R] = lu(X)：生成一个上三角阵 $\boldsymbol{U}$ 和一个下三角阵 $\boldsymbol{L}$、置换矩阵 $\boldsymbol{P}$ 和 $\boldsymbol{Q}$，以及对角矩阵 $\boldsymbol{R}$，使之满足 $\boldsymbol{P}(\boldsymbol{R}\backslash\boldsymbol{X})\boldsymbol{Q}=\boldsymbol{LU}$。$\boldsymbol{X}$ 必须是非空稀疏矩阵。

当使用第 1 种格式时，矩阵 $\boldsymbol{L}$ 往往不是一个下三角矩阵，但可以通过行交换成为一个下三角阵。

**【例 5.7】** 设

$$\boldsymbol{A}=\begin{bmatrix}1 & -1 & 1\\ 5 & -4 & 3\\ 2 & 1 & 1\end{bmatrix}$$

对矩阵 $\boldsymbol{A}$ 进行 LU 分解。

命令如下：

```
>> A=[1,-1,1;5,-4,3;2,1,1];
>> [L,U]=lu(A)
L=
    0.2000   -0.0769    1.0000
    1.0000         0         0
    0.4000    1.0000         0
U=
    5.0000   -4.0000    3.0000
         0    2.6000   -0.2000
         0         0    0.3846
```

为检验结果是否正确，输入命令：

```
>> LU=L*U
LU=
     1    -1     1
     5    -4     3
     2     1     1
```

说明结果是正确的。例 5.7 中所获得的矩阵 $\boldsymbol{L}$ 并不是一个下三角矩阵，但经过各行互换后，即可获得一个下三角矩阵。

利用第 2 种格式对矩阵 $\boldsymbol{A}$ 进行 LU 分解，命令如下：

```
>> [L,U,P]=lu(A)
L=
    1.0000         0         0
    0.4000    1.0000         0
    0.2000   -0.0769    1.0000
```

```
U=
     5.0000   -4.0000    3.0000
          0    2.6000   -0.2000
          0         0    0.3846
P=
      0     1     0
      0     0     1
      1     0     0
>> LU=L*U
LU=
      5    -4     3
      2     1     1
      1    -1     1
>> inv(P)*L*U                                  %考虑矩阵 P 后其乘积等于 A
ans=
      1    -1     1
      5    -4     3
      2     1     1
```

实现 LU 分解后，线性方程组 $Ax = b$ 的解可以表示为 $x = U\backslash(L\backslash b)$或 $x = U\backslash(L\backslash P \cdot b)$。

### 5.3.2 矩阵的 QR 分解

如果实（复）非奇异矩阵 $A$ 能够化成正交（酉）矩阵 $Q$ 与实（复）非奇异上三角矩阵 $R$ 的乘积，即 $A=QR$，则称其为 $A$ 的 QR 分解。对矩阵 $A$ 进行 QR 分解，就是把 $A$ 分解为一个正交矩阵 $Q$ 和一个上三角矩阵 $R$ 的乘积形式，所以也称为正交三角分解。MATLAB 的 qr 函数用于对矩阵进行 QR 分解，其调用格式如下。

- [Q,R] = qr(A)：生成一个正交矩阵 $Q$ 和一个上三角矩阵 $R$，使之满足 $A= QR$。
- [Q,R] = qr(A,0)：为 $m \times n$ 矩阵 $A$ 生成精简分解。如果 $m>n$，仅计算 $Q$ 的前 $n$ 列和 $R$ 的前 $n$ 行。如果 $m \leqslant n$，则与 [Q,R] = qr(A) 相同。
- [Q,R,E] = qr(A)：生成一个正交矩阵 $Q$、一个上三角矩阵 $R$ 及一个置换矩阵 $E$，使之满足 $AE = QR$，这种格式要求 $A$ 为满矩阵。
- [Q,R,e]=qr(A,'vector')：生成一个正交矩阵 $Q$、一个上三角矩阵 $R$ 及一个置换向量 $e$，使之满足 $A(:,e) =QR$，这种格式要求 $A$ 为满矩阵。

【例 5.8】 设

$$A=\begin{bmatrix}2 & 1 & 1 & 4\\ 1 & 2 & -1 & 2\\ 1 & -1 & 3 & 4\end{bmatrix}$$

对矩阵 $A$ 进行 QR 分解。

命令如下：

```
>> A=[2,1,1,4;1,2,-1,2;1,-1,3,3];
>> [Q,R]=qr(A);
```

为检验结果是否正确，输入命令：

```
>>  QR=Q*R
QR=
    2.0000    1.0000    1.0000    4.0000
    1.0000    2.0000   -1.0000    2.0000
```

```
    1.0000   -1.0000    3.0000    3.0000
```

说明结果是正确的。利用第 3 种格式对矩阵 $A$ 进行 QR 分解：

```
>> [Q,R,E]=qr(A);
>> E
E =
     0     0     0     1
     0     0     1     0
     0     1     0     0
     1     0     0     0
```

利用第 4 种格式对矩阵 $A$ 进行 QR 分解：

```
>> [Q,R,e]=qr(A,'vector');
>> e
e =
     4     3     2     1
```

实现 QR 分解后，线性方程组 $Ax=b$ 的解可以表示为 $x=R\backslash(Q\backslash b)$或 $x=E\cdot(R\backslash(Q\backslash b))$。

### 5.3.3 矩阵的 Cholesky 分解

Cholesky 分解是把一个对称正定的矩阵 $X$ 表示成一个下三角矩阵 $R$ 和其转置矩阵 $R'$的乘积的分解，即 $X=R'R$。MATLAB 的 chol 函数用于对矩阵 $X$ 进行 Cholesky 分解，其调用格式如下。

- R=chol(A)：基于矩阵 $A$ 的对角线和上三角形生成一个上三角阵 $R$，使 $R'R=A$。矩阵 $A$ 必须是正定矩阵。若 $A$ 为非对称正定，则输出一个出错信息。
- L=chol(A,'lower')：基于矩阵 $A$ 的对角线和下三角形生成下三角矩阵 $L$，使 $L*L'=A$。chol 函数假定 $A$ 是复数 Hermitian 对称矩阵。如果不是对称的，则 chol 使用下三角的（复共轭）转置作为上三角。如果 $A$ 为稀疏矩阵，chol(A,'lower')比 chol(A)运算快。
- [R, p]=chol(A)：基于矩阵 $A$ 的对角线和上三角形生成上三角矩阵 $R$，使 $R'R=A$。若 $A$是正定矩阵，$p=0$。若 $A$ 不是正定矩阵，则 $p$ 为正整数，命令能够正常执行。若 $A$ 是完全数，$R$ 是 $q=p-1$ 阶的上三角矩阵，满足 $R'R=A(1{:}q,1{:}q)$。如果 $A$ 为稀疏矩阵，$R$ 是大小为 $q\times n$ 的上三角矩阵，这样 $R'R$ 的前 $q$ 行和前 $q$ 列的 $L$ 形区域与 $A$ 的大小一致。

【例 5.9】 设

$$A=\begin{bmatrix}2 & 1 & 1\\ 1 & 2 & -1\\ 1 & -1 & 3\end{bmatrix}$$

对矩阵 $A$ 进行 Cholesky 分解。

命令如下：

```
>> A=[2,1,1;1,2,-1;1,-1,3];
>> R=chol(A)
R=
    1.4142    0.7071    0.7071
         0    1.2247   -1.2247
         0         0    1.0000
```

可以验证 $R'R=A$：

```
>> R'*R
ans =
```

```
    2.0000    1.0000    1.0000
    1.0000    2.0000   -1.0000
    1.0000   -1.0000    3.0000
```

利用第 2 种格式对矩阵 $A$ 进行 Cholesky 分解：

```
>> [R,p]=chol(A);
>> p
p =
    0
```

$p=0$ 表示矩阵 $A$ 是一个正定矩阵。如果试图对一个非正定矩阵进行 Cholesky 分解，将得出错误信息，所以，chol 函数还可以用来判定矩阵是否为正定矩阵。确定正定性时，使用 chol 优先于使用 eig。

实现 Cholesky 分解后，线性方程组 $\boldsymbol{Ax}=\boldsymbol{b}$ 变成 $\boldsymbol{R'Rx}=\boldsymbol{b}$，所以方程组 $\boldsymbol{Ax}=\boldsymbol{b}$ 的解可以表示为 $\boldsymbol{x}=\boldsymbol{R}\backslash(\boldsymbol{R}'\backslash\boldsymbol{b})$。

## 5.3.4　矩阵的 SVD 分解

矩阵的 SVD 分解，即奇异值分解，它可以将一个比较复杂的矩阵用更小、更简单的几个子矩阵的相乘来表示，这些小矩阵描述的是矩阵的重要特性。MATLAB 中的 svd 函数用于对矩阵 $A$ 进行奇异值分解，其调用格式如下。

- s = svd(A)：生成一个向量 $\boldsymbol{R}$，存储矩阵 $A$ 的奇异值，且呈降序排列。
- [U,S,V] = svd(A)：生成一个与 $A$ 相同大小的对角矩阵 $\boldsymbol{S}$ 和两个酉矩阵 $\boldsymbol{U}$、$\boldsymbol{V}$，使得 $\boldsymbol{A}=\boldsymbol{USV}'$，$\boldsymbol{S}$ 的对角线上非零元素为 $\boldsymbol{A}$ 的奇异值，且呈降序排列。
- [U,S,V]=svd(A,'econ') 为 $m\times n$ 矩阵 $\boldsymbol{A}$ 生成精简分解。精简分解是指从奇异值的对角矩阵 $\boldsymbol{S}$ 中删除零值行或列，并且从酉矩阵 $\boldsymbol{U}$、$\boldsymbol{V}$ 删除进行 $\boldsymbol{USV}'$ 计算时的那些与零值相乘的列。删除这些零值和列可以缩短执行时间，并减少存储要求，而且不会影响分解的准确性。若 $m>n$，只计算 $\boldsymbol{U}$ 的前 $n$ 列，$\boldsymbol{S}$ 是一个 $n\times n$ 矩阵；若 $m=n$−svd(A,'econ')，则与 svd(A)等效；若 $m<n$，只计算 $\boldsymbol{V}$ 的前 $m$ 列，$\boldsymbol{S}$ 是一个 $m\times m$ 矩阵。

**【例 5.10】** 设

$$\boldsymbol{A}=\begin{bmatrix}2 & 1 & 1\\ 1 & 2 & -1\\ 1 & -1 & 3\end{bmatrix}$$

对矩阵 $A$ 进行奇异值分解。

命令如下：

```
>> A=[2,1,1;1,2,-1;1,-1,3];
>> s=svd(A)
s =
    3.7321
    3.0000
    0.2679
```

利用第 2 种格式对矩阵 $A$ 进行奇异值分解：

```
>> [U,S,V]=svd(A)
U =
   -0.3251   -0.7071   -0.6280
    0.3251   -0.7071    0.6280
   -0.8881    0.0000    0.4597
```

```
S =
    3.7321         0         0
         0    3.0000         0
         0         0    0.2679
V =
   -0.3251   -0.7071   -0.6280
    0.3251   -0.7071    0.6280
   -0.8881    0.0000    0.4597
```

矩阵的奇异值分解在图像压缩、数值水印和文本分类、信号重构、数据融合、故障检测，以及统计学中的主成分分析等领域有重要应用。

# 5.4 线性方程组求解

在科学计算和工程应用中，有许多问题都涉及线性代数方程组的求解。例如，桥梁结构的应力分析、用差分法解偏微分方程、用最小二乘原理对测量数据进行数据拟合等。在 MATLAB 中，解一个线性代数方程组是非常方便的。

将包含 $n$ 个未知数，由 $n$ 个方程构成的线性方程组表示为

$$\begin{cases} a_{11}x_1+a_{12}x_2+\cdots+a_{1n}x_n=b_1 \\ a_{21}x_1+a_{22}x_2+\cdots+a_{2n}x_n=b_2 \\ \qquad\vdots \qquad\qquad\qquad\quad \vdots \quad\ \vdots \\ a_{n1}x_1+a_{n2}x_2+\cdots+a_{nn}x_n=b_n \end{cases}$$

其矩阵表示形式为

$$\boldsymbol{Ax}=\boldsymbol{b}$$

其中

$$\boldsymbol{A}=\begin{bmatrix} a_{11} & a_{12} & \cdots & a_{1n} \\ a_{21} & a_{22} & \cdots & a_{2n} \\ \vdots & \vdots & \cdots & \vdots \\ a_{n1} & a_{n2} & \cdots & a_{nn} \end{bmatrix}, \boldsymbol{x}=\begin{bmatrix} x_1 \\ x_2 \\ \vdots \\ x_n \end{bmatrix}, \ \boldsymbol{b}=\begin{bmatrix} b_1 \\ b_2 \\ \vdots \\ b_n \end{bmatrix}$$

## 5.4.1 利用左除和右除运算求解

对于线性方程组 $\boldsymbol{Ax}=\boldsymbol{B}$，若矩阵 $\boldsymbol{A}$ 和 $\boldsymbol{B}$ 的第 1 维长度相同，可以利用左除运算符“\”或 mldivide 函数求解，方法如下：

```
x = A \ B
x = mldivide(A,B)
```

若 $\boldsymbol{A}$ 是标量，求解结果等于 $\boldsymbol{A.\backslash B}$；若 $\boldsymbol{A}$ 是 $n\times n$ 方阵，$\boldsymbol{B}$ 是 $n\times p$ 矩阵，$\boldsymbol{A\backslash B}$ 是方程 $\boldsymbol{Ax}=\boldsymbol{B}$ 的解；若 $\boldsymbol{A}$ 是 $m\times n$ 矩阵（$m\neq n$），$\boldsymbol{B}$ 是 $m\times p$ 矩阵，$\boldsymbol{A\backslash B}$ 返回方程组 $\boldsymbol{Ax}=\boldsymbol{B}$ 的最小二乘解。如果矩阵 $\boldsymbol{A}$ 是奇异的或接近奇异的，$\boldsymbol{A\backslash B}$ 运算会给出警告信息。

【例 5.11】 用左除运算符求解下列相同系数矩阵的两个线性代数方程组的解。

（1）$\begin{bmatrix} 1 & -1 & 1 \\ 5 & -4 & 3 \\ 2 & 1 & 1 \end{bmatrix}\cdot\begin{bmatrix} x_1 \\ x_2 \\ x_3 \end{bmatrix}=\begin{bmatrix} 2 \\ -3 \\ 1 \end{bmatrix}$　　　（2）$\begin{bmatrix} 1 & -1 & 1 \\ 5 & -4 & 3 \\ 2 & 1 & 1 \end{bmatrix}\cdot\begin{bmatrix} y_1 \\ y_2 \\ y_3 \end{bmatrix}=\begin{bmatrix} 3 \\ 4 \\ -5 \end{bmatrix}$

解法 1：分别解线性方程组。

命令如下：

```
>> A=[1,-1,1;5,-4,3;2,1,1];
>> b1=[2;-3;1];
>> b2=[3;4;-5];
>> x=A\b1
x=
    -3.8000
     1.4000
     7.2000
>> y=A\b2
y =
    -3.6000
    -2.2000
     4.4000
```

解法 2：将两个线性方程组连在一起求解。

命令如下：

```
>> A=[1,-1,1;5,-4,3;2,1,1];
>> b=[2,3;-3,4;1,-5];
>> xy=A\b
xy=
    -3.8000   -3.6000
     1.4000   -2.2000
     7.2000    4.4000
```

这里得到的解矩阵 ***xy*** 中的两列便是前面分别求得的两组解 $x$ 和 $y$。

对于线性方程组 $\boldsymbol{xA}=\boldsymbol{B}$，若矩阵 $\boldsymbol{A}$ 和 $\boldsymbol{B}$ 的第 2 维长度相同，可以利用右除运算符“/”或 mrdivide 函数求解，方法如下：

```
x = B/A
x = mrdivide(B, A)
```

若 $\boldsymbol{A}$ 是标量，求解结果等于 $\boldsymbol{B}.\backslash\boldsymbol{A}$；若 $\boldsymbol{A}$ 是 $n\times n$ 方阵，$\boldsymbol{B}$ 是 $p\times n$ 矩阵，$\boldsymbol{B}/\boldsymbol{A}$ 是方程 $\boldsymbol{xA}=\boldsymbol{B}$ 的解；若 $\boldsymbol{A}$ 是 $m\times n$ 矩阵（$m\neq n$），$\boldsymbol{B}$ 是 $p\times n$ 矩阵，$\boldsymbol{B}/\boldsymbol{A}$ 返回方程组 $\boldsymbol{xA}=\boldsymbol{B}$ 的最小二乘解。如果矩阵 $\boldsymbol{A}$ 是奇异的或接近奇异的，$\boldsymbol{B}/\boldsymbol{A}$ 运算会给出警告信息。

## 5.4.2　线性方程组的其他求解方法

### 1. 利用矩阵求逆方法求解

在线性方程组 $\boldsymbol{Ax}=\boldsymbol{b}$ 两边各左乘 $\boldsymbol{A}^{-1}$，有

$$\boldsymbol{A}^{-1}\boldsymbol{Ax}=\boldsymbol{A}^{-1}\boldsymbol{b}$$

由于 $\boldsymbol{A}^{-1}\boldsymbol{A}=\boldsymbol{I}$，故得

$$\boldsymbol{x}=\boldsymbol{A}^{-1}\boldsymbol{b}$$

因此，利用求系数矩阵 $\boldsymbol{A}$ 的逆矩阵，也可以求解线性方程组。

MATLAB 的 inv 函数用于求逆矩阵，方阵 $\boldsymbol{X}$ 的 $\boldsymbol{X}$^(−1) 等效于 inv(X)。

**【例 5.12】** 利用矩阵求逆方法解线性方程组。

$$\begin{cases} x_1-2x_2+3x_3=1 \\ 3x_1-x_2+5x_3=2 \\ 2x_1+x_2+5x_3=3 \end{cases}$$

命令如下：

```
>> A=[1,-2,3;3,-1,5;2,1,5];
>> b=[1;2;3];
>> x=inv(A)*b
x=
   -0.3333
    0.3333
    0.6667
```

如果 $\boldsymbol{A}$ 为奇异矩阵，且 $\boldsymbol{Ax=b}$ 有解，则可以通过 pinv(A)*b 求解，pinv(A)是 $\boldsymbol{A}$ 的伪逆。例如：

```
>> A=[1,3,7;-1,4,4;1,10,18];
>> rank(A)
A=
    2
```

$\boldsymbol{A}$ 的秩为 2，说明 $\boldsymbol{A}$ 不是满秩矩阵，它有一些等于零的奇异值。

```
>> b=[5;2;12];
>> x=pinv(A)*b
>> A*x
ans =
   5.0000
   2.0000
  12.0000
```

$\boldsymbol{Ax}$ 与 $\boldsymbol{b}$ 相等，说明 $\boldsymbol{x}$ 是精确解。如果 $\boldsymbol{Ax=b}$ 没有精确解，则 pinv(A)将返回最小二乘解。例如：

```
>> b1=[3;6;0];
>> x1=pinv(A)*b1;
>> A*x1
ans =
   -1.0000
    4.0000
    2.0000
```

$\boldsymbol{A}\boldsymbol{x}1$ 与 $\boldsymbol{b}1$ 不同，说明 $\boldsymbol{x}1$ 不是精确解。

**2. 利用矩阵分解方法求解**

求解线性方程组时，可以先对矩阵进行分解，然后将分解后的矩阵运算得到方程组的解，采用这种方法，可以提高求解精度。对于高阶系数矩阵 $\boldsymbol{A}$，这种方法还可以提高求解的速度。

将线性方程组 $\boldsymbol{Ax=b}$ 的系数矩阵进行 LU 分解后，$\boldsymbol{Ax=b}$ 的解可以表示为 $\boldsymbol{x=U\backslash(L\backslash b)}$或 $\boldsymbol{x=U\backslash(L\backslash P\cdot b)}$；进行 QR 分解后，$\boldsymbol{Ax=b}$ 的解可以表示为 $\boldsymbol{x= R\backslash(Q\backslash b)}$或 $\boldsymbol{x= E\cdot(R\backslash(Q\backslash b))}$，进行 Cholesky 分解后，$\boldsymbol{Ax=b}$ 的解可以表示为 $\boldsymbol{x=R\backslash(R'\backslash b)}$。

**【例 5.13】** 分别用左除运算、求逆运算、LU 分解方法求解下列线性方程组。

$$\begin{cases}2x_1+x_2-5x_3+x_4=13\\x_1-5x_2+7x_4=-9\\2x_2+x_3-x_4=6\\x_1+6x_2-x_3-4x_4=0\end{cases}$$

建立一个脚本文件 sfuns.m，分别用 3 种方法求解方程组。程序如下：

```
A=[2,1,-5,1;1,-5,0,7;0,2,1,-1;1,6,-1,-4];
b=[13;-9;6;0];
x1=A\b;         %用左除运算求解
```

```
x2=inv(A)*b;%用求逆运算求解
[L,U]=lu(A);%LU 分解
x3=U\(L\b); %用 LU 分解求解
```

为了比较 3 种方法的精确度，运行上述程序后在 MATLAB 命令行窗口输入以下命令：

```
>> e=[norm(A*x1-b),norm(A*x2-b),norm(A*x3-b)]
e =
   1.0e-13 *
    0.1776    0.2908    0.1776
```

结果显示，采用求逆运算得到的解残差最大，说明采用左除运算、LU 分解方法求解，结果更精确。

# 5.5 矩阵运算函数

第 2 章介绍的数学运算函数，如 sqrt、exp、log 等都作用于矩阵的各元素，例如：

```
>> A=[4,2;3,6];
>> B=sqrt(A)
B=
     2.0000    1.4142
     1.7321    2.4495
```

MATLAB 提供了矩阵的运算符和运算函数，本节介绍常用的矩阵运算符和矩阵运算函数。

## 5.5.1 矩阵乘法

矩阵乘法使用运算符“*”或调用 mtimes 函数，格式如下：

```
C =A*B
C =mtimes(A,B)
```

如果 $\boldsymbol{A}$ 是 $m\times p$ 矩阵，$\boldsymbol{B}$ 是 $p\times n$ 矩阵，则 $\boldsymbol{C}$ 是 $m\times n$ 矩阵，$C_{ij}=\sum_{k=1}^{p}\boldsymbol{A}_{ik}\boldsymbol{B}_{kj}$。若 $p$ 为 1，即 $\boldsymbol{A}$、$\boldsymbol{B}$ 是向量，则得到向量 $\boldsymbol{A}$ 和 $\boldsymbol{B}$ 的点积。例如：

```
>> A=[1,2,3;4,5,6];
>> B=[0;-1;-5];
>> A*B
ans =
   -17
   -35
```

## 5.5.2 矩阵幂

求矩阵幂使用运算符“^”或调用 mpower 函数，格式如下：

```
C=A^B
C=mpower(A,B)
```

矩阵幂运算要求底数 $\boldsymbol{A}$ 和指数 $\boldsymbol{B}$ 必须满足以下条件之一。

（1）底数 $\boldsymbol{A}$ 是方阵，指数 $\boldsymbol{B}$ 是标量。

（2）底数 $\boldsymbol{A}$ 是标量，指数 $\boldsymbol{B}$ 是方阵。

### 5.5.3 超越函数

MATLAB 提供了一些直接作用于矩阵的超越函数，包括矩阵平方根函数 sqrtm、矩阵指数函数 expm、矩阵对数函数 logm，这些函数名都在上述函数名之后缀以 m，并规定输入参数 ***A*** 必须是方阵。例如：

```
A=[4,2;3,6];
B=sqrtm(A)
B=
    1.9171    0.4652
    0.6978    2.3823
```

若 ***A*** 为实对称正定矩阵或复埃尔米特（Hermitian）正定阵，则一定能算出它的平方根。但某些矩阵，如 ***A***＝[0,1;0,0]就得不到平方根。若矩阵 ***A*** 含有负的特征值，则 sqrtm(A)将会得到一个复矩阵。例如：

```
>> A=[4,9;16,25];
>> E=eig(A)
E =
   -1.4452
   30.4452
>> S=sqrtm(A)
S =
  0.9421 + 0.9969i   1.5572 - 0.3393i
  2.7683 - 0.6032i   4.5756 + 0.2053i
```

### 5.5.4 通用矩阵函数 funm

funm 函数用于将通用数学运算作用于方阵，对方阵进行矩阵运算。funm 函数的基本调用格式为

```
F=funm(A,fun)
```

其中，输入参数 ***A*** 为方阵，fun 用匿名函数表示，可用的数学函数包括 exp、log、sin、cos、sinh、cosh。例如：

```
>> A=[2,-1;1,0];
>> funm(A,@exp)
ans =
    5.4366   -2.7183
    2.7183    0.0000
>> expm(A)
ans =
    5.4366   -2.7183
    2.7183    0.0000
```

由此可见，funm(A,@exp)与 expm(A)的计算结果一样。

## 5.6 稀疏矩阵的操作

在线性代数计算中，经常会遇到稀疏矩阵。所谓稀疏矩阵，就是这类矩阵中具有大量的零元素，而仅含极少量的非零元素。通常，一个 $m \times n$ 阶实矩阵需要占据 $m \times n$ 个存储单元。这对于一个 $m$、$n$ 较大的矩阵来说，无疑将要占据相当大的内存空间。然而，对稀疏矩阵来说，若将大

量的零元素也存储起来，显然是对硬件资源的一种浪费。为此，MATLAB 为稀疏矩阵提供了方便、灵活、有效的存储技术。

## 5.6.1　矩阵存储方式

MATLAB 的矩阵有两种存储方式，即完全存储方式和稀疏存储方式。

### 1. 完全存储方式

完全存储方式是将矩阵的全部元素按列逐个存储。以前讲到的矩阵的存储方式都是按这个方式存储的，此存储方式对稀疏矩阵也适用。例如，$m \times n$ 的实矩阵需要 $m \times n$ 个存储单元，而复矩阵需要 $m \times 2n$ 个存储单元。例如：

```
>> A=[1,0,0,0,0;0,5,0,0,0;2,0,0,7,0]
A =
     1    0    0     0    0
     0    5    0     0    0
     2    0    0     7    0
>> B=[1,0,0;0,5+3i,0;2i,0,0]
B =
   1.0000 + 0.0000i   0.0000 + 0.0000i   0.0000 + 0.0000i
   0.0000 + 0.0000i   5.0000 + 3.0000i   0.0000 + 0.0000i
   0.0000 + 2.0000i   0.0000 + 0.0000i   0.0000 + 0.0000i
>> whos
  Name      Size            Bytes  Class     Attributes
  A         3x5               120  double
  B         3x3               144  double    complex
```

### 2. 稀疏存储方式

稀疏存储方式仅存储矩阵所有的非零元素的值及其位置，即行号和列号。显然，这对于具有大量零元素的稀疏矩阵来说是十分有效的。

将上述矩阵 ***A*** 按稀疏方式存储，其稀疏存储方式如下：

```
(1,1)     1
(3,1)     2
(2,2)     5
(3,4)     7
```

其中，括号内为元素的行列位置，其后面为元素值。在 MATLAB 中，稀疏存储方式也是按列顺序存储的，先存储矩阵 ***A*** 中第 1 列非零元素，再存储矩阵 ***A*** 中第 2 列非零元素，依次类推，最后存储矩阵 ***A*** 中第 4 列非零元素。在工作空间观测分别用两种方式存储的变量，可以看到稀疏存储方式会有效地节省存储空间。

数学中的稀疏矩阵是指矩阵的零元素较多，该矩阵是一个具有稀疏特征的矩阵；在 MATLAB 中，稀疏矩阵指采用稀疏方式存储的矩阵。

## 5.6.2　生成稀疏矩阵

### 1. sparse 函数

在 MATLAB 中，sparse 函数用于将满矩阵转化为稀疏矩阵和生成全零稀疏矩阵。sparse 函数的调用格式如下。

（1）S = sparse(A)：将满矩阵 ***A*** 转换为稀疏存储方式。

（2）S = sparse(m,n)：生成一个 $m \times n$ 的所有元素都是 0 的稀疏矩阵。

（3）S=sparse(i, j, v)：生成一个 max(i)行、max(j)列并以向量 ***v*** 中的元素为稀疏元素的稀疏矩阵，*i*、*j* 分别存储 *S* 中非零元素的行下标和列下标，*v* 存储对应元素的值。若参数 ***i***、***j***、***v*** 是向量或矩阵，***i***、***j***、***v*** 必须具有相同数量的元素。

（4）S = sparse(i, j, v, m, n)：生成一个 $m \times n$ 的稀疏矩阵。参数 *i*、*j*、*v* 分别存储 *S* 所对应的满矩阵中非零元素的行下标、列下标和元素值。若 ***i***、***j***、***v*** 是向量或矩阵，***i***、***j***、***v*** 必须具有相同数量的元素。

**【例 5.14】** 设

$$\boldsymbol{X}=\begin{bmatrix} 2 & 0 & 0 & 0 & 0 \\ 0 & 0 & 0 & 0 & 0 \\ 0 & 0 & 0 & 5 & 0 \\ 0 & 1 & 0 & 0 & -1 \\ 0 & 0 & 0 & 0 & -5 \end{bmatrix}$$

将 ***X*** 转化为稀疏存储方式。

命令如下：

```
>> X=[2,0,0,0,0;0,0,0,0,0;0,0,0,5,0;0,1,0,0,-1;0,0,0,0,-5];
>> A=sparse(X)
A=
   (1,1)        2
   (4,2)        1
   (3,4)        5
   (4,5)       -1
   (5,5)       -5
```

***A*** 就是 ***X*** 的稀疏存储方式，先存储矩阵 ***X*** 中第 1 列非零元素下标和值，再存储矩阵 ***X*** 中第 2 列非零元素下标和值，依次类推，最后存储矩阵 ***X*** 中第 5 列非零元素下标和值。

issparse(A)函数用于判断矩阵 ***A*** 是否为稀疏矩阵，full(A)函数用于获取稀疏矩阵 ***A*** 对应的完全存储方式矩阵。例如，将例 5.14 的稀疏矩阵 ***A*** 转化为完全存储方式，命令如下：

```
>> X=full(A)
X =
     2     0     0     0     0
     0     0     0     0     0
     0     0     0     5     0
     0     1     0     0    -1
     0     0     0     0    -5
```

### 2. spconvert 函数

sparse 函数可以将一个完全存储方式的稀疏矩阵转化为稀疏存储方式，但在实际应用时，如果要构建一个稀疏存储方式的大矩阵，按照上述方法，必须先建立该矩阵的完全存储方式矩阵，然后使用 sparse 函数进行转化，这显然是不可取的。MATLAB 提供了另一种方法生成稀疏存储矩阵：先建立一个表示稀疏矩阵的矩阵，存储要建立的稀疏矩阵所对应的满矩阵中非零元素及其位置，然后调用 spconvert 函数生成稀疏存储矩阵。spconvert 函数的基本调用格式为

```
B=spconvert(A)
```

其中，***A*** 为一个 $m \times 3$ 或 $m \times 4$ 的矩阵，其每行表示一个非零元素，*m* 是非零元素的个数。A(i,1)表示第 *i* 个非零元素所在的行，A(i,2)表示第 *i* 个非零元素所在的列，A(i,3)表示第 *i* 个非零元素值的实部，A(i,4)表示第 *i* 个非零元素值的虚部。若矩阵的全部元素都是实数，则无须第 4 列。

【例 5.15】 根据表示稀疏矩阵的矩阵 $\boldsymbol{A}$，生成一个稀疏矩阵 $\boldsymbol{B}$。

$$\boldsymbol{A}=\begin{bmatrix}2 & 2 & 1\\ 3 & 1 & -1\\ 4 & 3 & 3\\ 5 & 3 & 8\\ 6 & 6 & 12\end{bmatrix}$$

命令如下：

```
>> A=[2,2,1;3,1,-1;4,3,3;5,3,8;6,6,12];
>> B=spconvert(A)
B=
   (3,1)        -1
   (2,2)         1
   (4,3)         3
   (5,3)         8
   (6,6)        12
>> whos
  Name        Size                Bytes  Class     Attributes
  A           5x3                   120  double
  B           6x6                   136  double    sparse
```

注意，矩阵 $\boldsymbol{A}$ 并非稀疏矩阵，只有 $\boldsymbol{B}$ 才是稀疏矩阵。

### 3. spdiags 函数

spdiags 函数用于生成带状稀疏矩阵。spdiags 函数的基本调用格式为

```
A = spdiags(B,d,m,n)
```

其中，$m$、$n$ 为原带状矩阵的行数与列数。$\boldsymbol{B}$ 为 $r\times p$ 矩阵，这里 $r=\min(\mathrm{m,n})$。$p$ 为原带状矩阵所有非零对角线的条数，矩阵 $\boldsymbol{B}$ 的第 $i$ 列即为原带状矩阵的第 $i$ 条非零对角线。$d$ 为具有 $p$ 个元素的列向量，$d_i$存储该原带状矩阵的第 $i$ 条对角线的位置。$d_i$的取法：若是主对角线，取 $d_i=0$，若位于主对角线的下方第 $s$ 条对角线，取 $d_i=-s$，若位于主对角线的上方第 $s$ 条对角线，则取 $d_i=s$。矩阵 $\boldsymbol{B}$ 的第 $i$ 个列向量的构成方法是：若原矩阵对角线上元素个数等于 $r$，则取全部元素；若非零对角线上元素个数小于 $r$，则用零元素填充，凑足 $r$ 个元素。填充零元素的原则：若 $m<n$，当 $d_i<0$ 时，在对角线元素前面填充零元素；当 $d_i>0$ 时，则在对角线元素后面填充零元素。若 $m\geqslant n$，则填充零元素的位置与 $m<n$ 相反。

例如，下列矩阵 $\boldsymbol{X}$ 是具有稀疏特征的带状矩阵：

$$\boldsymbol{X}=\begin{bmatrix}11 & 0 & 0 & 12 & 0 & 0\\ 0 & 21 & 0 & 0 & 22 & 0\\ 0 & 0 & 31 & 0 & 0 & 32\\ 41 & 0 & 0 & 42 & 0 & 0\\ 0 & 51 & 0 & 0 & 52 & 0\end{bmatrix}$$

生成该矩阵的对应稀疏存储矩阵的方法如下。

第一步，找出 $\boldsymbol{X}$ 矩阵的特征数据，矩阵的大小为 $5\times 6$；有 3 条含非零元素的对角线，依次为：第 1 条是位于主对角线下方第 3 条，记 $d_1=-3$，该对角线元素值为 0，0，0，41，51；第 2 条是主对角线，记 $d_2=0$，元素值为 11，21，31，42，52；第 3 条位于主对角线上方第 3 条，记 $d_3=3$，元素值为 12、22、32、0、0。

第二步，将带状对角线元素之值构成下列矩阵 $\boldsymbol{B}$，将含非零元素的对角线的位置构成向量 $\boldsymbol{d}$：

$$B=\begin{bmatrix}0 & 11 & 12\\ 0 & 21 & 22\\ 0 & 31 & 32\\ 41 & 42 & 0\\ 51 & 52 & 0\end{bmatrix},\ d=\begin{bmatrix}-3\\ 0\\ 3\end{bmatrix}$$

第三步，调用 spdiags 函数生成一个稀疏存储矩阵。

命令如下：

```
>> B=[0,0,0,41,51;11,21,31,42,52;12,22,32,0,0].';
>> d=[-3;0;3];
>> A=spdiags(B,d,5,6)      % 生成一个稀疏存储矩阵 A
A=
   (1,1)        11
   (4,1)        41
   (2,2)        21
   (5,2)        51
   (3,3)        31
   (1,4)        12
   (4,4)        42
   (2,5)        22
   (5,5)        52
   (3,6)        32
```

spdiags 函数的其他调用格式如下。

- [B, d] = spdiags(A)：从原带状矩阵 $A$ 中提取全部非零对角线元素赋给矩阵 $B$ 及其这些非零对角线的位置给向量 $d$。
- B = spdiags(A,d)：从原带状矩阵 $A$ 中提取由向量 $d$ 所指定的那些非零对角线元素构成矩阵 $B$。
- E = spdiags(B, d, A)：在原带状矩阵 $A$ 中将由向量 $d$ 所指定的那些非零对角线元素用矩阵 $B$ 替代，构成一个新的带状矩阵 $E$。

4. speye 函数

单位矩阵只有对角线元素为 1，其他元素都为 0，是一种具有稀疏特征的矩阵。函数 eye 生成一个完全存储方式的单位矩阵。MATLAB 还提供了一个生成稀疏存储方式的单位矩阵的 speye 函数，speye(m,n)返回一个 $m \times n$ 的稀疏单位矩阵。例如：

```
>> s=speye(3,5)
s =
   (1,1)        1
   (2,2)        1
   (3,3)        1
```

## 5.6.3 访问稀疏矩阵

### 1. 获取稀疏矩阵的信息

以下函数用于获取稀疏矩阵的概要信息。

（1）nnz(A)函数返回稀疏矩阵 $A$ 中的非零元素的个数。

（2）nonzeros(A)函数返回由稀疏矩阵 $A$ 的所有非零元素构成的列向量。

### 2. 稀疏存储矩阵的运算

稀疏存储矩阵只是矩阵的存储方式不同，它的运算规则与普通矩阵是一样的，所以，在运算过程中，稀疏存储矩阵可以直接参与运算。当参与运算的对象不全是稀疏存储矩阵时，所得结果一般是完全存储形式。例如：

```
>> A=[0,0,3;0,5,0;0,0,9];
>> B=sparse(A);
>> B*B                              %两个稀疏存储矩阵相乘，结果仍为稀疏矩阵
ans =
     (2,2)        25
     (1,3)        27
     (3,3)        81
>> rand(3)*B                        %满矩阵与稀疏存储矩阵相乘，结果为完全存储矩阵
ans =
          0    1.1191    7.4328
          0    3.7563    7.3128
          0    1.2755    9.7739
```

**【例 5.16】** 求下列线性代数方程组的解。

$$\begin{bmatrix} 2 & 3 & & & \\ 1 & 4 & 1 & & \\ & 1 & 6 & 4 & \\ & & 2 & 6 & 2 \\ & & & 1 & 1 \end{bmatrix}\begin{bmatrix} x_1 \\ x_2 \\ x_3 \\ x_4 \\ x_5 \end{bmatrix}=\begin{bmatrix} 0 \\ 3 \\ 2 \\ 1 \\ 5 \end{bmatrix}$$

系数矩阵是一个 $5\times5$ 的带状稀疏矩阵，命令如下：

```
>> B=[1,1,2,1,0; 2,4,6,6,1; 0,3,1,4,2].'; %取A对角线上元素构成B
>> d=[-1;0;1];                            %生成带状位置向量
>> A=spdiags(B,d,5,5);                    %生成稀疏存储的系数矩阵
>> b=[0;3;2;1;5];                         %方程右边参数向量
>> x=(inv(A)*b);                          %求解
```

也可以采用完全存储方式来存储系数矩阵，命令如下：

```
>> A1=full(A);
>> x1=(inv(A1)*b);
```

从本例可以看出，无论用完全存储还是用稀疏存储，所得到的线性代数方程组的解是一样的。执行以下命令，对比两种方法求解的精度：

```
>> e=[norm(A*x-b),norm(A1*x1-b)]
e =
   1.0e-14 *
    0.2176    0.3557
```

可以看出，稀疏矩阵求解精度更高。

# 思考与实验

## 一、思考题

1. 若要建立一个 3×4 随机矩阵 $\boldsymbol{A}$，其元素为[1,99]范围内的随机整数，有哪些方法？
2. 函数 triu 与 tril 的功能是什么？怎样理解这两个函数及 diag 等函数中的所谓第 $k$ 条对角线？

3. 简述范数和条件数的实际意义。

4. 总结矩阵特征值的用途。

5. 写出完成下列操作的命令。

（1）建立4阶单位矩阵 $\boldsymbol{A}$。

（2）生成和 $\boldsymbol{A}$ 同样大小的幺矩阵。

（3）将矩阵 $\boldsymbol{A}$ 对角线的元素加30。

（4）生成一个 $4\times6$ 的随机矩阵 $\boldsymbol{V}$，矩阵元素值呈均值为1、方差为0.2的正态分布。

（5）然后将 $\boldsymbol{V}$ 左旋90° 后得到 $\boldsymbol{VR}$，上下翻转后得到 $\boldsymbol{VF}$。

（6）从矩阵 $\boldsymbol{A}$ 提取主对角线元素，并以这些元素构成对角阵 $\boldsymbol{B}$。

（7）将对角阵 $\boldsymbol{B}$ 转换为稀疏矩阵，存储于变量 $\boldsymbol{C}$。

**二、实验题**

1. 试生成5阶帕斯卡矩阵 $\boldsymbol{P}$ 与5阶希尔伯特矩阵 $\boldsymbol{H}$，且分别求出各行列式的值及条件数，判断哪个矩阵的性能更好些。

2. 求下列矩阵的主对角元素、上三角阵、下三角阵、秩、范数、条件数。

（1）$\boldsymbol{A}=\begin{bmatrix}1 & -1 & 2 & 2\\ 0 & 9 & 3 & 3\\ 7 & -5 & 0 & 2\\ 23 & 6 & 8 & 3\end{bmatrix}$ （2）$\boldsymbol{B}=\begin{bmatrix}3 & \pi/2 & 45\\ 32 & -76 & \sqrt{37}\\ 5 & 72 & 4.5\times10^{-4}\\ \mathrm{e}^2 & 0 & 97\end{bmatrix}$

3. 求矩阵 $\boldsymbol{A}$ 的特征值和相应的特征向量，并验证其数学意义。

$$\boldsymbol{A}=\begin{bmatrix}31 & 1 & 0\\ -4 & -1 & 0\\ 4 & -8 & -2\end{bmatrix}$$

4. 分别用左除运算、矩阵求逆、LU分解、QR分解、Cholesky分解等方法求解下列方程组 $\boldsymbol{Ax}=\boldsymbol{b}$，并比较各类方法求解的精确度。其中：

$$\boldsymbol{A}=\begin{bmatrix}2 & -1 & 0 & 0 & 0\\ -1 & 2 & -1 & 0 & 0\\ 0 & -1 & 2 & -1 & 0\\ 0 & 0 & -1 & 2 & -1\\ 0 & 0 & 0 & -1 & 2\end{bmatrix},\quad \boldsymbol{b}=\begin{bmatrix}1\\0\\0\\0\\0\end{bmatrix}$$

5. 将第4题方程组的系数矩阵 $\boldsymbol{A}$ 转换为用稀疏方式存储的矩阵 $\boldsymbol{A}1$，分别用矩阵求逆、左除运算符、矩阵分解等方法求其解。

# 第 6 章 数据分析与多项式计算

在 MATLAB 中，由于对数据的操作是基于矩阵的，所以它很容易对数据序列进行分析处理。可以让矩阵的每列或每行代表不同的样本，相应的行或列的元素代表样本中不同类别的观测值，这样就可以通过对矩阵元素的访问进行数据的处理分析。多项式是一种基本的数据分析工具，也是一种简单的函数拟合方法，很多复杂的函数都可以用多项式逼近。

**【本章学习目标】**

- 掌握数据统计和分析的方法。
- 掌握数值插值与曲线拟合的方法及其应用。
- 了解快速傅里叶变换的应用。
- 掌握多项式的常用运算。

## 6.1 数据统计处理

在实际应用中，经常需要对各种数据进行统计处理，以便为科学决策提供依据。这些统计处理包括求数据序列的最大值和最小值、和与积、平均值和中值、累加和与累乘积、标准方差和相关系数、排序等，MATLAB 提供了相关的函数来实现。

### 6.1.1 求最大值和最小值

**1. 求最大值和最小值的函数**

MATLAB 提供了求一个数据序列最大值的函数 max，其调用格式如下。

- Y=max(X)：若 ***X*** 是向量，则返回向量 ***X*** 的最大值；若 ***X*** 是矩阵，则返回一个包含每一列最大值的行向量；若 ***X*** 是 *n* 维数组，沿第一个长度不等于 1 的维度返回最大值，返回一个 *n*−1 维数组。

- [Y,U]= max(X,[],dim)：沿维度 dim 返回最大值。若 ***X*** 是矩阵，选项 dim 为 1（默认值）时，向量 ***Y*** 记录 ***X*** 的每列的最大值，向量 ***U*** 记录每列最大值的行号；dim 为 2 时，向量 ***Y*** 记录 ***X*** 的每行的最大值，向量 ***U*** 记录每行最大值的列号。如果只有一个输出参数，则仅返回最大值。

如果 ***X*** 中包含复数元素，则按模取最大值。

**【例 6.1】** 分别求矩阵 $\begin{bmatrix} 54 & 86 & 453 & 45 \\ 90 & 32 & 64 & 54 \\ -23 & 12 & 71 & 18 \end{bmatrix}$ 中各列和各行元素中的最大值。

命令如下：

```
>> x=[54,86,453,45;90,32,64,54;-23,12,71,18];
>> y=max(x)              %求矩阵 x 中各列元素的最大值
y =
    90    86   453    54
>> y=max(x,[ ],2)        %求矩阵 x 中各行元素的最大值
y =
   453
    90
    71
```

求矩阵最小值的函数是 min，其用法和 max 相同。

**2. 求两个向量或矩阵对应元素的较大值和较小值**

函数 max 和 min 能对两个同型的向量或矩阵进行比较。max 函数调用格式如下。

- max(X,Y)：***X***、***Y*** 是两个同型的向量或矩阵，返回值是与 ***X***、***Y*** 同型的向量或矩阵，其中的每个元素等于 ***X***、***Y*** 对应元素的较大者。
- max(X,n)：*n* 是一个标量，返回值是与 ***X*** 同型的向量或矩阵，其中的每个元素等于 ***X*** 对应元素和 *n* 中的较大者。

**【例 6.2】** 已知 $\boldsymbol{x}=\begin{bmatrix}443 & 45 & 43\\ 67 & 34 & -43\end{bmatrix}$，$\boldsymbol{y}=\begin{bmatrix}65 & 73 & 34\\ 61 & 84 & 326\end{bmatrix}$，求矩阵 ***x***、***y*** 所有同一位置上的较大元素构成的新矩阵 ***p***。

命令如下：

```
>> x=[443,45,43;67,34,-43];
>> y=[65,73,34;61,84,326];
>> p=max(x,y)
p =
   443    73    43
    67    84   326
```

例 6.2 是对两个同样大小的矩阵进行操作，MATLAB 还允许对一个矩阵和一个常数或单变量操作，例如：

```
>> f=45;
>> p=max(x,f)
p =
   443    45    45
    67    45    45
```

min 函数的用法和 max 完全相同。

## 6.1.2 求和与求积

sum 函数用于对数据序列求和。sum 函数的调用格式如下。

- S=sum(X)：如果 ***X*** 是一个向量，则返回向量各元素的和。如果 ***X*** 是一个矩阵，则返回一个行向量，其第 *i* 个元素是 ***X*** 的第 *i* 列的元素和。
- S=sum(X,dim)：当 dim 为 1（默认值）时，该函数等同于 sum(X)；当 dim 为 2 时，返回一个列向量，其第 *i* 个元素是 ***X*** 的第 *i* 行的各元素之和。

【例 6.3】已知 $A=\begin{bmatrix} 9 & 10 & 11 & 12 \\ 100 & 200 & 300 & 400 \\ 50 & 60 & 50 & 60 \end{bmatrix}$，求矩阵 $A$ 的每行元素之和和全部元素之和。

命令如下：

```
>> A=[9,10,11,12;100,200,300,400;50,60,50,60];
>> S=sum(A,2)              %求 A 的每行元素之和
S =
        42
      1000
       220
>> P=sum(S)                %求 A 的全部元素之和
P =
      1262
```

数据序列求积的函数是 prod，其用法和 sum 完全相同。

## 6.1.3 求平均值和中值

数据序列的平均值指的是算术平均值，即 $\overline{x}=\frac{1}{n}\sum_{i=1}^{n}x_i$ 。求数据序列平均值的函数是 mean，调用格式如下。

- M = mean(X)：如果 $X$ 是一个向量，则返回向量的算术平均值。如果 $X$ 是一个矩阵，则返回一个行向量，其第 $i$ 个元素是 $X$ 的第 $i$ 列的算术平均值。
- M = mean(X,dim)：当 dim 为 1（默认值）时，该函数等同于 mean(X)；当 dim 为 2 时，返回一个列向量，其第 $i$ 个元素是 $X$ 的第 i 行的算术平均值。

中值又称中位数，是指处于有序数据序列中间位置的元素。例如，有序数据序列 −8、2、4、7、9 的中值为 4，这是数据序列为奇数个的情况。如果为偶数个，则中值等于中间两项的平均值。例如，数据序列−8、2、4、7、9、15 中，处于中间位置的数是 4 和 7，故其中值为此两数的平均值 5.5。和平均值一样，中值也反映了数据序列的平均水平。求数据序列中值的函数是 median，其用法和 mean 完全相同。

例如，求向量 $x$=[−8，2，4，7，9]与 $y$=[−8，2，4，7，9，15]的平均值和中值。命令如下：

```
>> x=[-8,2,4,7,9];                  %奇数个元素
>> mx=[mean(x),median(x)]
mx =
    2.8000    4.0000
>> y=[-8,2,4,7,9,15];               %偶数个元素
>> my=[mean(y),median(y)]
my =
    4.8333    5.5000
```

## 6.1.4 求累加和与累乘积

所谓累加和或累乘积，是指从数据序列的第 1 元素开始直到当前元素进行累加或累乘，作为结果序列的当前元素值。设向量 $\boldsymbol{x}=[x_1,x_2,x_3,\cdots,x_n]$，则累加和向量 $\boldsymbol{sx}$ 与累乘积向量 $\boldsymbol{px}$ 定义为

$$\boldsymbol{sx}=\left[\sum_{i=1}^{1}x_i,\sum_{i=1}^{2}x_i,\sum_{i=1}^{3}x_i,\cdots,\sum_{i=1}^{n}x_i\right]$$

$$px = \left[\prod_{i=1}^{1} x_i, \prod_{i=1}^{2} x_i, \prod_{i=1}^{3} x_i, \cdots, \prod_{i=1}^{n} x_i\right]$$

MATLAB 提供了用于求累加和的 cumsum 函数与求累乘积的 cumprod 函数。cumsum 函数的调用格式如下。

- B=cumsum(X)：如果 $X$ 是一个向量，则返回累加和向量。如果 $X$ 是一个矩阵，则返回一个矩阵，返回的矩阵的第 $i$ 列是 $X$ 的第 $i$ 列的累加和向量。
- B=cumsum(X,dim)：返回多维数组的累加和。若 $X$ 是矩阵，当 dim 为 1（默认值）时，返回的矩阵的第 $i$ 列是 $X$ 的第 $i$ 列的累加和向量；当 dim 为 2 时，返回的矩阵的第 $i$ 行是 $X$ 的第 $i$ 行的累加和向量。

【例 6.4】 求 $S=1+(1+2)+(1+2+3)+\cdots+(1+2+\cdots+10)$ 的值。

命令如下：

```
>> y=cumsum(1:10)
y =
     1     3     6    10    15    21    28    36    45    55
>> s=sum(y)
s =
   220
```

求累乘积的 cumprod 函数用法和 cumsum 函数相同。

## 6.1.5 统计描述函数

### 1. 标准差

标准差也称为均方差，描述了一组数据波动的大小，标准差越小，数据波动越小。对于具有 $n$ 个元素的数据序列 $x_1,x_2,\cdots,x_n$，标准差的计算公式为

$$\sigma_1=\sqrt{\frac{1}{n-1}\sum_{i=1}^{n}(x_i-\bar{x})^2} \quad 或 \quad \sigma_2=\sqrt{\frac{1}{n}\sum_{i=1}^{n}(x_i-\bar{x})^2}$$

其中，$\bar{x}=\frac{1}{n}\sum_{i=1}^{n}x_i$。

MATLAB 提供了用于计算数据序列的标准差的 std 函数。对于向量 $X$，std(X)返回一个标量。对于矩阵 $X$，std(X)返回一个行向量，它的各个元素便是矩阵 $X$ 各列或各行的标准差。std 函数的调用格式为

```
s=std(X,w,dim)
```

其中，选项 $w$ 用于指定标准差的计算方法，当 $w$ 为 0（默认值）时，按 $\sigma_1$ 所列公式计算标准差；当 $w$ 为 1 时，按 $\sigma_2$ 所列公式计算标准差。选项 dim 指定沿维度 dim 计算标准差，当 dim 为 1（默认值）时，求各列元素的标准差；当 dim 为 2 时，求各行元素的标准差。

【例 6.5】 某次射击选拔比赛中，小明与小华的 10 次射击成绩如表 6.1 所示，试比较两人的成绩。

表 6.1 选手射击成绩 单位：环

| | | | | | | | | | | |
|---|---|---|---|---|---|---|---|---|---|---|
| 小明 | 7 | 4 | 9 | 8 | 10 | 7 | 8 | 7 | 8 | 7 |
| 小华 | 7 | 6 | 10 | 5 | 9 | 8 | 10 | 9 | 5 | 6 |

命令如下：

```
>> hitmark=[7,4,9,8,10,7,8,7,8,7;7,6,10,5,9,8,10,9,5,6];
>> mean(hitmark,2)
ans =
    7.5000
    7.5000
>> std(hitmark,[],2)
ans =
    1.5811
    1.9579
```

两人成绩的平均值相同，但小明的成绩的标准差较小，说明小明的成绩波动较小，成绩更稳定。

### 2. 方差

方差用于衡量一组数据的离散程度。方差的计算公式为

$$\sigma_1^2 = \frac{1}{k}\sum_{i=1}^{n}(x_i - \bar{x})^2 \quad 或 \quad \sigma_2^2 = \frac{\sum_{i=1}^{n}(x_i - \bar{x})^2 f_i}{\sum_{i=1}^{n} f_i}$$

MATLAB 提供了计算数据序列的方差的 var 函数。对于向量 ***X***，var(X)返回一个标量。对于矩阵 ***X***，var(X)返回一个行向量，它的各个元素便是矩阵 ***X*** 各列或各行的方差。var 函数的调用格式为

```
V = var(X, w, dim)
```

其中，选项 $w$ 用于指定权重方案。若 $w$ 为 0（默认值），则按观测值数量-1（即 $k=n-1$）实现归一化；若 $w$ 为 1，则按观测值数量（即 $k=n$）实现归一化。$w$ 也可以是包含非负元素的权重向量，即按 $\sigma_2$ 的公式计算，$w$ 的长度必须等于 var 将作用于的维度的长度。选项 dim 指定沿维度 dim 计算方差。对于矩阵，当 dim 为 1（默认值）时，求各列元素的方差；当 dim 为 2 时，求各行元素的方差。

**【例 6.6】** 考察一台机器的产品质量，判定机器工作是否正常。根据该行业通用法则：如果一个样本中的 14 个数据项的方差大于 0.005，则该机器必须关闭待修。假设搜集的数据如表 6.2 所示，此时的机器是否必须关闭？

表 6.2　产品质量抽查数据　单位：mm

| 样品序号 | 1 | 2 | 3 | 4 | 5 | 6 | 7 | 8 | 9 | 10 | 11 | 12 | 13 | 14 |
|---|---|---|---|---|---|---|---|---|---|---|---|---|---|---|
| 样品直径 | 3.43 | 3.45 | 3.43 | 3.48 | 3.52 | 3.50 | 3.39 | 3.48 | 3.41 | 3.38 | 3.49 | 3.45 | 3.51 | 3.50 |

命令如下：

```
>> samples=[3.43,3.45,3.43,3.48,3.52,3.50,3.39,3.48,3.41,3.38,3.49, ...
3.45,3.51,3.50];
>> var_samples=var(samples)
var_samples =
   0.0021
```

计算所得方差 0.0021<0.005，因此可以判定机器工作基本正常，不必关闭。

### 3. 相关系数

相关系数用来衡量两组数据之间的线性相关程度。对于两组数据序列 $x_i$、$y_i$（$i=1, 2, \cdots, n$），可以由下式计算出两组数据的相关系数。

$$r = \frac{\sum (x_i - \bar{x})(y_i - \bar{y})}{\sqrt{\sum (x_i - \bar{x})^2} \sqrt{\sum (y_i - \bar{y})^2}}$$

相关系数的绝对值越接近于 1，说明两组数据相关程度越高。MATLAB 提供了 corrcoef 函数，用于计算数据的相关系数。corrcoef 函数的调用格式如下。

- [R,P]=corrcoef(X,Y)：返回相关系数矩阵和 *P* 值矩阵。如果得到的 *P* 值矩阵的非对角线元素小于显著性水平（即 90%置信区间，默认为 0.05），则 *R* 中的相应相关性被视为显著。当只有一个输出参数 *R* 时，则只返回相关系数矩阵。
- [R,P]=corrcoef(X)：返回矩阵 ***X*** 各列的相关系数，计算时把矩阵 ***X*** 的每列作为一个观测变量，然后求各列的相关系数。

**【例 6.7】** 随机抽取 15 名健康成人，测定血液的凝血酶浓度及凝血时间，数据如表 6.3 所示。分析凝血酶浓度与凝血时间之间的相关性。

表 6.3　　凝血酶浓度及凝血时间数据

| 受试者编号 | 1 | 2 | 3 | 4 | 5 | 6 | 7 | 8 | 9 | 10 | 11 | 12 | 13 | 14 | 15 |
|---|---|---|---|---|---|---|---|---|---|---|---|---|---|---|---|
| 凝血酶浓度（mL） | 1.1 | 1.2 | 1.0 | 0.9 | 1.2 | 1.1 | 0.9 | 0.6 | 1.0 | 0.9 | 1.1 | 0.9 | 1.1 | 1 | 0.7 |
| 凝血时间（s） | 14 | 13 | 15 | 15 | 13 | 14 | 16 | 17 | 14 | 16 | 15 | 16 | 14 | 15 | 17 |

命令如下：

```
>> density=[1.1,1.2,1.0,0.9,1.2,1.1,0.9,0.6,1.0,0.9,1.1,0.9,1.1,1,0.7];
>> cruortime=[14,13,15,15,13,14,16,17,14,16,15,16,14,15,17];
>> R=corrcoef(density,cruortime)
R =
    1.0000   -0.9265
   -0.9265    1.0000
```

求得的 ***R*** 的绝对值接近 1，说明凝血酶浓度与凝血时间之间相关程度较高。

**4. 协方差**

协方差用于衡量变量（观测值）的总体误差。当两个变量相关时，用协方差来评估它们因相关而产生的对应变量的影响；当多个变量独立时，用方差来评估这种影响的差异；当多个变量相关时，用协方差来评估这种影响的差异。例如，要研究多种肥料对苹果产量的实际效果，因试验所用苹果树前一年的基础产量不一致，但基础产量对试验结果又有一定的影响。要消除这一因素带来的影响，就需将各棵苹果树前一年年产量这一因素作为协变量进行协方差分析，才能得到正确的实验结果。

MATLAB 提供了 cov 函数用于计算数据序列的协方差。cov 函数的调用格式如下。

- C=cov(x)：若 ***x*** 是向量，则返回 ***x*** 的方差；若 ***x*** 是矩阵，则 ***x*** 的每一行代表一个样本，每一列代表一个观测变量。协方差矩阵是方阵，矩阵大小与样本维度有关（若矩阵 ***x*** 有 *n* 列，则协方差矩阵为 $n \times n$），其对角线上的元素为 ***x*** 对应列的方差，非对角线上的元素为协方差。
- C=cov(x,y)：返回变量 ***x*** 和 ***y*** 的协方差，***x*** 与 ***y*** 同样大小。如果 ***x*** 和 ***y*** 是矩阵，则 cov(x,y) 将 ***x*** 和 ***y*** 视为列向量，等价于 cov(x(:), y(:))。

如果两个变量的协方差是正值，说明两者是正相关的，即两个变量的变化趋势一致；如果协方差为负值，则说明两者是负相关的，即两个变量的变化趋势相反；如果协方差为 0，说明两者之间没有关系。例如，计算例 6.7 中两组数据的协方差，命令如下：

```
>> C=cov(density,cruortime)
C =
   0.0289   -0.2014
  -0.2014    1.6381
```

计算结果反映出两组数据（凝血酶浓度与凝血时间）是负相关的。

### 6.1.6 排序

MATLAB 提供了对数组元素进行排序的函数 sort(X)，其调用格式为

```
[Y,I]=sort(X,dim,mode)
```

其中，***Y*** 是排序后的矩阵，而 ***I*** 记录 ***Y*** 中的元素在 ***X*** 中的位置。选项 dim 指定排序的维度，若 dim 为 1（默认值），则按列排序；若 dim = 2，则按行排序。选项 mode 指明排序的方法，'ascend'（默认值）为升序，'descend'为降序。

【例 6.8】 对二维矩阵 $\begin{bmatrix} 1 & -8 & 5 \\ 4 & 12 & 6 \\ 13 & 7 & -13 \end{bmatrix}$ 做各种排序。

命令如下：

```
>> A=[1,-8,5;4,12,6;13,7,-13];
>> Y=sort(A,2,'descend')                    %对 A 的每行按降序排序
Y =
    5     1    -8
   12     6     4
   13     7   -13
>> [X,I]=sort(A) %对 A 的每列按升序排序，矩阵 I 存储 X 各元素在 A 对应列中的行号
X =
    1    -8   -13
    4     7     5
   13    12     6
I =
    1     1     3
    2     3     1
    3     2     2
```

## 6.2 多项式计算

在数学中，由若干个单项式相加组成的代数式叫作多项式。多项式中的每个单项式叫作多项式的项，这些单项式中的最高项次数就是这个多项式的次数。在 MATLAB 中，多项式的运算转换为系数向量的运算，即 $n$ 次多项式 $a_nx^n+a_{n-1}x^{n-1}+a_{n-2}x^{n-2}+\cdots+a_1x+a_0$ 用一个长度为 $n$+1 的行向量 $[a_n,a_{n-1},a_{n-2},\cdots,a_1,a_0]$ 表示。本节介绍在 MATLAB 中多项式的计算方法。

### 6.2.1 多项式的四则运算

多项式之间可以进行四则运算，其运算结果仍为多项式。

**1. 多项式的加减运算**

在 MATLAB 中，多项式的加减运算就是其所对应的系数向量的加减运算。对于次数相同的

两个多项式，可直接对多项式系数向量进行加减运算。如果多项式的次数不同，则应该把低次多项式系数不足的高次项用 0 补足，使参与运算的各多项式具有相同的次数。例如，计算 $(x^3-2x^2+5x+3)+(6x-1)$，对于和式的后一个多项式 $6x-1$，它仅为 1 次多项式，而前面的是 3 次。为确保两者次数相同，应把后者的系数向量处理成[0,0,6,–1]。命令如下：

```
>> a=[1,-2,5,3];
>> b=[0,0,6,-1];
>> c=a+b
c =
     1    -2    11     2
```

**2. 多项式的乘除运算**

MATLAB 提供了用于计算多项式乘积的 conv 函数和对多项式做除法运算的 deconv 函数。函数的用法如下。

```
w=conv(P1,P2)
[Q,r]=deconv(P1,P2)
```

其中，输入参数 ***P***1、***P***2 是两个多项式的系数向量，输出参数 ***w*** 是两个多项式相乘所得多项式的系数向量，***Q*** 是商式的系数向量，***r*** 是余式的系数向量。

**【例 6.9】** 求 $(x^4+8x^3-10)\times(2x^2-x+3)$ 和 $\dfrac{x^4+8x^3-10}{2x^2-x+3}$。

命令如下：

```
>> A=[1,8,0,0,-10];
>> B=[2,-1,3];
>> C=conv(A,B)
C =
     2    15    -5    24   -20    10   -30
>> [P,r]=deconv(A,B)
P =
    0.5000    4.2500    1.3750
r =
         0         0         0  -11.3750  -14.1250
```

从命令执行结果可以看出，两个多项式的乘积是一个 6 次多项式：$2x^6+15x^5-5x^4+24x^3-20x^2+10x-30$。以 ***A*** 为系数的多项式除以 ***B*** 为系数的多项式所得商式为以 ***P*** 为系数的多项式 $0.5x^2+4.25x+1.375$，余式为以 ***r*** 为系数的多项式 $-11.375x-14.125$。以下命令可以验证 deconv 和 conv 是互逆的。

```
>> conv(B,P)+r
ans =
     1     8     0     0   -10
```

如果多项式系数 ***P***1、***P***2 是矩阵，则调用函数 conv2(P1,P2)求多项式的乘积；如果 ***P***1、***P***2 是 *n* 维数组，则调用函数 convn(P1,P2)求多项式的乘积。

## 6.2.2 多项式的求导

对多项式求导的函数如下。

- k=polyder(P)：求多项式 ***P*** 的导数，即 $k(x)=\dfrac{\mathrm{d}}{\mathrm{d}x}P(x)$。

- k=polyder(P,Q)：求 $\boldsymbol{P}\cdot\boldsymbol{Q}$ 的导数，即 $k(x)=\dfrac{\mathrm{d}}{\mathrm{d}x}[P(x)\bullet Q(x)]$。
- [q,d]=polyder(P,Q)：求 $\boldsymbol{P}/\boldsymbol{Q}$ 的导数，即 $\dfrac{q(x)}{d(x)}=\dfrac{\mathrm{d}}{\mathrm{d}x}\left[\dfrac{P(x)}{Q(x)}\right]$。

上述函数中，参数 $\boldsymbol{P}$、$\boldsymbol{Q}$ 是多项式的系数向量，结果 $\boldsymbol{k}$、$\boldsymbol{q}$、$\boldsymbol{d}$ 也是多项式的系数向量。

【例 6.10】 求有理分式 $f(x)=\dfrac{1}{x^2+5}$ 的导数。

命令如下：

```
>> P=[1];
>> Q=[1,0,5];
>> [p,q]=polyder(P,Q)
p =
    -2     0
q =
     1     0    10     0    25
```

结果表明 $f'(x)=-\dfrac{2x}{x^4+10x^2+25}$。

## 6.2.3 多项式的求值

MATLAB 提供了两个求多项式值的函数——polyval 与 polyvalm，它们的输入参数是多项式系数向量 $\boldsymbol{P}$ 和自变量 $\boldsymbol{x}$。两者的区别在于前者是代数多项式求值，而后者是矩阵多项式求值。

### 1. 代数多项式求值

polyval 函数用来求代数多项式的值，其调用格式为

```
y=polyval(p,x)
```

其中，输入参数 $\boldsymbol{p}$ 是多项式系数向量。若 $x$ 为标量，得到多项式在该点的值；若 $\boldsymbol{x}$ 为向量或矩阵，则对向量或矩阵中的每个元素求多项式的值。

【例 6.11】 已知多项式 $x^4+8x^3-10$，分别取 $x=1.2$ 和一个 $2\times4$ 矩阵为自变量，计算该多项式的值。

命令如下：

```
>> A=[1,8,0,0,-10];                    %4 次多项式系数
>> x=1.2;                              % 取自变量为一数值
>> y1=polyval(A,x)
y1 =
    5.8976
>> x=randi(9,2,4)
x =
     8     2     6     3
     9     9     1     5
>> y2=polyval(A,x)                     %分别计算矩阵 x 中各元素为自变量的多项式之值
y2 =
       8182          70        3014         287
      12383       12383          -1        1615
```

### 2. 矩阵多项式求值

polyvalm 函数用来求矩阵多项式的值，其调用格式与 polyval 相同，但含义不同。polyvalm

函数要求自变量为方阵，它以方阵为自变量求多项式的值。设 ***A*** 为方阵，向量 ***P*** 存储多项式 $x^3-5x^2+8$ 的系数，那么 polyvalm(P,A)的含义为

```
A*A*A-5*A*A+8*eye(size(A))
```

polyval(P,A)的含义为

```
A.*A.*A-5*A.*A+8*ones(size(A))
```

**【例 6.12】** 以多项式 $x^4+8x^3-10$ 为例，取一个 2 × 2 矩阵为自变量，分别用 polyval 和 polyvalm 计算该多项式的值。

命令如下：

```
>> PA=[1,8,0,0,-10];                   %多项式系数
>> x=[-1,1.2;2,-1.8];                  %给出一个矩阵 x
>> y1=polyval(PA,x)                    %计算代数多项式的值
y1 =
  -17.0000    5.8976
   70.0000  -46.1584
>> y2=polyvalm(PA,x)                   %计算矩阵多项式的值
y2 =
  -60.5840   50.6496
   84.4160  -94.3504
```

## 6.2.4 多项式的求根

若 $f(x)=0$，则 $x$ 称作 $f$ 的根或零点。$n$ 次多项式具有 $n$ 个根，当然这些根可能是实根，也可能含有若干对共轭复根。MATLAB 提供的 roots 函数用于求多项式的全部根，其调用格式为

```
x=roots(P)
```

其中，***P*** 为多项式的系数向量，求得的根赋给向量 ***x***，即 $x(1),x(2),\cdots,x(n)$分别代表多项式的 $n$ 个根。

若已知多项式的全部根，则可以用 poly 函数建立起该多项式，其调用格式为

```
P=poly(x)
```

其中，***x*** 为具有 $n$ 个元素的向量。poly(x)构建以 ***x*** 为其根的多项式，向量 ***P*** 存储该多项式的系数。

**【例 6.13】** 已知 $f(x)=2x^4-12x^3+3x^2+5$

（1）计算 $f(x)=0$ 的全部根。

（2）由方程 $f(x)=0$ 的根构造一个多项式 $g(x)$，并与 $f(x)$进行对比。

命令如下：

```
>> P=[2,-12,3,0,5];
>> X=roots(P)               %求方程 f(x)=0 的根
X =
   5.7246 + 0.0000i
   0.8997 + 0.0000i
  -0.3122 + 0.6229i
  -0.3122 - 0.6229i
>> G=poly(X)               %求多项式 g(x)
G =
1.0000   -6.0000    1.5000   -0.0000    2.5000
```

这是多项式 $f(x)$除以首项系数 2 的结果，两者的零点相同。

### 6.2.5 多项式的除法变换

MATLAB 提供了 residue 函数实现部分分式分解形式和多项式除式之间的相互转换。函数的用法如下。

```
[r,p,k]=residue(b,a)
[b,a]=residue(r,p,k)
```

其中，***a***、***b*** 分别为分式的分母多项式、分子多项式的系数向量，***r*** 是分数多项式的商式的系数向量，$p$ 为分数多项式的极点，***k*** 为分数多项式的余式的系数向量，即

$$\frac{b_1s^m+b_2s^{m-1}+b_3s^{m-2}+\cdots+b_{m+1}}{a_1s^n+a_2s^{n-1}+a_3s^{n-2}+\cdots+a_{n+1}} \Leftrightarrow \frac{r_1}{s-p_1}+\frac{r_2}{s-p_2}+\cdots+\frac{r_n}{s-p_n}+k(s)$$

**【例 6.14】** 已知 $f(x)=\dfrac{5x^3+3x^2-2x+7}{-4x^3+8x+3}$，要求：

（1）将 $f(x)$进行分式分解。

（2）由分解的分式合成 $g(x)$，并与 $f(x)$进行对比。

命令如下：

```
>> b=[ 5 3 -2 7];
>> a=[-4 0 8 3];
>> [r,p,k]=residue(b,a)
r =
   -1.4167
   -0.6653
    1.3320
p =
    1.5737
   -1.1644
   -0.4093
k =
   -1.2500
>> [b,a]=residue(r,p,k)
b =
   -1.2500   -0.7500    0.5000   -1.7500
a =
    1.0000   -0.0000   -2.0000   -0.7500
```

即 $g(x)=\dfrac{-1.25x^3-0.75x^2+0.5x-1.75}{x^3-2x-0.75}$，这是 $f(x)$归一化（除以分母首项系数 4）的结果。

## 6.3 数据插值

插值是离散函数逼近的重要方法，利用它可通过函数在有限个点的取值状况，估算出函数在其他点的近似值。例如，测量得 $n$ 个样本，各个样本数据为（$x_1,y_1$），（$x_2,y_2$），…，（$x_n,y_n$），这些数据中存在函数关系 $y=f(x)$，但并不知道具体的解析表达式，需要用比较简单的方法近似地给出其描述。插值的任务就是根据样本构造一个函数 $y=g(x)$，使在 $x_i$（$i=1,2,\cdots,n$），有 $g(x_i)=f(x_i)$。

插值函数 $g(x)$一般由线性函数、多项式、样条函数或这些函数的分段函数充当。

根据被插值函数的自变量个数，插值问题分为一维插值、二维插值、多维插值等；根据所用插值方法，插值问题又分为线性插值、多项式插值、样条插值等。

## 6.3.1 一维数据插值

若已知的数据集是平面上的一组离散点集，即被插值函数是一个单变量函数，则称此插值问题为一维插值。一维插值采用的方法有线性插值、最近点插值、3 次埃尔米特（Hermite）多项式插值和样条插值等。在 MATLAB 中，实现一维插值的函数是 interp1，其调用格式为

```
vq=interp1(x,v,xq,method,extrapolation)
```

其中，输入参数 ***x***、***v*** 是两个等长的已知向量，分别存储采样点和采样值。若同一个采样点有多种采样值，则 ***v*** 可以为矩阵，***v*** 的每一列对应一种采样值。输入参数 ***xq*** 存储插值点，输出参数 ***vq*** 是一个列的长度与 ***xq*** 相同、宽度与 ***v*** 相同的矩阵。选项 method 用于指定插值方法，可取值如下。

● 'linear'（默认值）：线性插值。是把与插值点靠近的两个数据点用线段连接，然后在该选段上选取对应插值点的值。

● 'pchip'：分段 3 次埃尔米特插值（Piecewise Cubic Hermite Interpolating Polynomial，PCHIP）。MATLAB 提供的专门的 3 次埃尔米特插值函数是 pchip(x,v,xq)，其功能与 interp1(x,v,xq,'pchip')相同，用法稍有不同。pchip 函数的输入参数 *v* 每一行对应一种采样值，当 *v* 是数组时，*v* 的最后一个维度的长度必须与 *x* 相同。

● 'spline'：3 次样条插值。在每个分段（子区间）内构造一个 3 次多项式，使其插值函数除满足插值条件外，还要求在各节点处具有光滑的条件。MATLAB 提供的专门的 3 次样条插值函数是 spline(x,v,xq)，其功能与 interp1(x,v,xq,'spline') 相同，用法稍有不同。spline 函数的输入参数 *v* 每一行对应一种采样值，当 *v* 是数组时，*v* 的最后一个维度的长度必须与 *x* 相同。

● 'nearest'：最近邻点插值。根据已知插值点与已知数据点的远近程度进行插值。插值点优先选择较近的数据点进行插值操作。

● 'next'：取后一个采样点的值作为插值点的值。

● 'previous'：取前一个采样点的值作为插值点的值。

R2013a 以后的版本所有内插值方法都支持外插值。函数中的参数 extrapolation 用于设置外插值策略，可取值有以下两种。

● 'extrap'：使用同样的方法处理域外的点。这是'pchip'和'spline'插值方法的默认外插值策略，其他插值方法的外插值策略默认为'none'。

● 标量：可以是 char、single、double 类型的值，设置域外点的返回值。

插值结果的好坏除取决于插值方法外，还取决于被插值函数，没有一种对所有函数都是最好的插值方法。

**【例 6.15】** 表 6.4 所示为我国 0～6 个月婴儿的体重、身长参考标准，用 3 次样条插值分别求得婴儿出生后半个月到 5 个半月每隔 1 个月的身长、体重参考值。

表 6.4　　我国婴儿体重、身长计量表

| 项目 | 出生 | 1 个月 | 2 个月 | 3 个月 | 4 个月 | 5 个月 | 6 个月 |
|---|---|---|---|---|---|---|---|
| 身长（cm） | 50.6 | 56.5 | 59.6 | 62.3 | 64.6 | 65.9 | 68.1 |
| 体重（kg） | 3.27 | 4.97 | 5.95 | 6.73 | 7.32 | 7.70 | 8.22 |

命令如下：

```
>> tp=0:1:6;
>> bb=[50.6,3.27;56.5,4.97;59.6,5.95;62.3,6.73; ...
64.6,7.32;65.9,7.70;68.1,8.22];
>> interbp=0.5:1:5.5;
>> interbv=interp1(tp,bb,interbp,'spline')     %用 3 次样条插值计算
interbv =
   54.0847    4.2505
   58.2153    5.5095
   60.9541    6.3565
   63.5682    7.0558
   65.2981    7.5201
   66.7269    7.9149
```

也可以通过调用 spline 函数求插值，第 2 个参数（存储采样值的变量 bb）是矩阵，第 2 个参数的列数应与第 1 个参数（存储采样点的变量 tp）的长度相同。命令如下：

```
>> interbv1=spline(tp,bb.',interbp)     %用 3 次样条插值计算
interbv1 =
   54.0847   58.2153   60.9541   63.5682   65.2981   66.7269
    4.2505    5.5095    6.3565    7.0558    7.5201    7.9149
```

**【例 6.16】** 分别用 pchip 和 spline 方法对用以下函数生成的数据进行插值，绘制图形，对比两种插值方法的精度和运行效率。

（1）$y=\begin{cases}3 & x<3\\ x & 3\leqslant x\leqslant 5\\ 5 & x>5\end{cases}$　　　　（2）$y=\dfrac{\cos(5x)}{\sqrt{x}}$

程序如下：

```
x1=1:7;
subplot(1,2,1);
y1=x1;
y1(x1<3)=3;
y1(x1>5)=5;
xq1=1:0.1:7;
p1=interp1(x1,y1,xq1,'pchip');
s1=interp1(x1,y1,xq1,'spline');
plot(x1,y1,'ko',xq1,p1,'r-',xq1,s1,'b-.')
subplot(1,2,2);
x2=1:0.2:2*pi;
y2=cos(5*x)./sqrt(x);
xq2=1:0.1:2*pi;
p2=interp1(x2,y2,xq2,'pchip');
s2=interp1(x2,y2,xq2,'spline');
plot(x2,y2,'ko',xq2,p2,'r-',xq2,s2,'b-.');
legend('Sample Points','pchip','spline')
```

程序执行结果如图 6.1 所示，图中圆圈表示原数据，线为用插值数据绘制的曲线。第 1 个函数是非振荡函数，pchip 方法对应的实线与函数曲线更贴合，在样本点之间不会自由振动，因此，采用 pchip 方法更合适。第 2 个函数是振荡函数，spline 方法对应的点画线与函数曲线更贴合，而且过渡更光滑，因此，采用 spline 方法更合适。

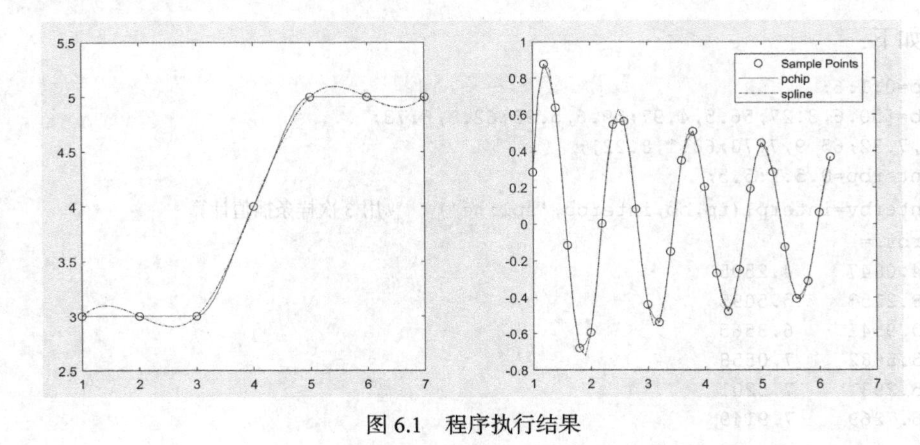


图 6.1　程序执行结果

对具有周期变换特性的信号采样所得的数据点可以采用 FFT（快速傅里叶变换）方法进行插值计算，MATLAB 提供了函数 interpft 实现 FFT 插值，函数的调用格式为

```
y=interpft(x,n)
```

其中，输入参数 $x$ 存储采样点，$n$ 指定插值变量的长度。输出参数 $y$ 存储插值点。

## 6.3.2　网格数据插值

MATLAB 将二维、三维空间中均匀分布的数据称为网格数据。网格数据的插值方法与一维数据插值方法相似。

### 1. 二维数据插值

若已知的数据集是三维空间中的一组离散点集，即被插值函数依赖于两个自变量变化，则插值函数是一个二维函数。对依赖于两个参数的函数进行插值的问题称为二维插值问题。同样，MATLAB 提供了解决二维插值问题的函数 interp2，其调用格式为

```
Zq=interp2(X,Y,V,Xq,Yq,method,extrapval)
```

其中，$X$、$Y$ 分别存储采样点的平面坐标，$V$ 存储采样点采样值。$X$q、$Y$q 存储插值点的平面坐标，Zq 是根据相应的插值方法得到的插值点的值。选项 method 的取值与一维插值函数相同，extrapval 指定域外点的返回值。

**【例 6.17】** 表 6.5 所示为某企业从 1968—2008 年，工龄为 10 年、20 年和 30 年的职工的月均工资数据。试用线性插值求出 1973—2003 年每隔 5 年、工龄为 15 年和 25 年的职工月平均工资。

表 6.5　某企业职工的月平均工资　单位：元

| 年份 \ 工龄 | 10 年 | 20 年 | 30 年 |
|---|---|---|---|
| 1968 | 57 | 69 | 87 |
| 1978 | 79 | 95 | 123 |
| 1988 | 172 | 239 | 328 |
| 1998 | 950 | 1537 | 2267 |
| 2008 | 2496 | 3703 | 4982 |

命令如下：

```
>> x=1968:10:2008;
```

```
>> h=[10:10:30].';
>> W=[57,79,172,950,2496;69,95,239,1537,3703;…
87,123,328,2267,4982];
>> xi=1973:5:2003;
>> hi=[15;25];
>> WI=interp2(x,h,W,xi,hi)
WI =
   1.0e+03 *
    0.0750    0.0870    0.1462    0.2055    0.7245    1.2435    2.1715
    0.0935    0.1090    0.1963    0.2835    1.0928    1.9020    3.1223
```

如果 interp2 的输入参数$(X,Y)$表示二维平面上的点，则$(X,Y)$必须是网格格式。

**2. 多维数据插值**

MATLAB 提供了 3 维、$n$ 维插值函数 interp3、interpn，用法与 interp2 一致。

```
Vq=interp3(X,Y,Z,V,Xq,Yq,Zq,method)
Vq=interpn(X1,X2,…,Xn,V,Xq1,Xq2,…,Xqn,method)
```

interp3 函数的输入参数 $X$、$Y$、$Z$ 及 interpn 函数的输入参数 $X1, X2, \cdots, Xn$ 必须是网格格式。

### 6.3.3　散乱数据插值

散乱数据（Scattered data）指在二维平面或三维空间中随机分布的数据。散乱数据的可视化是指对散乱数据进行插值或拟合，并用图形呈现数据的分布规律。散乱数据的可视化有着广泛的应用领域，例如，地质勘探数据、测井数据、油藏数据、气象数据及有限元计算结果中非结构化数据的显示等。

散乱数据的插值有很多方法，应用最广泛的方法是 Delaunay 三角剖分。在 MATLAB 中，实现散乱数据插值的函数是 griddata，其调用格式为

```
vq=griddata(x,y,v,xq,yq,method)
vq=griddata(x,y,z,v,xq,yq,zq,method)
```

其中，$x$、$y$、$z$ 存储采样点的坐标，$v$ 是采样点的采样值，$xq$、$yq$、$zq$ 存储插值点的坐标，$vq$ 是根据相应的插值方法得到的插值结果。选项 method 指定插值方法，可取值如下。

- 'linear'（默认值）：基于三角剖分的线性插值。
- 'nearest'：基于三角剖分的最近邻点插值。
- 'natural'：基于三角剖分的自然邻点插值。
- 'cubic'：基于三角剖分的三次插值，仅支持二维插值。
- 'v4'：双调和样条插值，仅支持二维插值。

**【例 6.18】** 随机生成包含 100 个散点的数据集，绘制散点数据图和插值得到的网格数据图，观察插值结果。

程序如下：

```
xy=rand(100,3)*10-5;
x=xy(:,1);
y=xy(:,2);
z=xy(:,3);
[xq,yq]=meshgrid(-4.9:0.08:4.9,-4.9:0.08:4.9);
zq=griddata(x,y,z,xq,yq);
mesh(xq,yq,zq);
hold on;
```

```
plot3(x,y,z,'rp')
```

程序运行结果如图 6.2 所示，图中五角星表示原数据，曲面是用插值数据绘制的网格图。

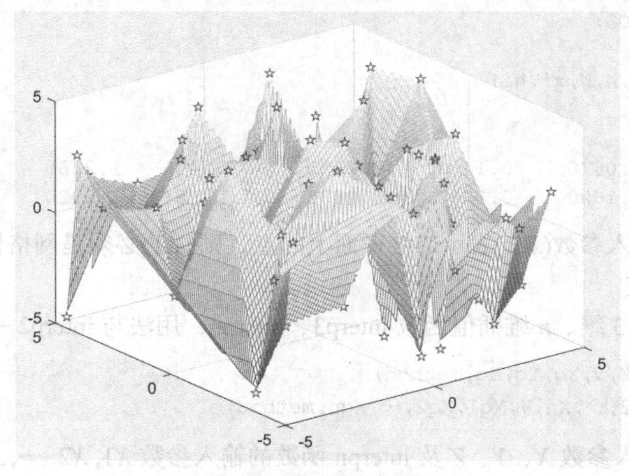

图 6.2　散乱数据插值

# 6.4 曲线拟合

实际工作中，变量间未必都有线性关系，如服药后血药浓度与时间的关系、毒物剂量与致死率的关系等常呈曲线关系。曲线拟合（curve fitting）是指用连续曲线近似地刻画或比拟观测变量之间的函数关系的一种数据处理方法。与插值类似，曲线拟合的目的也是用一个较简单的函数去逼近一个复杂的或未知的函数，所依据的条件都是在一个区间或一个区域上的有限个采样点的函数值。插值要求逼近函数在采样点与被逼近函数相等，但由于实验或测量中的误差，所获得的数据不一定准确。在这种情况下，如果强求逼近函数通过各采样点，显然是不够合理的。为此，设想构造这样的函数 $y=p(x)$去逼近 $f(x)$，但它放弃在插值点两者完全相等的要求，使它在某种意义下最优。MATLAB 曲线拟合的最优标准是采用常见的最小二乘原理，所构造的 $p(x)$是一个次数小于插值点个数的多项式。

设测得 $n$ 个离散数据点$(x_i,y_i)$，构造一个 $m$（$m\leqslant n$）次多项式 $p(x)$：

$$p(x)=\sum_{i=0}^{m}a_i x^i$$

所谓曲线拟合的最小二乘原理，就是使上述拟合多项式在各采样点的偏差 $p(x_i)-y_i$ 的平方和达到最小。数学上已经证明，上述最小二乘逼近问题的解总是确定的。

采用最小二乘法则进行曲线拟合时，实际上是求一个系数向量，该系数向量是一个多项式的系数。在 MATLAB 中，用 polyfit 函数来求得最小二乘拟合多项式的系数。polyfit 函数的调用格式为

```
p=polyfit(x,y,n)
[p,S]=polyfit(x,y,n)
[p,S,mu]=polyfit(x,y,n)
```

其中，输入参数 $\boldsymbol{x}$、$\boldsymbol{y}$ 是两个等长的向量，函数根据采样点 $\boldsymbol{x}$ 和采样值 $\boldsymbol{y}$，产生一个 $n$ 次多项式的系数向量 $\boldsymbol{p}$ 及其在采样点的误差向量 $\boldsymbol{S}$。输出参数 $\boldsymbol{p}$ 是一个长度为 $n+1$ 的向量，$\boldsymbol{p}$ 的元素为多项式

$p_1x^n+p_2x^{n-1}+\cdots+p_nx+p_{n+1}$ 的系数。输出参数 ***mu*** 是一个二元列向量，mu(1)是 mean(x)，mu(2)是 std(x)。

**【例 6.19】** 某研究所为了研究氮肥的施肥量对土豆产量的影响，做了 10 次实验，实验数据如表 6.6 所示。试分析氮肥的施肥量与土豆产量之间的关系。

表 6.6　　氮肥实验数据

| 施肥量（千克/公顷） | 0 | 34 | 67 | 101 | 135 | 202 | 259 | 336 | 404 | 471 |
|---|---|---|---|---|---|---|---|---|---|---|
| 产量（吨/公顷） | 15.18 | 21.36 | 25.72 | 32.29 | 34.03 | 39.45 | 43.15 | 43.46 | 40.83 | 30.75 |

若采用二次多项式来拟合，程序如下：

```
data=[0,15.18;34,21.36;67,25.72;101,32.29;135,34.03; ...
    202,39.45;259,43.15;336,43.46;404,40.83;471,30.75];
x=data(:,1);
y=data(:,2);
f=polyfit(x,y,2);
yi=polyval(f,x);
plot(x,y,'rp',x,yi)
```

程序运行结果如图 6.3 所示，图中五角星表示实验数据，实线为用拟合多项式绘制的曲线。

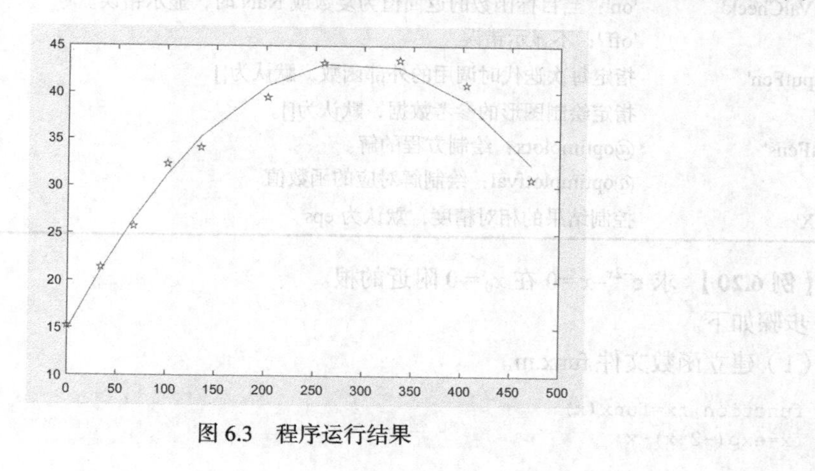


图 6.3　程序运行结果

# 6.5　非线性方程和非线性方程组的数值求解

MATLAB 提供了有关的函数用于求解非线性方程和非线性方程组。

## 6.5.1　非线性方程求解

非线性方程 $f(x)=0$ 的求根，即求一元连续函数 $f(x)$的零点。MATLAB 提供了 fzero 函数用来求非线性方程的根。该函数的调用格式为

```
x=fzero(@fun,x0,options)
[x,fval,exitflag,output]=fzero(@fun,x0,options)
```

第 1 种格式为基本格式，第 2 种格式可以在函数寻根失败时返回寻根过程的错误和信息。其中，第 1 个输入参数 fun 是待求根的函数名，*x*0 为搜索的起点。一个函数可能有多个根，但 fzero 函数只给出离 *x*0 最近的那个根。选项 options 为结构体变量，用于指定求解过程的优化参数，缺

省时，使用默认值优化。输出参数 $x$ 返回方程的根，fval 返回目标函数在解 $x$ 处的值，exitflag 返回求解过程终止原因，output 返回寻根过程最优化的信息。

fzero 的优化参数通常调用 optimset 函数设置，optimset 函数的调用方法如下。

```
options=optimset(优化参数 1,值 1,优化参数 2,值 2,…)
```

optimset 函数常用的优化参数和可取值如表 6.7 所示。除了 fzero 函数外，函数 fminbnd、fminsearch 和 lsqnonneg 的优化参数也调用 optimset 函数设置。

表 6.7　optimset 函数常用的优化参数和可取值

| 优化参数 | 含义及可取值 |
|---|---|
| 'Display' | 指定函数迭代求解过程中间结果的显示方式，默认为'off'。<br>'off'：不显示。<br>'iter'：显示迭代过程的每一步的值。<br>'final'：只显示最终结果。<br>'notify' 仅在函数不收敛时显示输出 |
| 'FunValCheck' | 检查目标函数是否有效，默认为'off'。<br>'on'：当目标函数的返回值为复数或 NaN 时，显示错误。<br>'off'：不显示错误 |
| 'OutputFcn' | 指定每次迭代时调用的外部函数，默认为[] |
| 'PlotFcns' | 指定绘制图形的参考数据，默认为[]。<br>@optimplotx：绘制方程的解。<br>@optimplotfval：绘制解对应的函数值 |
| 'TolX' | 控制结果的相对精度，默认为 eps |

【例 6.20】 求 $e^{-2x}-x=0$ 在 $x_0=0$ 附近的根。

步骤如下。

（1）建立函数文件 funx.m。

```
function fx=funx(x)
fx=exp(-2*x)-x;
```

（2）调用 fzero 函数求根。

```
>> z=fzero(@funx,0.0)
   z =
      0.4263
```

如果要观测函数求根过程，可先设置优化参数，然后求解，命令如下。

```
>> options=optimset('Display','iter');     %设定显示迭代求解的中间结果
>> z=fzero(@funx,0.0,options)
```

## 6.5.2 非线性方程组求解

非线性方程组的一般形式为

$$\begin{cases} f_1(x_1, x_2, \cdots, x_n) = 0 \\ f_2(x_1, x_2, \cdots, x_n) = 0 \\ \qquad \cdots \\ f_n(x_1, x_2, \cdots, x_n) = 0 \end{cases}$$

记 $x=(x_1,x_2,\cdots,x_n)^{\mathrm{T}}$，$F(x)=(f_1(x),f_2(x),\cdots,f_n(x))^{\mathrm{T}}$，则上述方程组简记为 $F(x)=0$。

MATLAB 提供 fsolve 函数求非线性方程组 F(X) = 0 的数值解。fsolve 函数的调用格式为

```
X=fsolve(fun,X0)
[X,fval,exitflag,output]=fsolve(fun,X0,options)
```

第 1 种格式为基本格式，第 2 种格式可以在函数寻根失败时返回寻根过程的错误和信息。其中，输入参数 fun 是待求根的函数文件名，*X*0 为搜索的起点。输出参数 *X* 返回方程组的解，fval 返回目标函数在解 *X* 处的值，exitflag 返回求解过程终止原因，output 返回寻根过程最优化的信息。

求解非线性方程组需要用到 MATLAB 的优化工具箱（Optimization Toolbox），选项 options 为结构体变量，用于指定求解过程的优化参数，缺省时，使用默认值优化。fsolve 的优化参数通常调用 optimoptions 函数设置，optimoptions 函数的调用方法如下。

```
options=optimoptions(SolverName,优化参数 1,值 1,优化参数 2,值 2,…)
```

optimoptions 函数用于设置除 fzero、fminbnd、fminsearch 和 lsqnonneg 这 4 个函数之外的其他优化函数的选项。其中，输入参数 SolverName 是优化函数名，可以用字符串或函数句柄。不同函数的优化选项及可取值有所不同，fsolve 的优化参数及可取值与 fzero 函数的基本相同。

**【例 6.21】** 求下列非线性方程组在（0.5, 0.5）附近的数值解。

$$\begin{cases} x_1^2+x_1-x_2^2=1 \\ x_2-\sin x_1^2=0 \end{cases}$$

步骤如下。

（1）建立函数文件 myfun.m。

```
function q=myfun(p)
x1=p(1);
x2=p(2);
q(1)=x1^2+x1-x2^2-1;
q(2)=x2-sin(x1^2);
```

（2）在给定的初值(0.5,0.5)下，调用 fsolve 函数求方程的根。

```
x0=[0.5;0.5];
options=optimoptions('fsolve','Display','off'); %设定不显示中间结果
x=fsolve(@myfun,x0,options)
x =
    0.7260
    0.5029
```

# 思考与实验

## 一、思考题

1. 在 MATLAB 数据处理中，数据序列是如何表示的？
2. 若向量 ***x***=[1,2,3,4,5]，函数 sum(x)与 cumsum(x)有何区别？
3. 利用 randn 函数生成符合正态分布的 10 × 6 随机矩阵 ***A***，写出完成下列操作的命令。

（1）***A*** 各列元素的均值和标准方差。

（2）***A*** 的最大元素和最小元素。

（3）求 $A$ 每行元素的和，以及全部元素之和。

（4）分别对 $A$ 的每列元素按升序、每行元素按降序排序。

4. 什么是数据插值？什么是曲线拟合？它们有何共同之处与不同之处？

5. 在 MATLAB 中如何表示一个多项式？

**二、实验题**

1. 利用 MATLAB 提供的 rand 函数生成 3000 个符合均匀分布的随机数，然后检验随机数的性质。

（1）求均值和标准方差。

（2）求最大元素和最小元素。

（3）求大于 0.5 的数的个数占总数的百分比。

2. 已知多项式 $P_1(x) = x^3+2x^2+7$，$P_2(x)= x-2$，$P_3(x) = x^3 + 5x + 1$，求：

（1）$P(x) = P_1(x)P_2(x) + P_3(x)$。

（2）设 $a$=[1, -2, 2, 5]，求 $P(a)$。

（3）设 $A = \begin{bmatrix} -1 & 4 & 3 \\ 2 & 1 & 5 \\ 0 & 5 & 6 \end{bmatrix}$，当以矩阵 $A$ 的每一元素为自变量时，求 $P(x)$的值；当以矩阵 $A$ 为自变量时，求 $P(x)$的值。

（4）求 $P(x)$=0 的根。

（5）求 $\dfrac{P_1(x)}{P_3(x)}$的商式和余式。

3. 在某处测得海洋不同深度处水温的数据如表 6.8 所示。用插值法求出水深 500m、900m 和 1500m 处的水温（℃）。

表 6.8　海洋水温观测值

| 水深（m） | 466 | 715 | 950 | 1422 | 1635 |
|---|---|---|---|---|---|
| 水温（℃） | 7.04 | 4.28 | 3.40 | 2.52 | 2.13 |

4. 用 4 次多项式 $p(x)$在[1,10]区间内逼近函数 $\ln x$，并绘制出 $\ln x$ 和 $p(x)$在[1,10]区间的函数曲线。

5. 求非线性方程 $3x-\sin x+1=0$ 在 $x_0 = 0$ 附近的根。

6. 求非线性方程组 $\begin{cases} x^2 + y^2 = 9 \\ x + y = 1 \end{cases}$ 的数值解，初值 $x_0 = 3$，$y_0 = 0$。

# 第 7 章 数值微积分与常微分方程求解

在高等数学中，函数的导数是用极限来定义的，如果一个函数是以数值给出的离散形式，那么它的导数就无法用极限运算方法求得，更无法用求导方法去计算函数在某点处的导数。而计算积分则需要找到被积函数的原函数，然后利用牛顿-莱布尼兹（Newton-Leibniz）公式来求定积分，但当被积函数的原函数无法用初等函数表示或被积函数为仅知离散点处函数值的离散函数时，就难以用牛顿-莱布尼兹公式求定积分。所以，在求解实际问题时，多采用数值方法来求函数的微分和积分。

关于常微分方程求解，只有对一些典型的常微分方程，才能求出它们的一般解表达式并用初始条件确定表达式中的常数。而在实际问题中遇到的常微分方程往往很复杂，在许多情况下不能得到一般解，通常只需要获得解在若干个点上的近似值。

【本章学习目标】

- 掌握数值微分的实现方法。
- 掌握数值积分的原理和实现方法。
- 了解离散傅里叶变换的原理及实现方法。
- 掌握常微分方程的数值求解方法。

## 7.1 数值微分

在科学实验和生产实践中，有时要根据已知的数据点，推算某一点的一阶或高阶导数，这时就要用到数值微分。

一般来说，函数的导数依然是一个函数。设函数 $f(x)$ 的导函数 $f'(x)=g(x)$，高等数学关心的是 $g(x)$ 的形式和性质，而数值微分关心的是怎样计算 $g(x)$ 在多个离散点 $X=(x_1,x_2,\cdots,x_n)$ 的近似值 $G=(g_1,g_2,\cdots,g_n)$，以及得到的近似值有多大误差。

### 7.1.1 数值差分与差商

根据离散点上的函数值求取某点导数可以用差商极限得到近似值，即可表示为

$$f'(x)=\lim_{h\to 0}\frac{f(x+h)-f(x)}{h}$$

$$f'(x)=\lim_{h\to 0}\frac{f(x)-f(x-h)}{h}$$

$$f'(x)=\lim_{h\to 0}\frac{f(x+h/2)-f(x-h/2)}{h}$$

上述式子中，均假设 $h>0$，如果去掉上述等式右端的 $h\to 0$ 的极限过程，并引进记号：

$$\Delta f(x)=f(x+h)-f(x)$$

$$\nabla f(x)=f(x)-f(x-h)$$

$$\delta f(x)=f(x+h/2)-f(x-h/2)$$

称$\Delta f(x)$、$\nabla f(x)$及$\delta f(x)$分别为函数在 $x$ 点处以 $h$（$h>0$）为步长的向前差分、向后差分和中心差分。当步长 $h$ 充分小时，有

$$f'(x)\approx\frac{\Delta f(x)}{h}$$

$$f'(x)\approx\frac{\nabla f(x)}{h}$$

$$f'(x)\approx\frac{\delta f(x)}{h}$$

和差分一样，称$\Delta f(x)/h$、$\nabla f(x)/h$ 及 $\delta f(x)/h$ 分别为函数在 $x$ 点处以 $h$（$h>0$）为步长的向前差商、向后差商和中心差商。当步长 $h$（$h>0$）足够小时，函数 $f$ 在点 $x$ 的微分接近于函数在该点的差分，而 $f$ 在点 $x$ 的导数接近于函数在该点的差商。

## 7.1.2　数值微分的实现

数值微分的基本思想是先用逼近或拟合等方法将已知数据在一定范围内的近似函数求出，再用特定的方法对此近似函数进行微分。有两种方式计算任意函数 $f(x)$在给定点 $x$ 的数值导数。

**1. 多项式求导法**

用多项式或样条函数 $g(x)$对 $f(x)$进行逼近（插值或拟合），然后用逼近函数 $g(x)$在点 $x$ 处的导数作为 $f(x)$在点 $x$ 处的导数。曲线拟合给出的多项式原则上是可以求任意阶导数的，从而求出高阶导数的近似值，但随着求导阶数的增加，计算误差会逐渐增大，因此，该方法一般只用在低阶数值微分。

**2. 用 diff 函数计算差分**

用 $f(x)$在点 $x$ 处的某种差商作为其导数。MATLAB 没有直接提供求数值导数的函数，只有计算向前差分的函数 diff，其调用格式如下。

- DX = diff(X)：计算向量 $\boldsymbol{X}$ 的向前差分，DX($i$) = X($i$+1) −X($i$)，$i$ = 1,2, ⋯,$n$ −1。
- DX = diff(X,n)：计算向量 $\boldsymbol{X}$ 的 $n$ 阶向前差分。例如，diff(X,2) = diff(diff(X))。
- DX = diff(X,n,dim)：计算矩阵 $\boldsymbol{X}$ 的 $n$ 阶差分，dim = 1 时（默认状态），按列计算差分；dim = 2 时，按行计算差分。

对于求向量的微分，函数 diff 计算的是向量元素间的差分，故所得输出比原向量少了一个元素。

【**例 7.1**】设 $f(x)=\sin x$，用不同的方法求函数 $f(x)$的数值导数，并在同一个坐标轴中用计算所得数据绘制曲线 $f'(x)$。

为确定计算数值导数的点，假设在[0,π]区间内以 π/24 为步长求数值导数。下面用 3 种方法求 $f(x)$在这些点的导数。首先用一个 5 次多项式 $p(x)$拟合函数 $f(x)$，并对 $p(x)$求一般意义下的导数 d$p(x)$，求出 d$p(x)$在假设点的值；第 2 种方法用 diff 函数直接求 $f(x)$在假设点的数值导数；第 3 种方法先求出导函数 $f'(x)=\cos x$，然后直接求 $f'(x)$在假设点的导数。最后在一个坐标轴中绘制这 3 条曲线。

程序如下：

```
x=0:pi/24:pi;
%用5次多项式p拟合f(x),并对拟合多项式p求导数dp在假设点的函数值
p=polyfit(x,sin(x),5);
dp=polyder(p);
dpx=polyval(dp,x);
%直接对sin(x)求数值导数
dx=diff(sin([x,pi+pi/24]))/(pi/24);
%求函数f的导函数在假设点的值
gx=cos(x);
plot(x,dpx,'b-',x,dx,'ko',x,gx,'r+')
```

程序运行后得到图7.1所示的图形。结果表明，用3种方法求得的数值导数比较接近。

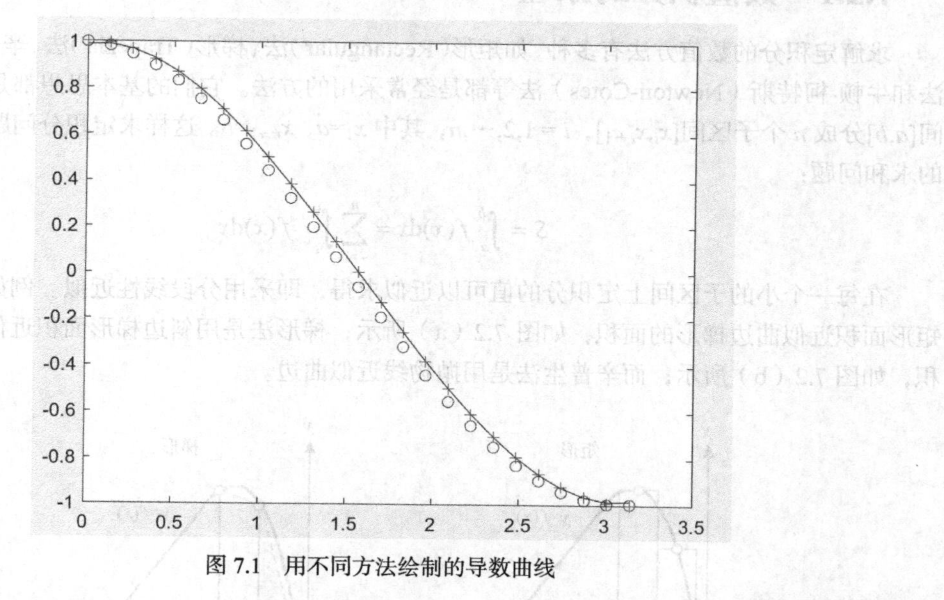


图7.1 用不同方法绘制的导数曲线

对于求矩阵的差分，即为求各列或各行向量的差分，从向量的差分值可以判断列或行向量的单调性、是否等间距及是否有重复的元素。

【例7.2】 生成一个5阶魔方矩阵，按列进行差分运算。

命令如下：

```
M=magic(5)
M=

    17    24     1     8    15
    23     5     7    14    16
     4     6    13    20    22
    10    12    19    21     3
    11    18    25     2     9
DM=diff(M)                      %计算V的一阶差分
DM=

     6   -19     6     6     1
   -19     1     6     6     6
     6     6     6     1   -19
     1     6     6   -19     6
```

可以看出，diff 函数对矩阵的每一列都进行差分运算，因而结果矩阵的列数是不变的，只有行数减 1。矩阵 DM 第 3 列值相同，表明原矩阵第 3 列是等间距的。

# 7.2 数值积分

在工程及实际工作中经常会遇到求定积分的问题，如求机翼曲边的长度。利用牛顿-莱布尼兹公式可以精确地计算定积分的值，但它仅适用于被积函数的原函数能用初等函数表达出来的情形，大多数实际问题找不到原函数，或找到的原函数比较复杂，就需要用数值方法求积分近似值。

## 7.2.1 数值积分的原理

求解定积分的数值方法有多种，如矩形（Rectangular）法、梯形（Trapezia）法、辛普生（Simpson）法和牛顿-柯特斯（Newton-Cotes）法等都是经常采用的方法。它们的基本思想都是将整个积分区间$[a,b]$分成 $n$ 个子区间$[x_i,x_{i+1}]$，$i=1,2,\cdots,n$，其中 $x_1=a$，$x_{n+1}=b$。这样求定积分问题就分解为下面的求和问题：

$$S=\int_a^b f(x)\mathrm{d}x=\sum_{i=1}^{n}\int_{x_i}^{x_{i+1}} f(x)\mathrm{d}x$$

在每一个小的子区间上定积分的值可以近似求得，即采用分段线性近似。例如，矩形法是用矩形面积近似曲边梯形的面积，如图 7.2（a）所示；梯形法是用斜边梯形面积近似曲边梯形的面积，如图 7.2（b）所示；而辛普生法是用抛物线近似曲边。

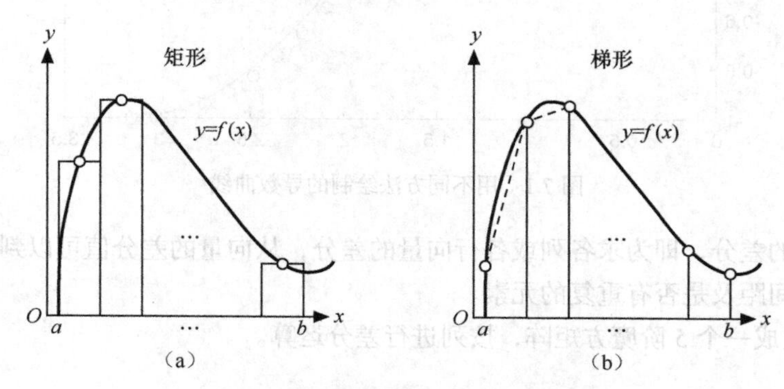


图 7.2　数值积分的矩形法和梯形法

### 1. 梯形法

将区间$[a,b]$分成 $n$ 等份，在每个子区间上用梯形代替曲边梯形，则可得到求积近似公式为

$$\int_a^b f(x)\mathrm{d}x\approx\frac{(b-a)}{2n}\left(f(a)+2\sum_{i=1}^{n-1}f(x_i)+f(b)\right)$$

当区间分点向量 $\boldsymbol{X}=(x_0,x_1,\cdots,x_n)$和相应的被积函数值向量 $\boldsymbol{Y}=(y_0,y_1,\cdots,y_n)$已知时，可以求得曲线在积分区间上所构成的曲边梯形的面积的近似值。

### 2. 辛普生法

当被积函数为凹曲线时，用梯形法求得的梯形面积比曲边梯形面积小；当被积函数为凸曲线时，求得的梯形面积比曲边梯形面积大。若每段改用与它凸性相接近的抛物线来近似，则可减少

上述缺点，这就是辛普生法，求积近似公式为

$$\int_a^b f(x)\mathrm{d}x \approx \frac{b-a}{6n}[y_0 + y_{2n} + 4(y_1 + y_3 \cdots + y_{2n-1}) + 2(y_2 + y_4 + \cdots + y_{2n-2})]$$

### 3. 自适应率普生法

对于高次函数（次数≥2）时，梯形积分在划分区间数目一定的情况下可能会变得很不精确（尤其是当被积函数不连续或振荡性很大时），而且，在子区间数固定的情况下，被积函数次数越高，梯形积分精度就越差。所以，事先确定步长可能使结果达不到预期精度。自适应辛普生法利用将积分区间逐次分半的办法，分别计算出每个子区间的定积分近似值并求和，直到相邻两次的计算结果之差的绝对值小于给定的误差为止。如果用 $T_m$ 表示积分区间$[a,b]$被分为 $n = 2^m$ 等分后所形成的梯形值，这时，对应的子区间长度为

$$h_m = \frac{b-a}{2^m},\ m = 0,1,2,\cdots$$

经过计算，得到

$$T_0 = \frac{b-a}{2}[f(a) + f(b)]$$

$$T_1 = \frac{b-a}{2\times 2}[f(a) + f(b) + 2f(a + \frac{b-a}{2})] = \frac{T_0}{2} + \frac{b-a}{2}f(a + \frac{b-a}{2})$$
$$= \frac{T_0}{2} + h_1 f(a + h_1)$$

$$T_2 = \frac{b-a}{2\times 2^2}[f(a) + f(b) + 2\sum_{k=1}^{3} f(a + k\frac{b-a}{2^2})] = \frac{T_1}{2} + \frac{b-a}{2^2}\sum_{i=1}^{2} f[a + (2i-1)\frac{b-a}{2^2}]$$
$$= \frac{T_1}{2} + h_2\sum_{i=1}^{2} f[a + (2i-1)h_2]$$

$$T_3 = \frac{b-a}{2\times 2^3}[f(a) + f(b) + 2\sum_{k=1}^{7} f(a + k\frac{b-a}{2^3})] = \frac{T_2}{2} + \frac{b-a}{2^3}\sum_{i=1}^{4} f[a + (2i-1)\frac{b-a}{2^3}]$$
$$= \frac{T_2}{2} + h_3\sum_{i=1}^{4} f[a + (2i-1)h_3]$$

一般地，若 $T_{m-1}$ 已算出，则

$$T_m = \frac{T_{m-1}}{2} + h_m\sum_{i=1}^{2^{m-1}} f[a + (2i-1)h_m]$$

辛普生求积公式为

$$S_m = \frac{4T_m - T_{m-1}}{3}$$

根据上述递推公式，不断计算积分近似值，直到相邻两次的积分近似值 $S_m$ 和 $S_{m-1}$ 满足如下条件为止。

$$|S_m - S_{m-1}| \leqslant \varepsilon(1 + |S_m|)$$

自适应辛普生法不需要事先确定步长，能对每步计算结果估计误差，是一种稳定的和收敛的求积方法。

### 4. 高斯-克朗罗德（Gauss-Kronrod）法

辛普生求积公式是封闭型的（即区间的两端点均是求积节点），而且要求求积节点是等距的，

其代数精确度只能是 $n$（$n$ 为奇数）或 $n$+1（$n$ 为偶数）。高斯-克朗罗德法对求积节点也进行适当的选取，即在求积公式中也选取 $x_i$，从而提高求积公式的代数精确度。

### 7.2.2 定积分的数值求解实现

在 MATLAB 中可以使用 integral、quadgk、trapz 函数来计算数值积分。

**1. 自适应积分算法**

MATLAB 提供了基于全局自适应积分算法的 integral 函数来求定积分。函数的调用格式为

```
q=integral(@fun,xmin,xmax)
q=integral(@fun,xmin,xmax,Name,Value)
```

其中，fun 是被积函数，xmin 和 xmax 分别是定积分的下限和上限。选项用于设置积分器的属性，Name 是属性名，Value 是对应的属性取值，常用属性和可取值如表 7.1 所示。

表 7.1 积分器的常用属性和可取值

| 属性名 | 可取值 |
| --- | --- |
| 'AbsTol' | 绝对误差，可取值为 single 或 double 类型的非负数，缺省时为 $10^{-10}$ |
| 'RelTol' | 相对误差，可取值为 single 或 double 类型的非负数，缺省时为 $10^{-6}$ |
| 'ArrayValued' | 被积函数的自变量可否为数组。值为 true 或 1，表明被积函数的自变量可以是标量，返回值为向量、矩阵或 $n$ 维数组；值为 false 或 0，表明被积函数的自变量为向量，返回值为向量。缺省时为 false |
| 'Waypoints' | 积分拐点，由实数或复数构成的向量 |

【例 7.3】 求 $S=\int_0^{\pi}\frac{x\sin x}{1+|\cos x|}\mathrm{d}x$。

（1）建立被积函数文件 fe.m。

```
function f=fe(x)
f=x.*sin(x)./(1+abs(cos(x)));
```

（2）调用数值积分函数 integral 求定积分。

```
>> q=integral(@fe,0,pi)
q =
   2.1776
```

在建立被积函数文件时，被积函数的参数通常是向量，所以被积函数定义中的表达式使用数组运算符（即点运算符）。

如果被积函数简单，可以不定义成函数文件，而采用匿名函数形式，如例 7.3 也可使用以下命令求解：

```
q=integral(@(x)(x.*sin(x)./(1+abs(cos(x)))),0,pi)
```

【例 7.4】人造地球卫星的轨迹可视为平面上的椭圆。我国第一颗人造地球卫星近地点距离地球表面 439km，远地点距离地球表面 2384km，地球半径为 6371km，求该卫星的轨迹长度。

分析：人造地球卫星的轨迹可用椭圆的参数方程来表示，即

$$\begin{cases}x=a\sin\theta\\y=b\cos\theta\end{cases}$$

其中，$\theta\in[0,2\pi]$，$a$>0，$b$>0。

卫星的轨迹长度可表示为

$$L=4\int_0^{\pi/2}\sqrt{a^2\sin^2\theta+b^2\cos^2\theta}\,\mathrm{d}\theta$$

由题目可知，$a$=6371+2384=8755，$b$=6371+439=6810。命令如下：

```
>> a=8755;
>> b=6810;
>> format long;
>> funLength=@(x)sqrt(a^2.*sin(x).^2+b^2.*cos(x).^2);
>> L=4*integral(funLength,0,pi/2)
L =
   4.908996526868900e+04
```

### 2. 高斯-克朗罗德法

MATLAB 提供了基于自适应高斯-克朗罗德法的 quadgk 函数来求振荡函数的定积分。该函数的调用格式为

```
q=quadgk(@fun, xmin,xmax)
[q,errbnd]=quadgk(@fun,xmin,xmax,Name,Value)
```

其中，errbnd 返回近似误差范围，其他输入参数的含义和用法与 integral 函数相同。积分上下限可以是-Inf 或 Inf，也可以是复数。如果积分上下限是复数，则 quadgk 在复平面上求积分。

【例 7.5】 求定积分 $\int_0^1 \mathrm{e}^x \ln x\mathrm{d}x$ 。

```
>> format long;
>> I=quadgk(@(x)exp(x).*log(x),0,1)
I=
  -1.317902162414081
```

### 3. 梯形积分法

在科学实验和工程应用中，函数关系往往是不知道的，只有实验测定的一组样本点和样本值，这时就无法使用 integral 函数计算其定积分。MATLAB 提供了函数 trapz 对由表格形式定义的离散数据用梯形法求定积分，函数调用格式如下。

（1）T=trapz(Y)：这种格式用于求均匀间距的积分。通常，输入参数 $\boldsymbol{Y}$ 是向量，采用单位间距（即间距为 1），计算 $\boldsymbol{Y}$ 的近似积分。若 $\boldsymbol{Y}$ 是矩阵，则输出参数 $\boldsymbol{T}$ 是一个行向量，$\boldsymbol{T}$ 的每个元素分别存储 $\boldsymbol{Y}$ 的每一列的积分结果。例如：

```
>> Z=trapz([1,11;4,22;9,33;16,44; 25,55])
Z =
    42   132
```

若间距不为 1，例如求 $\int_0^{\pi}\sin x$，则可以采用以下命令：

```
>> ts=0.01;
>> Z=ts*trapz(sin(0:ts:pi))
Z =
    2.0000
```

（2）T=trapz(X,Y)：这种格式用于求非均匀间距的积分。通常，输入参数 $\boldsymbol{X}$、$\boldsymbol{Y}$ 是两个等长的向量，$\boldsymbol{X}$、$\boldsymbol{Y}$ 满足函数关系 $Y=f(X)$，按 $X$ 指定的数据点间距，对 $Y$ 求积分。若 $\boldsymbol{X}$ 是有 $m$ 个元素的向量，$\boldsymbol{Y}$ 是 $m\times n$ 矩阵，则输出参数 $\boldsymbol{T}$ 是一个有 $n$ 个元素的向量，$\boldsymbol{T}$ 的每个元素分别存储 $\boldsymbol{Y}$ 的每一列的积分结果。

【例 7.6】 从地面发射一枚火箭，表 7.2 记录了 0～80s 火箭的加速度。试求火箭在第 80s 时的速度。

表 7.2 火箭发射加速度

| $t$(s) | 0 | 10 | 20 | 30 | 40 | 50 | 60 | 70 | 80 |
|---|---|---|---|---|---|---|---|---|---|
| $a$(m/s²) | 30.00 | 31.63 | 33.44 | 35.47 | 37.75 | 40.33 | 43.29 | 46.69 | 50.67 |

设速度为 $v(t)$ ，则 $v(t)=v(0)+\int_0^t a(t)\mathrm{d}t$ ，这样就把问题转化为求积分的问题。命令如下：

```
>> t=0:10:80;
>> a=[30.00,31.63,33.44,35.47,37.75,40.33,43.29,46.69,50.67];
>> v=trapz(t,a)
v =
   3.0893e+03
```

**4. 累计梯形积分法**

MATLAB 提供了对数据积分逐步累计的函数 cumtrapz。该函数调用格式如下。

（1）Z = cumtrapz(Y)：这种格式用于求均匀间距的累计积分。通常，输入参数 ***Y*** 是向量，采用单位间距（即间距为 1），计算 ***Y*** 的近似积分。输出参数 ***Z*** 是一个与 ***Y*** 等长的向量，返回 ***Y*** 的累计积分。若 ***Y*** 是矩阵，则输出参数 ***Z*** 是一个与 ***Y*** 相同大小的矩阵，***Z*** 的每一列存储 ***Y*** 的对应列的累计积分。

例如，计算例 7.6 中各时间点的速度，命令如下：

```
>> v=cumtrapz(t,a)
v =
   1.0e+03 *
  1 至 7 列
        0    0.3081    0.6335    0.9780    1.3442    1.7346    2.1526
  8 至 9 列
    2.6026    3.0894
```

（2）Z = cumtrapz(X,Y)：这种格式用于求非均匀间距的累计积分。通常，输入参数 ***X***、***Y*** 是两个等长的向量，***X***、***Y*** 满足函数关系 $Y=f(X)$，按 ***X*** 指定的数据点间距，对 ***Y*** 求积分。输出参数 ***Z*** 是一个与 ***Y*** 等长的向量，返回 ***Y*** 的累计积分。若 ***Y*** 是矩阵，则输出参数 ***Z*** 是一个与 ***Y*** 相同大小的矩阵，***Z*** 的每一列存储 ***Y*** 的对应列的累计积分。

### 7.2.3 多重定积分的数值求解实现

定积分的被积函数是一元函数，积分范围是一个区间；而多重积分的被积函数是二元函数或三元函数，原理与定积分类似，积分范围是平面上的一个区域或空间中的一个区域。二重积分常用于求曲面面积、曲顶柱体体积、平面薄片重心、平面薄片转动惯量、平面薄片对质点的引力等，三重积分常用于求空间区域的体积、质量、质心等。

MATLAB 中提供的 integral2、quad2d 函数用于求二重积分 $\int_c^d\int_a^b f(x,y)\mathrm{d}x\mathrm{d}y$ 的数值解，integral3 函数用于求三重积分 $\int_e^f\int_c^d\int_a^b f(x,y,z)\mathrm{d}x\mathrm{d}y\mathrm{d}z$ 的数值解。

函数的调用格式为

```
q=integral2(fun,xmin,xmax,ymin,ymax,Name,Value)
q=quad2d(fun,xmin,xmax,ymin,ymax)
[q,errbnd]=quad2d(fun,xmin,xmax,ymin,ymax,Name,Value)
```

```
q=integral3(fun,xmin,xmax,ymin,ymax,zmin,zmax)
q=integral3(fun,xmin,xmax,ymin,ymax,zmin,zmax,Name,Value)
```

其中，输入参数 fun 为被积函数，[xmin,xmax]为 $x$ 的积分区域，[ymin,ymax]为 $y$ 的积分区域，[zmin,zmax]为 $z$ 的积分区域，选项 Name 的用法及可取值与函数 integral 相同。输出参数 $q$ 返回积分结果，errbnd 用于返回计算误差。

**【例 7.7】** 计算二重定积分

$$\int_{-1}^{1}\int_{-2}^{2} e^{-x^2/2}\sin(x^2+y)\mathrm{d}x\mathrm{d}y$$

```
>>fxy=@(x,y) exp(-x.^2/2).*sin(x.^2+y);
>>I=integral2(fxy,-2,2,-1,1)
I =
    1.5745
```

**【例 7.8】** 计算三重定积分

$$\int_{0}^{1}\int_{0}^{\pi}\int_{0}^{\pi} 4xze^{-z^2y-x^2}\mathrm{d}x\mathrm{d}y\mathrm{d}z$$

命令如下：

```
>> fxyz=@(x,y,z)4*x.*z.*exp(-z.*z.*y-x.*x);
>> I3=integral3(fxyz,0,pi,0,pi,0,1)
I3=
    1.7328
```

# 7.3　离散傅里叶变换

傅里叶变换是信号分析和处理的重要工具，通过它把信号从时间域变换到频率域，进而研究信号的频谱结构和变化规律。离散傅里叶变换（DFT）是傅里叶变换的一种近似，它的快速算法为离散傅里叶变换的应用创造了条件。本节先简要介绍离散傅里叶变换，然后讨论 MATLAB 中离散傅里叶变换的实现。

在某时间片等距地抽取 $N$ 个抽样时间 $t_m$ 处的样本值 $f(t_m)$，且记作 $f(m)$，这里 $m=0, 1, 2, \cdots, N-1$，称向量 $F(k)$（$k=0,1,2,\cdots,N-1$）为 $f(m)$的一个 DFT（离散傅里叶）变换，其中

$$F(k)=\sum_{m=0}^{N-1} f(m)e^{-j2\pi mk/N}\ ,k=0,1,\cdots,N-1$$

因为 MATLAB 不允许下标为 0，所以将上述公式中 $m$ 均向后移动 1，于是便得相应公式：

$$F(k)=\sum_{m=1}^{N} f(m)e^{-j2\pi(m-1)(k-1)/N}\ ,k=1,2,\cdots,N$$

由 $f(m)$求 $F(k)$的过程，称为求 $f(m)$的 DFT 变换，或称 $F(k)$为 $f(m)$的离散频谱。反之，由 $F(k)$逆求 $f(m)$的过程，称为 DFT 逆变换，相应的变换公式为

$$f(m)=\frac{1}{N}\sum_{k=1}^{N} F(k)e^{j2\pi(m-1)(k-1)/N},m=1,2,\cdots,N$$

信号的滤波、谱估计等都可以通过 DFT 来实现。但直接计算 DFT 的运算量与变换的长度 $N$ 的平方成正比，当 $N$ 较大时，计算量太大。1965 年，J. W. Cooley 和 J. W. Tukey 巧妙地利用因子的周期性和对称性，构造了一个 DFT 快速算法，即快速傅里叶变换（FFT）。MATLAB 提供了一

套计算 FFT 变换的函数，包括求一维、二维和 $n$ 维 FFT 变换函数 fft、fft2 和 fft$n$，以及求傅里叶变换的逆变换函数 ifft、ifft2 和 ifft$n$ 等。

在 MATLAB 中，fft 函数用于求离散傅里叶变换，其调用格式如下。

```
fft(X,n,dim)
```

通常，输入参数 $\boldsymbol{X}$ 是向量，若 $\boldsymbol{X}$ 是矩阵，fft(X)应用于矩阵的每一列。选项 $n$ 指定变换的数据点数，若 $\boldsymbol{X}$ 的长度小于 $n$，则不足部分补上 0；若大于 $n$，则删去超出 $n$ 的那些元素。选项 dim 指定操作方向，dim=1（默认）时，该函数作用于 $\boldsymbol{X}$ 的每一列；dim=2 时，则作用于 $\boldsymbol{X}$ 的每一行。

值得一提的是，当已知给出的样本数 $n_0$ 不是 2 的幂次时，可以取一个 $n$ 使它大于 $n_0$ 且是 2 的幂次，然后利用函数格式 fft(X, n)或 fft(X, n, dim)便可进行快速傅里叶变换。这样，计算速度将大大加快。

在 MATLAB 中，ifft 函数用于求一维离散傅里叶的逆变换。ifft(F)返回 $\boldsymbol{F}$ 的一维离散傅里叶逆变换；ifft(F, n)为 $n$ 点逆变换；ifft(F, n, dim)的参数 $n$ 确定逆变换的数据点数，dim 指定操作方向。

**【例 7.9】** 给定数学函数 $x(t) = 3\cos(2\pi \times 20t + \pi/3) + 5\sin(2\pi \times 50t)$，在 0～1s 时间范围内采样 128 点，用 fft 做快速傅里叶变换，绘制相应的振幅-频率图。

由 0～1s 内采样 128 点，可以得到采样频率。由于离散傅里叶变换时的下标应是从 0 到 $n-1$，故在实际应用时下标应该前移 1。程序如下：

```
N=128;                          %采样点数
T=1;                            %采样时间终点
t=linspace(0,T,N);
x=3*cos(2*pi*20*t+pi/3)+5*sin(2*pi*50*t);  %求各采样点样本值
dt=t(2)-t(1);                   %采样周期
fs=1/dt;                        %采样频率(Hz)
X=fft(x);                       %计算 x 的快速傅里叶变换
F=X(1:N);
f=fs/N*(0:N-1);                 %得到信号的频率成分
plot(f,abs(F),'-*');            %绘制振幅-频率图
xlabel('Frequency');
ylabel('|F(k)|')
```

运行程序所绘制的振幅-频率图如图 7.3 所示。从图中可以看出，曲线左右对称，前半段曲线上有两个峰值点，对应的频率为 20Hz 和 50Hz，这正是给定函数中的两个频率值。

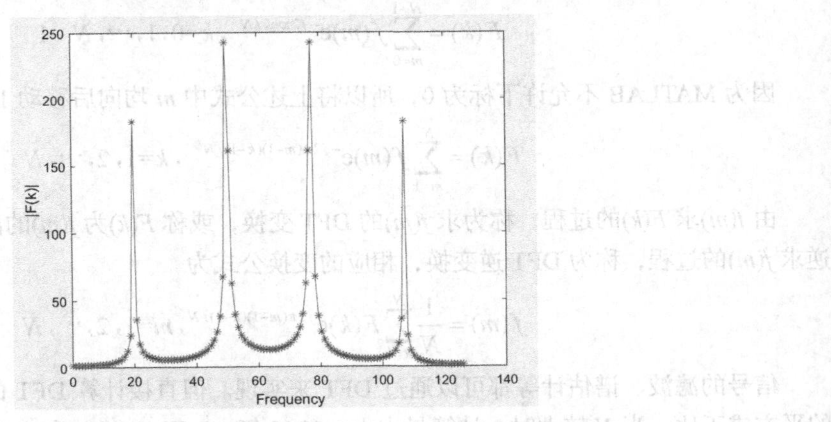


图 7.3　振幅-频率图

求 $\boldsymbol{X}$ 的快速傅里叶逆变换，并与原函数进行比较：

```
>> ix=real(ifft(X));          %求逆变换，结果只取实部
>> norm(x-ix)                 %逆变换结果和原函数之间的距离
ans =
1.0806e-14
```

可以看出，逆变换结果和原函数非常接近。

# 7.4　常微分方程的数值求解

科学实验和生产实践中的许多原理和规律都可以描述成适当的常微分方程，如牛顿运动定律、生态种群竞争、股票的涨幅趋势、市场均衡价格的变化等。这些常微分方程在许多情况下都要进行数值求解。

考虑常微分方程的初值问题：

$$y'=f(t,y),\ t_0\leqslant t\leqslant T$$
$$y(t_0)=y_0$$

所谓数值解法，就是求它的解 $y(t)$在节点 $t_0<t_1<\cdots<t_m$ 处的近似值 $y_0,y_1,\cdots,y_m$ 的方法。所求得的 $y_0,y_1,\cdots,y_m$ 称为常微分方程初值问题的数值解。一般采用等距节点 $t_n=t_0+nh$，$n=0,1,\cdots,m$，其中 $h$ 为步长，即相邻两个节点间的距离。

常微分方程初值问题的数值解法，首先要解决的是建立求数值解的递推公式。递推公式通常有两类，一类是计算 $y_{i+1}$ 时只用到 $x_{i+1}$、$x_i$ 和 $y_i$，即前一步的值，此类方法称为单步法，其代表是龙格-库塔（Runge-Kutta）法。另一类是计算 $y_{i+1}$ 时，需要前面 $k$ 步的值，此类方法称为多步法，其代表是亚当姆斯（Adams）法。这些方法都是基于把一个连续的定解问题离散化为一个差分方程来求解，是步进式的求解方法。

MATLAB 也提供了求线性隐式常微分方程的初值问题和完全隐式常微分方程的初值问题的数值解的工具。其中，线性隐式常微分方程的初值问题表示为

$$M(t,y)y'=f(t,y),\ t_0\leqslant t\leqslant T$$
$$y(t_0)=y_0$$

完全隐式常微分方程的初值问题表示为

$$f(t,y,y')=f(t,y),\ t_0\leqslant t\leqslant T$$
$$y(t_0)=y_0$$

本节简单介绍龙格-库塔法及其常微分方程初值问题的 MATLAB 实现。

## 7.4.1　龙格-库塔法简介

对于一阶常微分方程的初值问题，在求解未知函数 $y$ 时，$y$ 在 $t_0$ 点的值 $y(t_0)=y_0$ 是已知的，并且根据高等数学中的中值定理，应有 $y(t_0+h)=y_1\approx y_0+hf(t_0,y_0)$，其中，$h>0$，称为步长。

一般地，在任意点 $t_i=t_0+ih$，有

$$y(t_0+ih)=y_i\approx y_{i-1}+hf(t_{i-1},y_{i-1}),\ i=1,2,\cdots,n$$

当$(t_0,y_0)$确定后，根据上述递推式能计算出未知函数 $y(t)$在点 $t_i=t_0+ih$，$i=0,1,\cdots,n$ 的一列数值解，即 $y_0,y_1,y_2,\ \cdots,y_n$。

当然，递推过程中有一个误差累计的问题。在实际计算过程中，使用的递推公式一般进行过

改造，著名的 4 阶龙格-库塔（Runge-Kutta）公式为

$$\begin{cases} k_1 = f(x_i, y_i) \\ k_2 = f(x_{i+\frac{1}{2}}, y_i + \frac{h}{2}k_1) \\ k_3 = f(x_{i+\frac{1}{2}}, y_i + \frac{h}{2}k_2) \\ k_4 = f(x_{i+1}, y_i + hk_3) \\ y_{i+1} = y_i + \frac{h}{6}(k_1 + 2k_2 + 2k_3 + k_4) \end{cases}$$

4 阶标准龙格-库塔法精度高，程序简单，易于改变步长，比较稳定，是一个常用的方法，但计算量较大。当函数 $f(x,y)$较为复杂，可用显式亚当姆斯（Adams）方法或亚当姆斯预测-校正方法，不仅计算量较小，稳定性也比较好，但不易改变步长。

## 7.4.2 常微分方程数值求解的实现

MATLAB 提供了多个求常微分方程 ODE（Ordinary-Differential Equation）数值解的函数，不同 ODE 函数采用不同的求解方法。这些 ODE 函数也可用于求解微分代数方程 DAE（Differential-Algebraic Equation）。

**1. 求解函数**

求解函数是 MATLAB 提供的用于求常微分方程数值解的函数，表 7.3 列出了各函数采用的算法和各个求解方法的适用问题。

表 7.3 求常微分方程数值解的函数

| 求解函数 | 算法 | 适用场合 |
| --- | --- | --- |
| ode45 | 4-5 阶 Runge-Kutta 算法 | 非刚性微分方程 |
| ode23 | 2-3 阶 Runge-Kutta 算法 | 非刚性微分方程 |
| ode113 | 可变阶 Adams-Bashforth-Moulton PECE 算法 | 非刚性微分方程，计算时间比 ode45 短 |
| ode15s | 可变阶 NDFs (BDFs)算法 | 刚性微分方程和微分代数方程 |
| ode23s | 2 阶 Rosebrock 算法 | 刚性微分方程，当精度较低时，计算时间比 ode15s 短 |
| ode23t | 梯形算法 | 适度刚性常微分方程和微分代数方程 |
| ode23tb | TR-BDF2 | 刚性微分方程，当精度较低时，计算时间比 ode15s 短 |
| ode15i | BDFs | 完全隐式微分方程 |

求解常微分方程时，可综合考虑精度要求和复杂度控制要求等实际需要，选择适当的求解函数求解。

若微分方程描述的一个变化过程包含着多个相互作用但变化速度相差十分悬殊的子过程，这样一类过程就认为具有“刚性”，这类方程具有非常分散的特征值。求解刚性方程的初值问题的解析解是困难的，常采用表 7.3 中的函数 ode15s、ode23s 和 ode23tb 求其数值解。求解非刚性的一阶常微分方程或方程组的初值问题的数值解常采用函数 ode23 和 ode45，其中 ode23 采用 2 阶龙格-库塔算法，用 3 阶公式做误差估计来调节步长，对中等刚性和低精度问题求解效率较高；

ode45 则采用 4 阶龙格-库塔算法，用 5 阶公式做误差估计来调节步长，问题初次测试求解时大多采用此函数；ode113 对求解精度高的问题更有效。

在 MATLAB 中，用于求解常微分方程数值解的函数用法相同，其基本调用格式为

```
[T,Y]=solver(@odefun,tspan,y0,options)
[T,Y,TE,YE,IE]=solver(@odefun,tspan,y0,options)
```

其中，solver 是根据待求解问题的性质选用表 7.3 所列出的求解函数。

**2. 求解函数的参数**

（1）输出参数

***T*** 为列向量，返回时间点；***Y*** 为矩阵，***Y*** 的每一行向量返回 ***T*** 中各时间点相应的状态。TE 为事件发生的时刻，YE 为对应时刻的解，IE 为触发事件的索引。

（2）输入参数

odefun 为函数文件名或匿名函数，函数文件头通常采用 $f(t,y)$ 的形式，即第 1 个形参 $t$ 为时间参量，第 2 个形参 $y$ 为待求解问题的自变量。tspan 指定求解区间，用二元向量 $[t_0,\ t_f]$ 表示，若需获得求解区间内指定时刻的值，可采用 $[t_0, t_1, t_2, \cdots, t_f]$ 形式。**y0** 是初始状态列向量。options 用于设置积分求解过程和结果的属性，表 7.4 列出了常用求解函数的属性。options 缺省时，采用默认的积分属性求解。

表 7.4　常用求解函数的属性

| 属性 | 可取值 | 描述 |
| --- | --- | --- |
| RelTol | 正数，默认为 $10^{-3}$ | 相对误差 |
| AbsTol | 正数或向量，默认为 $10^{-6}$ | 绝对误差。如果是标量，则该值应用于 $y$ 的左右分量；如果是向量，则其中的每一个分量应用于 $y$ 的对应分量 |
| NormControl | 'on' 或'off'（默认值） | 控制误差是否与范数相关。<br>'on'：函数采用积分估计误差的范数控制计算精度<br>'off'：函数采用更严格的精度控制策略 |
| NonNegative | 标量或向量，默认为[] | 指定解向量中哪些元素必须是非负数 |
| OutputFcn | 函数句柄，默认为@odeplot | 每一步成功积分后调用的输出函数。可用自己编写的函数（函数头标准格式为 status=myfun(t,y,flag)）或系统提供的专用输出函数。常用的系统输出函数如下。<br>odeplot：绘制时间序列图。<br>odephas2：绘制二维相平面图。<br>odephas3：绘制三维相平面图。<br>odeprint：打印解和步长 |
| OutputSel | 索引向量 | 指定解向量中哪些元素将传递给输出函数 |
| Refine | 正整数，默认为 1 | 如果值为 1，则仅返回每一步的解；如果值大于 1，则每一步划分更小间隔做插值，即返回插值后各点的解 |
| Stats | on 或 off（默认值） | 如果为 on，则显示成功的次数、调用评估函数的时间等 |
| InitialStep | 正数 | 初始步长 |
| MaxStep | 正数 | 最大步长 |
| BDF | on 或 off（默认值） | 指定是否用 BDFs 代替默认的 NDFs，只适用于 ode15s 和 ode15i |
| MaxOrder | 1 \| 2 \| 3 \| 4 \| 5，默认为 5。 | 指定求解算法的最高阶数，只适用于 ode15s 和 ode15i |

续表

| 属性 | 可取值 | 描述 |
| --- | --- | --- |
| Events | 函数句柄 | [value,isterminal,direction] = events(t,y) |
| Jacobian | 常数单元矩阵或函数句柄 | |
| JPattern | 稀疏矩阵 | |
| Vectorized | on 或 off（默认值） | off 表示可以减少计算步数 |
| Mass | 矩阵或函数句柄 | 质量矩阵或计算质量矩阵的函数 |
| MStateDependence | none、weak（默认值）或 strong | 质量矩阵对 y 的依赖性 |
| MvPattern | 稀疏矩阵 | ∂(M(t,y)v)/∂y 的稀疏矩阵 |
| MassSingular | yes、no 或 maybe（默认值） | 指定质量矩阵是否奇异 |
| InitialSlope | 向量，默认为零向量 | 相容的初始斜率 |

选项 options 用函数 odeset 生成。odeset 函数的调用格式为

```
options=odeset(属性1,值1,属性2,值2,…)
```

**【例 7.10】** 设有初值问题：

$$y' = y\tan x + \sec x, \quad 0 \leqslant x \leqslant 1, \quad y\big|_{x=0} = \frac{\pi}{2}$$

试求其数值解，并与精确解相比较，精确解为 $y(x) = (x + \frac{\pi}{2}) / \cos x$。

（1）建立函数文件 funst.m。

```
function yp=funst(x,y)
yp=y.*tan(x)+sec(x);
```

（2）求解微分方程。

```
>> y0=pi/2;
>> [x,y]=ode23(@funst,[0,1],y0);      %求数值解
>> y1=(x+pi/2)./cos(x);               %求精确解
>> [x,y,y1]
ans=
         0    1.5708    1.5708
    0.1000    1.6792    1.6792
    0.2000    1.8068    1.8068
    0.3000    1.9583    1.9583
    0.4000    2.1397    2.1397
    0.5000    2.3596    2.3597
    0.6000    2.6301    2.6302
    0.7000    2.9689    2.9690
    0.8000    3.4027    3.4029
    0.9000    3.9745    3.9748
    1.0000    4.7573    4.7581
```

$y$ 为数值解，$y1$ 为精确解，显然两者接近。如果在求解时用图形显示计算结果，可以使用以下命令：

```
>> opts=odeset('OutputFcn',@odeplot);
>> [x,y]=ode23(@funst,[0,1],y0,opts)
```

执行命令的结果如图 7.4 所示。

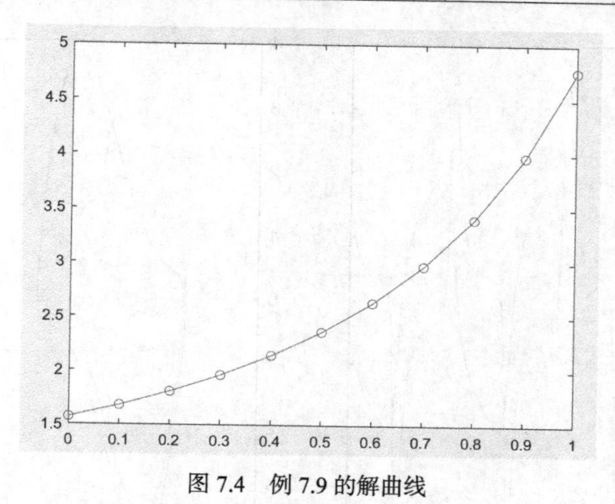


图 7.4　例 7.9 的解曲线

【例 7.11】 求描述振荡器的 Van der Pol 方程：

$$y''-\mu(1-y^2)y'+y=0$$

$$y(0)=1,\ y'(0)=0,\ \mu=2$$

函数 ode23 和 ode45 是对一阶常微分方程组设计的，因此，对高阶常微分方程，需先将它转化为一阶常微分方程组，即状态方程。

令 $x_1=y$，$x_2=y'$，则可写出 Van der Pol 方程的状态方程形式：

$$x_1'=x_2$$

$$x_2'=\mu(1-x_1{}^2)x_2-x_1$$

基于以上状态方程，求解过程如下。

（1）建立函数文件 verderpol.m。

```
function xprime=verderpol(t,x)
global mu;
xprime=[x(2);mu*(1-x(1)^2)*x(2)-x(1)];
```

（2）求解微分方程。

```
>> global mu;
>> mu=2;
>> y0=[1;0];
>> [t,x]=ode45(@verderpol,[0,20],y0);
>> subplot(1,2,1);plot(t,x);                %绘制系统时间响应曲线
>> subplot(1,2,2);plot(x(:,1),x(:,2))   %绘制系统相平面曲线
```

执行以上命令，绘制系统的时间响应曲线及相平面曲线，如图 7.5 所示。

如果直接在求解时用相平面曲线显示计算结果，可以使用以下命令：

```
>> opts=odeset('OutputFcn',@odephas2);
>> [t,x]=ode45(@verderpol,[0,20],y0,opts)
```

执行以上命令，绘制出相平面曲线，如图 7.6 所示。

【例 7.12】 某非刚性物体的运动方程为

$$\begin{cases} x'=-\beta x+yz \\ y'=-\sigma(y-z) \\ z'=-xy+\rho y-z \end{cases}$$

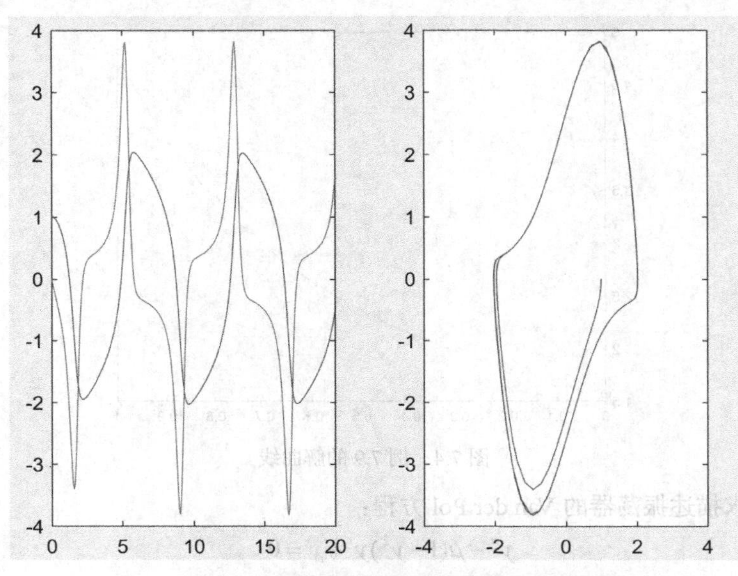

图 7.5 Van der Pol 方程的时间响应曲线及相平面曲线

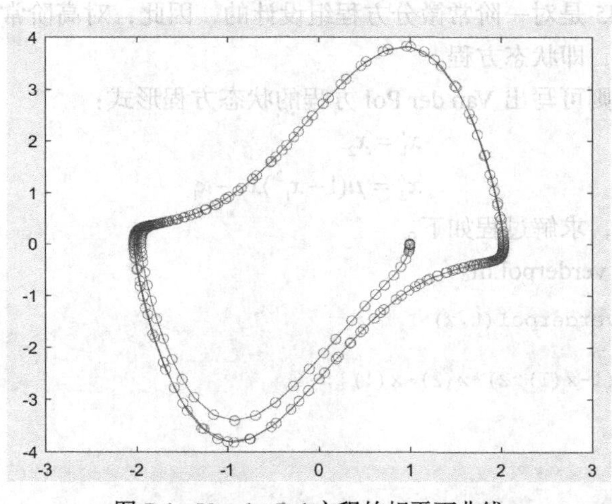

图 7.6 Van der Pol 方程的相平面曲线

其初始条件为 $x(0)=0$，$y(0)=0$，$z(0)=\varepsilon$。取 $\beta=8/3$，$\rho=28$，$\sigma=10$，试绘制系统相平面图。

将运动方程写成矩阵形式，得

$$\begin{bmatrix} x' \\ y' \\ z' \end{bmatrix} = \begin{bmatrix} -8/3 & 0 & y \\ 0 & -10 & 10 \\ -y & 28 & -1 \end{bmatrix} \begin{bmatrix} x \\ y \\ z \end{bmatrix}$$

（1）建立模型的函数文件 lorenz.m。

```
function xdot=lorenz(t,x)
xdot=[-8/3,0,x(2);0,-10,10;-x(2),28,-1]*x;
```

（2）解微分方程组。

```
>> [t,x]=ode23(@lorenz,[0,80],[0;0;eps]);
>> plot3(x(:,1),x(:,2),x(:,3));
>> axis([0,50,-20,30,-35,28])
```

执行以上命令，绘制系统相平面图，如图 7.7 所示。

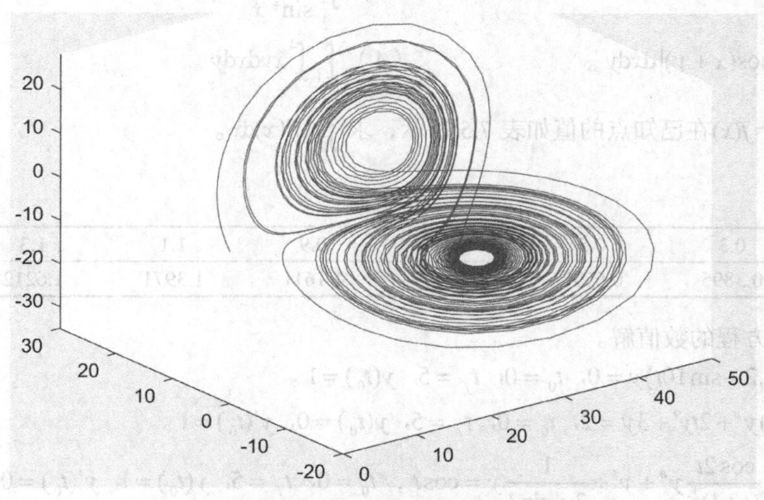


图 7.7 某非刚性物体运动方程的相平面图

## 思考与实验

### 一、思考题

1. 设$f(x)=\arccos x$，分别用拟合多项式求导及 diff 函数求$f(x)$在数据点（0, pi/6, pi/5, pi/4, pi/3, pi/2）处的微分，并用$f(x)$的导函数求各数据点的微分，通过曲线比较 3 者的接近度。

2. 试用函数 integral、quadqk 和 trapz 求积分$\int_{-\infty}^{\infty}\frac{\mathrm{d}x}{1+x^2}$，比较 3 种算法的精度（$\int_{-\infty}^{\infty}\frac{\mathrm{d}x}{1+x^2}=\pi$）。

3. 写出求解微分方程初值问题数值解的 MATLAB 命令。

（1）$\begin{cases} y'=-2y+2x^2+2x \\ y\big|_{x=0}=1 \end{cases}$，求解范围为区间［0, 0.5］。

（2）$\begin{cases} y'=y-\mathrm{e}^x\cos x \\ y\big|_{x=0}=1 \end{cases}$，求解范围为区间［0, 3］。

### 二、实验题

1. 求函数在指定点的数值导数。

$$f(x)=\begin{vmatrix} x & x^2 & x^3 \\ 1 & 2x & 3x^2 \\ 0 & 2 & 6x \end{vmatrix}，x=1,2,3$$

2. 求下列函数的导数。

（1）已知$y=x^{10}+10^x+\log_x 10$，$x\in[0, 0.1]$，求$y'$。

（2）已知$y=\ln(1+x)$，$x\in[0, 0.1]$，求$y''\big|_{x=1}$。

3. 用数值方法求定积分。

（1）$\int_1^5 x^2\sqrt{2x^2+3}\mathrm{d}x$。　　（2）$\int_{\frac{\pi}{4}}^{\frac{\pi}{3}} \frac{x}{\sin^2 x}\mathrm{d}x$。

（3）$\int_0^{\pi}\int_0^{\pi}\left|\cos(x+y)\right|\mathrm{d}x\mathrm{d}y$。　　（4）$\int_{-1}^{2}\int_0^{2} xy\mathrm{d}x\mathrm{d}y$。

4. 已知 $y=f(x)$在已知点的值如表 7.5 所示，求 $\int_{0.3}^{1.5} f(x)\mathrm{d}x$。

表 7.5　　$f(x)$的值

| $x$ | 0.3 | 0.5 | 0.7 | 0.9 | 1.1 | 1.3 | 1.5 |
|---|---|---|---|---|---|---|---|
| $y$ | 0.3895 | 0.6598 | 0.9147 | 1.1611 | 1.3971 | 1.6212 | 1.8325 |

5. 求微分方程的数值解。

（1）$y'+(1.2+\sin 10t)y=0$，$t_0=0$，$t_f=5$，$y(t_0)=1$。

（2）$(1+t^2)y''+2ty'+3y=2$，$t_0=0$，$t_f=5$，$y(t_0)=0$，$y'(t_0)=1$。

（3）$y'''-5\frac{\cos 2t}{(t+1)^2}y''+y'+\frac{1}{3+\sin t}y=\cos t$，$t_0=0$，$t_f=5$，$y(t_0)=1$，$y'(t_0)=0$，$y''(t_0)=2$。

6. 求微分方程组的数值解，并绘制解的曲线。

$$\begin{cases} y_1'=y_2y_3 \\ y_2'=-y_1y_3 \\ y_3'=-0.51y_1y_2 \\ y_1(0)=0,\ y_2(0)=1,\ y_3(0)=1 \end{cases}$$

# 第 8 章 符号计算

在科学研究和工程应用中，除了存在大量的数值计算外，还有对符号对象进行的运算，即在运算时无须先对变量赋值，而将所得到结果以标准的符号形式来表示。

MATLAB 符号计算是通过集成在 MATLAB 中的符号运算工具箱（Symbolic Math Toolbox）来实现的。应用符号计算功能，可以直接对抽象的符号对象进行各种计算，并获得问题的解析结果，还可以实现可变精度的数值计算。

**【本章学习目标】**

- 掌握符号对象的定义方法及符号对象的运算法则。
- 掌握微积分的符号计算方法。
- 掌握级数求和的方法及将函数展开为泰勒级数的方法。
- 掌握代数方程和微分方程符号求解的方法。
- 灵活运用符号计算的可视化分析工具。

## 8.1 符号对象及其运算

MATLAB 为用户提供了一种符号数据类型，相应的运算对象称为符号对象，如符号常量、符号变量、矩阵，以及有它们参与的数学表达式等。在进行符号运算前首先要建立符号对象。

### 8.1.1 符号对象的建立

**1. 建立符号变量**

MATLAB 提供了两个建立符号变量的函数，即 sym 和 syms，两个函数的用法不同。

（1）sym 函数

sym 函数用于创建单个符号变量，基本调用格式为

```
x=sym('x')
```

符号变量和在其他过程中建立的非符号变量是不同的。一个非符号变量在参与运算前必须赋值，变量的运算实际上是该变量所对应值的运算，其运算结果是一个和变量类型对应的值，而符号变量参与运算前无须赋值，其结果是一个由参与运算的变量名组成的表达式。下面的命令说明了符号变量和数值变量的差别。

```
>> a=sym('a');                %定义符号变量 a
>> w=a^3+3*a+10               %符号运算
```

```
w =
a^3 + 3*a + 10
>> x=5;                          %定义数值变量 x
>> w=x^3+3*x+10                  %数值运算
w =
   150
```

执行第 1 条命令，定义了符号变量 $a$（工作空间中变量 $a$ 前标记为▣）。执行第 2 条命令，$w$ 为符号变量。执行第 3 条命令，定义了数值变量 $x$（工作空间中变量 $x$ 前标记为田）。执行第 4 条命令，$w$ 变为数值变量。

建立符号变量时可以指定该变量所属集合，命令格式如下：

```
x=sym('x',set)
```

其中，set 可取值为'real'、'integer'、'positive' 或'rational'。若取消符号变量所属集合，则使用以下命令形式：

```
x=sym('x','clear')
```

sym 函数也可用于建立符号数组，调用格式为

```
A=sym('a',[n1,n2,…,nM])
```

其中，第 1 个输入参数指定组成符号数组 $A$ 的元素名，符号数组元素由元素名后跟下标构成，各维下标之间用下画线连接。第 2 个输入参数[$n1, n2, \cdots, nM$]指定 $A$ 的大小，$n1$ 为 $A$ 第 1 维的大小，$n2$ 为 $A$ 第 2 维的大小，依次类推，$nM$ 为 $A$ 第 $M$ 维的大小，若此选项只有一个数 $n$，则 $\boldsymbol{A}$ 为 $n \times n$ 的方阵。例如：

```
>> AM=sym('a',[3,4]);
>> AM(1,3)
ans =
a1_3
>> Y=sym('y',5);
>> Y(2,4)
ans =
y2_4
```

利用 sym 函数还可以将常量、向量、矩阵转换为符号对象，命令格式如下：

```
x=sym(Num,flag)
```

其中，Num 可以是常量、向量或矩阵，选项 flag 用于指定将浮点数转换为符号对象时所采用的方法，可取值有'r'、'd'、'e'和'f'，分别代表将 Num 转换为有理式、十进制数、带估计误差的有理式、与精确值对应的分式，默认为'r'。例如：

```
>> x1=sym(pi)
x1 =
pi
>> x2=sym(pi,'e')
x2 =
pi - (198*eps)/359
>> x3=sym(pi,'f')
x3 =
884279719003555/281474976710656
>> x4=sym(pi,'d')
x4 =
3.1415926535897931159979634685442
```

使用符号对象进行代数运算和常规变量进行的运算不同。下面的命令用于比较符号对象与数值量在代数运算时的差别。

在 MATLAB 命令窗口中，输入命令：

```
>> p1=sym(pi);a=sym(4);              %定义符号变量 p1、a
>> c1=cos((a+10)^2)-sin(p1/4)   %符号计算
c1 =
cos(196) - 2^(1/2)/2
>> p2=pi;x=4;                         %定义数值变量 p2、x
>> c2=cos((x+10)^2)-sin(p2/4)   %数值计算
c2 =
   -0.3646
```

从命令执行情况可以看出，用符号对象进行计算更像在进行数学演算，所得到的结果是精确的数学表达式，而数值计算将结果近似为一个小数。

（2）syms 函数

sym 函数一次只能定义一个符号变量，MATLAB 提供了另一个函数 syms，一次可以定义多个符号变量。syms 函数的一般调用格式为

```
syms var1 … varN
```

其中，var1, var2, …, var$N$ 为变量名。用这种格式定义多个符号变量时，变量间用空格分隔。例如，用 syms 函数定义 4 个符号变量 $a$、$b$、$c$、$d$，命令如下：

```
syms a b c d
```

建立符号变量时也可以指定这些变量所属集合，命令格式如下：

```
syms var1 … varN set
```

其中，set 可取值为'real'、'integer'、'positive' 或'rational'。

用不带参数的 syms 函数可以查看当前工作区的所有符号对象。

**2. 建立符号表达式**

（1）使用已经定义的符号变量组成符号表达式。例如：

```
>> syms x y;
>> f=3*x^2-5*y+2*x*y+6
f =
3*x^2 + 2*y*x - 5*y + 6
>> F=cos(x^2)-sin(2*x)==0
F =
cos(x^2) - sin(2*x) == 0
```

（2）用 sym 函数将 MATLAB 的匿名函数转换为符号表达式。例如：

```
>> fexpr=sym(@(x)(sin(x)+cos(x)))
fexpr =
cos(x) + sin(x)
```

（3）用 str2sym 函数将字符串转换为符号表达式。例如：

```
>> fx=str2sym('cos(x)+sin(x)')
fx =
cos(x) + sin(x)
```

**3. 建立符号函数**

（1）使用已经定义的符号变量定义符号函数。例如：

```
>> syms x y;
>> f(x,y)=3*x^2-5*y+2*x*y+6
f(x, y) =
3*x^2 + 2*y*x - 5*y + 6
```

（2）用 syms 函数定义符号函数，然后构造该符号函数所对应的表达式。例如：

```
>> syms f(t) fxy(x,y);
>> f(t)=t^2+1
f(t) =
t^2 + 1
>> f(x,y)= 3*x^2-5*y+2*x*y+6
f(x, y) =
3*x^2 + 2*y*x - 5*y + 6
```

（3）用 symfun 函数建立符号函数。调用格式为

```
f=symfun(formula,inputs)
```

其中，输入参数 formula 为符号表达式或者由符号表达式构成的向量、矩阵，inputs 指定符号函数 $f$ 的自变量。例如：

```
>> syms x y;
>> f=symfun(3*x^2-5*y+2*x*y+6,[x y])
f(x, y) =
3*x^2 + 2*y*x - 5*y + 6
```

## 8.1.2 符号表达式中自变量的确定

symvar 函数用于获取符号表达式中的自变量。该函数的调用格式为

```
symvar(s)
symvar(s,n)
```

symvar 函数返回 $s$ 中的 $n$ 个符号变量，默认返回 $s$ 中的全部符号变量。$s$ 可以是符号表达式、矩阵或函数，函数以向量形式返回结果。例如：

```
>> syms x a y z b;
>> s1=3*x+y; s2=a*y+b;
>> symvar(s1)
ans =
[ x, y]
>> symvar(s1+s2)
ans =
[ a,b,x,y]
```

如果指定了返回变量个数 $n$，对于符号函数，MATLAB 按字母在字母表中的顺序（大写字母在小写字母前）确定各个自变量在返回的向量中的位置；对于符号表达式和矩阵，MATLAB 将按在字母表上与字母 $x$ 的接近程度确定各自变量在返回的向量中的位置。例如：

```
>> syms a b w y z;
>> f(a,b)=a*z+b*w,2;    %定义符号函数
>> symvar(f,3)
ans =
[ a, b, w]
```

```
>> ff=a*z+b*w;                  %定义符号表达式
>> symvar(ff,3)
ans =
[ w, z, b]
>> h=sym([3*b/2,(2*x+1)/3;a/x+b/y,3*x+4]);    %定义符号矩阵
>> symvar(h,1)
ans =
x
```

### 8.1.3 符号对象的算术运算

#### 1. 符号对象的四则运算

符号表达式的四则运算与数值运算一样，用+（或 plus 函数）、-（或 minus 函数）、*、/、^ 运算符实现，其运算结果依然是一个符号表达式。例如：

```
>> x=sym('x');
>> f=2*x^2+3*x-5;
>> g=x^2-x+7;
>> fsym=f+g  %或  fsym=plus(f,g)
fsym=
3*x^2 + 2*x + 2
>> gsym=f^g
gsym=
(2*x^2 + 3*x - 5)^ (x^2 - x + 7)
```

在 MATLAB 中，由符号对象构成的矩阵称为符号矩阵。符号矩阵的算术运算规则与数值矩阵的算术运算规则相同，+、-以及点运算（.*、.\、./、.^）分别作用于矩阵的每一个元素，*、\、/、^则是矩阵运算。例如：

```
>> syms x y a b c d;
>> A=[x,10*x;y,10*y];
>> B=[a,b;c,d];
>> C1=A+B
C1 =
[ a + x, b + 10*x]
[ c + y, d + 10*y]
>> C2=A.*B
C2 =
[ a*x, 10*b*x]
[ c*y, 10*d*y]
>> C3=A*B
C3 =
[ a*x + 10*c*x, b*x + 10*d*x]
[ a*y + 10*c*y, b*y + 10*d*y]
```

#### 2. 提取符号表达式的分子和分母

如果符号表达式是一个有理分式或可以展开成有理分式，可利用 numden 函数来提取符号表达式中的分子或分母。其一般调用格式为

```
[n,d]=numden(s)
```

该函数提取符号表达式 $s$ 的分子和分母，输出参数 $n$ 与 $d$ 中分别用于返回符号表达式 $s$ 的分子和分母。例如：

```
>> [n,d]=numden(sym(10/33))
```

```
n =
10
d =
33
>> syms a b x;
>> [n,d]=numden(a*x^2/(b+x))
n=
a*x^2
d=
b + x
```

numden 函数在提取各部分之前，将符号表达式有理化后返回所得的分子和分母。例如：

```
>> syms x;
>> [n,d]=numden((x^2+3)/(2*x-1)+3*x/(x-1))
n=
x^3 + 5*x^2 - 3
d=
(2*x - 1)*(x - 1)
```

如果符号表达式是一个符号矩阵，numden 返回两个矩阵 ***n*** 和 ***d***，其中 ***n*** 是分子矩阵，***d*** 是分母矩阵。例如：

```
>> syms a x y;
>> h=sym([3/2,(2*x+1)/3;a/x+a/y,3*x+4])
h =
[       3/2, (2*x)/3 + 1/3]
[ a/x + a/y,       3*x + 4]
>> [n,d]=numden(h)
n =
[          3, 2*x + 1]
[a*(x + y), 3*x + 4]
d =
[   2,  3]
[ x*y,  1]
```

**3. 符号表达式的因式分解、展开与合并**

MATLAB 提供的符号表达式的因式分解与展开、合并函数如下。

（1）factor 函数

factor 函数用于分解因式。函数的基本调用格式为

```
factor(s)
```

若参数 $s$ 是一个整数，函数返回 $s$ 的所有素数因子；若 $s$ 是一个符号对象，函数返回由 $s$ 的所有素数因子或所有因式构成的向量。例如：

```
>> F=factor(823429252)                %对整数分解因子
F =
        2        2        59        283        12329
>> F=factor(sym(823429252))           %对符号常量分解因子
F =
[ 2, 2, 59, 283, 12329]
>> syms x y;
>> s1=x^3-y^3;
>> factor(s1)                         %对 s1 分解因式
ans =
[ x - y, x^2 + x*y + y^2]
```

若符号表达式中有多个变量，需要按指定变量分解，则可以采用以下格式：

```
factor(s,v)
```

指定以 $v$ 为符号表达式的自变量，对符号表达式 $s$ 分解因式，$v$ 可以是符号变量或由符号变量组成的向量。例如：

```
>> syms x y;
>> F=factor(y^2*x^2)      %默认 x、y 都是自变量
F =
[ x, x, y, y]
>> F=factor(y^2*x^2,x)   %指定 x 是自变量
F =
[ y^2, x, x]
```

（2）expand 函数

expand 函数用于将符号表达式展开成多项式。函数的调用格式为

```
expand(S,Name,Value)
```

其中，参数 S 是符号表达式或符号矩阵；选项 Name 用于设置展开方式，可用'ArithmeticOnly'或'IgnoreAnalyticConstraints'，Value 为 Name 的值，可取值有 true 和 false，默认为 false。若'ArithmeticOnly'值为 true，指定展开多项式时不展开三角函数、双曲函数、对数函数；若'IgnoreAnalyticConstraints'值为 true，指定展开多项式时应用纯代数简化方法。例如：

```
>> syms x y
>> s2=(-7*x^2-8*y^2)*(-x^2+3*y^2);
>> expand(s2)                                    %对 s2 展开
ans =
7*x^4 - 13*x^2*y^2 - 24*y^4
>> expand(cos(x+y))
ans =
cos(x)*cos(y) - sin(x)*sin(y)
>> expand(cos(x+y),'ArithmeticOnly',true)
ans =
cos(x + y)
```

（3）collect 函数

collect 函数用于合并同类项。函数的调用格式为

```
collect(P,v)
```

以 $v$ 为自变量，对符号对象 $P$ 按 $v$ 合并同类项，$v$ 缺省时，以默认方式确定符号表达式的自变量。如果 $\boldsymbol{P}$ 是由符号表达式组成的向量或矩阵，运算时，函数对向量和矩阵的各个元素进行处理。

```
>> syms x y;
>> s3=(x+2*y)*(x^2+y^2+1);
>> collect(s3)           %默认以 x 为自变量，对 s3 按 x 合并同类项
ans =
x^3 + (2*y)*x^2 + (y^2 + 1)*x + 2*y*(y^2 + 1)
>> collect(s3,y)      %以 y 为自变量，对 s3 按 y 合并同类项
ans =
2*y^3 + x*y^2 + (2*x^2 + 2)*y + x*(x^2 + 1)
```

**4. 符号表达式系数的提取**

如果符号表达式是一个多项式，可利用 coeffs 函数来提取符号表达式中的系数。其一般调用

格式为

```
C=coeffs(p)
[C,T]=coeffs(p,var)
```

第 1 种格式以默认方式确定符号表达式的自变量，按升幂顺序返回符号表达式 $p$ 各项的系数；第 2 种格式指定以 var 为自变量，若 var 是符号变量，按升幂顺序返回符号表达式 $p$ 中变量 var 的系数，$T$ 返回 C 中各系数的对应项。若 var 是由符号变量组成的向量，依次按向量的各个变量的升幂顺序返回符号表达式 $p$ 各项的系数。

例如：

```
>> syms x y;
>> s=5*x*y^3+3*x^2*y^2+2*y+1;
>> coeffs(s)     %求各项系数，按所有变量的升幂排列
ans =
 [ 1, 2, 3, 5]
>> coeffs(s,x)   %按 x 的升幂排列
[ 2*y + 1, 5*y^3, 3*y^2]
>> coeffs(s,y)   %按 y 的升幂排列，返回变量 y 的系数
[ 1, 2, 3*x^2, 5*x]
>> coeffs(s,[x,y])
ans =
 [ 1, 2, 5, 3]
```

### 5. 符号表达式的化简

MATLAB 提供的对符号表达式化简的函数如下。

```
simplify(s,Name,Value)
```

对 $s$ 进行代数化简。如果 **s** 是一个符号向量或符号矩阵，则化简 **s** 的每一个元素。选项 Name 指定化简过程属性，Value 为该属性的取值。常见属性和可取值如表 8.1 所示。

表 8.1　　常见属性和可取值

| 属性 | 含义及可取值 |
|---|---|
| 'Criterion' | 简化标准。'default'表示使用默认标准，'preferReal'表示解析表达式时偏重于实型值 |
| 'IgnoreAnalyticConstraints' | 简化规则。false 表示严格规则，true 表示应用纯代数简化方法 |
| 'Seconds' | 设置简化过程的时限。默认为 Inf，也可以设定为一个正数 |
| 'Steps' | 设置简化步骤限制。默认为 1，可以设定为一个正数 |

例如：

```
>> syms x;
>> s=(x^2+5*x+6)/(x+2);
>> simplify(s)
ans=
x + 3
>> s=[2*cos(x)^2-sin(x)^2,sqrt(16)];
>> simplify(s)
ans =
[ 2 - 3*sin(x)^2, 4]
```

除了常用的 simplify 函数，符号工具箱还提供了一系列将数学表达式转换成特定形式的函数，

这些函数的运行速度比 simplify 函数快。

6. 符号对象与数之间的转换

（1）符号对象转换为基本数据类型

MATLAB 的符号工具箱提供了多个函数将符号对象转换成基本数据类型，如表 8.2 所示。

表 8.2　类型转换函数

| 函数名 | 含义 |
| --- | --- |
| char(A) | 将符号对象 $A$ 转换为字符串 |
| int8(S), int16(S), int32(S), int64(S) | 将符号对象 $S$ 转换为有符号整数 |
| uint8(S), uint16(S), uint32(S), uint64(S) | 将符号对象 $S$ 转换为无符号整数 |
| single(S) | 将符号对象 $S$ 转换为单精度实数 |
| double(S) | 将符号对象 $S$ 转换为双精度实数 |
| R=vpa(A)<br>R=vpa(A,d) | 按指定精度计算符号常量表达式 $A$ 的值，并转换为符号常量，$d$ 指定生成的符号常量的有效数据位数，默认按前面 digits 函数的设置 |

其中，$A$ 是符号标量或符号矩阵，$S$ 是符号常量、符号表达式或符号矩阵，$R$ 是符号对象。若 $S$ 是符号常量，则返回数值；若 $S$ 是符号矩阵，则返回数值矩阵。例如：

```
>> a=sym(2*sqrt(2));
>> b=sym((1-sqrt(3))^2);
>> T=[a,b;a*b,b/a];
>> R1=double(T)          %R1 为数值矩阵
R1 =
   2.8284   0.5359
   1.5157   0.1895
>> R2=vpa(T,10)          %R2 为符号矩阵
R2 =
[ 2.828427125,   0.5358983849]
[ 1.515749528,    0.189468691]
```

（2）符号多项式与多项式系数向量的转换

MATLAB 提供了函数 sym2poly(p)用于将符号多项式 $p$ 转换为多项式系数向量，而函数 poly2sym(c,var)用于将多项式系数向量 $c$ 转换为符号多项式，若未指定自变量，则采用系统默认自变量 $x$。例如：

```
>> syms x y;
>> u=sym2poly(x^3-2*x-5)
u =
     1     0    -2    -5
>> v=poly2sym(u,y)
v =
y^3 - 2*y - 5
>> v=poly2sym(u)
v =
x^3 - 2*x - 5
```

7. 指定符号对象的值域

在进行符号对象的运算前，可用 assume 函数设置符号对象的值域。assume 函数用法如下。

```
assume(condition)
ssume(expr, set)
```

第 1 种格式指定变量满足条件 condition，第 2 种格式指定表达式 expr 属于集合 set，set 的可取值有'integer'、'rational'、'real'和'positive'，分别表示整数、有理数、实数和正数。例如：

```
>> syms x;
>> assume(x<0);
>> abs(x)
ans =
-x
>> assume(x,'positive');
>> abs(x)
ans =
x
```

若要清除符号表达式的值域，可使用命令 assume(expr,'clear')。

## 8.1.4 符号对象的关系运算

### 1. 关系运算

MATLAB 提供的 6 种关系运算符<、<=、>、>=、==、~=和对应的关系运算函数 lt、le、gt、ge、eq、ne 也可用于符号对象。若参与运算的有一个或两个是符号表达式，其结果是一个符号关系表达式；若参与运算的是两个同型的矩阵（其中一个或两个是符号矩阵），其结果也是一个同型矩阵，矩阵的各个元素是符号关系表达式。例如：

```
>> syms x y a b c d;
>> A=[a*x,x*y;y/b,y^3];
>> B=[a,b;c,d];
>> x+y<=100
ans =
x + y <= 100
>> A~=B*2
ans =
[ a*x ~= 2*a, x*y ~= 2*b]
[ y/b ~= 2*c, y^3 ~= 2*d]
```

### 2. piecewise 函数

MATLAB（MATLAB 2016b 及以后的版本）提供了 piecewise 函数，专门用于定义分段函数的符号表达式。函数的调用格式如下：

```
pw=piecewise(cond1,val1,cond2,val2,…,condn,valn)
```

其中，cond1, cond2, …表示条件，val1, val2, …表示值。当条件 cond1 成立时，pw 的值是 val1；当条件 cond2 成立时，pw 的值是 val2，依次类推。

例如 $y=\begin{cases}\sqrt{x} & x>0\\ x^2 & x<0\\ 1 & x=0\end{cases}$，执行以下命令生成该数学函数的符号表达式：

```
>> syms x
>> y=piecewise(x>0,sqrt(x),x<0,x*x,x==0,1)
y =
piecewise(0 < x, x^(1/2), x < 0, x^2, x == 0, 1)
```

### 3. isequaln 函数

MATLAB 提供了 isequaln 函数，用于判断两个或多个符号对象是否一致。函数的调用格式如下：

```
isequaln(A1,A2,…,An)
```

若 $A1, A2, \cdots, An$ 都一致，则返回 1，否则返回 0。

例如：

```
>> syms x;
>> isequaln(abs(x),x)
ans =
  logical
   0
>> assume(x>0);
>> isequaln(abs(x), sqrt(x*x),x)
ans =
  logical
   1
```

## 8.1.5 符号对象的逻辑运算

### 1. 基本逻辑运算

MATLAB 提供的 4 个逻辑运算函数 and（与）、or（或）、xor（异或）、not（非），以及 3 个逻辑运算符&（与）、|（或）、~（非）也可用于符号对象。符号表达式的逻辑运算结果也是一个符号表达式，例如：

```
>> syms x
>> y=x>0 & x<10        %或 y=and(x>0,x<10)
y =
0 < x & x < 10
```

若参与逻辑运算的是两个同型的矩阵，或者一个是符号矩阵，另一个是符号变量，则运算结果是一个与矩阵同型的矩阵，其元素是符号表达式。对于符号矩阵，也可以使用 2.4.3 节中介绍的函数 all、any，对矩阵各个元素分别进行逻辑运算。all 函数用于检测符号矩阵中各个元素是否都是有效的符号表达式，any 函数用于检测符号矩阵中是否至少有一个元素是有效的符号表达式。

### 2. 其他逻辑运算

MATLAB（2016b 及以后的版本）提供了 fold 函数，用于组合逻辑表达式。fold 函数的调用格式如下：

```
fold(@fun,v)
```

其中，fun 是逻辑运算函数，**v** 是一个由符号表达式组成的向量，例如：

```
>> syms a b c;
>> fold(@and,[a<b+c,b<a+c,c<a+b])
ans =
a < b + c & b < a + c & c < a + b
```

# 8.2 符号微积分

微积分的数值计算方法只能求出以数值表示的近似解，而无法得到以函数形式表示的解析解。在 MATLAB 中，可以通过符号运算获得微积分的解析解。

### 8.2.1 符号极限

在 MATLAB 中求符号表达式极限的函数是 limit，可用来求表达式在指定点的极限值。对于极限值为“没有定义”的极限，MATLAB 给出的结果为 NaN，极限值为无穷大时，MATLAB 给出的结果为 inf。limit 函数的调用格式如下。

```
limit(f,var,a,direction)
```

计算当自变量 var 趋近于常数 $a$ 时，符号表达式 $f$ 的极限值。选项 var 缺省时，按默认方式确定自变量。选项 $a$ 缺省时，求自变量趋近于 0 时，表达式 $f$ 的极限值。选项 direction 用于指定趋近的方向，'right'表示自变量从右边趋近于 $a$，'left'表示自变量从左边趋近于 $a$。

【例 8.1】 求下列极限。

（1）$\lim\limits_{h\to 0}\dfrac{\sin(x+h)-\sin(x)}{h}$　　（2）$\lim\limits_{x\to\infty}\left(1+\dfrac{t}{x}\right)^{x}$

（3）$\lim\limits_{x\to+\infty}x(\sqrt{x^2+1}-x)$　　（4）$\lim\limits_{x\to 0^+}(\cot x)^{\frac{1}{\ln x}}$

命令如下：

```
>> syms x h t;
>> limit((sin(x+h)-sin(x))/h, h, 0)             %极限 1
ans =
cos(x)
>> limit((1+t/x)^x,inf)                          %极限 2
ans =
exp(t)
>> limit(x*(sqrt(x^2+1)-x),x,inf,'left')         %极限 3
ans =
1/2
>> limit(cot(x)^(1/log(x)),x,0,'right')          %极限 4
ans =
exp(-1)
```

### 8.2.2 符号导数

diff 函数用于对符号表达式和符号函数求导，一般调用格式如下。

```
diff(F,var,n)
```

其中，$F$ 是符号表达式或符号函数，选项 var 指定自变量，缺省时，按默认规则确定自变量；选项 $n$ 指定求 $n$ 阶导数，默认为 1，即求一阶导数。对多个自变量的求导，可以使用以下格式：

```
diff(F,var1,var2,…,varN)
```

【例 8.2】 求下列函数的导数。

（1）y=cos$x^2$，求 $y'$、$y''$、$y'''$。　　（2）$\begin{cases}x=a(t-\sin t)\\y=b(1-\cos t)\end{cases}$，求 $y'_x$。

（3）$z=x^6-3y^4+2x^2y^2$，求 $z'_x$、$z'_y$、$z''_{xy}$。

命令如下：

```
%求(1)
>> syms x;
>> diff(cos(x*x))
ans =
-2*x*sin(x^2)
>> diff(cos(x*x),x,2)                   %求对 x 的二阶导数
ans =
- 2*sin(x^2) - 4*x^2*cos(x^2)
>> diff(cos(x*x),x,3)                   %求对 x 的三阶导数
ans =
8*x^3*sin(x^2) - 12*x*cos(x^2)
%求(2)
>> syms a b t;
>> fx=a*(t-sin(t));
>> fy=b*(1-cos(t));
>> diff(fy,t)/diff(fx,t)                %求对 x 的一阶导数
ans =
-(b*sin(t))/(a*(cos(t) - 1))
%求(3)
>> syms x y;
>> diff(x^6-3*y^4+2*x^2*y^2,x)          %求对 x 的偏导数
ans =
6*x^5 + 4*x*y^2
>> diff(x^6-3*y^4+2*x^2*y^2,y)          %求对 y 的偏导数
ans =
4*x^2*y - 12*y^3
>> diff(x^6-3*y^4+2*x^2*y^2,x,y)        %求对 x、y 的导数
ans =
8*x*y
```

### 8.2.3 符号积分

MATLAB 提供了 int 函数来实现符号积分，int 函数的调用方法如下。

**1. 求不定积分**

```
int(expr,v)
```

以 $v$ 为自变量，对符号表达式 expr 求不定积分。如果没有指定自变量，则函数 int 按默认方式确定自变量求不定积分。如果符号表达式 expr 为常量，则默认 $x$ 为自变量。

**2. 求定积分**

```
int(expr,v,a,b) 或 int(expr,v,[a,b])
```

以 $v$ 为自变量，对符号表达式 expr 求定积分。$a$、$b$ 分别表示定积分的下限和上限。$a$ 和 $b$ 可以是两个具体的数，也可以是一个符号表达式，还可以是无穷（inf）。当表达式 $s$ 关于变量 $x$ 在闭区间$[a, b]$上可积时，函数返回一个定积分结果。当 $a$、$b$ 中有一个是 inf 时，函数返回一个广义积分。当 $a$、$b$ 中有一个是符号表达式时，函数返回一个符号函数。

**【例 8.3】** 分别求下列积分。

（1）$\int \frac{1}{1+x^2}\mathrm{d}x$。（2）$\int_a^b \frac{1}{1+x^2}\mathrm{d}x$。（3）$\int_1^2 \frac{1}{1+x^2}\mathrm{d}x$。

命令如下：

```
>> syms x a b
%求(1)
>> f=1/(1+x^2);
>> f1=int(1/(1+x^2))                    %求不定积分
f1 =
atan(x)
%求(2)
>> f2=int(1/(1+x^2),a,b)                %求定积分
f2 =
atan(b) - atan(a)
%求(3)
>> f3=int(1/(1+x^2),1,2)                %求定积分
f3 =
atan(2) - pi/4
>> eval(f3)                             %计算积分值
ans =
   0.3218
```

**【例 8.4】** 求图 8.1 中曲边梯形 $D$ 的面积，其中 $D$ 是由曲线 $y^2=2x$ 和直线 $x+y=4$、直线 $x+y=12$ 所围封闭区域。

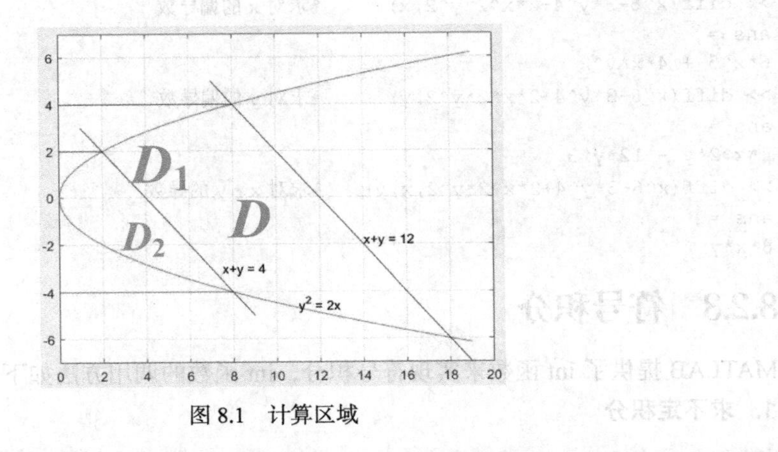


图 8.1 计算区域

设 $D_1$ 是曲线 $y^2=2x$ 和直线 $x+y=12$ 的所围区域，$D_2$ 是曲线 $y^2=2x$ 和直线 $x+y=4$ 的所围区域，$D_1$ 的面积为 $\int_{-6}^{4}\int_{\frac{y^2}{2}}^{12-y}(x+y)\mathrm{d}x\mathrm{d}y$，$D_2$ 的面积为 $\int_{-4}^{2}\int_{\frac{y^2}{2}}^{4-y}(x+y)\mathrm{d}x\mathrm{d}y$，则 $D=D_1-D_2$。命令如下：

```
>> syms x y;
>> f1=int(x+y,x,y^2/2,12-y)
f1 =
-((y - 4)*(y + 6)*(y^2 + 2*y + 24))/8
>> ff1=int(f1,y,-6,4)
ff1 =
1750/3
>> f2=int(x+y,x,y^2/2,4-y)
f2 =
-((y - 2)*(y + 4)*(y^2 + 2*y + 8))/8
>> ff2=int(f2,y,-4,2)
ff2 =
198/5
```

```
>> f=ff1-ff2
f =
8156/15
```

【例8.5】 求 $\iiint\limits_D (y^2+z^2)\,\mathrm{d}x\mathrm{d}y\mathrm{d}z$，其中 $D$ 是由 $xy$ 平面上曲线 $y^2=2x$ 绕 $x$ 轴旋转而成的曲面与平面 $x=5$ 所围封闭区域，如图8.2所示。

分析：被积函数对应的极坐标方程为 $\begin{cases} x=x \\ y=r\cos\theta \\ z=r\sin\theta \end{cases}$，则有 $y^2+z^2=r^2$。

由题目推出区域 $D$ 的值域为 $\begin{cases} \frac{1}{2}r^2 \leqslant x \leqslant 5 \\ 0 \leqslant r \leqslant \sqrt{10} \\ 0 \leqslant \theta \leqslant 2\pi \end{cases}$

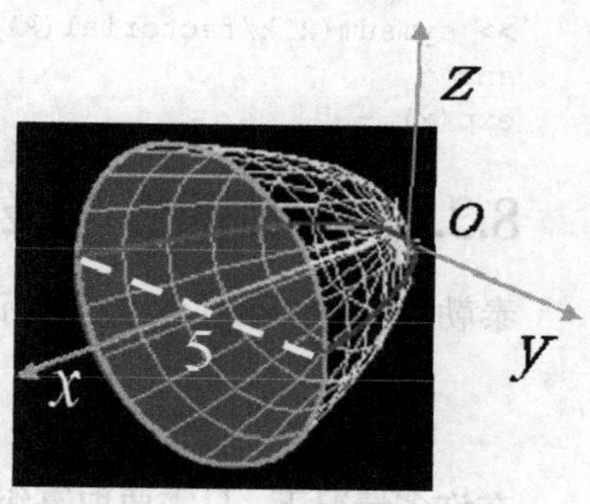

图8.2 积分区域示意

命令如下：

```
>> syms r x theta;
>> f=int(int(int(r*r,x,r*r/2,5),r,0,sqrt(10)),theta,0,2*pi)
f =
(40*pi*10^(1/2))/3
```

# 8.3 级 数

级数是表示函数、研究函数性质及进行数值计算的一种工具，特别是可以利用收敛的无穷级数来逼近一些无理数，使它们的求值变得更方便。

## 8.3.1 级数符号求和

前面讨论过有限级数求和的函数sum，sum处理的级数是以一个向量形式表示的，并且只能是有穷级数。对于无穷级数求和，sum是无能为力的。MATLAB提供了函数symsum，用于无穷级数求和，其调用格式为

```
symsum(f,v,a,b)
```

其中，$f$ 表示一个级数的通项。选项 $v$ 指定自变量，$v$ 省略时，按默认规则确定自变量。选项 $a$ 和 $b$ 指定求和的下限和上限，缺省时，symsum函数返回不定积分。

【例8.6】 求下列级数之和。

（1）$1-\frac{1}{2}+\frac{1}{3}-\frac{1}{4}+\cdots+\frac{(-1)^{n+1}}{n}+\cdots$。

（2）$\frac{x}{1}+\frac{x^2}{2!}+\frac{x^3}{3!}+\cdots+\frac{x^n}{n!}+\cdots$。

命令如下：

```
>> syms n k x;
%求(1)
>> s=symsum((-1)^(n+1)/n,1,inf)
```

```
s=
log(2)
>> eval(s)
ans =
  0.6931
%求(2), factorial 是求阶乘的函数
>> symsum(x^k/factorial(k),k,1,inf)
ans =
exp(x) - 1
```

### 8.3.2 函数的泰勒级数

泰勒级数将一个任意函数表示为一个幂级数，即

$$f(x)=\sum_{n=0}^{\infty}(x-a)^n\times\frac{f^{(n)}(a)}{n!}$$

在许多情况下，只需要取幂级数的前有限项来表示该函数，这对于大多数工程应用问题来说，精度已经足够。MATLAB 提供了 taylor 函数将函数展开为幂级数，其调用格式为

```
taylor(f,v,a,Name,Value)
```

其中，参数 $a$ 指定将函数 $f$ 在自变量 $v=a$ 处展开，$a$ 默认为 0。$v$ 缺省时，按默认规则确定自变量。选项 Name 和 Value 成对使用，用于设置运算过程的属性，Name 为属性名，Value 为 Name 的值。Name 有以下 3 个可取值。

- 'ExpansionPoint'：指定展开点，对应值为标量或向量。未设置时，展开点默认为 0。
- 'Order'：指定截断阶，对应值为一个正整数。默认截断阶为 6，即展开式的最高阶为 5。
- 'OrderMode'：指定展开式采用绝对阶或相对阶，对应值为'Absolute'或'Relative'，默认为'Absolute'。

【例 8.7】 求函数在指定点的泰勒级数展开式。

（1）求 $\ln(x+\sqrt{x^2+1})$ 在 $x=0$ 处的泰勒级数展开式。

（2）将 $\dfrac{1+2x+3x^2}{1-2x-3x^2}$ 在 $x=1$ 处的 4 阶展开式。

命令如下：

```
>> syms x
%求(1)
>> taylor(log(x+sqrt(x*x+1)))
ans =
(3*x^5)/40 - x^3/6 + x
%求(2)
>> taylor((1+2*x+3*x*x)/(1-2*x-3*x*x),x,1,'Order',5)
ans =
x-(13*(x-1)^2)/8+(5*(x-1)^3)/2-(121*(x-1)^4)/32-5/2
```

## 8.4 符号方程求解

前面介绍了代数方程及常微分方程数值求解的方法，MATLAB 也提供了 solve 和 dsolve 函数，

用于求解符号代数方程和符号常微分方程。

## 8.4.1　符号代数方程求解

代数方程是指未涉及微积分运算的方程，相对比较简单。在 MATLAB 中，求解用符号表达式表示的代数方程可由函数 solve 实现，其调用格式如下。

```
Y=solve(s,v,Name,Value)
Y=solve(s1,s2,…,sn,v1,v2,…,vn)
[y1,y2,…,yn]=solve([s1,s2,…,sn],[v1,v2,…,vn])
```

第 1 种格式求解符号表达式 $s$ 的代数方程，求解变量为 $v$。$v$ 缺省时，按默认规则确定自变量；第 2、3 种格式求解符号表达式 $s1, s2, \cdots, sn$ 组成的代数方程组，自变量分别为 $v1, v2, \cdots, vn$。选项 Name 和 Value 成对使用，用于设置求解过程的参数，常用过程参数如下。

- 'ReturnConditions'：是否返回求解参数和条件，可取值为 true 或 false，默认为 false。
- 'IgnoreAnalyticConstraints'：是否应用简化规则，可取值为 true 或 false，默认为 false。
- 'IgnoreProperties'：是否返回与变量属性不一致的结果，可取值为 true 或 false，默认为 false。
- 'MaxDegree'：应用显示公式求解方程的最大次数，可取值为小于 5 的正整数，默认为 3。
- 'PrincipalValue'：是否只返回一个解，可取值为 true 或 false，默认为 false。
- 'Real'：是否只返回实解，可取值为 true 或 false，默认为 false。

solve 函数能求解一般的线性、非线性或超越代数方程。对于不存在符号解的代数方程组，若方程组中不包含符号对象，则 solve 函数给出该方程组的数值解。

**【例 8.8】** 求解下列方程。

（1）$x-\sqrt[3]{x^3-4x-7}=1$。　　　　（2）$\sin x=1$。

命令如下：

```
>> syms x
%解方程（1）
>> y=solve(x-(x^3-4*x-7)^(1/3)==1,x)
y =
3
%解方程（2）
>> sx=solve(sin(x)==1,x)
sx =
pi/2
```

要得到方程（2）的完全解，则使用以下命令：

```
>> [solx,params,conds]=solve(sin(x)==1,x,'ReturnConditions',true)
solx =
pi/2 + 2*pi*k
params =
k
conds =
in(k, 'integer')
```

**【例 8.9】** 求下列方程组的解。

（1）$\begin{cases}x^2+xy+y=3\\x^2-4x+3=0\end{cases}$　　　　（2）$\begin{cases}2u^2+v^2=0\\u-v=1\end{cases}$

命令如下：

```
>> syms x y;
%解方程组（1）
>> [sx,sy]=solve(x^2+x*y+y==3,x^2-4*x+3==0,x,y)
sx =
 1
 3
sy =
    1
 -3/2
%解方程组（2）
>> syms u v;
>> [solv,solu]=solve([2*u^2+v^2==0,u-v==1],[v,u])
solv =
- (2^(1/2)*1i)/3 - 2/3
   (2^(1/2)*1i)/3 - 2/3
solu =
1/3 - (2^(1/2)*1i)/3
 (2^(1/2)*1i)/3 + 1/3
```

## 8.4.2 符号常微分方程求解

在 MATLAB 中，微分用 diff()表示。例如，diff(y,t)表示 $\frac{dy}{dt}$，diff(y,t,2)表示 $\frac{d^2y}{dt^2}$。

符号常微分方程求解可以通过函数 dsolve 来实现，其调用格式为

```
S=dsolve(eqn,cond)
```

该函数求解常微分方程 eqn 在初值条件 cond 下的特解。若没有给出初值条件 cond，则求方程的通解。eqn 可以是符号等式或由符号等式组成的向量。

使用符号等式，必须先申明符号函数，然后使用符号“==”建立符号等式。例如求解微分方程 $\frac{dy}{dx}=y+1$ 的命令如下：

```
>> syms y(x)
>> dsolve(diff(y)==y+1)
ans =
C4*exp(x) - 1
```

结果中的 *C*4 代表任意常数，其他结果表达式中的 *C*1、*C*2 等也是同样的意义。要改变求解过程的参数，函数的调用格式为

```
S=dsolve(e,c,Name,Value)
```

Name 和 Value 成对使用，用于设置求解过程的参数，常用过程参数有以下两种。

- 'IgnoreAnalyticConstraints'：求解符号常微分方程时，默认采用纯代数方法简化方程，这些简化不一定对所有方程有效，不能保证结果的正确性和完整性。若求解不加限定，设置'IgnoreAnalyticConstraints'的值为 false。'IgnoreAnalyticConstraints'默认为 true。
- 'MaxDegree'：指定多项式方程组的最大次数，大于值 Value 时，求解不使用显式公式。Value 是一个小于 5 的正整数，默认为 2。

dsolve 在求常微分方程组时的调用格式为

```
[y1,y2,…,yN]=dsolve(eqn,cond)
```

该函数求解常微分方程组 eqn 在初值条件 cond 下的特解，将求解结果存储于变量 $y1,y2,\cdots,yN$。若不给出初值条件，则求方程组的通解；若边界条件数少于方程（组）的变量个数，则返回的结果中会出现代表任意常数的符号 $C1,C2,\cdots$。若该命令得不到解析解，则返回一警告信息，同时返回一空的 sym 对象。这时，可以用命令 ode23 或 ode45 求解方程组的数值解。

**【例 8.10】** 求下列微分方程的解。

（1）求 $\frac{\mathrm{d}y}{\mathrm{d}t}=\frac{t^2+y^2}{2t^2}$ 的通解。

（2）求 $\frac{\mathrm{d}y}{\mathrm{d}x}=ay$，当 $y(0)=5$ 时的特解。

（3）求 $x\frac{\mathrm{d}^2y}{\mathrm{d}^2x}-3\frac{\mathrm{d}y}{\mathrm{d}x}=x^2$，当 $y(1)=0$，$y(5)=0$ 时的特解。

（4）求 $\begin{cases}\frac{\mathrm{d}x}{\mathrm{d}t}=4x-2y\\\frac{\mathrm{d}y}{\mathrm{d}t}=2x-y\end{cases}$ 的通解。

命令如下：

```
%解方程(1)
>> syms y(t);
>> y1=dsolve(diff(y,t)==(t^2+y^2)/t^2/2)
y1 =
                              t
 -t*(1/(C3 + log(t)/2) - 1)
%解方程(2)
>> syms y(x) a;
>> y2=dsolve(diff(y,x)==a*y, y(0)==5)
y2 =
5*exp(a*x)
%解方程(3)
>> syms f(x);
>> y3=dsolve(x*diff(y,x,2)-3*diff(y,x)==x^2,y(1)==0,y(5)==0)
y3 =
(31*x^4)/468 - x^3/3 + 125/468
%解方程组(4)
>> syms x(t) y(t);
>> [x,y]=dsolve(diff(x,t)==4*x-2*y, diff(y,t)==2*x-y)
x =
C11/2 + 2*C10*exp(3*t)
y =
C11 + C10*exp(3*t)
```

# 8.5　符号计算的可视化分析

MATLAB 为符号计算提供了多个可视化分析工具，常用的有 funtool、talortool 等。

### 8.5.1 funtool

funtool 是一个可视化符号计算器，提供了一些常用的符号运算工具，可以通过单击按钮实现单自变量的符号计算，并在图形窗口显示符号表达式对应的图形。

在命令行窗口输入“funtool”命令，会打开一个“funtool”窗口和两个图形窗口。如图 8.3 所示，“funtool”窗口分为两个部分，上半部面板中的 f 和 g 编辑框用于编辑参与运算的符号表达式，x 编辑框用于设置符号表达式 f 和 g 的自变量的值域，a 编辑框用于编辑表达式 f 的常因子。图形窗口分别显示表达式 f、g 的曲线，在 x 域的编辑框调整值域，图形窗口的图形会随之改变。

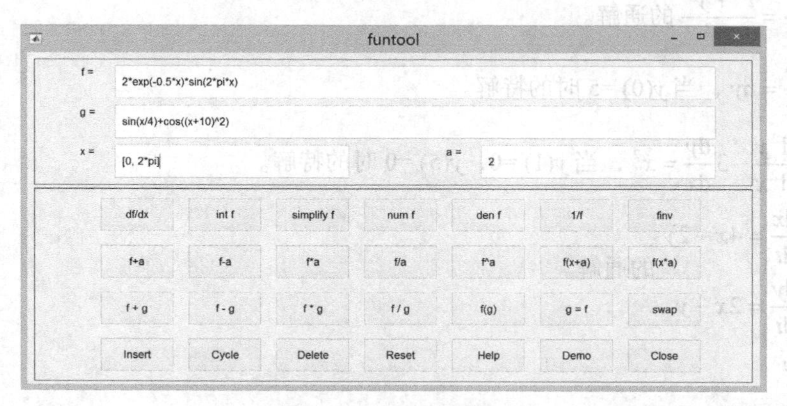


图 8.3 “funtool”窗口

“funtool”窗口下半部的面板中的按钮用于符号表达式 f 的转换和多种符号计算，如符号表达式的算术运算、因式分解、化简、求导、积分等。

### 8.5.2 Taylor Tool

Taylor Tool 用于将自变量为 $x$ 的符号表达式 $f$ 展开为泰勒级数，并以图形化的方式展现计算时的逼近过程。

在命令行窗口输入“taylortool”命令，会打开一个“Taylor Tool”窗口，如图 8.4 所示。窗口下部的编辑器用于输入原函数、修改计算参数、自变量的值域。例如，在原函数 $f(x)$编辑框中输

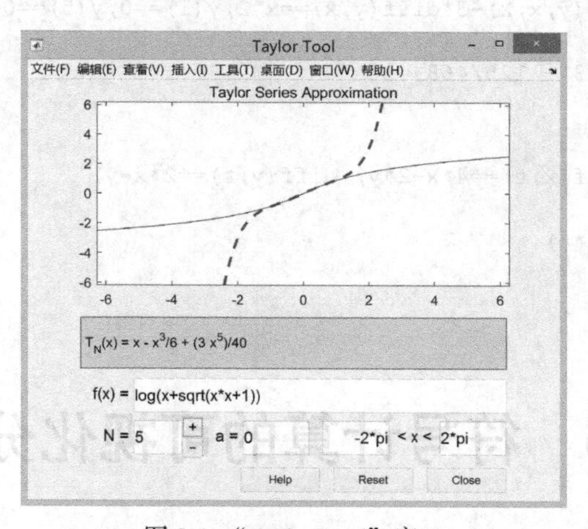


图 8.4 “Taylor Tool”窗口

入例 8.7 第（1）小题的表达式，设置截断阶 $N$ 为 5，在中部的结果栏显现该表达式的泰勒级数展开式。修改截断阶 $N$ 为 6，可以观察到计算时的逼近过程与 5 阶时相同；修改截断阶 $N$ 为 4，则可以观察到计算时的逼近过程与 5 阶不同。

# 思考与实验

## 一、思考题

1. 试比较表达式 $\dfrac{1+\sqrt{x}}{2}$ 的数值计算（设 $x$=33）和符号计算结果有何不同。如何将符号计算结果转换为数值？

2. 下面命令执行后，$M1$、$M2$ 和 $M3$ 的值有何不同？

```
a=1;b=2;c=3;d=4;
M1=[a,b;c,d];
M2='[a,b;c,d]';
syms a b c d;
M3=[a,b;c,d];
```

3. 用数值与符号两种方法求出以下函数的定积分，并对结果进行比较。

（1）$\int_0^{\ln 2} e^x(1+e^x)^2 dx$。　　（2）$\int_{-1}^{1}\dfrac{x^3\sin^2 x dx}{x^6+2x^4+1}$。

4. 在 MATLAB 中如何表示符号常微分方程？

## 二、实验题

1. 已知 $A=\begin{bmatrix}1 & 2 & 3\\ x & y & z\\ 3 & 2 & 1\end{bmatrix}$，求：

（1）$A\cdot A$；（2）$A$ 各元素的倒数；（3）$A\geqslant 1.5$。

2. 求函数的符号导数。

（1）$y=\sqrt{x+\sqrt{x+\sqrt{x}}}$，求 $\dfrac{dy}{dx}$、$\dfrac{d^2y}{d^2x}$。

（2）已知 $f(x,y)=\sin(x^2y)e^{-x^2-y}$，求 $\dfrac{d^2f}{dxdy}$。

3. 求积分。

（1）$\int\dfrac{1}{x^4+1}dx$。　　（2）$\int_{\cos t}^{e^{2t}}\dfrac{-2x^2+1}{(2x^2-3x+1)^2}dx$。

4. 求级数 $\sum\limits_{n=0}^{\infty}\dfrac{1}{(2n+1)(2x+1)^{2n+1}}$ 的和函数，并求 $\sum\limits_{n=1}^{5}\dfrac{1}{(2n+1)(2x+1)^{2n+1}}$ 之和。

5. 求函数 $y=\dfrac{e^x+e^{-x}}{2}$ 在 $x_0$=0 处的 5 阶泰勒展开式。

6. 求下列非线性方程的符号解。

（1）$x^3+ax+1=0$。　　（2）$\begin{cases}\sqrt{x^2+y^2}-100=0\\ 3x+5y-8=0\end{cases}$。

7. 求以下微分方程初值问题的符号解，并与数值解进行比较。

$$\frac{d^2y}{d^2t}+y=1-\frac{t^2}{\pi},y(-2)=-5,y'(-2)=5,t\in[-2,7]$$

8. 求一阶微分方程组 $\begin{cases}\dfrac{dx}{dt}=3x-4y\\ \dfrac{dy}{dt}=-4x+3y\end{cases},x(0)=0,y(0)=1$ 的特解。

# 第9章 图形对象

MATLAB 的图形是由不同图形对象组成的。MATLAB 用句柄来标识对象，我们可以通过句柄来访问相应对象的属性。MATLAB R2014b 以后的版本采用 OpenGL 作为默认图形渲染器，加强和扩展了通过图形对象句柄对各种图形对象进行修改和控制的方法。第 4 章介绍的绘图函数主要通过命令参数控制图形的绘制过程，图形每一部分的属性都是按默认属性或命令中选项的指定值进行设置，适用于绘制简单界面、单一图形，充分体现了 MATLAB 语言的实用性。相对于命令参数的自定义绘图，通过句柄设置对象属性，绘图操作控制和表现图形的能力更强，可以对图形对象进行更灵活、精细的控制，充分体现了 MATLAB 语言的开放性。

**【本章学习目标】**

- 了解图形对象和图形对象句柄的基本概念。
- 掌握图形对象属性的基本设置方法。
- 掌握利用图形对象控制绘图操作的方法。
- 熟悉图形对象优化方法。

## 9.1 图形对象及其句柄

MATLAB 的图形系统是面向对象的，图形类是 MATLAB 为了描述具有类似特征的图形元素而定义的具有一些公共属性的抽象的元素集合，而由图形类定义的图形对象是用于控制图形显示和生成用户界面的基本要素。

### 9.1.1 图形对象的基本概念

MATLAB 的图形对象包括图形窗口、坐标轴、用户界面控件、曲线、曲面、文本、图像等。在 MATLAB 中，每一个具体的图形都是由若干个不同的图形对象组成的，例如绘图操作中，曲线、曲面、坐标轴、图形窗口，都是图形对象。图形对象是有层次的，其层次结构如图 9.1 所示，系统将各种图形对象按树形结构组织起来。一个项目可以包含一个或多个图形窗口，一个图形窗口可包含一组或多组坐标轴，每一组坐标轴上又可绘制多种图形，如曲线、曲面、文本等。

图形窗口（Figure）对象是显示图形的窗口和与用户进行交互的界面，其他图形对象都是图形窗口对象的子对象。图形窗口是根对象下的一级对象，坐标轴和用户界面对象是图形窗口的子对象，图形对象（曲线、曲面、文本）和图表等是坐标轴的子对象。通常，我们直接在坐标轴中放置图形对象和图表，但有时为方便管理，也可以用组对象作为容器，容纳相关联的图形对象和图表。

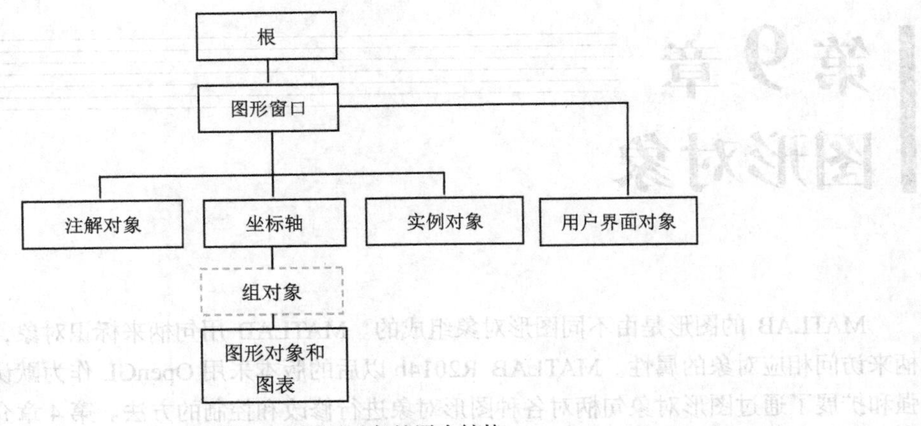


图 9.1　图形对象的层次结构

创建图形对象的函数与所创对象的类型有相同名称。例如，text 函数创建 Text（文本）对象，figure 函数创建 Figure（图形窗口）对象。

在 MATLAB 系统中建立一个对象，系统就会建立一个映射该对象的句柄，用于存储相应对象的属性。在 MATLAB 中，我们可以通过句柄对图形对象进行操作。

## 9.1.2　图形对象句柄

在以前的 MATLAB 版本中，图形句柄（Handle）是一个实数，从 R2014b 起，图形句柄成为对象句柄。一个句柄对应着一个图形对象，可以用对象句柄设置和查询对象属性。

MATLAB 提供了若干个函数用于识别特定图形对象，如表 9.1 所示。

表 9.1　常用图形对象的识别函数

| 函数 | 功能 |
| --- | --- |
| gcf | 返回当前图形窗口的句柄（get current figure） |
| gca | 返回当前坐标轴的句柄（get current axis） |
| gco | 返回当前对象的句柄（get current object） |
| gcbo | 返回正在执行回调过程的对象句柄 |
| gcbf | 返回包含正在执行回调过程的对象的图形窗口句柄 |
| findobj | 返回与指定属性的属性值相同的对象句柄 |

可以利用图形对象的 Parent 属性获取包容此图形对象的容器，Children 属性获取此对象所容纳的图形对象。在获取对象的句柄后，可以通过句柄来获取或设置对象的属性。

【例 9.1】 绘制曲线并查看有关对象的属性。

命令如下：

```
>> x=linspace(-pi,pi,30);
>> plot(x,5*sin(x),'rx',x,x.^2,x,1./x);
>> h1=gca;            %获取当前坐标轴的句柄
>> h1.Children        %查询当前坐标轴的子对象
ans =
```

```
3x1 Line 数组:
Line
Line
Line
```

结果显示当前坐标轴中有 3 个曲线对象，要查看其中某个对象的属性，如第 1 个对象，使用以下命令：

```
>> h1.Children(1)
  Line (具有属性):
               Color: [0.8500 0.3250 0.0980]
          LineStyle: '-'
          LineWidth: 0.5000
             Marker: 'none'
         MarkerSize: 6
    MarkerFaceColor: 'none'
              XData: [1x30 double]
              YData: [1x30 double]
              ZData: [1x0 double]
  显示 所有属性
```

单击最后一行的链接“所有属性”，则会显示该对象的所有属性值。

## 9.1.3 图形对象属性

每种图形对象都具有各种各样的属性（Property），MATLAB 就是通过对属性的操作来控制和改变图形对象的外观和行为的。

**1. 属性名与属性值**

同一类对象有着相同的属性，属性的取值决定了对象的表现。例如，LineStyle 是曲线对象的一个属性，它的值决定着线型，取值可以是'-' 、':'、'-.'、'--'或'none'。在属性名的写法中，不区分字母的大小写，而且在不引起歧义的前提下，属性名可以只写前一部分。例如，lines 就代表 LineStyle。

**2. 属性的操作**

访问图形对象是指获取或设置图形对象的属性。不同图形对象所具有的属性不同，但访问的方法是一样的。MATLAB 2014b 及以后的版本，一般使用点运算符来访问对象属性，一般形式是：对象句柄.属性名。例如，h1.Color 表示引用图形对象 h1 的 Color 属性。

（1）设置图形对象属性

```
H.属性名=属性值
```

其中，H 是图形对象的句柄。绘制二维和三维曲线时，可以通过设置已有图形对象的属性修改曲线的颜色、线型和数据点的标记符号等。例如，绘制正弦曲线，然后将曲线线型修改为虚线，线条颜色为红色，可使用以下命令：

```
>> h1=fplot(@(x)sin(x),[0,2*pi]);
>> h1.Color=[1 0 0];
>> h1.LineStyle=':'
```

这种设置图形对象属性的方法每次只能作用于一个图形对象。若同时设置一组图形对象的属性，可以使用 set 函数。set 函数的调用格式为

```
set(H,Name,Value)
set(H,NameArray,ValueArray)
```

其中，*H* 用于指明要操作的图形对象，如果 ***H*** 是一个由多个图形对象句柄构成的向量，则操作施加于 ***H*** 的所有对象。第 1 种格式，Name 指定属性，属性名要用单撇号括起来，Value 为该属性的值。第 2 种格式中，NameArray、ValueArray 是单元数组，存储了 *H* 所有对象的属性，NameArray 存储属性名，ValueArray 存储属性值。要为 *m* 个图形对象中的每个图形对象设置 *n* 个属性值，则 NameArray 是有 *n* 个元素的行向量，ValueArray 应为 $m \times n$ 的单元数组。例如，绘制 3 条曲线，然后将曲线线型全部修改为虚线，线条颜色为蓝色，可以使用以下命令：

```
>> hlines=fplot(@(x)[sin(x),sin(2*x),sin(3*x)],[0,2*pi]);
>> set(hlines,'Color',[0 0 1],'LineStyle',':')
```

若 3 条曲线分别采用不同颜色、不同线型，则可以使用以下命令：

```
>> hlines=fplot(@(x)[sin(x),sin(2*x),sin(3*x)],[0,2*pi]);
>> NArray={'LineStyle','Color'};
>> VArray={'--',[1 0 0]; ':',[0 1 0]; '-.',[0 0 1]};
>> set(hlines,NArray,VArray)
```

（2）获取图形对象属性

```
V=H.Name
```

其中，*H* 是图形对象的句柄，Name 是属性名。例如，以下命令用来获得前述曲线 *h*1 的颜色属性值：

```
>> hcolor=h1.Color        %或 hcolor=get(h1,'Color')
hcolor =
     1     0     0
```

这种方法每次只能获取一个图形对象的属性。若需要获取一组图形对象的属性，可以采用 get 函数。get 函数的调用格式为

```
V=get(H,Name)
```

其中，*H* 是图形对象句柄，选项 Name 指定要访问的属性，*V* 存储返回的属性值。如果在调用 get 函数时省略 Name，将返回对象所有的属性值。例如，hlines 是前面绘制的一组图形对象的句柄，包含 3 条曲线，要得到这些曲线的属性，可以使用以下命令：

```
>> hlines_p=get(hlines,{'Color','LineStyle'})
hlines_p =
  3×2 cell 数组
   {1×3 double}    {'--'}
   {1×3 double}    {':' }
   {1×3 double}    {'-.'}
```

（3）属性检查器

可通过 inspect 函数打开属性检查器，查询和修改图形对象的属性。inspect 函数的调用格式如下：

```
inspect(H)
inspect([h1,h2,…])
```

其中，参数 *H*、*h*1、*h*2 等是图形对象句柄。第 2 种格式在打开属性检查器后，只显示所列图形对象都拥有的属性。例如：

```
>> x=linspace(0,2*pi,100);
>> h1=plot(x,log(x).*sin(x),'r:');
>> inspect(h1);
```

```
>> h2=text(1,0,'example');
>> inspect([h1,h2])
```

执行命令“inspect(h1)”打开图 9.2（a）所示检查器，执行命令“inspect([h1,h2])”打开图 9.2（b）所示检查器。

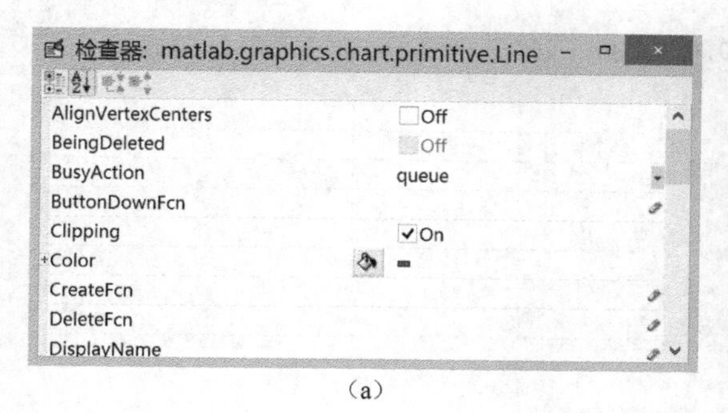


（a）

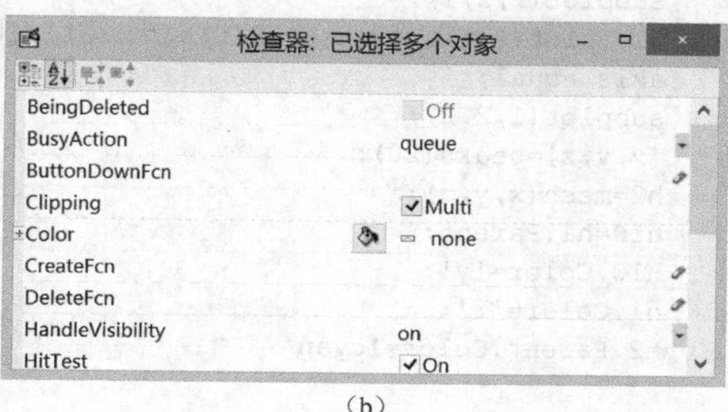


（b）

图 9.2　图形对象属性检查器

### 3. 对象的公共属性

图形对象具有各种各样的属性，有些属性是所有对象共同具备的，有些属性则是各对象所特有的。这里先介绍图形对象的常用公共属性，即大部分对象都具有的属性。

（1）Children 属性。属性值是所有子对象的句柄构成的一个数组。

（2）Parent 属性。属性值是该对象的父对象句柄。

（3）Color 属性。属性值是一个颜色值，既可以用字符表示，又可以用 RGB 三元组表示。

（4）Position 属性。属性值是一个由 4 个元素构成的行向量，其形式为[$x$, $y$, $w$, $h$]。这个向量定义了图形对象在上层对象上的位置和大小，其中 $x$ 和 $y$ 分别为对象左下角的横坐标、纵坐标，$w$ 和 $h$ 分别为图形对象的宽度和高度。

（5）Units 属性。定义图形对象所使用的长度单位，由此决定图形对象的大小与位置。该属性的取值可以是下列字符串中的任何一种：'pixel'（像素）、'normalized'（依据父对象进行归一化）、'inches'（英寸）、'centimeters'（厘米）、'points'（磅，1 磅=1/72 英寸）和'characters'（字符）。Units 属性值除了'normalized'以外，其他单位都是绝对度量单位。'normalized'指的是相对于父对象大小的比例，将父对象的左下角映射为(0,0)，而右上角映射为(1.0,1.0)，Position 属性值在 0～1。Units 属性将影响一切定义大小的属性，如前面的 Position 属性。

（6）Tag 属性。属性值是对象的标识名。当一个程序中包含很多类型、名称各不相同的对象时，我们可以通过 Tag 属性给每个对象建立标识，方便对这些对象管理。

（7）Type 属性。属性值是对象的类型，这是一个只读属性。

（8）Visible 属性。属性值是'On'（默认值）或'Off'，决定着图形对象在图形窗口中是否可见。

（9）CreateFcn 属性和 DeleteFcn 属性。用于指定创建图形对象和删除图形对象时调用的函数或执行的命令，可取值为函数句柄、由函数句柄和参数构成的单元数组、函数名或命令字符串。

（10）KeyPressFcn 属性。用于指定键盘按键事件发生时调用的函数或执行的命令。

（11）WindowButtonDownFcn 或 ButtonDownFcn 属性。用于指定鼠标按键事件发生时调用的函数或执行的命令。

（12）WindowButtonMotionFcn 属性。用于指定鼠标光标移动事件发生时调用的函数或执行的命令。

【例 9.2】 分别在并排的两个坐标轴中绘制一条曲线和一个曲面。然后设置左坐标轴的背景色为黄色，曲线线条颜色为红色，设置右坐标轴的背景色为青色。

程序如下：

```
subplot(1,2,1);
h1=fplot(@(t)t.*sin(t),@(t)t.*cos(t),[0,6*pi]);
axis equal;
subplot(1,2,2);
[x,y,z]=peaks(20);
h2=mesh(x,y,z);
h10=h1.Parent;
h10.Color='y';
h1.Color='r';
h2.Parent.Color='cyan'
```

# 9.2 图形窗口对象与坐标轴对象

所有图形对象都可以由与之同名的绘图函数创建。所创建的对象置于某个父对象中，当父对象不存在时，MATLAB 会自动创建它。例如，用 plot 函数画一条曲线，假如在画线之前，坐标轴已经存在，则在当前坐标轴上画线；若坐标轴不存在，MATLAB 会自动创建它们。

前面介绍了图形对象的公共属性，本节介绍图形窗口对象和坐标轴对象的创建方法及特殊属性。

## 9.2.1 图形窗口对象

图形窗口是显示图形及与用户交互的窗口。每一个图形窗口可以作为其他图形对象的父对象，即当作坐标轴、控件等对象的容器。MATLAB 的一切图形图像的输出都是在图形窗口中完成的。掌握好图形窗口的控制方法，对于充分发挥 MATLAB 的图形功能和设计高质量的用户界面是十分重要的。

**1. 图形窗口的基本操作**

MATLAB 通过 figure 函数来创建窗口对象，其调用格式为

```
句柄变量=figure(属性名1,属性值1,属性名2,属性值2,…)
```

其中，属性用于设置图形窗口的呈现方式。如果调用时不带参数，则按图形窗口的默认属性值建立图形窗口。

如果 figure 函数的参数是窗口句柄，即

```
figure(窗口句柄)
```

则设定该句柄对应的窗口为当前窗口，随后的操作都是在这个窗口中实施的。

要关闭图形窗口，应使用 close 函数，其调用格式为

```
close(窗口句柄)
close all
```

“close all”命令关闭所有的图形窗口。

要清除图形窗口的内容，但不关闭窗口，则使用 clf 函数，其调用格式为

```
clf(窗口句柄)
```

不带参数的 clf 函数，表示清除当前图形窗口的内容。

**2. 图形窗口的属性**

图形窗口除公共属性外，还有控制图形窗口外观、交互控制、回调执行控制、键盘控制、鼠标控制、窗口控制等多类属性，常用属性如下。

（1）Name 属性。属性值是一个字符串，用于指定图形窗口的标题，默认为空。一般情况下，图形窗口的默认标题形式为 Figure *n*，这里 *n* 是图形窗口的序号。

（2）Number 属性。它是图形窗口的序号。

（3）NumberTitle 属性。决定着在图形窗口的标题中是否以“Figure n：”为标题前缀。属性值可以是'on'（默认值）或'off'。

（4）MenuBar 属性。用于控制图形窗口是否具有菜单栏。属性值可以是'figure'（默认值）或'none'。如果值为'none'，则表示该图形窗口没有菜单栏；如果值为'figure'，则该窗口将显示图形窗口默认的菜单栏。

（5）ToolBar 属性。用于控制图形窗口是否具有工具栏，属性值可以是'auto'（默认值）、'figure'或'none'。如果值为'auto'，表示沿用 MenuBar 属性的设置。

（6）Pointer 属性。用于指定光标指针样式，属性值是一个字符串，可取值包括'arrow'（默认值）、'ibeam'、'watch'、'circle'、'cross'、'hand'等，分别对应典型的光标指针。

（7）SizeChangedFcn 和 ResizeFcn 属性。用于指定当窗口大小发生改变和窗口大小重新定义时调用的函数或命令。

（8）KeyPressFcn 和 KeyReleaseFcn 属性。用于指定当键盘键按下、键盘键释放时调用的函数或执行的命令。

（9）ButtonDownFcn、WindowButtonMotionFcn、WindowButtonUpFcn、WindowScrollWheelFcn 属性。分别用于指定鼠标键按下、鼠标光标移动、鼠标键释放、鼠标轮滚动时调用的函数或执行的命令。

图形窗口对象的默认度量单位（Units）为'pixels'，即像素。

**【例 9.3】** 建立一个图形窗口。该图形窗口没有菜单条，标题名称为“图形窗口实例”。图形窗口位于距屏幕左下角(2, 2)（单位：cm）处，宽度和高度分别为 24cm 和 16cm。当用户在键盘上按下任意键时，在图形窗口绘制正弦曲线。

程序如下：

```
hf=figure;
hf.MenuBar='None';
hf.NumberTitle='Off';
hf.Name='图形窗口实例';
hf.Units='centimeters';   %设置度量单位为 cm
hf.Position=[2,2,24,16];
hf.KeyPressFcn='fplot(@(x)sin(x),[0,2*pi])'
```

## 9.2.2　坐标轴

坐标轴是在图形窗口中定义的一个画图区域。坐标轴对象是图形窗口的子对象，每个图形窗口中可以定义多个坐标轴，但只有一个坐标轴是当前坐标轴。坐标轴对象是图形对象的父对象，即当作图形图像的容器。在没有指明坐标轴时，所有的图形图像都是在当前坐标轴中输出。

1. **坐标轴的基本操作**

建立坐标轴对象使用 axes 函数，其调用格式为

```
句柄变量=axes(parent,属性名 1,属性值 1,属性名 2,属性值 2,…)
```

其中，属性用于设置坐标轴的特征，选项 parent 用于指定坐标轴的父对象，可以是图形窗口对象、面板对象或选项卡对象的句柄。若调用 axes 函数时不带参数，则按坐标轴的默认属性在当前图形窗口创建坐标轴。

如果 axes 函数的参数是坐标轴句柄，即

```
axes(坐标轴句柄)
```

则设定该句柄代表的坐标轴为当前坐标轴，随后绘制的图形都显示在这个坐标轴中。

要清除坐标轴中的图形，则使用 cla 函数，其调用格式为

```
cla(坐标轴句柄)
```

不带参数的 cla 函数，表示清除当前坐标轴中的图形。

2. **坐标轴的属性**

坐标轴除公共属性外，还有控制坐标轴外观、标度、刻度、网格、视图等特征的属性，常用属性如下。

（1）Box 属性。决定坐标轴是否带有边框，可取值为'on'或'off'。

（2）GridLineStyle 属性。用于定义网格线的类型，可取值是'-'（默认值）、':'、'-.'、'--'或'none'。

（3）Title 属性。用于设置和修改坐标轴标题，值是通过 title 函数建立的标题对象的句柄。

（4）XLabel、YLabel、ZLabel 属性。用于设置和修改 $x$、$y$、$z$ 轴的标签，取值分别是通过 xlabel、ylabel、zlabel 函数建立的标签对象的句柄。

（5）XLim、YLim、ZLim 属性。取值是二元向量[Lmin,Lmax]，分别定义 $x$、$y$、$z$ 轴的下限和上限，默认为[0,1]。

（6）XScale、YScale、ZScale 属性。用于定义 $x$、$y$、$z$ 轴的刻度类型，取值是'linear'（默认值）或'log'，即线性坐标或对数坐标，默认采用线性坐标。

（7）XTickLabel、YTickLabel、ZTickLabel 属性。用于定义 $x$、$y$、$z$ 轴的刻度线标签，取值是字符串矩阵。例如，将坐标轴的 $x$ 轴刻度线标签改为循环使用字母 A～F，可执行以下命令：

```
ax.XTickLabel=['A';'B';'C';'D';'E';'F'];
```

（8）Xdir、Ydir、Zdir 属性。用于定义沿 $x$、$y$、$z$ 轴逐渐增加的值的方向，取值是'normal'（默认值）或'reverse'，分别表示值正向递增或反向递增。

（9）View 属性。用于定义视点，取值是二元向量[azimuth,elevation]，azimuth 指定观察方位角，elevation 指定仰角，默认为[0,90]。

坐标轴对象的默认度量单位（Units）为'normalized'，即根据容器（图形窗口或面板）进行归一化，容器的左下角映射为(0,0)，右上角映射为(1,1)。

【例 9.4】 利用坐标轴对象实现图形窗口的任意分割。

程序如下：

```
[x,y]=meshgrid(0:0.1:pi/2,0:0.05:pi);
z=sin(x.^2)+cos(y.^2);
ha1=axes('Position',[0.05,0.6,0.3,0.3]);
plot(x,z);
```

```
ha1.YDir='reverse';   %设置 y 轴反向递增
ha2=axes('Position',[0.45,0.6,0.5,0.35]);
plot3(x,y,z);
ha2.View=[45,-45];    %设置视点方位角和仰角
ha3=axes('Position',[0.1,0.05,0.8,0.5]);
plot3(x,y,z);
grid on;              %显示网格线
```

程序执行结果如图 9.3 所示。利用 axes 函数可以在不影响图形窗口上其他坐标轴的前提下建立一个新的坐标轴，从而实现图形窗口的任意分割。

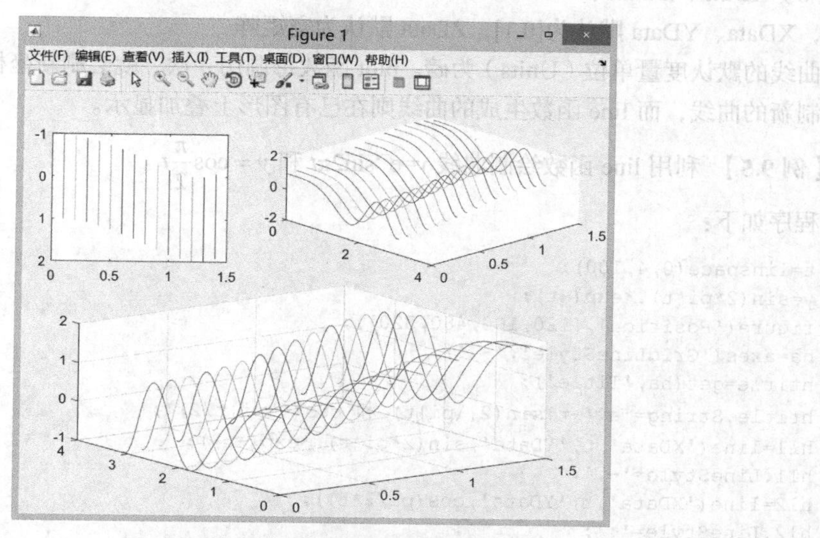


图 9.3　利用坐标轴对象分割图形窗口

# 9.3　图形数据对象

MATLAB 将曲线、矩形、曲面、文本，以及图形中的标注、图例等均视为图形数据对象，本节介绍图形数据对象的操作。

## 9.3.1　曲线对象

曲线对象既可以定义在二维坐标系中，又可以定义在三维坐标系中。曲线对象除了用第 4 章介绍的 plot、plot3 函数创建外，还可以用 line 函数创建。line 函数调用格式为

```
h=line(ax,x,y,属性名 1,属性值 1,属性名 2,属性值 2,…)
h=line(ax,x,y,z,属性名 1,属性值 1,属性名 2,属性值 2,…)
```

其中，输入参数 *x*、*y*、*z* 的含义和用法与 plot、plot3 函数一样，属性的设置与前面介绍过的 figure、axes 函数类似。选项 ax 用于指定曲线所属坐标轴，默认在当前坐标轴绘制曲线。

曲线对象除具有 Parent、Color、Type、Tag、Visible 等公共属性外，还有一些控制曲线外观、行为等特征的属性，常用属性如下。

（1）LineStyle 属性。用于定义线型，可取值参见表 4.1，默认值为'-'。

（2）LineWidth 属性。用于定义线宽，默认值为 0.5 磅。

（3）LineJoin 属性。用于定义线条边角的样式，可取值是'round'（默认值）、'miter'、'chamfer'，分别表示圆角、尖角、方角。

（4）Marker 属性。用于定义标记符号，可取值参见表 4.3，默认值为'none'。

（5）MarkerSize 属性。用于定义标记符号的大小，默认值为 6 磅。

（6）MarkerEdgeColor 属性。用于定义标记符号边框的颜色，默认值为'auto'。

（7）MarkerFaceColor 属性。用于定义标记符号内的填充色，默认值为'none'。

（8）XData、YData、ZData 属性。属性值是数值向量，分别存储曲线对象各个数据点的位置数据，XData、YData 默认为[0,1]，ZData 默认为空矩阵。

曲线的默认度量单位（Units）为磅。plot 函数每调用一次，就会刷新坐标轴，清空原有图形，再绘制新的曲线，而 line 函数生成的曲线则在已有图形上叠加显示。

**【例 9.5】** 利用 line 函数绘制曲线 $y=e^{-t}\sin 2\pi t$ 和 $y=\cos\frac{\pi}{2}t$。

程序如下：

```
t=linspace(0,4,100);
y=sin(2*pi*t).*exp(-t);
figure('Position',[120,100,480,320]);
ha=axes('GridLineStyle','-.');
htitle=get(ha,'Title');
htitle.String='e^{-t}sin(2{\pi}t) 和 cos({\pi}t/2)';
hl1=line('XData',t,'YData',sin(2*pi*t).*exp(-t));
hl1.LineStyle='-.';
hl2=line('XData',t,'YData',cos(pi/2*t));
hl2.LineStyle=':';
grid on
```

程序执行结果如图 9.4 所示。

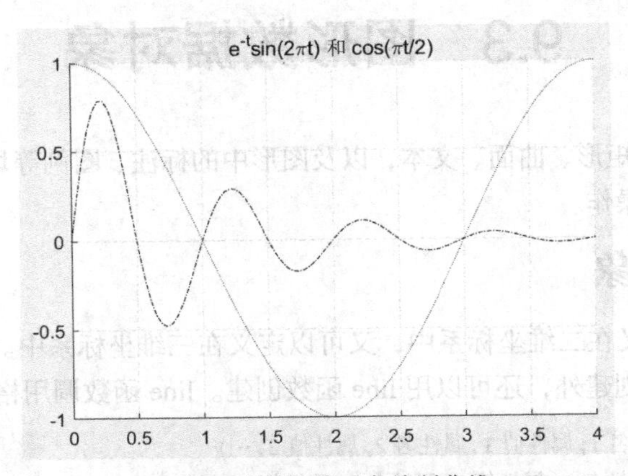


图 9.4 利用曲线对象绘制曲线

## 9.3.2 曲面对象

### 1. 建立曲面对象

建立曲面对象除了使用第 4 章介绍的 mesh、surf 等函数外，还可以使用 surface 函数，其调

用格式为

```
h=surface(ax,Z,C,属性名1,属性值1,属性名2,属性值2,…)
h=surface(ax,X,Y,Z,C,属性名1,属性值1,属性名2,属性值2,…)
```

一般情况下，参数 $\boldsymbol{X}$、$\boldsymbol{Y}$、$\boldsymbol{Z}$ 是同型矩阵，$\boldsymbol{X}$、$\boldsymbol{Y}$ 是平面网格坐标矩阵，$\boldsymbol{Z}$ 是网格点上的高度矩阵。当输入参数只有一个矩阵 $\boldsymbol{Z}$ 时，将 $\boldsymbol{Z}$ 每个元素的行和列索引用作 $x$ 和 $y$ 坐标，将 $\boldsymbol{Z}$ 每个元素的值用作 $z$ 坐标绘制图形。选项 $\boldsymbol{C}$ 用于指定在不同高度下的曲面颜色。$\boldsymbol{C}$ 省略时，MATLAB 认为 $\boldsymbol{C}=\boldsymbol{Z}$，亦即颜色的设定是正比于图形高度的。选项 ax 用于指定曲面所属坐标轴，默认在当前坐标轴绘制图形。

曲面对象除具有 Parent、Type、Tag、Visible 等公共属性外，还有一些与曲面形态有关的特有属性，常用属性如下。

（1）EdgeColor 属性。用于定义曲面网格线的颜色。属性值是代表某颜色的字符或 RGB 向量，还可以是'flat'、'interp'或'none'，默认为[0 0 0]（黑色）。

（2）FaceColor 属性。用于定义曲面网格片的颜色或着色方式。属性值是代表某颜色的字符或 RGB 向量，还可以是'flat'（默认值）、'interp'、'texturemap'或'none'。'flat'表示每一个网格片用单一颜色填充；'interp'表示用渐变方式填充网格片；'none'表示网格片无颜色；'texturemap'表示用 Cdata 属性定义的颜色填充网格片。

（3）FaceAlpha 属性。用于定义曲面的透明度，可取值为 0（完全透明）～1（完全不透明）之间的数或'flat'、'interp'、texturemap，默认为 1。

（4）FaceLighting 属性。用于定义投影到曲面的灯光的效果，可取值为'flat'（默认值）、'gouraud'、'none'。

（5）BackFaceLighting 属性。用于定义背光效果，可取值为'reverslit'（默认值）、'unlit'、'lit'。

曲面的默认度量单位（Units）为磅。surf、mesh 函数每调用一次，就会刷新坐标轴，清空原有图形，再绘制新的图形，而 surface 函数生成的曲面则在已有图形上叠加显示。

**【例 9.6】** 利用曲面对象绘制三维曲面 $z=x^2-2y^2$。

程序如下：

```
[x,y]=meshgrid(-10:0.5:10);
z=x.^2-2*y.^2;
axes('view',[-37.5,30],'Position',[0.05,0.1,0.4,0.85]);
hs1=surface(x,y,z);
hs1.FaceColor='none'; %设置网格片无填充
hs1.EdgeColor='b';    %设置网格片边框为蓝色
hT1=get(gca,'Title');
set(hT1,'String','网格曲面','FontSize',12,'Position',[5,10]);
axes('view',[-37.5,30],'Position',[0.55,0.1,0.4,0.85]);
hs2=surface(x,y,z);
hs2.FaceColor='interp';   %设置网格片用渐变色填充
hs2.EdgeColor='flat';     %设置网格片边框为单一颜色
hT2=get(gca,'Title');
set(hT2,'String','着色曲面','FontSize',12,'Position',[5,10])
```

执行程序，绘制出的图形如图 9.5 所示。

**2. 设置曲面颜色**

曲面对象的 CData 属性称为颜色索引，用于定义曲面顶点的颜色。CData 属性的定义有以下两种方法。

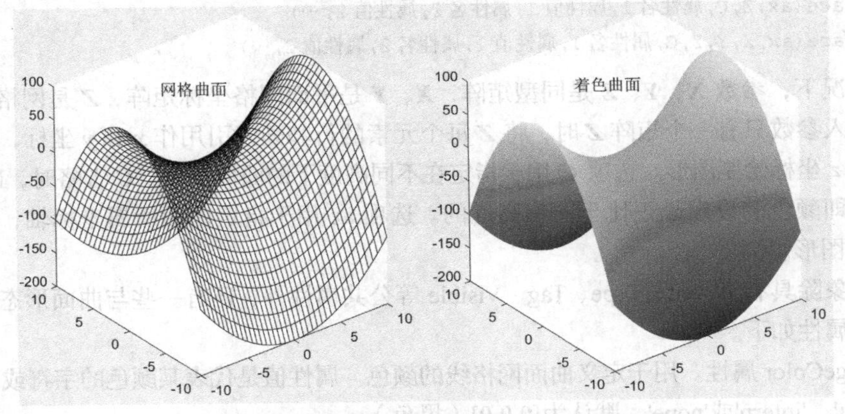


图 9.5　利用曲面对象绘制的网格曲面和着色曲面

（1）使用色图

若 CData 属性值是一个 $m \times n$（与输入参数 $\boldsymbol{X}$、$\boldsymbol{Y}$、$\boldsymbol{Z}$ 同型）的矩阵 $\boldsymbol{C}$，则 $\boldsymbol{C}$ 中数据与色图（Colormap）中的颜色相关联，曲面网格顶点$(i, j)$的颜色为 $C(i, j)$在色图中对应的颜色。MATLAB 默认将 CData 属性完整的数据范围映射到色图上，颜色索引的最小值映射到色图矩阵的第一个 RGB 三元组，最大值映射到色图矩阵的最后一个 RGB 三元组，所有中间值线性映射到色图矩阵中间的 RGB 三元组。

【例 9.7】 绘制三维曲面 $z = x^2 - 2y^2$。生成一个与 $z$ 同型的随机矩阵 $\boldsymbol{C}$，将其作为 CData 属性值，观察曲面颜色与矩阵 $\boldsymbol{C}$ 的对应关系。

程序如下：

```
[X,Y]=meshgrid(-10:1:10);
Z=X.^2-2*Y.^2;
%生成元素值在[11,19]的随机矩阵
C=randi(9,size(Z))+10;
axes('view',[-37.5,30]);
h1=surface(X,Y,Z);
h1.CData=C;
colorbar
Cmap=colormap(gray)
```

执行程序，绘制出的图形如图 9.6 所示。“colorbar”命令用于显示颜色栏，颜色栏的数据标记显示出数据与颜色的对应关系。程序中使用 gray 色图，$C$ 的最小值 11 映射到色图的第 1 个颜色（黑色，[0 0 0]），最大值 19 映射到色图的最后 1 个颜色（白色，[255 255 255]），其他值线性映射到色图中间的其他颜色。

CData 属性仅影响 CDataMapping 属性为'scaled'的图形对象。如果 CDataMapping 属性值为'direct'，则颜色索引的所有值不进行比例缩放，小于 1 的值都将裁剪映射至色图中的第一种颜色，大于色图长度的值则裁剪映射至色图中的最后一种颜色。

（2）使用自定义颜色

若 CData 是一个 $m \times n \times 3$（输入参数 $\boldsymbol{X}$、$\boldsymbol{Y}$、$\boldsymbol{Z}$ 是 $m \times n$ 矩阵）的三维数组，则曲面网格顶点使用 CData 的第 3 维的 RGB 三元组定义的颜色。

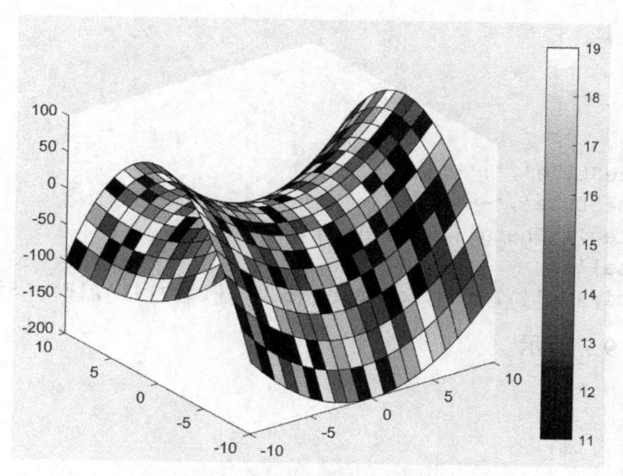


图 9.6　曲面对象的颜色映射

## 9.3.3　文本对象

使用 text 函数可以创建文本对象。text 函数的调用格式为

```
h=text(ax,x,y,说明文本,属性名 1,属性值 1,属性名 2,属性值 2,…)
h=text(ax,x,y,z,说明文本,属性名 1,属性值 1,属性名 2,属性值 2,…)
```

其中，$x$、$y$、$z$ 定义文本对象的位置。说明文本中除使用标准的 ASCII 字符外，还可使用 TeX 的标识。选项 ax 用于指定文本对象所属坐标轴，默认在当前坐标轴输出文本。例如，执行以下命令：

```
h=text(10,8,50,'{\gamma}={\rho}^2');
```

将在当前坐标轴的指定位置输出 $\gamma=\rho^2$。

文本对象除具有公共属性和曲线对象的属性（用于指定文本对象边框属性）外，还有一些与文本呈现效果有关的特有属性，常用属性如下。

（1）String 属性。指定显示的文本，属性值可以是数、字符数组、单元数组。

（2）Interpreter 属性。用于控制对文本字符的解释方式，属性值是'tex'（默认值，使用 TeX 标记子集解释字符）、'latex'（使用 LaTeX 标记子集解释字符）或'none'。常用 TeX 标识符参见表 4.5。

（3）字体属性。这类属性有 FontName、FontSize、FontAngle 等。FontName 属性用于指定文本使用的字体的名称，取值是系统支持的字体名称或'FixedWidth'，如'楷体'；FontSize 属性指定字体大小，度量单位默认为磅，FontSize 默认值取决于操作系统和区域设置；FontWeight 属性用于指定文本字符是否加粗，取值是'normal'（默认值）或'bold'（加粗）；FontAngle 属性用于设置文本字符是否倾斜，取值是'normal'（默认值）或'italic'（倾斜）。

（4）Rotation 属性。用于定义文本旋转方向，取正值时表示逆时针方向旋转，取负值时表示顺时针方向旋转。属性值是以度为单位的数，默认为 0。

（5）HorizontalAlignment 属性。控制文本水平方向的对齐方式，其取值为'left'（默认值）、'center'或'right'。

（6）VerticalAlignment 属性。控制文本垂直方向的对齐方式，其取值为'middle'（默认值）、'top'、'bottom'、'baseline'或'cap'。

**【例 9.8】** 利用曲线对象绘制曲线并利用文本对象完成标注。

程序如下：

```
x=-pi:0.1:pi;
y1=sin(x);
y2=cos(x);
h1=line(x,y1,'LineStyle',':');
h2=line(x,y2,'LineStyle','--');
xlabel('{-\pi}{\leq}{\Theta}{\leq}{\pi}');
ylabel('sin{\Theta}');
text(-pi/4,sin(-pi/4),'{\leftarrow}sin(-{\pi}{\div}4)','FontSize',12)
```

程序执行结果如图 9.7 所示。

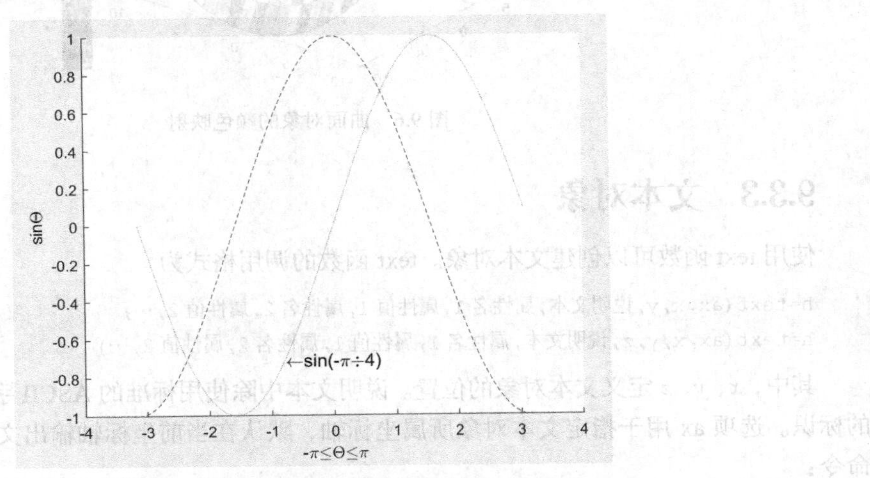


图 9.7　利用曲线对象绘制曲线并标注

## 9.3.4　其他图形数据对象

### 1. 补片对象

补片对象是由一个或多个多边形构成的。在 MATLAB 中，创建补片对象的函数是 patch 函数，通过定义多边形的顶点和多边形的填充颜色来实现。patch 函数的调用格式为

```
patch(ax,X,Y,C,属性名 1,属性值 1,属性名 2,属性值 2,…)
patch(ax,X,Y,Z,C,属性名 1,属性值 1,属性名 2,属性值 2,…)
```

其中，$\boldsymbol{X}$、$\boldsymbol{Y}$、$\boldsymbol{Z}$ 定义多边形顶点。若 $\boldsymbol{X}$、$\boldsymbol{Y}$、$\boldsymbol{Z}$ 是有 $n$ 个元素的向量，则绘制一个有 $n$ 个顶点的多边形；若 $\boldsymbol{X}$、$\boldsymbol{Y}$、$\boldsymbol{Z}$ 是 $m\times n$ 的矩阵，则每一列的元素对应一个 $m$ 边形，绘制 $n$ 个 $m$ 边形。参数 $\boldsymbol{C}$ 指定填充颜色。选项 ax 用于指定补片对象所属坐标轴，默认在当前坐标轴绘制图形。

补片对象除具有曲面对象的基本属性外，还具有控制补片对象特征的特有属性，常用属性如下。

（1）Vertices 和 Faces 属性。取值是一个 $m\times n$ 的矩阵。Vertices 属性定义每个顶点的坐标。Faces 属性定义每个面的顶点连接，值矩阵的每一行指定一个面的所有顶点，图形由 $m$ 个面构成，每个面最多有 $n$ 个顶点。

（2）FaceVertexCData 属性。用于指定每个补片的面和顶点的颜色。

（3）XData、YData 和 ZData 属性。其取值是向量或同型矩阵，分别定义各顶点的 $x$、$y$、$z$ 坐

标。若它们为矩阵，则每一列对应一个多边形。

【例 9.9】 用 patch 函数绘制两个三角形。

三角形可以当成有 3 个顶点的多边形处理，程序如下：

```
x=[0;3;0;1;4;1];
y=[1;1;3;3.5;2;5];
X=[x(1:3,1),x(4:6,1)];
Y=[y(1:3,1),y(4:6,1)];
C=rand(size(X));
patch(X,Y,C)
```

程序执行结果如图 9.8 所示。下面通过指定补片对象的 Vertices 和 Faces 属性绘制这些图形，程序如下：

```
x=[0;3;0;1;4;1];
y=[1;1;3;3.5;2;5];
v=[x,y];
f=[1,2,3;4,5,6];
col=rand(6,1);
patch('Faces',f,'Vertices',v,'FaceVertexCData',col, ...
   'FaceColor','interp')
```

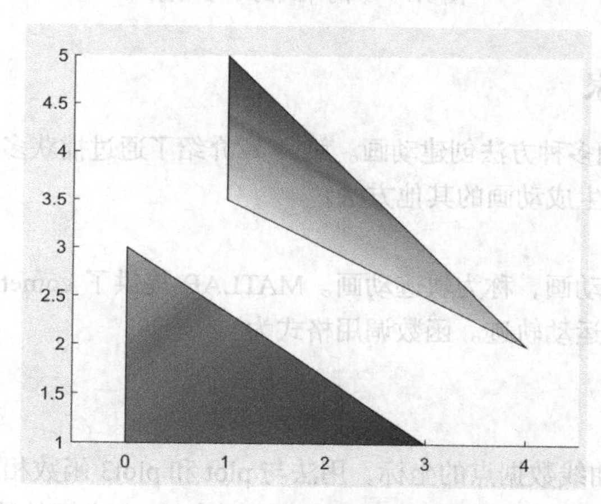


图 9.8　利用补片对象绘制的多边形

**2. 矩形对象**

在 MATLAB 中，矩形、椭圆及二者之间的过渡图形（如圆角矩形），都称为矩形对象。创建矩形对象的函数是 rectangle，该函数调用格式为

```
rectangle(属性名1,属性值1,属性名2,属性值2,…)
```

除公共属性外，矩形对象还有 Curvature 属性，定义水平和垂直方向的曲率。Curvature 属性用二元向量[***x***, ***y***]定义，***x*** 和 ***y*** 的取值范围为[0,1]，***x*** 指定水平方向的曲率，***y*** 指定垂直方向的曲率。如果 Curvature 设置为[0, 0]，则生成直角矩形；Curvature 设置为[1, 1]，则生成椭圆。如果值用标量定义，则表示两个方向的曲率一致。Curvature 的默认值为[0, 0]。

【例 9.10】 在同一坐标轴中绘制矩形、圆角矩形、椭圆和圆。

程序如下：

```
rectangle('Position',[0,0,40,30],'LineWidth',2,'EdgeColor','r');
rectangle('Position',[5,5,20,30],'Curvature',.4,'LineStyle','-.');
```

```
rectangle('Position',[10,10,30,20],'Curvature',[1,1],'LineWidth',2);
rectangle('Position',[0,0,30,30],'Curvature',[1,1],'EdgeColor','b');
axis equal
```

程序执行结果如图 9.9 所示。

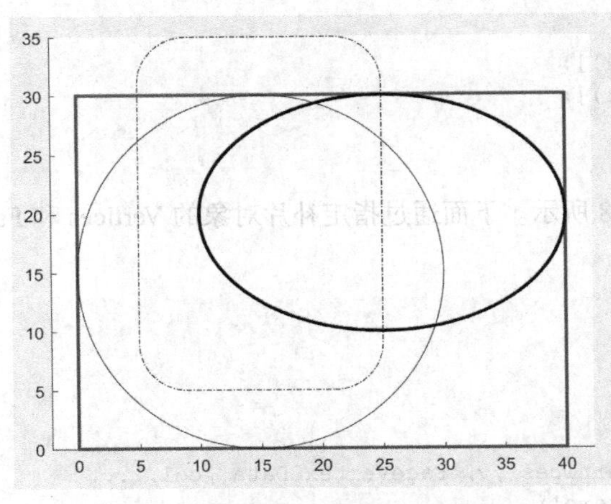

图 9.9　不同样式的矩形对象

## 9.3.5　动画对象

MATLAB 中可以使用多种方法创建动画。第 4 章介绍了通过捕获多帧图像并连续播放的方法创建逐帧动画，本节介绍生成动画的其他方法。

**1. 创建轨迹动画**

描绘质点运动轨迹的动画，称为轨迹动画。MATLAB 提供了 comet 和 comet3 函数展现质点在二维平面和三维空间的运动轨迹。函数调用格式为

```
comet(x,y,p)
comet3(x,y,z,p)
```

其中，$\boldsymbol{x}$、$\boldsymbol{y}$、$\boldsymbol{z}$ 组成曲线数据点的坐标，用法与 plot 和 plot3 函数相同。参数 $p$ 用于设置绘制的彗星轨迹线的彗长，彗长为 $p$ 倍 $\boldsymbol{y}$ 向量的长度，$p$ 可为 0～1 之间的数，默认 $p$ 为 0.1。例如，以下程序用彗星运动轨迹演示曲线 $\begin{cases} x=\sin t+t\cos t \\ y=\cos t-t\sin t \\ z=t \end{cases}$ $(0\leqslant t\leqslant 10\pi)$ 的绘制过程。

```
t=linspace(0,10*pi,200);
x=sin(t)+t.*cos(t);
y=cos(t)-t.*sin(t);
comet3(x,y,t)
```

执行程序，动画中的一个画面如图 9.10 所示。

**2. 创建线条动画**

线条动画是通过修改动画线条对象的属性后刷新显示，产生动画效果。创建线条动画包括以下 3 个步骤。

（1）创建动画线条对象

MATLAB 提供 animatedline 函数创建动画线条对象，函数的调用格式为

```
h=animatedline(ax,x,y,z,属性名1,属性值1,属性名2,属性值2,…)
```

其中，选项 ax 指定动画线条对象的父对象，默认为当前坐标轴。$x$、$y$、$z$ 定义动画线条对象的起始位置。动画线条对象的属性含义与用法（如线条颜色、线型、标记符号等）与 line 函数相同。

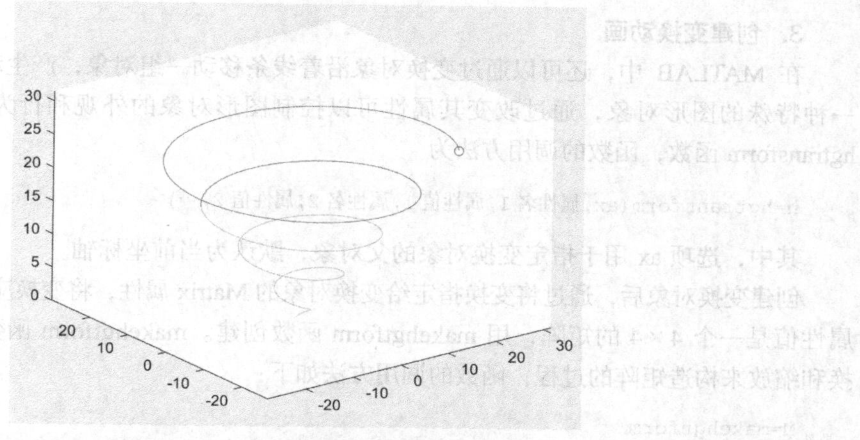


图 9.10　轨迹动画播放画面

（2）添加数据点

在动画线条对象上添加数据点使用 addpoints 函数，函数的调用格式为

```
addpoints(h,x,y)
addpoints(h,x,y,z)
```

其中，$h$ 是动画线条对象句柄，$x$、$y$、$z$ 是要加入的数据点的坐标。为了不影响绘制速度，一般先计算出所有数据点的坐标，然后逐个添加。

（3）更新显示

使用“drawnow”或“drawnow limitrate”命令控制显示更新。在数据量大的情况下，“drawnow limitrate”命令的更新比“drawnow”命令更快。

当动画中的所有数据点只有位置不同，而其他属性相同时，可以使用这种动画形式。为了控制坐标轴不会随图形的每一次刷新而变化，在创建动画之前，先设置坐标轴范围（XLim、YLim、ZLim），或将与之关联的模式属性（XLimMode、YLimMode、ZLimMode）改为手动模式。

【例 9.11】 绘制螺旋线 $\begin{cases} x=\sin t+t\cos t \\ y=\cos t-t\sin t \\ z=t \end{cases}$ $0\leqslant t\leqslant 10\pi$，展示其绘制过程。

程序如下：

```
ha=axes('view',[-37.5,30]);
ha.XLim=[-30,30];
ha.YLim=[-30,30];
ha.ZLim=[0,30];
h=animatedline;
%生成数据
t=linspace(0,10*pi,200);
x=sin(t)+t.*cos(t);
```

```
y=cos(t)-t.*sin(t);
%逐个添加数据点并绘制
for k=1:length(t)
    addpoints(h,x(k),y(k),t(k));
    drawnow;
end
```

### 3. 创建变换动画

在 MATLAB 中，还可以通过变换对象沿着线条移动一组对象，产生动画效果。变换对象是一种特殊的图形对象，通过改变其属性可以控制图形对象的外观和行为。创建变换对象使用 hgtransform 函数，函数的调用方法为

```
h=hgtransform(ax,属性名 1,属性值 1,属性名 2,属性值 2,…)
```

其中，选项 ax 用于指定变换对象的父对象，默认为当前坐标轴。

创建变换对象后，通过将变换指定给变换对象的 Matrix 属性，将变换应用于图形对象。Matrix 属性值是一个 4×4 的矩阵，用 makehgtform 函数创建。makehgtform 函数简化了执行旋转、转换和缩放来构造矩阵的过程，函数的调用方法如下：

```
M=makehgtform
M=makehgtform('translate',tx, ty, tz)
M=makehgtform('scale',s)
M=makehgtform('scale',sx,sy,sz)
M=makehgtform('xrotate',t)
M=makehgtform('yrotate',t)
M=makehgtform('zrotate',t)
M=makehgtform('axisrotate',[ax,ay,az],t)
```

第 1 种格式创建恒等变换矩阵；第 2 种格式创建沿 $x$、$y$ 和 $z$ 轴按 $tx$、$ty$ 和 $tz$ 进行转换的变换矩阵，平移图形对象；第 3 种格式创建等比例缩放的变换矩阵；第 4 种格式创建分别沿 $x$、$y$ 和 $z$ 轴按 $sx$、$sy$ 和 $sz$ 进行缩放的变换矩阵；第 5、6、7 种格式分别创建绕 $x$、$y$、$z$ 轴方向旋转 $t$ 弧度的变换矩阵；第 8 种格式创建绕轴[ax, ay, az]旋转 $t$ 弧度的变换矩阵。

【例 9.12】绘制螺旋线 $\begin{cases} x=\sin t-t\cos t \\ y=\cos t+t\sin t \\ z=t \end{cases}$ $0\leqslant t\leqslant 10\pi$，并在其上添加一个'o'类数据标记，标记从螺旋线始端移动到尾端，在移动的过程中显示曲线上各个数据点的坐标。

程序如下：

```
t=linspace(0,10*pi,200);
x=sin(t)-t.*cos(t);
y=cos(t)+t.*sin(t);
plot3(x,y,t);      %绘制螺旋线
ha=gca;
h=hgtransform;     %在当前坐标轴创建变换图形对象
plot3(h,x(1),y(1),t(1),'o');    % 在变换对象上添加标记符号
ht=text(h,x(1),y(1),t(1),num2str(y(1)),...
   'VerticalAlignment','bottom','FontSize',14);    %在变换对象上添加文本
for k=2:length(x)
    m=makehgtform('translate',x(k),y(k),t(k));
    h.Matrix=m;
    ht.String=['(', num2str(x(k)),',',num2str(y(k)),')'];
```

```
    drawnow;
end
```

# 9.4 光照和材质处理

曲面对象的呈现效果除了与自身属性有关，还与光照和材质有关。

## 9.4.1 光源对象

不同光源从不同位置、以不同角度投射光到物体的表面，使图形表面微妙的差异体现得更清楚。

**1. 创建光源对象**

MATLAB 提供 light 函数创建光源对象，其调用格式为

```
H=light(属性名 1,属性值 1,属性名 2,属性值 2,…)
```

其中，属性指定光源的特性。光源对象有如下 3 个重要属性。

（1）Color 属性。设置光的颜色，值是 RGB 三元组或描述颜色的字符串，默认为白色。

（2）Style 属性。设置光源类型，可取值为'infinite'或'local'，分别表示无穷远光和近光，默认为无穷远。

（3）Position 属性。指定光源位置，值是一个三元向量。光源对象的位置与 Style 属性有关，若 Style 属性为 local，则设置的是光源的实际位置；若 Style 属性为 infinite，则设置的是光线射过来的方向。

**2. 设置光照模式**

利用“lighting”命令可以设置光照模式，“lighting”命令的格式为

```
lighting 选项
```

其中，选项有 4 种取值。'flat'选项使入射光均匀洒落在图形对象的每个面上，是默认选项；'gouraund'选项先对顶点颜色插补，再对顶点勾画的面上颜色进行插补，用于表现曲面；'phong'选项对顶点处的法线插值，再计算各个像素的反光，它生成的光照效果好，但更费时；'none'选项关闭所有光源。

【例 9.13】 绘制光照处理后的球面并观察不同光照模式下的效果。

程序如下：

```
[X,Y,Z]=sphere(30);
axes('view',[-37.5,30],'Position',[0.05,0.1,0.4,0.85]);
surface(X,Y,Z,'FaceColor','flat','EdgeColor','none');
axes('view',[-37.5,30],'Position',[0.55,0.1,0.4,0.85]);
surface(X,Y,Z,'FaceColor','flat','EdgeColor','none');
lighting gouraund;
light('Position',[1 -1 2],'Style','infinite')
```

程序执行结果如图 9.11 所示。左图采用默认的光照模式，没有设置光源；右图采用'gouraund'光照模式，光源设置在远处。

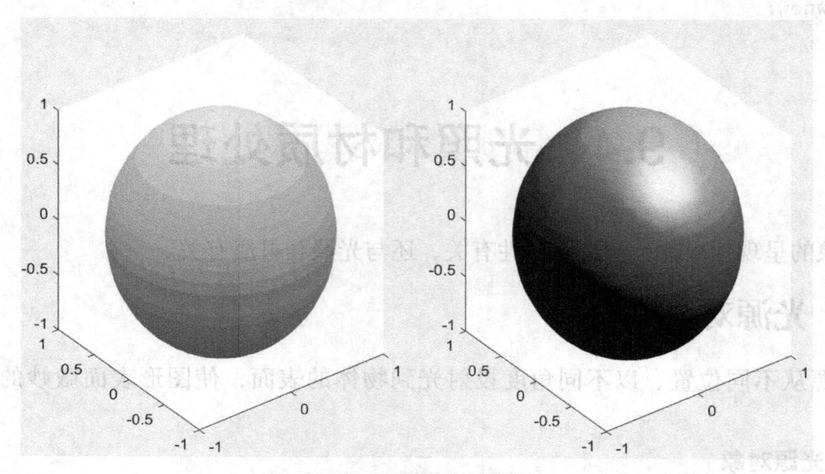


图 9.11　光照处理效果

## 9.4.2　材质处理

图形对象的反射特性影响在光源照射下图形呈现的效果。图形对象的反射特性主要有 5 种。

（1）SpecularStrength 属性。用来控制对象表面镜面反射的强度，属性值取 0～1 的数，默认取 0.9。

（2）DiffuseStrength 属性。用来控制对象表面漫反射的强度，属性值取 0～1 的数，默认值取 0.6。

（3）AmbientStrength 属性。用于确定环境光的强度，属性值取 0～1 的数，默认值取 0.3。

（4）SpecularExponent 属性。用于控制镜面反射指数，值大于等于 1，大多设置在 5～20，默认值为 10。

（5）BackFaceLighting 属性。控制对象内表面和外表面的差别，取值为'unlit'、'lit'和'reverselit'（默认值）。

【例 9.14】 绘制具有不同镜面反射强度的球面，并观察反射特性对图形效果的影响。

程序如下：

```
[X,Y,Z]=sphere(30);
axes('view',[-37.5,30],'Position',[0.05,0.1,0.4,0.85]);
hs1=surface(X,Y,Z,'FaceColor','flat','EdgeColor','none');
%光源位置在[1 -1 2]，光照模式为phong
light('Position',[1 -1 2]);
lighting phong;
hs1.SpecularStrength=0.1;
axes('view',[-37.5,30],'Position',[0.55,0.1,0.4,0.85]);
hs2=surface(X,Y,Z,'FaceColor','flat','EdgeColor','none');
light('Position',[1 -1 2]);
lighting phong;
hs2.SpecularStrength=1
```

程序的执行结果如图 9.12 所示。图 9.12（a）的 SpecularStrength 属性值为 0.1，表面暗，无光泽。图 9.12（b）的 SpecularStrength 属性值为 1，表面有光泽。

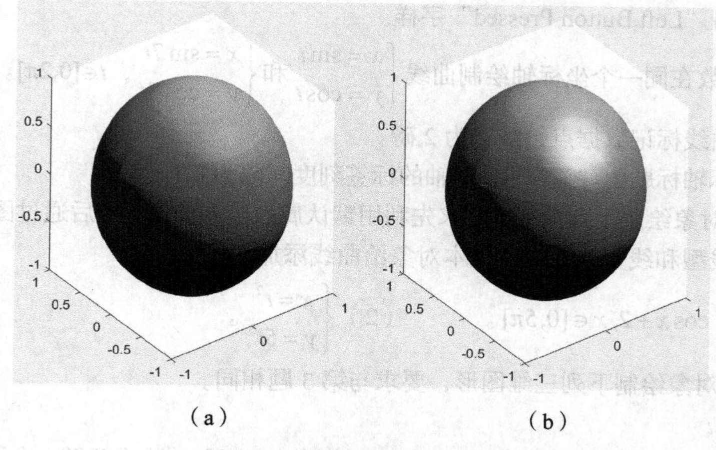


图 9.12 曲面不同的反射效果

# 思考与实验

## 一、思考题

1. 图形对象操作的基本思路是什么？
2. 简要描述下面程序最终的运行图形。

```
x=-2*pi:pi/40:2*pi;
y=sin(x);z=sin(2*x);
H1=plot(x,y,x,z);
set(H1(1),'color',[1,0,0],'linewidth',3);
set(H1(2),'color',[0,0,1]);
title('Handle Graphic Example');
H1_text=get(gca,'Title');
set(H1_text,'FontSize',26)
```

3. 说明下列程序段的功能。

（1）

```
h=plot(0:0.1:2*pi,sin(0:0.1:2*pi)); grid on;
set(h,'LineWidth',5,'Color','red');
set(gca,'GridLineStyle','-','Fontsize',16)
```

（2）

```
h=plot(0:0.1:2*pi,sin(0:0.1:2*pi));grid on;
set(gca,'ytick',[-1 -0.5 0 0.5 1])
set(gca,'yticklabel','a|b|c|d|e')
set(gca,'Fontsize',20)
```

（3）

```
Hb=findobj(gca,'Color','b')
```

## 二、实验题

1. 建立一个图形窗口，使之背景颜色为红色，并在窗口上保留原有的菜单项，而且在按下鼠标左键之后显示出“Left Button Pressed”字样。

2. 用 line 函数在同一个坐标轴绘制曲线$\begin{cases} x=\sin t \\ y=\cos t \end{cases}$和$\begin{cases} x=\sin 7t \\ y=\cos 7t \end{cases}$，$t\in[0,2\pi]$。要求：

（1）第 1 个曲线标记数据点，线宽为 2 磅。

（2）设置坐标轴标题为“篮筐”，$x$ 轴的标签刻度间隔为 0.1。

3. 利用图形对象绘制下列曲线，要求先利用默认属性绘制曲线，然后通过图形句柄操作来改变曲线的颜色、线型和线宽，并利用文本对象给曲线添加文本标注。

（1）$y=\mathrm{e}^{-0.2x}\cos x+2, x\in[0,5\pi]$。　　（2）$\begin{cases} x=t^2 \\ y=5t^3 \end{cases}$。

4. 利用图形对象绘制下列三维图形，要求与第 3 题相同。

（1）$\begin{cases} x=\cos t \\ y=\sin t \\ z=t \end{cases}$。　　（2）$v(x,t)=10\mathrm{e}^{-0.01x}\sin(200t-0.2x+\pi)$。

5. 以任意位置子图形式绘制出正弦、余弦、正切和余切函数曲线。

6. 用 patch 函数绘制一个填充渐变色的正五边形。

7. 生成一个圆柱体，并进行光照处理。

# 第10章 App设计

在解决实际问题时，为了使操作更加方便，往往需要设计成一个应用程序（Application，缩写为App），提供实现交互的图形用户界面。图形用户界面（Graphical User Interface，GUI）是用户与计算机进行信息交流的窗口，由图形窗口、控件及其相应的控制机制构成。

在MATALB中，开发具有图形用户界面的应用程序有以下3种方式。

- 调用uicontrol、uimenu等GUI函数建立图形用户界面，这是创建应用程序的基本方法。
- 使用MATLAB提供的GUIDE设计图形用户界面。
- 利用MATLAB提供的App Designer设计仿真工程实践操作的图形用户界面。

本章介绍图形用户界面的构成，以及开发具有图形用户界面的应用程序的方法。

【本章学习目标】

- 掌握图形用户界面设计的方法。
- 熟悉控件的常用属性。
- 掌握调用GUI函数建立用户界面的方法。
- 掌握GUIDE的使用。
- 掌握App设计工具的使用。

## 10.1 图形用户界面

在MATLAB中，图形用户界面除了包含用于数据可视化或交互式数据探查的图形对象（如坐标轴、表等），还包含用于交互的控件（如按钮、文本框、菜单、工具栏等）对象，当用户通过鼠标或键盘操纵这些控件对象时，将执行特定的操作。

### 10.1.1 用户界面对象概述

**1. 控件**

控件（Controls）是组成图形用户界面的重要元素，按功能大致分为两类：第一类用来输入和输出数据，如编辑框、静态文本、列表框、滑动条；第二类是实施确认、选择操作的控件，如单选按钮、复选框等。

（1）按钮。按钮是对话框中最常用的控件。一个按钮代表一种操作，所以也称为命令按钮。

（2）滑动条。滑动条可以用图示的方式实现输入指定范围内的一个值。用户可以通过移动滑块来改变滑动条对象的值。

（3）单选按钮。单选按钮是一种选择性按钮，当被选中时，圆圈的中心有一个实心的黑点，否则圆圈为空白。在一组单选按钮中，只能有一个被选中，如果选中了其中一个，则原来被选中的就不再处于被选中状态，这就像收音机一次只能选中一个电台一样，故称作单选按钮。

（4）复选框。复选框的功能和单选按钮相似，也是一组选择项，被选中的项其小方框中有√。与单选按钮不同的是，复选框一次可以选择多项，这也是“复选框”名字的来由。

（5）可编辑文本。可编辑文本对象供用户输入数据用。编辑框内输入的是字符，参与算术运算前需要转换为对应的数。

（6）静态文本。静态文本对象一般用作其他控件的标签、提示。

（7）列表框。列表框用于提供一个包含多个选项的列表，供用户进行选择。

（8）弹出式菜单。弹出式菜单的作用与列表框类似。与列表框不同的是，弹出式菜单通常只显示当前选项，单击其右端的向下箭头才弹出包含所有选项的列表框。

（9）切换按钮。切换按钮用于指示功能是否开启。当切换按钮对象处于按下状态时，表示功能已打开；处于弹起状态时，表示对应功能已关闭。

（10）表。表格用于显示数据，其来源可以是数值矩阵、逻辑矩阵、数值单元数组、逻辑单元数组、字符串单元数组，以及由数值、逻辑值和字符串组成的混合单元数组。

（11）坐标轴。坐标轴是显示图形、图像的容器。

（12）面板。面板用于对图形界面中的控件和坐标轴进行分组，便于用户对一组相关的控件和坐标轴进行管理。

（13）按钮组。按钮组用于对图形窗口中的单选按钮和切换按钮集合进行逻辑分组。例如，将若干单选铵钮分成多组，则在一组单选按钮组内部选中一个单选按钮，不影响在其他组内的选择。按钮组中的所有控件，其控制代码必须写在按钮组的 SelectionChangeFcn 响应函数中，而不是控件的回调函数中。

（14）ActiveX 控件。ActiveX 控件是 Microsoft 对象链接与嵌入定制控件。使用 ActiveX 控件可快速实现小型的组件重用、代码共享。ActiveX 控件只能作为图形窗口的子对象，不能作为面板和按钮组的子对象。

**2. 菜单**

在 Windows 程序中，菜单（Menu）是一个重要的程序元素。菜单把对程序的各种操作命令非常规范、有效地呈现给用户，便于用户执行相应的功能。菜单对象也是图形窗口的子对象，所以菜单设计总在某一个图形窗口中进行。快捷菜单（ContextMenu）是用鼠标右键单击某对象时在屏幕上弹出的菜单。这种菜单出现的位置是不固定的，而且总是和某个图形对象相联系，也称为上下文菜单。

**3. 工具栏**

工具栏（Toolbar）以图标方式提供了常用命令的快速访问按钮，通常情况下，工具栏包含的按钮和窗体菜单中的菜单项相对应。

### 10.1.2 控件的常用属性

MATLAB 的控件对象使用相同的属性类型，但是这些属性对于不同类型的控件对象，其含义不尽相同。除具有图形对象的公共属性（如 Parent、Units、Enable、Visible 等）外，还有一些控制控件外观和行为的特殊属性。

**1. 外观控制属性**

（1）Style 属性。用于定义控件对象的类型，可取值包括'pushbutton'（按钮，默认值）、'slider'

（滑动条）、'togglebutton'（切换按钮）、'checkbox'（复选框）、'radiobutton'（单选按钮）、'edit'（可编辑文本）、'text'（静态文本）、'listbox'（列表框）、'popupmenu'（弹出式菜单）。

（2）Tag 属性。用于定义控件标识。当一个程序中包含多个对象时，我们可以通过 Tag 属性给每个对象设置标识，方便对这些对象的管理。属性的取值为字符串。

（3）String 属性。用于定义控件对象的说明文字，取值是字符串，如按钮上的说明文字。

（4）Enable 属性。用于控制控件对象是否可用，取值是'on'（默认值）或'off'。

（5）HorizontalAlignment 属性。用于设置说明文字的水平对齐方式，可取值为'center'（默认值）、'left'或'right'。

（6）BackgroundColor、ForegroundColor 属性。属性值是代表某种颜色的字符或 RGB 三元组。BackgroundColor 属性用于定义控件对象区域的背景色，默认值为[.94 .94 .94]（浅灰色）；ForegroundColor 属性用于定义控件对象说明文字的颜色，默认为黑色。

（7）Position 属性。用于定义控件对象在用户界面中的位置和大小，属性值是一个四元向量 $[x,y,w,h]$。$x$ 和 $y$ 分别为控件对象左下角相对于父对象的 $x$、$y$ 坐标，$w$ 和 $h$ 分别为控件对象的宽度和高度。

（8）Max、Min 属性。用于指定控件对象的最大值和最小值，默认值分别是 1 和 0。这两个属性值对于不同的控件对象类型，有不同的意义。

- 对于单选按钮和复选框对象，当对象处于选中状态时，其 Value 属性值为 Max 属性对应的值。当单选按钮处于未选中状态时，其 Value 属性值为 Min 属性对应的值。
- 对于滑动条对象，Max 定义滑动条的最大值，Min 定义滑动条的最小值，滑动条对象的值是滑块所处位置对应的值。
- 对于编辑框对象，如果 Max−Min>1，那么对应的编辑框接受多行字符输入；如果 Max−Min≤1，那么编辑框仅接受单行字符输入。
- 对于列表框对象，如果 Max−Min>1，那么在列表框中允许一次选择多项；如果 Max−Min≤1，那么在列表框中一次仅允许选择一项。

（9）Value 属性。用于获取和设置控件对象的当前值。

（10）UserData 属性。用于存储与控件对象关联的数据，默认为空数组。

**2. 事件响应属性**

（1）Callback 属性。属性值是描述命令的字符串或函数句柄，当单击控件时，系统将自动执行字符串描述的命令或调用句柄所代表的函数，实施相关操作。

（2）ButtonDownFcn 属性。用于定义在控件对象上单击鼠标左键时执行的命令。

（3）KeyPressFcn 属性。用于定义在控件对象上按下键盘键时执行的命令。

（4）KeyReleaseFcn 属性。用于指定在控件对象上按下的键盘键被释放时执行的命令。

（5）CreateFcn 属性。用于指定在建立控件对象时执行的命令。

（6）DeleteFcn 属性。用于指定删除控件对象时执行的命令。

这些定义事件响应的属性的可取值可以是空字符串（默认值）、函数句柄、单元数组、字符串。

### 10.1.3 回调函数

回调函数（Callbacks）定义对象怎样处理信息并响应某事件。回调函数可以经由键盘上的键触动、鼠标单击、项目选定、光标滑过特定控件等事件触发执行。

**1. 事件驱动机制**

面向对象的程序设计是以对象感知事件的过程为编程单位，这种程序设计的方法称为事件驱动编程机制。当事件发生时，相应的程序段才会运行。

事件是由用户或操作系统引发的动作。事件发生在用户与应用程序交互时，例如，单击图形对象、在可编辑文本框中输入数据、在图形对象或控件对象上移动鼠标等。不同对象对相同事件做出的响应是不同的，“gcbo”命令用于获取正在执行回调的对象句柄。

**2. 回调函数基本结构**

回调函数定义对象怎样处理信息并响应某事件，该函数不会主动运行，是由主控程序调用的。主控程序一直处于前台操作，它对各种消息进行分析、排队和处理，当事件被触发时去调用指定的回调函数，执行完毕之后控制权又回到主控程序。回调函数的基本结构如下：

```
function 回调函数名(source,eventdata)
......
end
```

其中，参数 source 是发生事件的源对象句柄，eventdata 存储事件数据。如果函数中不需要引用事件数据，可以用符号“~”作为第 2 个参数。

【例 10.1】 绘制[0,2π]的正弦曲线，当在曲线上单击鼠标左键时，将曲线线条颜色改为红色。

首先定义回调函数 setlinecolor，通过参数 source 获取曲线句柄，并设置该曲线颜色为红色。

```
function setlinecolor(source,~)
   source.Color='r';
end
```

将上述函数保存为函数文件 setlinecolor.m。然后在命令窗口执行以下命令，绘制正弦曲线，并设置曲线的 ButtonDownFcn 属性值为 setlinecolor 函数句柄。

```
>> x=linspace(0,2*pi,50);
>> h=plot(x,sin(x));
>> h.ButtonDownFcn=@setlinecolor;
```

执行以上命令，将打开一个图形窗口，绘制正弦曲线。在曲线上单击鼠标左键，曲线变成红色。

## 10.2 GUI 函数

在 MATLAB 中，传统的设计方法是通过调用函数建立图形用户界面，然后定义控件的回调函数来实现应用程序的功能，这种方式适合于简单用户界面的设计。本节介绍通过调用 GUI 函数建立用户界面的方法。

### 10.2.1 建立控件对象

MATLAB 提供了用于建立控件对象的函数 uicontrol，其调用格式为

```
h=uicontrol(parent,属性 1,属性值 1,属性 2,属性值 2,…)
```

其中，参数 parent 用于指定控件对象的容器（即父对象），属性及其取值决定了控件对象的特征。当父对象句柄省略时，默认在当前图形窗口建立控件对象。若还没有图形窗口，则首先按

默认方式创建图形窗口。

例如，在图形窗口上放置一个滑动条，可执行以下命令：

```
>> fh=figure('position',[100,200,320,160]);
>> sh=uicontrol(fh,'Style','slider', ...
            'Max',100,'Min',0,'Value',25, ...
            'SliderStep',[0.05 0.2], ...
            'Position',[60 100 150 30]);
```

图形窗口、按钮组、面板、工具栏都可以作为控件对象的父对象。MATLAB 提供了 uibuttongroup 函数、uipanel 函数、uitoolbar 函数，分别用于建立按钮组、面板、工具栏，函数的调用格式为

```
h=uibuttongroup(parent,属性 1,属性值 1,属性 2,属性值 2,…)
h=uipanel(parent,属性 1,属性值 1,属性 2,属性值 2,…)
h=uitoolbar(parent,属性 1,属性值 1,属性 2,属性值 2,…)
```

其中，参数的含义与 uicontrol 函数相似。例如，建立一个按钮组，在其中放置两个单选按钮，第 2 个单选按钮呈现选中状态，可执行以下命令：

```
>> fh=figure;
>> bg=uibuttongroup(fh,'Position',[0.1,0.1,0.5,0.1]);
>> r1=uicontrol(bg,'Style','radiobutton',...
            'String','选项 A',...
            'Position',[10 10 100 30]);
>> r2=uicontrol(bg,'Style','radiobutton',...
            'String','选项 B',...
            'Position',[110 10 100 30],...
            'Value',1);
```

## 10.2.2　建立用户菜单

### 1. 创建菜单

MATLAB 提供了 uimenu 函数来创建、设置、修改菜单。函数调用格式为

```
m=uimenu(parent,属性 1,属性值 1,属性 2,属性值 2,…)
```

建立菜单时，parent 为图形窗口的句柄，默认在当前图形窗口中建立这个菜单。如果此时不存在活动图形窗口，MATLAB 会建立一个图形窗口。建立菜单的一级菜单项时，parent 为该菜单项所属的菜单句柄；建立其他菜单项时，parent 为该菜单项的上一级菜单项句柄。例如：

```
>> hm=uimenu(gcf,'Label','文件');
>> hm1=uimenu(hm,'Label','打开');
>> hm2=uimenu(hm,'Label','新建');
>> hm3=uimenu(hm,'Label','保存');
>> hm21=uimenu(hm2,'Label','图形窗口');
>> hm22=uimenu(hm2,'Label','坐标轴');
```

执行以上命令，将在当前图形窗口添加“文件”菜单，菜单包含 3 个菜单项，“新建”菜单项下有两个二级菜单项。

MATLAB 图形窗口带有默认菜单，若不需要图形窗口的默认菜单，为了建立用户自己的菜单系统，可以先将图形窗口的 MenuBar 属性设置为 none。

**2. 菜单属性**

菜单对象除具有 Children、Parent、Tag 等公共属性外，还有一些特殊属性。

- Label 属性：用于定义菜单项上显示的文字。
- Accelerator 属性：用于定义菜单项的快捷键。
- Checked 属性：指示菜单项是否已选中。
- Enable 属性：控制菜单项的可选择性。
- Separator 属性：用于在菜单项上方添加一条分隔线。

### 10.2.3 建立快捷菜单

在 MATLAB 中，使用 uicontextmenu 函数建立快捷菜单，然后通过图形对象的 UIContextMenu 属性将快捷菜单与图形对象关联，具体步骤如下。

（1）uicontextmenu 函数用于建立快捷菜单，函数调用格式为

```
m=uicontextmenu(parent,属性 1,属性值 1,属性 2,属性值 2,…)
```

（2）利用 uimenu 函数为快捷菜单建立下一级菜单项。

（3）通过图形对象的 UIContextMenu 属性将快捷菜单与图形对象关联。

**【例 10.2】** 绘制曲线 $\begin{cases} x = \sin t + \sin 2t \\ y = \cos t - \cos 2t \end{cases}$，并建立一个与之相联系的快捷菜单，如图 10.1 所示，用以控制曲线的线型和颜色。

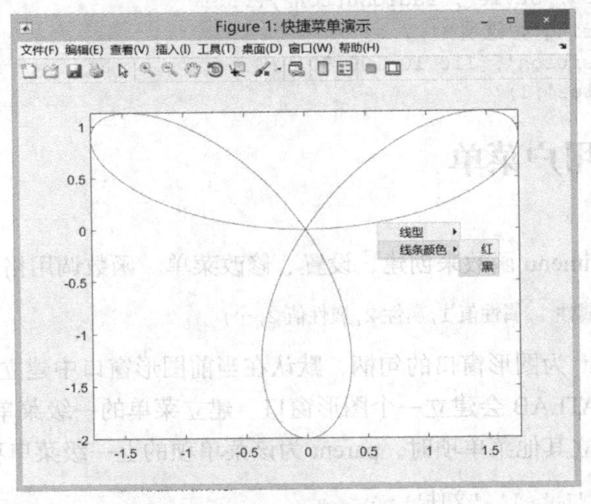


图 10.1 快捷菜单设计

建立脚本文件 menudemo.m，程序如下：

```
syms t;
x=sin(t)+sin(2*t);
y=cos(t)-cos(2*t);
hf=figure('Name','快捷菜单演示');
hl=fplot(x,y,'Tag','myline');
hc=uicontextmenu;                          %建立快捷菜单
%建立一级菜单项
hcs=uimenu(hc,'Text','线型');
```

```
hcc=uimenu(hc,'Text','线条颜色');
%建立二级菜单项
uimenu(hcs,'Text','虚线','Tag',':','CallBack',@LineStatus);
uimenu(hcs,'Text','实线','Tag','-','CallBack',@LineStatus);
uimenu(hcc,'Text','红','Tag','r','CallBack',@LineStatus);
uimenu(hcc,'Text','黑','Tag','k','CallBack',@LineStatus);
%将该快捷菜单和曲线对象关联
hl.UIContextMenu=hc;
```

然后建立函数文件 LineStatus.m，定义回调函数。

```
function LineStatus(source,~)
h=findobj('Tag','myline');
if source.Parent.Text=="线条颜色"
   h.Color=source.Tag;
elseif source.Parent.Text=="线型"
   h.LineStyle=source.Tag;
end
```

回调函数的第 1 个参数 source 是发生事件的源对象句柄，因为本回调函数中不需要引用事件数据，因此用符号“~”作为第 2 个参数。

执行脚本文件 menudemo.m 后，系统按默认参数绘制曲线。若在曲线上单击鼠标右键，则弹出图 10.1 所示快捷菜单，选择菜单命令可改变线型和颜色。

# 10.3 GUIDE

GUIDE（Graphical User Interface Development Environment）是 MATLAB 提供的图形用户界面集成开发环境，在这种开发环境中，界面设计过程变得简单和直接，实现“所见即所得”。利用 GUIDE，可以开发出操作界面友好的 MATLAB 应用程序。

## 10.3.1 GUIDE 简介

### 1. 打开 GUIDE

打开 GUIDE 有以下两种方法。

（1）在 MATLAB 桌面，选择“主页”选项卡，单击工具栏的“新建”按钮，从弹出的命令列表中选“App”下的命令项“GUIDE”。

（2）在 MATLAB 命令行窗口输入 guide 命令。

这时，将弹出“GUIDE 快速入门”对话框，如图 10.2 所示。在这个对话框中，MATLAB 为 GUI 设计提供了 4 种模板，分别是 Blank GUI（默认）、GUI with Uicontrols（含控件对象的 GUI 模板）、GUI with Axes and Menu（含坐标轴与菜单的 GUI 模板）与 Modal Question Dialog（模式对话框模板）。当在该对话框左半部的列表中选择某一模板时，在对话框的右半部就可以预览与该模板对应的用户界面。

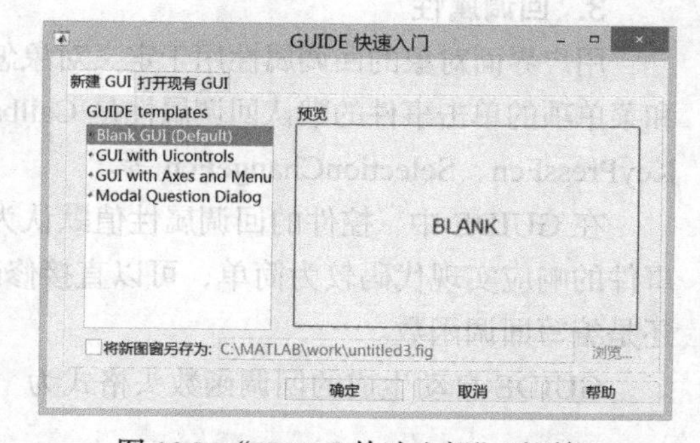


图 10.2 “GUIDE 快速入门”对话框

**2. 界面编辑器窗口**

在设计模板中选择一个模板，然后单击“确定”按钮，将会打开用户界面编辑器（Layout Editor）。图 10.3 所示为选择 Blank GUI 设计模板后显示的界面编辑器。

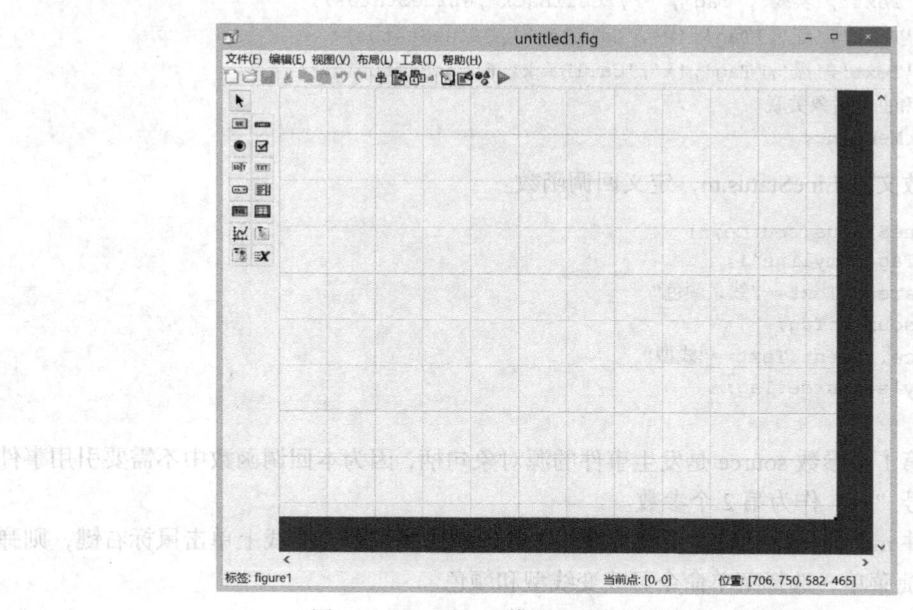


图 10.3 Blank GUI 模板下的图形用户界面编辑器

图形用户界面编辑器由菜单栏、工具栏、组件选项板、界面设计区、状态栏等部分组成。

在图形用户界面编辑器左边的是组件选项板。组件选项板提供了多种用于建立用户界面的控件。如果要在组件选项板显示控件的名称，可以选择图形用户界面设计窗口的“文件”菜单的“预设”菜单项，打开“预设项”对话框进行设置。

从组件选项板中选择一个控件，以拖曳方式将其添加至界面设计区，建立控件对象。右键单击图形对象，则弹出一个快捷菜单，用户可以从中选择某个菜单项，以进行相应的设计。例如，在快捷菜单中，选择“查看回调”子菜单的 Callback、ButtonDownFcn、CreateFcn、KeyPressFcn 等菜单项，可以打开代码编辑器来编写对应事件发生时需要执行的程序代码。图形用户界面编辑器下部的状态栏用于显示当前对象的标签（Tag）属性、位置属性等。

用 GUIDE 开发的 App 包含两个文件：.fig 文件存储用户界面的布局参数，同名的.m 文件存储用户界面的初始化设置和回调函数。

**3. 回调属性**

用户界面对象的回调属性用于定义对象怎样处理信息并响应事件。在 GUIDE 中，按钮类控件和菜单项的单击事件的默认回调属性是 Callback；其他图形对象的回调属性还有 ButtonDownFcn、KeyPressFcn、SelectionChangeFcn 等。

在 GUIDE 中，控件的回调属性值默认为“%automatic”，即自动使用默认的回调方法。如果事件的响应实现代码较为简单，可以直接修改控件的回调属性。对于较为复杂的事件响应，最好还是编写回调函数。

GUIDE 自动生成的回调函数头格式为

```
function control_Callback(hObject,eventdata,handles)
```

通常，GUIDE 将控件的 Tag 属性作为回调函数名的前缀，通过下画线连接关键字 Callback。回调函数的参数 hObject 存储事件触发的源控件，eventdata 存储事件数据，handles 存储用户界面中所有对象的句柄。可以使用 handles 获取或设置界面中某个对象的属性。例如，用户界面中有一个按钮对象 pushbutton1 和一个静态文本对象 text1，若运行时单击按钮 pushbutton1，使 text1 上显示“Hello, World”，则应在回调函数 pushbutton1_Callback 的函数体中加入以下语句：

```
handles.text1.String='Hello, World';
```

给参数 handles 添加成员，将数据作为该成员的值，然后调用 guidata 函数更新 handles 后，在其他回调过程中就能提取存储在 handles 的该成员中的值。通过这种方法，可以在多个回调函数间传递数据。

例如，在回调函数 pushbutton1_Callback 的函数体中加入以下语句：

```
handles.mydata="This is an example.";
guidata(hObject,handles);
```

第 1 条语句给 handles 添加成员 mydata，并将数据赋给 mydata。第 2 条语句调用 guidata 函数更新 handles。guidata 函数用于存储和维护用户界面数据，其参数 hObject、handles 与回调函数的参数 hObject、handles 相同。

然后在按钮 pushbutton2 的回调函数 pushbutton2_Callback 的函数体中加入以下语句，提取存储在 handles 成员 mydata 中的数据，在对象 text1 上显示：

```
handles.text1.String=handles.mydata;
```

## 10.3.2 界面设计工具

GUIDE 提供的设计工具有多个，常用的有属性检查器、菜单编辑器、工具栏编辑器、对齐对象工具、对象浏览器、Tab 键顺序编辑器等。

**1. 属性检查器**

对象属性检查器（Property Inspector）用于查看、设置用户界面中各个对象的属性。双击某个对象，或选中对象后，单击编辑器工具栏的“属性检查器”按钮（或从“视图”菜单中的选择“属性检查器”菜单项），打开属性检查器。还可以在 MATLAB 命令行窗口输入“inspect”命令，打开属性检查器。

GUIDE 通过 Tag 属性为每一个控件对象指定标识。

**2. 菜单编辑器**

菜单编辑器（Menu Editor）用于创建、设置、修改下拉式菜单和快捷菜单。单击界面编辑器工具栏的“菜单编辑器”按钮，或者选择“工具”菜单中的“菜单编辑器”菜单项，即可打开菜单编辑器。

（1）创建菜单

菜单编辑器顶部是工具栏，工具栏第 1 个按钮用于新建菜单，第 2 个按钮用于新建菜单项。在菜单编辑器的左边菜单列表中选中某个菜单/菜单项后，菜单编辑器的右边就会显示该菜单/菜单项的基本属性，用户可以在这里设置、修改菜单/菜单项的属性。图 10.4 所示为利用菜单编辑器创建的“线条样式”菜单，其下有“线型”和“线条颜色”两个一级菜单项，一级菜单项下分别有二级菜单项。

若建立的图形窗口的 MenuBar 属性值为 figure，生成的图形窗口有 MATLAB 标准菜单，自定义菜单出现在标准菜单的右边；若 MenuBar 属性值为 none，则不显示标准菜单。

菜单编辑器左部有两个选项卡，选择“菜单栏”选项卡，可以创建窗口的下拉式菜单。选择“上下文菜单”选项卡，可以创建图形对象的右键快捷菜单。选择“上下文菜单”后，菜单编辑器工具栏的第 3 个按钮变成可用，单击按钮就可以建立一个快捷菜单，然后单击“新建菜单项”按钮给这个快捷菜单添加菜单项。图 10.5 所示为利用菜单编辑器创建的快捷菜单。快捷菜单建立后，应通过图形对象的 UIContextMenu 属性将快捷菜单与图形对象关联。

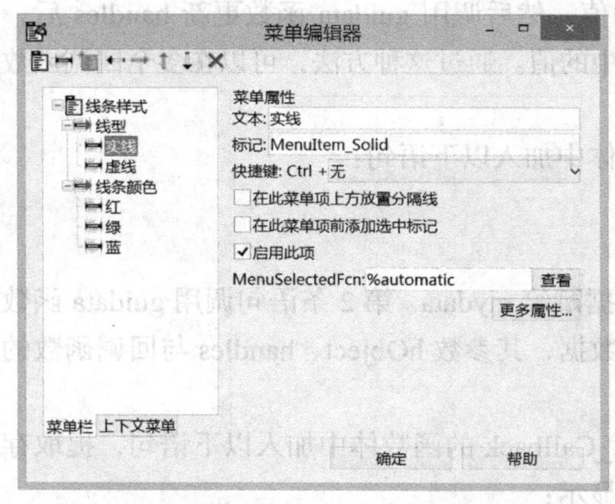


图 10.4　编辑图形窗口的下拉菜单

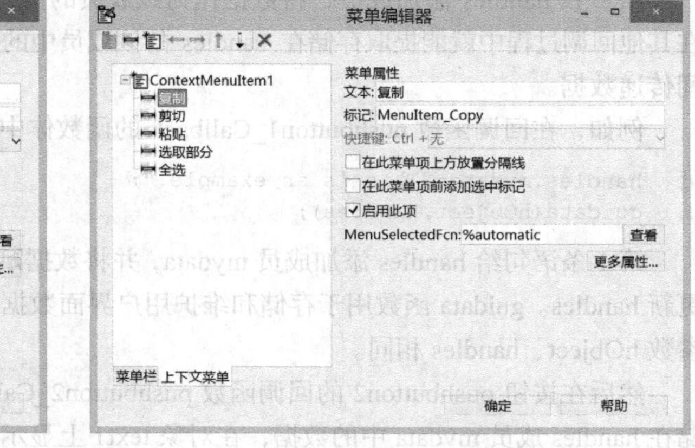


图 10.5　编辑上下文菜单

菜单编辑器工具栏其他按钮用于调整菜单结构，第 4 个按钮与第 5 个按钮用于改变菜单项的层次，第 6 个按钮与第 7 个按钮用于平级上移与下移菜单/菜单项，最右边的按钮用于删除选中的菜单项。

（2）设置菜单/菜单项属性

菜单编辑器右部列出了菜单/菜单项的主要属性。

- Label（标签）属性。该属性的取值是字符串，用于定义菜单项上显示的文字。若在字符串中加入“&”字符，则跟随在“&”后的字符有一条下画线。对于这种带有下画线字符的菜单/菜单项，可以用 Alt+该字符键来激活。
- Tag（标记）属性。该属性的取值为字符串，作为菜单项的标识。
- Accelerator（快捷键）属性。该属性的取值可以是任何字母，用于定义菜单项的快捷键。如取字母 W，则表示定义快捷键为 Ctrl+W。
- Separator 属性。其取值是 on 或 off（默认值）。若值为 on，则在该菜单项上方添加一条分隔线。利用分隔线可以将各菜单项按功能分成若干组。
- Check 属性。用于指明菜单项是否已选中，其取值是 on 或 off（默认值）。如果选中“在此菜单项前添加选中标记”复选框，即设 Check 属性值为 on。
- Enable 属性。其取值是 on（默认值）或 off。若值为 off，则用户界面运行时，该菜单项不能使用。
- Callback（回调）属性。该属性的取值是函数句柄，或用字符串描述的 MATLAB 命令。用户界面运行时，若单击某菜单项，MATLAB 将自动调用该菜单项回调属性中定义的函数或命令。

3. 工具栏编辑器

利用工具栏编辑器（Toolbar Editor）可以创建、设置、修改工具栏。单击用户界面编辑器工具栏的“工具栏编辑器”按钮，或者选择“工具”菜单中的“工具栏编辑器”菜单项，即可打开图 10.6 所示“工具栏编辑器”对话框。

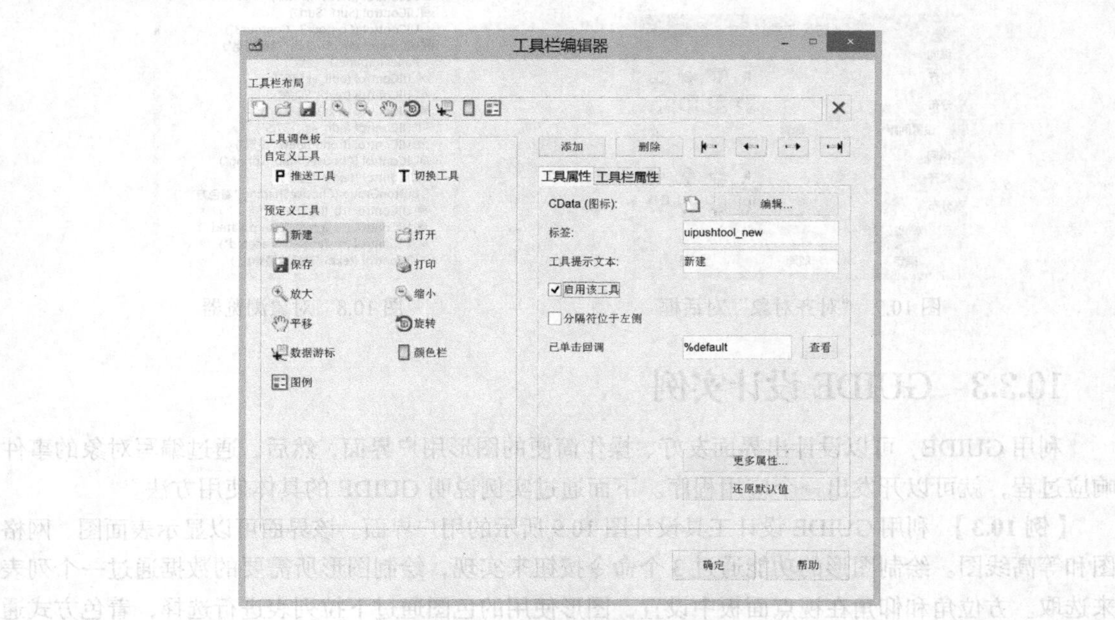


图 10.6　“工具栏编辑器”对话框

工具栏编辑器的顶部用于展示正在设计的工具栏，左面板为工具调色板，右面板包含添加、删除工具栏按钮和工具、工具栏属性的设置面板。

用户界面工具栏的“新建”和“打开”等按钮通常只能设计单击按钮时的回调方法，一般采用默认回调方法。

4. 对齐对象工具

对齐对象工具（Align Objects）用于调整设计区内的对象位置。在界面设计区选中多个对象后，单击工具栏上“对齐对象”按钮，或者选择“工具”菜单中的“对齐对象”菜单项，将弹如图 10.7 所示“对齐对象”对话框。“对齐对象”对话框包含纵向和横向两个方向的对齐工具，其中的对齐组按钮用于设置所选对象的对齐方式，分布组按钮用于调整所选对象的间距。

5. 对象浏览器

对象浏览器（Object Browser）用于查看界面所包含的图形对象和展示界面的组织架构。单击界面编辑器的工具栏中的“对象浏览器”按钮，或者选择“视图”菜单中的“对象浏览器”菜单项，将打开图 10.8 所示对象浏览器。在对象浏览器中，MATLAB 用树状列表的方式列出了已经创建的图形窗口对象及窗口中的所有图形对象。双击列表中的任何一个对象，可以打开属性检查器查看该对象的属性。

6. Tab 键顺序编辑器

利用 Tab 键顺序编辑器（Tab Order Editor），可以设置用户按键盘上的 Tab 键时，用户界面上的对象被激活的先后顺序。单击界面编辑器工具栏中的“Tab 键顺序编辑器”按钮，或者选择“工具”菜单中的“Tab 键顺序编辑器”菜单项，即可打开 Tab 键顺序编辑器。Tab 键顺序编辑器的左上角有两个按钮↑↓，用于调整用户界面中的控件对象按 Tab 键时选中的先后顺序。

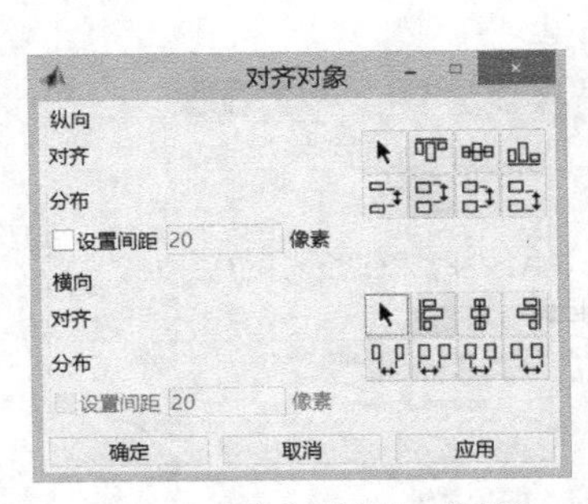


图 10.7 “对齐对象”对话框

图 10.8 对象浏览器

## 10.3.3 GUIDE 设计实例

利用 GUIDE，可以设计出界面友好、操作简便的图形用户界面，然后，通过编写对象的事件响应过程，就可以开发出一个应用程序。下面通过实例说明 GUIDE 的具体使用方法。

【例 10.3】 利用 GUIDE 设计工具设计图 10.9 所示的用户界面。该界面可以显示表面图、网格图和等高线图。绘制图形的功能通过 3 个命令按钮来实现，绘制图形所需要的数据通过一个列表来选取。方位角和仰角在视点面板中设置，图形使用的色图通过下拉列表进行选择，着色方式通过单选按钮组进行选择。切换按钮用于隐藏或显示坐标轴网格。

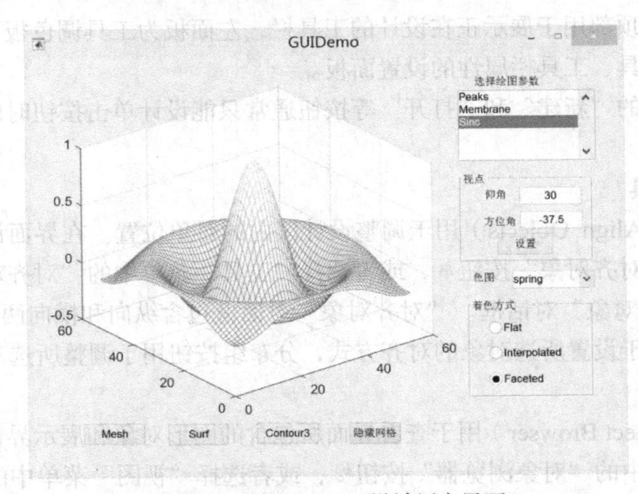


图 10.9 利用 GUIDE 设计用户界面

操作步骤如下。

### 1. 打开 GUIDE，添加有关图形对象

新建一个 Blank GUI，在界面编辑器左部组件选项板单击“坐标轴”控件，并在界面设计区拖曳出一个矩形框，调整好矩形框的大小和位置。再添加 3 个按钮、1 个双位按钮、1 个列表框、1 个面板（视点）、1 个弹出式菜单（色图）、1 个按钮组（着色方式），并在面板中放置两个可编辑文本，在按钮组中放置 3 个单选按钮。

利用对齐对象工具，按图调整好各个控件对象的大小和位置。例如，选中3个按钮，把“着色方式”按钮组中的3个单选按钮设为左对齐，且上下间距相同。

完成用户界面布局后保存界面。选择界面编辑器“文件”菜单中的“保存”菜单项或单击工具栏中的“保存图形”按钮，将设计的用户界面保存为.fig文件，文件中包含GUI图形窗口及其控件对象的属性描述。这时系统还将自动生成一个同名的.m文件，该.m文件用于保存用户界面初始化方法，以及图形窗口、控件的回调函数。

**2. 利用属性检查器，设置控件对象的属性**

在界面编辑区依次选择各个控件对象，在对应的属性检查器中按表10.1设置各个控件对象属性。String属性用于指定控件上的文本，以及列表框、弹出式菜单的选项，列表框和弹出式菜单的选项间使用回车符（Enter）作为分隔符。Tag属性用来定义控件标识，Value属性是控件的值。

表10.1 控件对象的主要属性

| 控件对象＼属性 | String属性 | Tag属性 | Value属性 |
| --- | --- | --- | --- |
| 按钮1 | Mesh | Mesh | |
| 按钮2 | Surf | Surf | |
| 按钮3 | Contour3 | Contour3 | |
| 双位按钮 | 隐藏网格 | GridSwitch | 1 |
| 列表框 | Peaks<br>Membrane<br>Sinc | ChooseFun | 3 |
| 面板 | 视点 | | |
| 静态文本1 | 30 | edit_el | |
| 静态文本2 | −37.5 | edit_az | |
| 按钮4 | 设置 | ConfigView | |
| 弹出式菜单 | spring<br>summer<br>autumn<br>winter<br>lines | ChooseCMap | 1 |
| 按钮组 | 着色方式 | ChooseShading | |
| 按钮组第1项 | Flat | | 0 |
| 按钮组第2项 | Interpolated | | 0 |
| 按钮组第3项 | Faceted | | 1 |

列表框的Value属性设置为3，即默认绘图数据为Sinc；弹出式菜单的Value属性设置为1，即默认色图为spring；按钮组中的Faceted项的Value属性设置为1，即默认着色方式为Faceted。

**3. 编写代码，实现控件功能**

单击界面编辑器工具栏中的按钮“编辑器”，将打开与.fig文件同名的.m文件，GUIDE会在该.m文件中自动添加图形窗口的回调函数框架。从控件对象的右键快捷菜单中选择“查看回调”下的某个回调函数，GUIDE会在.m文件中添加对应回调函数框架。实现功能的代码应写在相应函数框架内。在MATLAB 2017版本的GUIDE中，自动生成的回调函数框架如下：

```
控件Tag_Call类型 (hObject,eventdata,handles)
```

控件的 Tag 属性和回调类型用下画线连接，构成函数名。其中，参数 hObject 为发生事件的源控件，eventdata 存储事件数据，handles 存储界面所有对象的句柄。各控件的回调函数参数 hObject 的值是不一样的，代表调用回调函数的控件句柄，而 handles 结构是一样的。因此，可以通过给 handles 定义新的成员，然后将数据存储于该成员，实现在多个回调函数间传递数据。

（1）图形窗口的回调函数

建立用户界面时，GUIDE 会在.m 文件中自动添加图形窗口的两个回调函数：一个是 OpeningFcn 函数，用于在打开用户界面时对数据和图形对象进行初始设置；另一个是 OutputFcn 函数，用于控制输出运行结果。这两个函数有 4 个参数，其中前 3 个参数与其他回调函数的 3 个参数相同，第 4 个参数用于获取在命令行窗口运行这个用户界面时的参数。

如果需要定义图形窗口的其他回调函数，可以右键单击图形窗口的空白区域，从快捷菜单中选择“查看回调”下的某个回调函数，GUIDE 将在.m 文件中建立该回调函数的函数框架。

单击界面编辑器功能区的“编辑器”选项卡工具栏中的“转至”按钮 转至▾，在弹出的列表中选择图形窗口的 OpeningFcn 函数，在以%varargin 开头的注解语句下输入以下代码：

```
%生成图形数据
handles.peaks=peaks(34);
handles.membrane=membrane;
[x,y]=meshgrid(-8:0.3:8);
r=sqrt(x.^2+y.^2);
sinc=sin(r)./(r+eps);
handles.sinc=sinc;
%将默认绘图数据存储到 handles 的 current_data 成员中
handles.current_data=handles.sinc;
%在后续绘图操作时，使用 spring 色图绘制图形
colormap(spring);
```

（2）控件对象的回调函数

① 3 个绘图按钮用于绘制表面图、网格图和等高线图。在界面编辑区右键单击按钮 Mesh，从弹出的快捷菜单中选择“查看回调”下的 Callback 函数，GUIDE 会在.m 文件中添加回调函数 Mesh_Callback 的函数框架。用同样方法建立其他控件对象的回调函数。

在 Mesh_Callback 函数体中输入以下代码：

```
mesh(handles.current_data);
```

在 Surf_Callback 函数体中输入以下代码：

```
surf(handles.current_data);
```

在 Contour3_Callback 函数体中输入以下代码：

```
contour3(handles.current_data);
```

② 切换按钮 GridSwitch 用于显示/隐藏网格，在 GridSwitch_Callback 函数体中输入以下代码：

```
if hObject.Value==1
    grid on;
    hObject.String='隐藏网格';
else
    grid off;
    hObject.String='显示网格';
end
```

当切换按钮值为 1（即处于按下状态）时，显示网格，按钮上的文字为“隐藏网格”，表示下次单击该按钮的效果是隐藏网格。

③ 列表框 ChooseFun 用于选择绘图数据源。在 ChooseFun_Callback 函数体中输入以下代码：

```
str=hObject.String; %获取列表框中的列表项
val=hObject.Value; %获取选中项的序号
%根据选中项的文本确定采用哪一个数据源作为绘图数据
switch strtrim(str{val})
case 'Peaks'
  handles.current_data=handles.peaks;
case 'Membrane'
  handles.current_data=handles.membrane;
case 'Sinc'
  handles.current_data=handles.sinc;
end
%更新 handles
guidata(hObject,handles);
```

④ 弹出式菜单 ChooseCMap 用于设置绘图所采用的色图。在 ChooseCMap_Callback 函数体中输入以下代码：

```
str=hObject.String; %获取列表框中的列表项
cm=hObject.Value; %获取选中项的序号
colormap(eval(str{cm}));
```

⑤ 视点面板用于设置视点，包括方位角和仰角，单击其中的按钮 ConfigView，调用 view 函数设置视点。在 ConfigView_Callback 函数体中输入以下代码：

```
el=eval(handles.edit_el.String);
az=eval(handles.edit_az.String);
view(az,el);
```

⑥ 按钮组 ChooseShading 中的选项发生改变时，会触发 SelectionChanged 事件。在 ChooseShading_SelectionChangedFcn 函数体中输入以下代码：

```
%根据所选项的 Tag 属性确定着色方式
switch eventdata.NewValue.Tag
   case 'rb_flat'
      shading flat;
   case 'rb_interp'
      shading interp;
   case 'rb_faceted'
      shading faceted;
end
```

eventdata 是回调函数存储事件数据的参数，NewValue 成员存储了当前选中项的句柄。shading 命令只对调用 surf 函数绘制出的曲面有影响。

**4. 运行 GUI 程序**

将程序保存后，在界面编辑器中选择“工具”菜单的“运行”菜单项，或单击工具栏中的“运行图窗”按钮，或按 Ctrl+T 组合键，即可运行该 App。在该 App 运行窗口的“选择绘图参数”框选中“Sinc”，然后单击“Mesh”按钮，得到图 10.9 所示的窗口。

# 10.4 App 设计工具

App 设计工具是 MATLAB R2016a 推出的应用程序设计工具，和 GUIDE 一样，它也是一个可视化集成设计环境。除了提供和 GUIDE 类似的标准用户界面组件，还提供了和工业应用相关的组件，如仪表盘、旋钮、开关、指示灯等。使用 App 设计工具可以开发出操作界面友好、可以共享的 MATLAB 应用模块。

App 的用户界面的构成要素是组件（Component），它是指可重复使用并且可以和其他对象进行交互的对象，是封装了一个或多个实体程序模块的实体，可以复用。GUIDE 设计的用户界面的构成要素是控件，控件是一种特殊的组件，仅用于可视化呈现数据。

## 10.4.1 App Designer

### 1. 打开 App Designer

打开 App Designer 有两种方法：

（1）在 MATLAB 桌面中，选择“主页”选项卡，单击工具栏的“新建”按钮，从弹出的命令列表中选择“App”下的命令项“App 设计工具”，打开 App Designer。

（2）在 MATLAB 命令行窗口输入“appdesigner”命令，打开 App Designer。

### 2. App Designer 窗口

如图 10.10 所示，App Designer 窗口由快速访问工具栏、功能区和 App 编辑器组成。

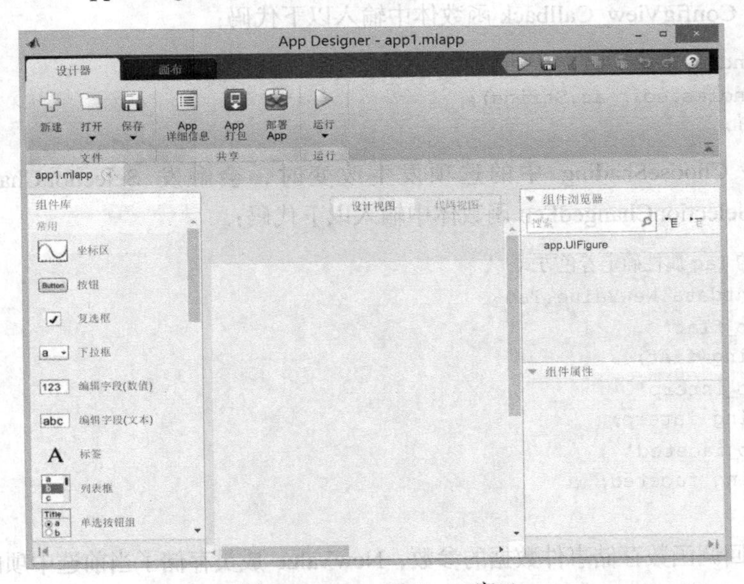


图 10.10　App Designer 窗口

功能区提供了操作文件、打包程序、运行程序、调整用户界面布局、编辑调试程序的工具。功能区的工具栏与快速访问工具栏中的“运行”按钮▷都可运行当前 App。

App Designer 用于用户界面设计和代码编辑，用户界面的设计布局和功能的实现代码都存放在同一个.mlapp 文件中。App 编辑器包括设计视图和代码视图，选择不同的视图，编辑器窗口的内容也不同。

（1）设计视图

设计视图用于编辑用户界面。选择设计视图时，设计器窗口左边是组件库面板，右边是组件浏览器和属性面板，中间区域是用户界面设计区，称为画布。

组件库提供了构建应用程序用户界面的组件模板，如坐标轴、按钮、仪表盘等。组件浏览器用于查看界面的组织架构，属性面板用于查看和设置组件的外观特性。

设计视图功能区的第 2 个选项卡是“画布”。“画布”选项卡中的按钮用于修改用户界面的布局，包括对齐对象、排列对象、调整间距、改变视图显示模式等工具。

（2）代码视图

代码视图用于编辑、调试、分析代码。选择代码视图时，设计器窗口左边是代码浏览器和 App 的布局面板，右边是组件浏览器和属性检查器，中间区域是代码编辑区。

代码浏览器用于查看和增删图形窗口和控件对象的回调、自定义函数及应用程序的属性，回调定义对象怎样处理信息并响应某事件，属性用于存储回调和自定义函数间共享的数据。代码视图的属性检查器用于查看和设置组件的值、值域、是否可见、是否可用等控制属性。

代码视图功能区的第 2 个选项卡是“编辑器”。“编辑器”选项卡有 7 组按钮，“插入”组按钮用于在代码中插入回调、自定义函数和属性，“导航”组按钮用于在.mlapp 文件中快速定位和查找内容，“编辑”组按钮用于增删注释、编辑代码格式。

## 10.4.2 App 组件

组件对象是构成应用程序用户界面的基本元素，下面介绍这些组件。

**1. 组件的种类及作用**

在 MATLAB 2017b 中，App Designer 将组件按功能分成 4 类。

（1）常用组件：与 GUIDE 中功能相同、外观相似的组件，包括坐标区、按钮、列表框、滑块等。GUIDE 中的“可编辑文本”控件在 App 组件库中分成了分别用于输入数值和文本的两种“编辑字段”组件。

（2）容器类组件：用于将界面上的元素按功能进行分组，包括“面板”和“选项卡组”组件。

（3）图窗工具：用于建立用户界面的菜单，包括“菜单栏”组件。

（4）仪器类组件：用于模拟实际电子设备的操作平台和操作方法，如仪表、旋钮、开关等。

组件对象可以在设计视图中用组件库中的组件来生成，也可以在代码中调用 App 组件函数（如 uiaxes 函数、uibutton 函数等）来创建。组件对象所属图形窗口是用 uifigure 函数来创建的，与在 GUIDE 中建立的传统图形窗口不同。

**2. 组件的属性**

组件对象与控件对象相比，属性较少，常见属性如下。

（1）Enable 属性。用于控制组件对象是否可用，取值是'On'（默认值）或'Off'。

（2）Value 属性。用于获取和设置组件对象的当前值。对于不同类型的组件对象，其意义和可取值是不同的。

- 对于数值编辑字段、滑块、微调器、仪表、旋钮对象，Value 属性值是数；对于文本编辑字段、分段旋钮对象，Value 属性值是是字符串。
- 对于下拉框、列表框对象，Value 属性值是选中的列表项的值。
- 对于复选框、单选按钮、状态按钮对象，当对象处于选中状态时，Value 属性值是 true；

当对象处于未选中状态时，Value 属性值是 false。

- 对于开关对象，当对象位于"On"档位时，Value 属性值是字符串'On'；当对象位于"Off"档位时，Value 属性值是字符串'Off'。

（3）Limits 属性。用于获取和设置滑块、微调器、仪表、旋钮等组件对象的值域。属性值是一个二元向量[Lmin,Lmax]，Lmin 用于指定组件对象的最小值，Lmax 用于指定组件对象的最大值。

（4）Position 属性。用于定义组件对象在界面中的位置和大小，属性值是一个四元向量[*x*,*y*,*w*,*h*]。*x* 和 *y* 分别为组件对象左下角相对于父对象的 *x*、*y* 坐标，*w* 和 *h* 分别为组件对象的宽度和高度。

## 10.4.3 类的定义

用 App Designer 设计的应用程序，采用面向对象设计模式，声明对象、定义函数、设置属性和共享数据都封装在一个类中，一个.mlapp 文件就是一个类的定义。数据变成了对象的属性（properties），函数变成了对象的方法（methods）。

### 1. App 类的基本结构

App 类的基本结构如下：

```
classdef  类名 <matlab.apps.AppBase
    properties(Access=public)
      ......
    end
    methods(Access=private)
          function 函数 1（app,event）
              ......
          end
          function 函数 2（app）
              ......
          end
      end
end
```

其中，classdef 是类的关键字，类名的命名规则与变量的命名规则相同。后面的“<”引导的一串字符表示该类继承于 MATLAB 的 Apps 类的子类 AppBase。properties 段是属性的定义，主要包含属性声明代码。methods 段是方法的定义，由若干函数组成。

App 设计工具自动生成一些函数框架。控件对象的回调函数有两个参数，其他函数则大多只有一个参数 app。参数 app 存储了界面中各个成员的数据，event 存储事件数据。

### 2. 访问权限

存取数据和调用函数称为访问对象成员。对成员的访问有两种权限限定，即私有的（Private）和公共的（Public）。私有成员只允许在本界面中访问，公共成员则可用于与 App 的其他类共享数据。

在.mlapp 文件中，属性的声明、界面的启动函数 startupFcn、建立界面组件的函数 createComponents，以及其他回调函数，默认是私有的。

## 10.4.4 App 设计工具的设计实例

下面通过实例，说明 App 设计工具的具体使用方法。

【例 10.4】 生成一个用于观察视点仰角和坐标轴着色（投影）方式对三维图形显示效果影响

的应用程序，界面如图 10.11 所示。界面右上部的列表用于选择绘图函数，中间的旋钮用于设置视点，右下部的分段旋钮用于设置坐标轴着色方式。

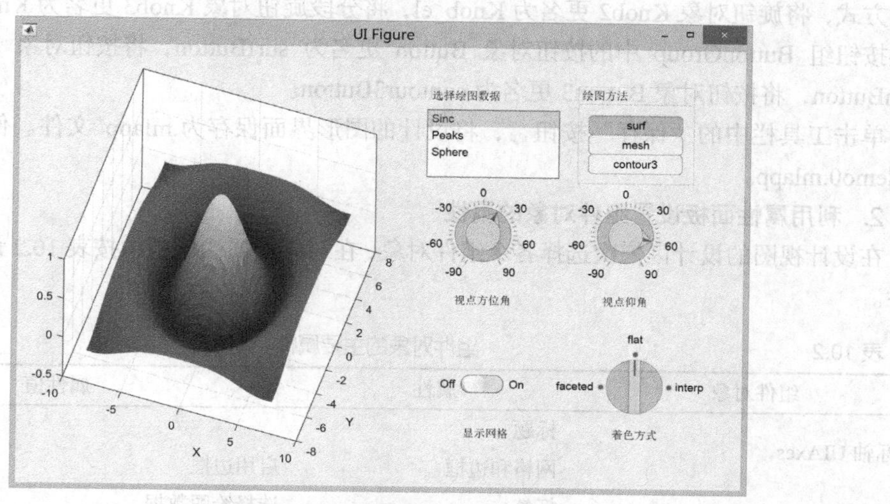


图 10.11 应用程序运行界面

操作步骤如下。

### 1. 打开 App Designer，添加组件

在 App Designer 窗口左部组件库中选择“坐标区”组件，将其拖曳至设计区，调整好大小和位置。再添加一个列表框、一个切换按钮组、两个旋钮、一个跷板开关和一个分挡旋钮，然后按图 10.12 调整组件的位置和大小。

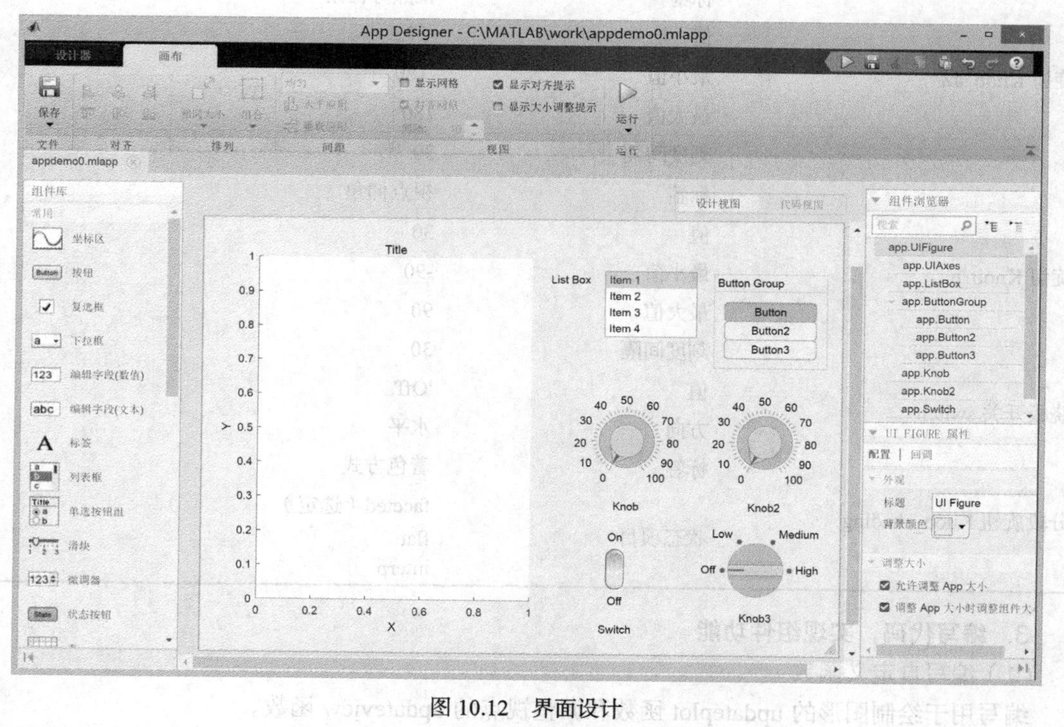


图 10.12 界面设计

将控件对象重新命名。在组件浏览器中选中旋钮对象 Knob，然后按 F2 键，将旋钮对象 Knob 更名为 Knob_az；或者右键单击旋钮对象，从快捷菜单中选择“重命名”命令项，进行修改。按同样方式，将旋钮对象 Knob2 更名为 Knob_el，将分段旋钮对象 Knob3 更名为 Knob_shading，将切换按钮组 ButtonGroup 中的按钮对象 Button 更名为 surfButton，将按钮对象 Button2 更名为 meshButton，将按钮对象 Button3 更名为 contour3Button。

单击工具栏中的“保存”按钮，将设计的图形界面保存为.mlapp 文件。例如，将其存为 appdemo0.mlapp。

### 2. 利用属性面板设置组件对象的属性

在设计视图的设计区依次选择各个组件对象，在对应的属性面板中按表 10.2 设置组件对象的属性。

表 10.2　　组件对象的主要属性

| 组件对象 | 属性 | 属性值 |
|---|---|---|
| 坐标轴 UIAxes | 标题 | |
| | 网格和边框 | 启用边框 |
| 列表框 ListBox | 标签 | 选择绘图数据 |
| | 项目 | Sinc（选定）<br>Peaks<br>Sphere |
| 切换按钮组 ButtonGroup | 标签 | 选择绘图方法 |
| | 项目 | surf（选定）<br>mesh<br>contour3 |
| 旋钮 Knob_az | 标签 | 视点方位角 |
| | 值 | -37.5 |
| | 最小值 | -180 |
| | 最大值 | 180 |
| | 刻度间隔 | 30 |
| 旋钮 Knob_el | 标签 | 视点仰角 |
| | 值 | 30 |
| | 最小值 | -90 |
| | 最大值 | 90 |
| | 刻度间隔 | 30 |
| 跷板开关 switch | 值 | 'Off' |
| | 方向 | 水平 |
| 分段旋钮 Knob_shading | 标签 | 着色方式 |
| | 状态项目 | faceted（选定）<br>flat<br>interp |

### 3. 编写代码，实现组件功能

（1）编写自定义函数

编写用于绘制图形的 updateplot 函数和调整视点的 updateview 函数。

① updateplot 函数

切换到 App Designer 的代码视图，选择功能区的“编辑器“选项卡，单击工具栏中的“添加函数”按钮，这时，在代码中增加了一个私有函数框架，结构如下：

```
function results=func1(app)

end
```

也可以在 App Designer 的代码浏览器选“函数”选项卡，单击“搜索”栏右端的“添加函数”按钮，添加一个私有函数框架。若需要添加公共函数，则单击“添加函数”按钮的展开箭头，从展开的列表中选择“公共函数”。

将上述函数的名称 func1 更改为 updateplot。由于不需要返回值，删去函数头中的字符串“results =”。updateplot 函数用于绘制图形，在 updateplot 函数体加入以下代码：

```
%根据在列表框中的选择，确定绘图数据
switch app.ListBox.Value
    case 'Sinc'
        [x,y]=meshgrid(-8:0.3:8);
        r=sqrt(x.^2+y.^2);
        z=sin(r)./(r+eps);
    case 'Peaks'
        [x,y,z]=peaks;
    case 'Sphere'
        [x,y,z]=sphere;
end
%根据在切换按钮组中按下的按钮，确定绘图方法
switch  app.ButtonGroup.SelectedObject
    case app.surfButton
        surf(app.UIAxes,x,y,z)
        app.Knob_shading.Enable='On';
    case app.meshButton
        mesh(app.UIAxes,x,y,z)
        app.Knob_shading.Enable='Off';
    case app.contour3Button
        contour3(app.UIAxes,x,y,z)
        app.Knob_shading.Enable='Off';
end
```

② updateview 函数

按同样方式建立用于更新坐标轴视点的 updateview 函数框架，然后在 updateview 函数体加入以下代码：

```
el=app.Knob_el.Value;
az=app.Knob_az.Value;
view(app.UIAxes,az,el)
```

（2）编写组件对象回调函数

① 为打开用户界面编写响应代码。在设计视图中，右键单击图形窗口空白处，从快捷菜单中选择“回调”下的“添加 StartupFcn 回调”命令项，这时，将切换到代码视图，并且在代码中增加了 StartupFcn 函数框架，结构如下：

```
% Code that executes after component creation
function startupFcn(app)
```

```
end
```

也可以在代码浏览器中，选择“回调”选项卡，单击搜索栏右端的“添加回调函数”按钮，在弹出的“添加回调函数”对话框中选择组件、回调，修改回调函数名（默认名称与回调相同），然后单击“确定”按钮来添加 StartupFcn 函数框架。要在运行中打开用户界面，使用默认数据和绘图函数绘制图形，则在 StartupFcn 函数体加入以下代码：

```
updateplot(app)
```

② 为列表框和切换按钮组编写响应代码。在设计视图中，右键单击列表框对象 ListBox，从快捷菜单中选择“回调”下的“添加 ListBoxValueChanged 回调”命令项，这时，将切换到代码视图，并且在代码的 methods 段中增加了 ListBoxValueChanged 函数框架，如下所示：

```
methods (Access=private)
        %Value changed function: ListBox
        function ListBoxValueChanged(app,event)

        end
end
```

当程序运行时，用户在列表框中选择一个绘图数据源，将调用 updateplot 函数绘制图形，因此在 ListBoxValueChanged 函数体输入以下代码：

```
updateplot(app)
```

单击切换按钮组的某个按钮也将重绘图形，因此按同样方式建立按钮组的回调函数 ButtonGroupSelectionChanged，并在函数体中输入以上代码。

③ 为旋钮对象编写响应代码。建立用于设置视点方位角的旋钮对象的回调函数 Knob_azValueChanged 和设置视点仰角的旋钮对象的回调函数 Knob_elValueChanged，并在两个函数的函数体中输入以下代码：

```
updateview(app)
```

④ 为分段旋钮编写响应代码。分段旋钮用于设置着色方式，建立该对象的回调函数 Knob_shadingValueChanged，并在函数体中输入以下代码：

```
shading(app.UIAxes,app.Knob_shading.Value)
```

⑤ 为跷板开关编写响应代码。跷板开关用于显示/隐藏网格，建立该对象的回调函数 SwitchValueChanged，并在函数体中输入以下代码：

```
switch app.Switch.Value
    case 'On'
       grid(app.UIAxes,'On');
    case 'Off'
       grid(app.UIAxes,'Off');
end
```

### 4. 运行 App

单击 App Designer 功能区“设计器”选项卡工具栏的“运行”按钮（或单击快速访问工具栏中的“运行”按钮，或按 F5 键），即可运行程序，打开用户界面。

在运行窗口中将振幅比调到 3，相位差调到 90°，白噪声开关拨到“On”，单击“开始”按钮，坐标轴中显示图 10.11 所示图形。

### 5. 打包 App 应用

程序运行成功，可以将程序打包为一个 MATLAB 应用模块。单击 App Designer 的“设计器”选项卡工具栏中的“App 打包”按钮，弹出“应用程序打包”对话框。

如图 10.13 所示，在对话框中部“描述您的 App”下的应用名称栏输入“SuperpositionofWaves”，在对话框右边的”打包为安装文件“的输出文件夹”栏指定打包文件的输出文件夹。然后单击“打包”按钮。

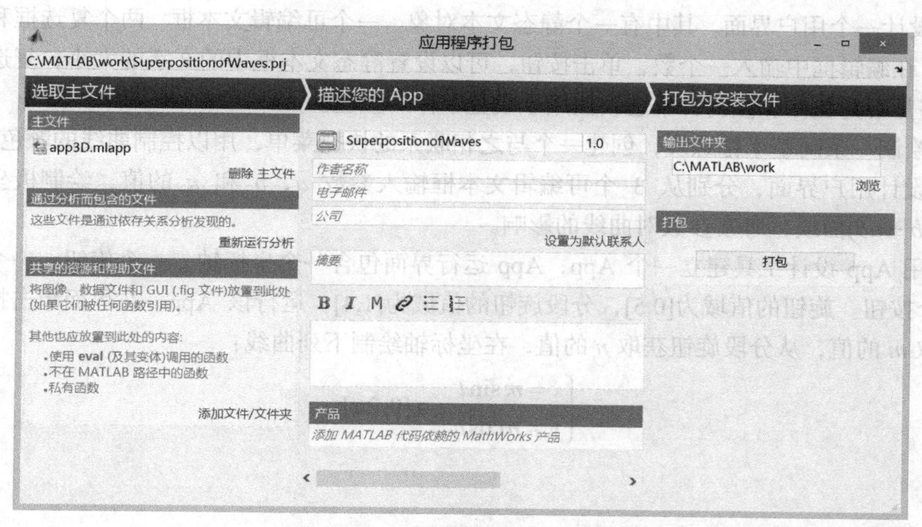


图 10.13 “应用程序打包”对话框

打包完成，对话框左部出现链接“打开输出文件夹“。单击此链接，可以看到在输出文件夹生成了两个文件，即 SuperpositionofWaves.prj 和 SuperpositionofWaves.mlappinstall。

在 MATLAB 桌面的“当前文件夹”中找到文件 SuperpositionofWaves.mlappinstall，双击这个文件，将弹出图 10.14 所示“安装”对话框。

在对话框中单击“安装”按钮进行安装。安装成功后，选择 MATLAB 桌面的“APP”选项卡，单击工具栏右端的“显示更多”按钮，可以看到应用列表中加入了这个应用模块。此后，在其他 MATLAB 程序中可以使用这个模块。

图 10.14 应用模块“安装”对话框

## 思考与实验

### 一、思考题

1. 比较 Units 属性对度量长度的影响。分别建立两个窗口，第 1 个窗口用 pixels 作为度量单位，窗口大小为 400×300。第 2 个窗口使用相对度量单位，窗口宽、高分别为屏幕的 40%和 30%。

2. 在 GUIDE，常用什么属性作为区分控件对象的标识?

3. 分别用 GUI 函数和用 GUIDE 工具建立一个图形用户界面，界面中包含一个坐标轴和一个按钮。运行该用户界面，单击按钮，在坐标轴绘制函数 $f(x)=\sin\frac{1}{x}$ 曲线。比较两种方式的回调函数的定义方法。

4. 分别用 GUIDE 和 App 设计工具建立一个应用程序。程序的用户界面中包含一个可编辑文本框（编辑字段）、一个标签和一个按钮。运行该程序，单击按钮，从文本框输入一个实数，在标签输出该数的正弦值。比较两种方式建立用户界面的方法，以及回调函数中获取/设置控件对象属性值的方法。

**二、实验题**

1. 设计一个用户界面，其中有一个静态文本对象、一个可编辑文本框，两个复选框和一组单选按钮。在编辑框中输入一个数，单击按钮，可以设置静态文本框中的文字的大小；复选框用于设置文字是否为粗体、倾斜；单选按钮用于设置字体的颜色。

2. 绘制一条阿基米德螺线，创建一个与之相联系的快捷菜单，用以控制曲线的颜色。

3. 设计用户界面，分别从 3 个可编辑文本框输入参数 $a$、$b$ 和 $n$ 的值，绘制极坐标函数 $\rho = a\cos(b + n\theta)$曲线，考察参数对曲线的影响。

4. 用 App 设计工具建立一个 App，App 运行界面包含一个坐标轴、一个旋钮、一个分段旋钮和一个按钮。旋钮的值域为[0,5]，分段旋钮的值域为[1,4]。运行该 App，在界面单击按钮，从旋钮获取 $m$ 的值，从分段旋钮获取 $n$ 的值，在坐标轴绘制下列曲线：

$$\begin{cases} x = m\sin t \\ y = n\cos t \end{cases}, t \in [0, 2\pi]$$

# 第 11 章 Simulink 仿真与分析

Simulink 是 MATLAB 的一个重要组成部分，提供了一个对动态系统进行模型设计、仿真和综合分析的集成开发环境。利用 Simulink 编辑器，通过在框图中加入可定制的模块，并将它们适当地连接起来，就可以快速构建动态系统的仿真模型。在 Simulink 中，用户不仅可以观察现实世界中非线性因素和各种随机因素对系统行为的影响，也可以通过改变一些参数干预仿真过程，实时地观察这些因素对系统行为的变化。由于功能强大、使用简单方便，Simulink 已成为应用十分广泛的动态系统建模和仿真软件。

**【本章学习目标】**

- 熟悉 Simulink 的工作环境。
- 掌握建立系统模型的方法。
- 了解子系统模块的创建与封装技术。
- 了解 S 函数的功能与设计方法。

## 11.1 Simulink 概述

1990 年，MathWorks 公司为 MATLAB 增加了用于建立系统框图和仿真的组件。1992 年，该公司将这个组件命名为 Simulink。Simulink 提供了用于系统设计、仿真和分析的工具，例如：用于创建和编辑模块图的编辑器，用于对连续和离散系统建模的模块库，用于定步长和可变步长方式求解微分方程的仿真引擎，用于展示仿真数据的仪表和数据显示器，用于管理文件和数据的项目、数据管理工具，用于改善模型架构和提高仿真速度的模型分析工具，用于导入 MATLAB 算法的系统函数库模块，以及将 C/C++程序导入模型的代码迁移工具等。

Simulink 与 MATLAB 紧密集成，在 Simulink 模型中可以融入 MATLAB 的算法进行仿真研究，还能将仿真结果导出至 MATLAB 做进一步分析。

### 11.1.1 Simulink 的工作环境

**1. 启动 Simulink**

在安装 MATLAB 的过程中，若选中了 Simulink 组件，则在 MATLAB 安装完成后，Simulink 也就安装好了。Simulink 不能独立运行，只能在 MATLAB 环境中运行。

在 MATLAB 桌面单击“主页”选项卡工具栏的“Simulink”按钮（或从“主页”选项卡工具栏的“新建”按钮下的展开列表中选择“Simulink Model”项，或在命令行窗口输入“simulink”

命令），将打开“Simulink Start Page”对话框。

在“Simulink Start Page”对话框中，系统分类列出了 Simulink 模块和项目模板。选择一种模板后，将打开 Simulink 编辑器。若选择“Blank Model”，打开的 Simulink 编辑器如图 11.1 所示。

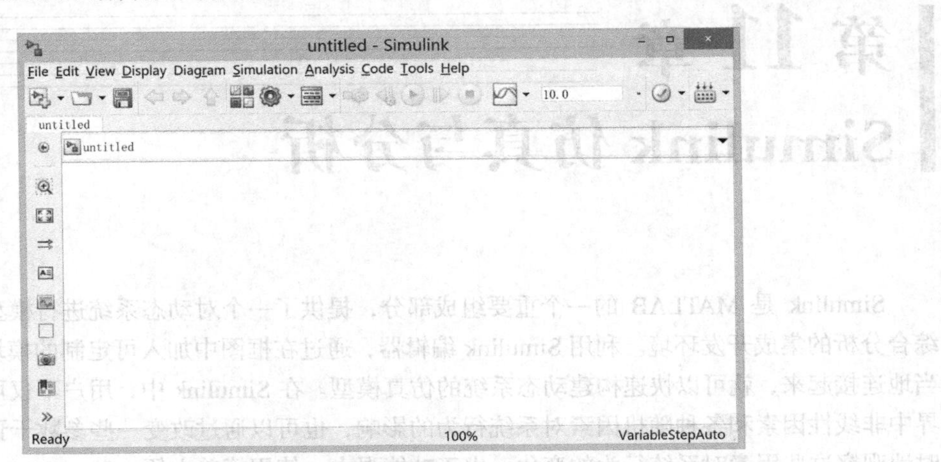


图 11.1　Simulink 编辑器

2. Simulink 编辑器

Simulink 编辑器提供了基于模型的设计工具、仿真工具和分析工具。

Simulink 编辑器用于构建和管理层次结构模块图。在编辑、编译模型的过程中，出错的模块会高亮显示，并弹出错误、警告标记，单击错误、警告标记，可以看到此处错误、警告的具体描述。

编辑器左边的工具面板提供了调整模型显示方式的工具，包括隐藏/显示浏览条、框图缩放、显示采样时间、添加标注、添加图像等工具。

编辑器的工具栏提供了常用的模型文件操作、模型编辑、仿真控制、模型编译的工具。

3. 模块库浏览器

模块库浏览器主要用于检索 Simulink 模块和模块库。

单击 Simulink 编辑器工具栏中的“Library Browser”按钮，将打开图 11.2 所示 Simulink 模块库浏览器（Simulink Library Browser）。也可以在 MATLAB 命令行窗口执行以下命令打开模块库浏览器：

```
>> slLibraryBrowser
```

模块库浏览器的左窗格以树状列表的形式列出了所有模块库，右窗格以图标方式列出在左窗格中所选库的子库或在左窗格中选中的模块子库所包含的模块模板。在右窗格中单击某模板名，将弹出该模块的帮助信息。模块库浏览器工具栏提供了用于创建新的 Simulink 模型、项目或状态流图的按钮，以及用于获取模块帮助信息的按钮。

Simulink 的模块库由两部分组成，即基本模块库和多种专业应用模块库。

基本模块库按功能分为若干子库，常用的有 Continuous（连续模块）、Discontinuous（非连续模块）、Discrete（离散模块）、Logic and Bit Operations（逻辑和位操作模块）、Math Operations（数学运算模块）、Model Verification（模型检验模块）、Ports & Subsystems（端口和子系统模块）、Signal Attributes（信号属性模块）、Signal Routing（信号流程模块）、Sinks（接收器模块）、Sources（输入源模块）、User-Defined Functions（用户自定义函数模块）等。

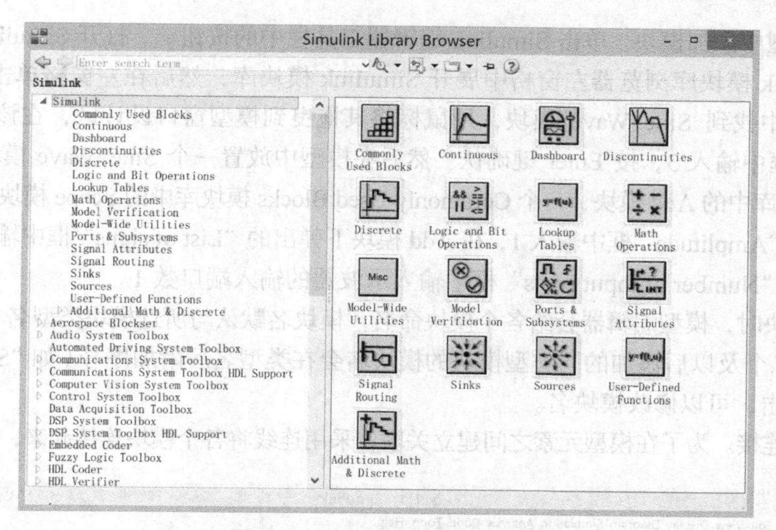


图 11.2　Simulink 模块库浏览器

构架在 Simulink 基础之上的专业应用模块库扩展了 Simulink 多领域建模功能，包括通信系统、控制系统、DSP 系统、图像采集、系统辨识等模块库。

## 11.1.2　创建简单模型

### 1. 模型元素

Simulink 模型由多个模块构建，一个典型的 Simulink 模型包括以下 3 类元素。

（1）信源（Source）。用于为模型指定或生成输入信号，可以是常量（Constant）、时间（Clock）、正弦波（Sine Wave）、锯齿（Step）波等。

（2）系统模块。用于处理输入信号，生成输出信号。例如，数学运算（Math Operations）模块、连续（Continuous）系统模块、离散（Discrete）系统模块等。

（3）信宿（Sink）。用于可视化呈现输出信号。可以在示波器（Scope）、图形记录仪（XY Graph）上显示仿真结果，也可以把仿真结果存储到文件（To File）或导出到工作空间（To Workspace）。

### 2. 仿真步骤

利用 Simulink 进行系统仿真的基本步骤如下。

（1）建立系统仿真模型框图，包括添加模块、设置模块参数、进行模块连接等操作。

（2）初始化模型参数。

（3）启动仿真，观察仿真结果。

（4）分析模型，优化模型架构。

### 3. 仿真实例

下面通过一个简单例子说明利用 Simulink 建立仿真模型并进行系统仿真的方法。

**【例 11.1】** 利用 Simulink 仿真 $y(t)=3\sin t+\sin 5\left(t+\frac{\pi}{2}\right)$。

正弦信号由信源模块库（Sources）中的正弦波模块（Sine Wave）提供，求和用数学运算模块库（Math Operations）中的加法模块（Add）实现，再用信宿模块库（Sinks）中的示波器模块（Scope）输出波形，操作过程如下。

（1）新建一个空模型（Blank Model）。

（2）向模型中添加模块。单击 Simulink 编辑器工具栏中的按钮，打开 Simulink 模块库浏览器。在 Simulink 模块库浏览器左窗格中展开 Simulink 模块库，然后在左窗格单击 Sources 模块库，在右窗格中找到 Sine Wave 模块，用鼠标将其拖曳到模型窗口设计区，在该模块下弹出的“Amplitude”框中输入 3，按 Enter 键确认。然后在模型中放置一个 Sine Wave 模块、一个 Math Operations 模块库中的 Add 模块、一个 Commonly Used Blocks 模块库中的 Scope 模块。在 Sine Wave 模块下弹出的“Amplitude”框中输入 1，在 Add 模块下弹出的“List of signs”框中输入 2，在 Scope 模块下弹出的“Number of input ports”框中输入示波器的输入端口数 1。

在添加模块时，模型编辑器会给各个模块命名，模块名默认与所选模块类型名相同（如“Sine Wave”），第二个及以后添加的同类型模块的模块名会在类型名后附加序号（如“Sine Wave1”）。在模块名上单击，可以修改模块名。

（3）模块连接。为了在模型元素之间建立关联，采用连线将各个模块连接起来，如图 11.3 所示。

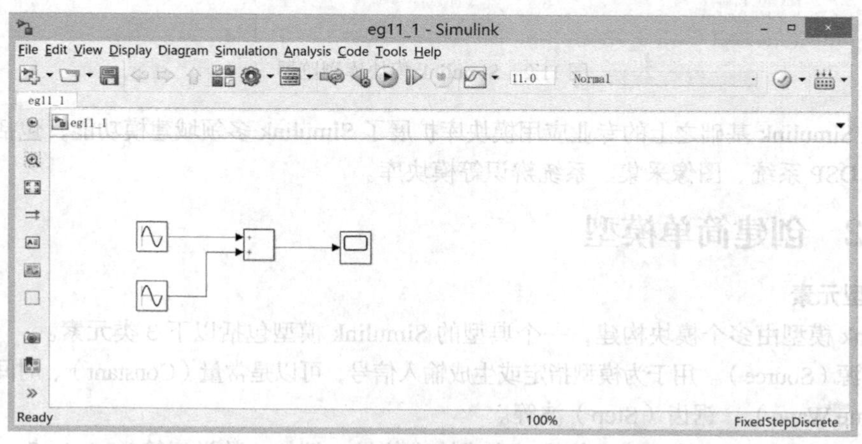


图 11.3　连接模块

大多数模块两边有符号“>”。与符号“>”尖端相连的端为模块的输入端，与开口相连的端为模块的输出端。连线时从一个模块的输出端按下鼠标左键，拖曳至另一模块的输入端，松开鼠标左键完成连线操作，连线箭头表示信号流的方向。也可以选中信源模块后，按住 Ctrl 键，然后单击信宿模块，实现模块连线。

（4）配置模块。为了指定模块在模型中的工作模式，需要配置模块参数，例如正弦波的幅值、频率等。双击 Sine Wave 模块，打开设置模块参数的“Block Parameters:Sine Wave”对话框，如图 11.4 所示，在“Frequency”（频率）框中输入 1，其余参数不改变，然后单击“OK”按钮确认。用同样方法设置 Sine Wave1 模块的 Frequency 为 5，Phase 为 pi/2。也可以在这个对话框中修改模块的其他参数，如 Amplitude（幅值）。

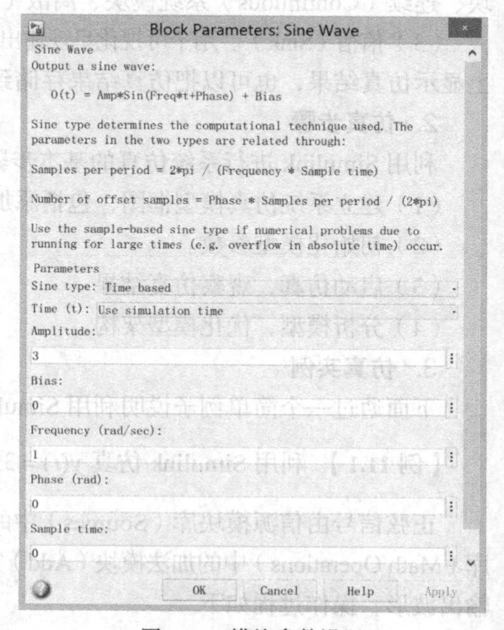


图 11.4　模块参数设置

模型建好后，单击工具栏的“Save”按钮进行保存，或从模型编辑器的 File 菜单中选择“Save”或“Save as”菜单项保存模型。MATLAB 2017b 默认以.slx 格式保存模型。

（5）设置系统仿真参数。单击 Simulink 编辑器工具栏的“Model Configuration Parameters”按钮（或从“Simulation”菜单中选择“Model Configuration Parameters”菜单项，或按 Ctrl+E 组合键），打开仿真参数设置（Configuration Parameters）对话框。

在“Star time”框中输入 0，设置起始时间为 0；在“Stop time”框中输入 11，设置停止时间为 11s。在 Solver options（求解算法选项）栏的 Type 列表中选择“Fixed-step”（定步长），并在其右的具体算法列表中选择“ode5(Dormand-Prince)”，即 5 阶 Runge-Kutta 算法。展开“Additional parameters”栏，在“Fixed-step size”框中输入 0.001，如图 11.5 所示。单击“OK”按钮返回编辑器。

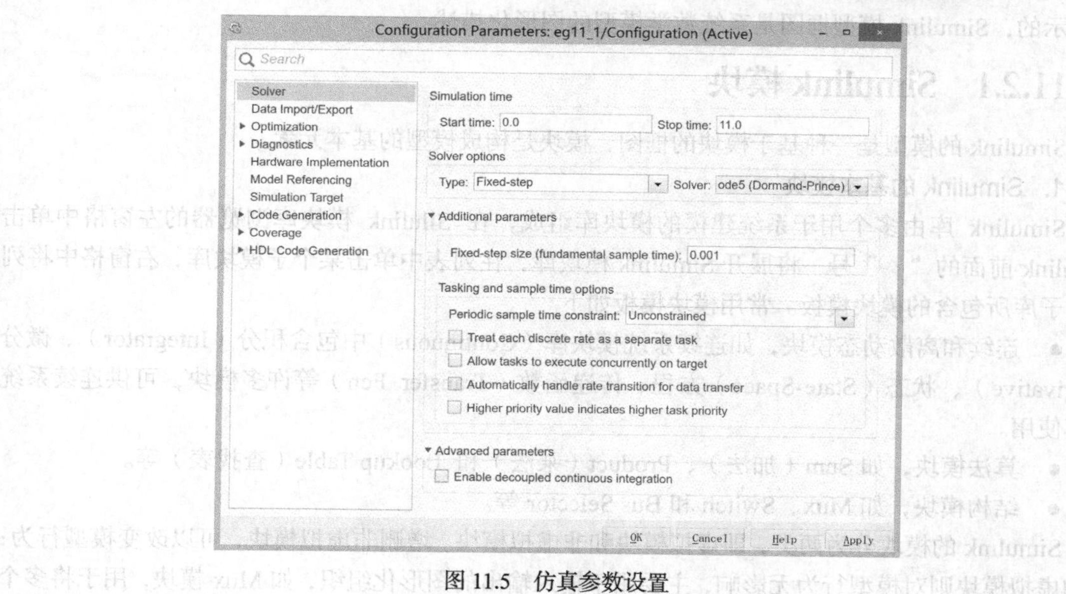


图 11.5　仿真参数设置

（6）仿真操作。在 Simulink 编辑器中双击“Scope”模块，打开示波器窗口。然后单击 Simulink 编辑器工具栏中“Run”按钮（或按 Ctrl+T 组合键，或从“Simulation”菜单选择“Run”菜单项），就可在示波器窗口中看到仿真结果，如图 11.6 所示。

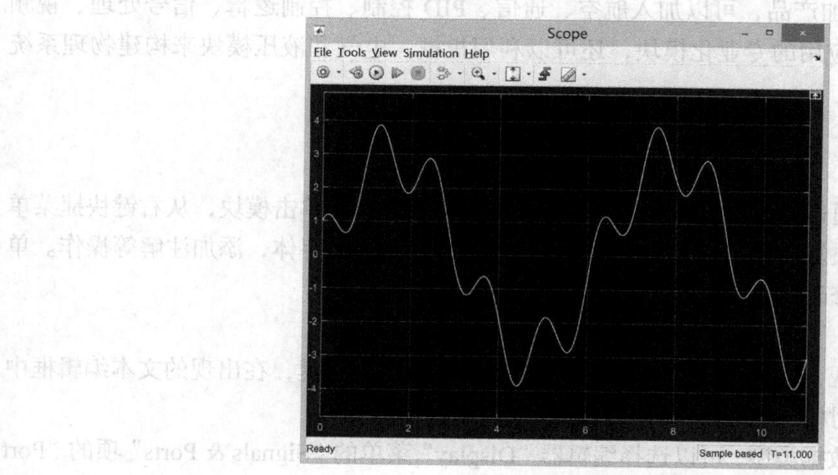


图 11.6　模型的仿真结果

示波器工具栏提供了仿真过程控制（如单步执行）、波形细节缩放、波形曲线长度测量的多种工具，如 Cursor Measurement 工具，可以通过设置观测区间，查看区间端点的信号值、变化率等。

# 11.2 系统模型的构建

Simulink 采用基于模块的系统模型设计方法，模型贯穿于系统的需求分析、系统设计、系统实现和系统测试的所有环节。系统的数学模型是用一组方程（如代数方程、微分方程和差分方程）来表示的，Simulink 模型框图是系统数学模型的图形化描述。

## 11.2.1 Simulink 模块

Simulink 的模型是一种基于模块的框图，模块是构成模型的基本元素。

### 1. Simulink 的基本模块

Simulink 库由多个用于系统建模的模块库组成，在 Silulink 模块库浏览器的左窗格中单击 Simulink 前面的“ ▷ ”号，将展开 Simulink 模块库，在列表中单击某个子模块库，右窗格中将列出该子库所包含的模块模板。常用模块模板如下。

- 连续和离散动态模块，如连续系统模块库（Continuous）中包含积分（Integrator）、微分（Derivative）、状态（State-Space）方程、传递函数（Transfer Fcn）等许多模块，可供连续系统建模使用。
- 算法模块，如 Sum（加法）、Product（乘法）和 Lookup Table（查找表）等。
- 结构模块，如 Mux、Switch 和 Bus Selector 等。

Simulink 的模块分为两类，即虚拟模块和非虚拟模块。增删非虚拟模块，可以改变模型行为；添加虚拟模块则对模型行为无影响，主要用于输入输出的图形化组织，如 Mux 模块，用于将多个输入信号组合成一个复合输入信号。

Simulink 模块库内容十分丰富，并可以将 MATLAB、C/C++代码融合到模型中。此外，用户还可以自己定制和创建模块模板，然后将自定义模板添加到 Simulink 模块库中。

借助于 Simulink 附加产品，可以加入航空、通信、PID 控制、控制逻辑、信号处理、视频和图像处理，以及其他应用的专业化模块，还可以利用机械、电气和液压模块来构建物理系统模型。

### 2. 模块操作

（1）调整模块

选中某模块，可以通过拖曳模块四角的控制方块调整模块大小。单击模块，从右键快捷菜单中选择命令项，实现模块复制、旋转、翻转，改变前景色、背景色、字体，添加注解等操作。单击模块下的文字，可以修改模块名。

（2）添加模型标识

为了使模型更加直观，可读性更强，可以在某个位置双击鼠标左键，在出现的文本编辑框中输入文字，添加注解，对模型功能进行标识。

要标识模块输出的数据类型，可以选择编辑器“Display”菜单的“Signals & Ports”项的“Port Data Types”命令。

（3）选择模块

要同时操作多个模块，可以通过鼠标拖曳操作框选一个区域内的模块，或选中第 1 个模块，按住 Shift 键，然后单击其他模块。

**3. 模块连接**

模块连线是另一种重要的模型元素，在 Simulink 中，通过模块连线建立模块之间的关联，构建完整模型。

（1）连接两个模块

从一个模块的输出端连到另一个模块的输入端，这是 Simulink 仿真模型最基本的连接情况。操作方法是，先移动鼠标指针到输出端，当鼠标指针变成十字形指针时按住鼠标左键，移动鼠标指针到另一个模块的输入端，当十字形指针出现重影时，释放鼠标左键。

（2）连线的调整

连线是一根折线，由若干线段组成，选中折线的某段，通过拖曳操作改变连线形状。

（3）连线的分支

在仿真过程中，经常需要把一个信号输送到不同的模块，这时就需要从一根连线分出一根连线。操作方法是：在连好一条线之后，把鼠标指针移到分支点的位置，按住 Ctrl 键，然后按住鼠标左键拖曳到目标模块的输入端，释放鼠标左键和 Ctrl 键。

**4. 模型元素的参数**

模型元素的参数定义模型元素的动态行为和状态，常用以下方法编辑模型元素的参数。

（1）在模型编辑器中，选"View"菜单的"Property Inspector"菜单项，或按 Ctrl+Shift+I 组合键，打开"Property Inspector"面板进行设置。"Property Inspector"面板的"Parameters"选项卡用于设置模型元素的参数，"Properties"选项卡用于设置模型元素的属性，Info 选项卡用于设置模型元素的注解、说明。

（2）在模型编辑器中双击要设置参数的模块（或从"Diagram"菜单中选择"Block Parameters"菜单项，或从模块右键菜单中选择"Block Parameters"项），打开"Block Parameters"对话框进行设置。"Block Parameters"对话框通常分为两部分，上窗格是模块功能说明，下窗格用来设置模块参数。

**5. 模型元素的属性**

属性定义模型元素的外观和事件响应，常用以下方法编辑模型元素的属性。

（1）在"Property Inspector"面板的"Properties"选项卡中设置模型元素的属性。

（2）在模型编辑器中选定要设置属性的模块，从"Diagram"菜单中选择"Properties"菜单项，或从模型元素右键菜单中选择"Properties"项，打开"Block Properties"对话框。"Block Properties"对话框通常包括 3 个选项卡："General"选项卡用于设置模块基本属性，"Block Annotation"选项卡用于设置模块的注解，"Callbacks"选项卡用于指定当对该模块实施某种操作时需要执行的 MATLAB 命令或程序。模块基本属性如下。

① Description 属性。用于描述模块在模型中的作用及用法。

② Priority 属性。用于指定模块在模型中的优先级。优先级的值必须是整数，数值越小，优先级越高。若没有指定优先级，系统则自动选取合适的优先级。

③ Tag 属性。用于指定模块的标识。

## 11.2.2 模型设计

系统模型是对实际系统的一种抽象，是对系统本质（或系统的某种特性）的一种描述。从建模角度讲，Simulink 既适于自顶向下（Top-down）的设计流程（先设计系统的总体模型，然后进行细节设计），又适于自下而上（Bottom-up）逆程设计（先建底层模型，然后将底层模型分块，再分别构建子系统）。

一个典型的动态系统框图模型是由一组模块和连线组成的，每个模块本身就定义了一个基本的动态系统，模型中每个基本动态系统之间的关系就是通过模块之间的连线来说明的。

**1. 新建模型**

模型构建即利用预定义模块编辑具有层次关系的系统模型框图。在 Simulink 中新建模型有以下 3 种方法。

（1）在模型编辑器中单击工具栏的“Create a Simulink model using the factory default settings”按钮，或按 Ctrl+N 组合键，创建一个空模型。

（2）在模块库浏览器中单击工具栏的“Create a Simulink model using the factory default settings”按钮，创建一个空模型。

（3）在命令行窗口输入“Simulink”命令，或单击 MATLAB 桌面功能区的主页选项卡工具栏的“新建”按钮，从列表中选择“Simulink Model”项，或单击工具栏的“Simulink”按钮，弹出“Simulink Start Page”对话框，从中选择一种模型模板创建模型或打开一个已有的模型。

**2. 编辑模型**

把预定义的模块放到模型框图中称为模块实例化。要在模型中建立某个模块实例，首先在 Simulink 模块库选择模块，然后将这个模块拖曳到模型设计区。也可以右键单击模块，从快捷菜单中选择“Add block to model <模型名>”。

在 Simulink 中，模型的数据有 3 种，即方程系数、状态和信号。系数定义系统动态特性和行为，状态反映系统的初始特性，信号是系统的输入数据，也是系统的输出数据。

模型编辑完成后，需要保存。MATLAB 2012b 以前的版本，模型存储为.mdl 文件，后来的版本增加了使用 Unicode UTF-8 的 XML 标准的.slx 格式。保存文件的格式与当前系统支持的字符编码有关，如果模型中使用了中文或韩文字符，建议使用.slx 格式存储。此外，相比.mdl 文件，.slx 文件更精简。

**3. 模型信号**

在进行模型仿真之前，先要定义模型的输入和输出信号。输入信号用于将数据加载到要仿真的模型中，而输出信号用于记录仿真结果。在 Simulink 中，用带箭头的线表示信号，不同样式的线表示不同类型的信号。表 11.1 列出了常用信号类型线。

表 11.1　　常用信号类型线

| 信号类型 | 线型 |
| --- | --- |
| 标量和非标量 | |
| 控制信号 | |
| 虚拟总线 | |
| 非虚拟总线 | |
| 总线数组 | |
| 可变大小 | |

信号的基本属性如下。

（1）数据类型，包括数值型（单精度、双精度、有符号或无符号 8 位、16 位或 32 位整数）、布尔型、枚举型或定点型。

（2）维度，包括标量、矢量、矩阵、N-D 或可变大小数组。

（3）值域、初始值和度量单位。

（4）信号名称和标签。

在仿真过程中，可以通过模型中的图、仪表模块显示信号的值，或者在工作空间载入变量的值来观测信号的变化。

**4. 模型输入**

模型的输入信号用于验证、分析和优化模型。Simulink 提供了多种生成模型输入信号的方法。

（1）利用信源模块，如 Sine Wave 模块，生成基于时间或基于样本的正弦波信号。信源模块基于预定义的算法生成信号，若要使用外部数据源，则使用其他方法。

（2）利用根级输入端口模块，如 Inport、Enable、Trigger 模块，通过 Root Inport Mapper 工具加载信号数据。根级输入端口模块从 MATLAB 工作空间、模型或封装工作区加载外部输入。使用这种方式需要设置 Simulink 求解算法在指定的时间执行，并在模型前端添加 Inport 模块。

双击“Inport”模块，将弹出“Block Parameters”对话框，单击其中的“Connect Input”按钮，打开“Root Inport Mapper”窗口进行操作。“Root Inport Mapper”窗口的工具栏提供了从 Excel 工作表、MAT 文件和工作空间导入数据的工具。

（3）使用 From File 模块从 MAT 文件中读取数据，并将数据转换为信号。From File 模块的 Sample time 参数指定从 MAT 文件加载数据的采样时间。MAT 文件中的时间戳必须单调递增。如果 MAT 文件只包含一个变量，则 From File 模块使用该变量；如果 MAT 文件包含多个变量，则 From File 模块使用按字母顺序排在最前的一个变量。

（4）使用 From Spreadsheet 模块从 Excel 电子表格或 CSV 电子表格读取数据，并将数据转换为一个或多个信号。Excel 电子表格的表单名要符合 MATLAB 变量命名规则，第一行是信号名，第一列的值表示时间戳，必须单调递增。

（5）使用 From Workspace 模块从工作空间读取数据，并将数据转换为信号。在“Block Parameters”对话框中，Data 参数用于输入含工作区变量的 MATLAB 表达式。Data 值必须是 MATLAB 的 timeseries 对象或包含数组（由仿真时间和对应信号值组成）的结构体。

（6）利用 Signal Builder 模块导入数据。在所设计系统的前端添加一个 Sources 模块库中的 Signal Builder 模块。双击该模块，打开“Signal Builder”窗口。在“Signal Builder”窗口中，从“File”菜单中选择“Import from File”菜单项，弹出“Import File”对话框，如图 11.7 所示。这种数据导入方式可以从 Excel 文件、CSV 文件和 MAT 文件中导入数据。

在“Import File”对话框的左窗格中，单击“File to Import”栏右端的“Browse”按钮，弹出“Select a file to import”对话框，在其中找到要导入的数据文件，单击“打开”按钮返回“Import File”对话框。这时，在“Import File”对话框的左窗格的“Data to Import”框列出了文件中所包含的数据字段。从列表中选择某个或某几个数据字段，然后从下端的“Placement for Selected Data”下拉列表中选择“Replace existing dataset”项，接着单击“Confirm Selection”按钮，确认用这个数据替换“Signal Builder”的数据。在“Import File”对话框中单击“OK”按钮返回，或单击“Apply”按钮应用导入的数据，在“Signal Builder”窗口中将绘制出导入数据的图形，如图 11.8 所示。同时，Simulink 编辑器中的“Signal Builder”模块上的输出端口个数与端口名称也发生相应的变化。

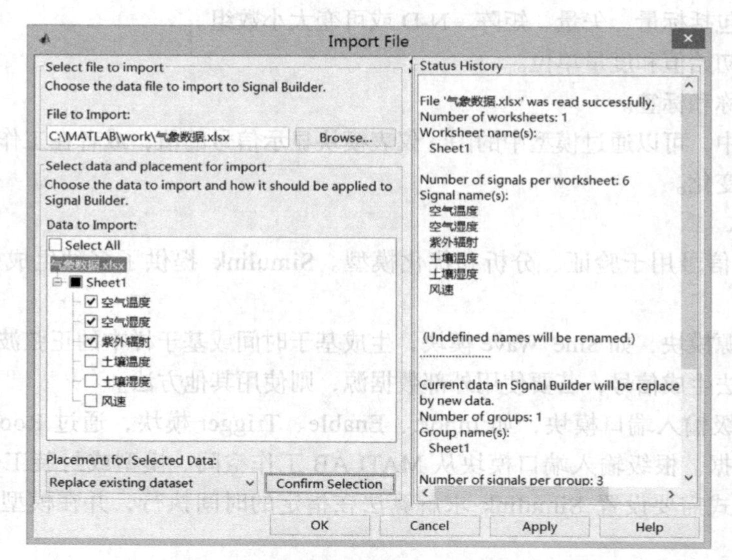


图 11.7 “Import File”对话框

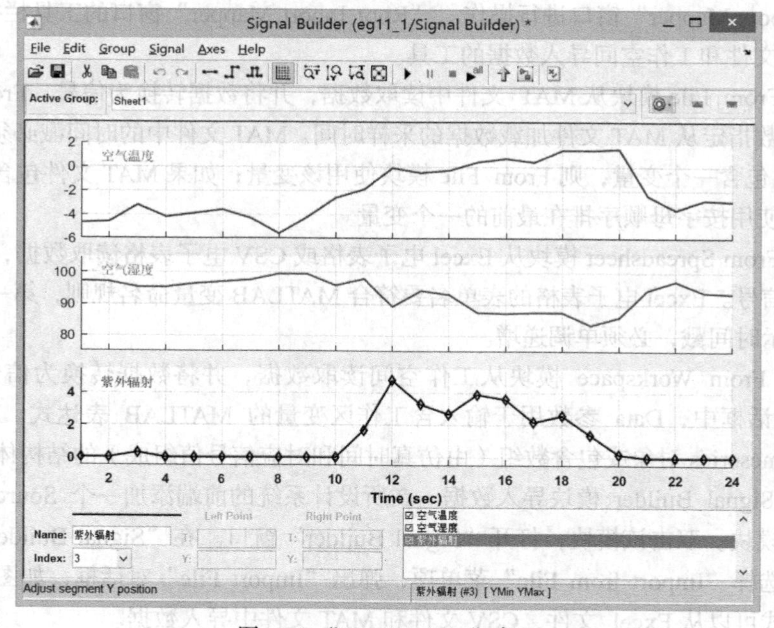


图 11.8 “Signal Builder”窗口

除了使用以上模块导入数据，也可以通过设置模型的 Data Import/Export 参数来指定导入数据。

# 11.3 系统的仿真与分析

系统的模型建立之后，还要选择求解算法和设置仿真参数（如初始条件、输入数据集、步长等），然后启动对该系统的动态行为的仿真。为加快仿真速度和提高仿真精度，Simulink 提供了图形化调试器和属性检查器等工具，以及固定步长和可变步长 ODE 等多种算法。

### 11.3.1 设置仿真参数

在系统仿真过程中，需要先对模型所采用的仿真算法、初始条件、输入数据、步长等进行规划。Simulink 提供了模型仿真参数对话框用于设置仿真参数。

单击模型编辑器工具栏中的“Model Configuration Parameters”按钮，或从模型编辑器的“Simulation”菜单中选择“Model Configuration Parameters”项，将打开如图 11.5 所示的“Configuration Parameters”对话框。

在 MATLAB 2017b 的“Configuration Parameters”对话框中，仿真参数分为 10 类。

- Solver 类：用于设置仿真起始、停止时间，以及选择求解算法。
- Data Import/Export 类：用于管理工作空间数据的导入和导出。
- Optimization 类：用于设置仿真优化模式。
- Diagnostics 类：用于设置在仿真过程中出现各类错误时发出警告的等级。
- Hardware Implementation 类：用于设置实现仿真的硬件。
- Model Referencing 类：用于设置参考模型。
- Simulation Target 类：用于设置仿真模型目标。
- Code Generation 类：用于设置代码生成方式。
- Coverage 类：用于设置模型、子系统和 S 函数进行完整性测试的范畴。
- HDL Coder 类：用于设置通过自动代码生成技术将设计算法生成 HDL 代码的方法，包括设置第三方编译器、仿真工具及实现的 FPGA 型号等。Simulink HDL Coder 可从 Simulink 模型及 Stateflow 的图表产生对应硬件实现程序，适用于有限状态机与控制逻辑的实现。

#### 1. Solver 参数设置

Solver（求解器）是指模型中所采用的计算系统动态行为的积分算法。Simulink 提供的求解器支持多种系统的仿真，包括连续时间（模拟）信号系统、离散时间（数字）信号系统、混合信号系统和多采样频率系统等。

这些求解器可以对刚性系统及具有不连续过程的系统进行仿真，其参数在“Configuration Parameters”对话框中设置。在“Configuration Parameters”对话框左窗格选择“Solver”项，在右窗格中会列出 Solver 的相关参数，如图 11.9 所示。

（1）设置仿真起始和终止时间

在“Simulink time”栏的“Start time”框和“Stop time”框中，分别输入仿真起始时间和终止时间，度量单位是秒（s）。

（2）选择仿真算法

在“Solver options”栏的“Type”下拉列表中选择算法类别，如 Fixed-step（固定步长）和 Variable-step（变步长），然后在“Solver”下拉列表中选择具体算法。

仿真算法根据步长的变化分为固定步长类算法和变步长类算法。固定步长是指在仿真过程中计算步长不变，而变步长是指在仿真过程中求解算法会调整步长。这两类算法所对应的相关选项及具体算法都有所不同。

若模型采用固定步长类算法，可以指定步长，也可以让求解算法自动确定步长。通常，减小步长大小将提高结果的准确性，但会增加系统仿真所需的时间。

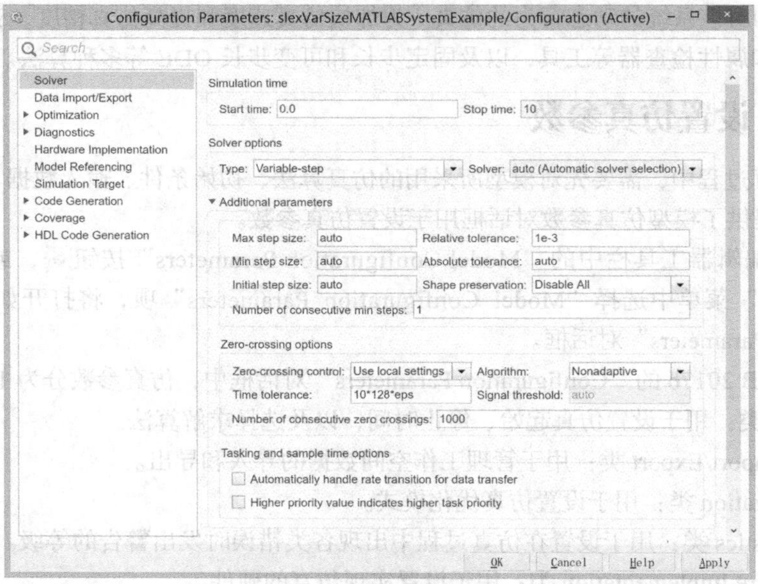

图 11.9　Solver 参数设置

若模型采用变步长类算法，当模型状态快速改变及发生过零事件时，求解算法将减小步长以提高运算精度；当模型状态变化缓慢时，求解算法将增大步长以提高运算速度。采用变步长类算法，首先应该指定允许的误差限，包括相对误差（Relative tolerance）和绝对误差（Absolute tolerance），当计算过程中的误差超过设定的阈值时，系统将自动调整步长。在采用变步长类算法时还要设置按时间步进时所允许的最大步长（Max step size），若设置为 Auto，系统所给定的最大步长为“(终止时间−起始时间)/50”。一般情况下，系统所给的最大步长已经足够，但如果用户所进行的仿真时间过长，默认步长值就非常大，有可能出现失真的情况，这时应根据需要设置较小的步长。

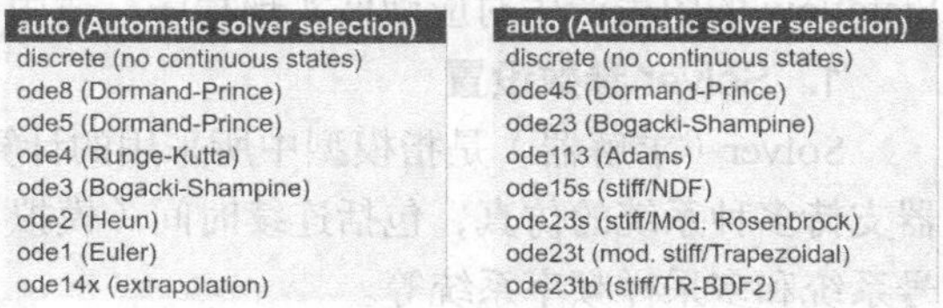

固定步长类和变步长类包含许多种具体算法，如图 11.10 所示。

auto (Automatic solver selection)
discrete (no continuous states)
ode8 (Dormand-Prince)
ode5 (Dormand-Prince)
ode4 (Runge-Kutta)
ode3 (Bogacki-Shampine)
ode2 (Heun)
ode1 (Euler)
ode14x (extrapolation)

（a）固定步长类算法

auto (Automatic solver selection)
discrete (no continuous states)
ode45 (Dormand-Prince)
ode23 (Bogacki-Shampine)
ode113 (Adams)
ode15s (stiff/NDF)
ode23s (stiff/Mod. Rosenbrock)
ode23t (mod. stiff/Trapezoidal)
ode23tb (stiff/TR-BDF2)

（b）变步长类算法

图 11.10　Simulink 仿真算法

选择一个合适的求解算法对仿真速度与结果准确性非常重要，表 11.2 列出了各类的问题适合于用哪类求解算法求解。

表 11.2　各类问题的适用求解算法

| 求解算法类别 | 算法 | 离散系统 | 连续系统 | 变阶系统 |
| --- | --- | --- | --- | --- |
| 固定步长类 | 显式算法 | 不适用 | 显式固定步长连续求解算法 | 不适用 |
| | 隐式算法 | 不适用 | 隐式固定步长连续求解算法 | 不适用 |
| 变步长类 | 显式算法 | 变步长类求解算法 | 显式变步长连续求解算法 | 变阶求解算法 |
| | 隐式算法 | | 隐式变步长连续求解算法 | 变阶求解算法 |

固定步长类算法没有错误控制机制，因此，算法的精度及仿真时长依赖于算法所使用的步长，而对于同样的步长，算法越复杂（阶数越高），精度越高。变步长类算法可以在仿真过程中改变步长，提供误差控制和过零检测。各个求解算法的适用场合参看第 7 章第 4 节的说明。

2. Data Import /Export 参数设置

导入（Import）的数据包括模型的输入信号和初始状态，导出（Export）的数据包括输出信号和仿真过程的状态数据。导入/导出数据的格式可以是 Simulink 数据集（Simulink.SimulationData.Dataset）对象、时间序列（Simulink.Timeseries）、Simulink 信号（Simulink.SimulationData.Signal）、Stateflow 类的状态信号（Stateflow.SimulationData.State）、包含所有输入端口数据的结构体、空矩阵、Simulink.TsArray 数据和时间表达式。

数据导入/导出的参数设置如图 11.11 所示，主要包括 Load from workspace、Save to workspace or file 两个部分。

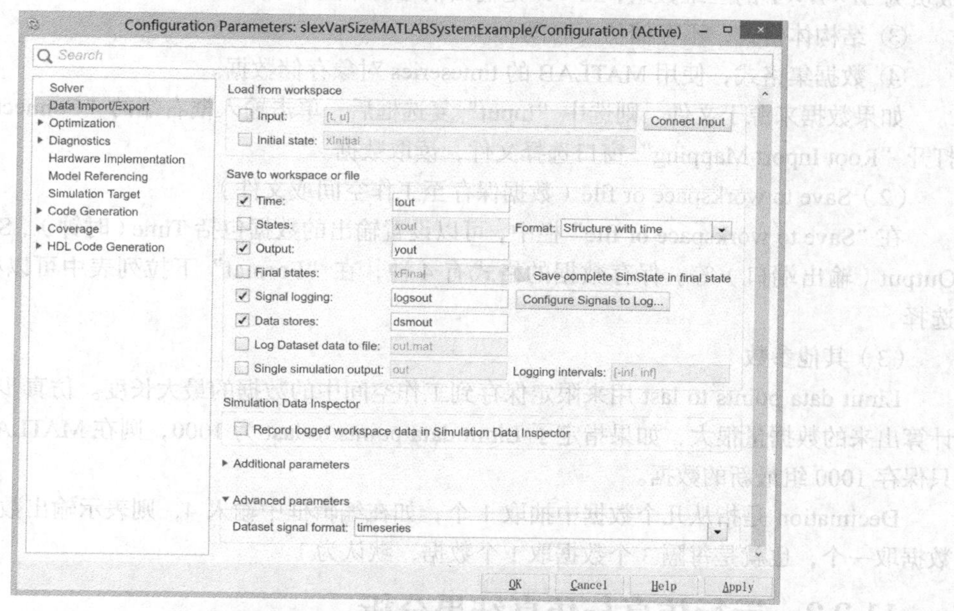


图 11.11 数据导入/导出的参数设置

（1）Load from workspace（从工作空间加载数据）

在仿真过程中，如果模型中有 Inport 模块，可从工作空间把数据载入到 Inport 模块的输入端口，即先选中“Load from workspace”栏的“Input”复选框，然后在后面的编辑框内输入 MATLAB 工作空间的变量名，默认为[t,u]。描述数据可以采用以下格式。

① 数组格式。在使用数组格式时，状态矩阵的每一行对应一个时刻各个模块的状态，每一列对应模型中一个模块的状态；输出矩阵的每一列对应一个模型输出端口，每一行对应模型在一个时刻的输出。使用数组格式时，数据都是同一类型，如果输出和状态不满足这些条件，则只能使用结构体格式。例如，在命令行窗口输入以下命令，定义变量 t 和 u：

```
>> t=[0:0.1:10]';
>> u=[sin(t),sin(3*t)/3,sin(5*t)/5]
```

这时，可以用 t、u 作为有 3 个 Inport 模块的模型的输入信号。

② 包含时间的结构体格式。用来保存数据的结构体有 time 和 signals 两个顶级成员。time 成员是列向量，表示仿真时间。signals 成员是一个结构体数组，每个结构体对应模型的一个输出端口。signals 的每个元素有 4 个子成员，即 values、label、dimensions 和 blockName。values 成员存储输出端口的数据；dimensions 成员指定输出信号的维度；label 成员指定输出端口、S 函数模块

或状态类型（continuous 或 discrete）的信号标签；blockName 成员指定输出端口或模块的名称。例如，在命令行窗口输入以下命令，定义变量 Signal1：

```
>> Signal1.time=[0:0.1:10]';
>> Signal1.signals(1).values=sin(t);
>> Signal1.signals(2).values=sin(3*t)/3;
>> Signal1.signals(3).values=sin(5*t)/5
```

默认情况下，保存状态的结构体为 xout，保存输出的结构体为 yout。若输出是标量或向量，values 成员为矩阵，每一行表示由对应的时间向量元素指定的时间点的输出。若输出是矩阵，values 成员为 $M\times N\times T$ 的三维数组，$M\times N$ 是输出信号的维度，$T$ 是输出样本的数量。

③ 结构体格式，不存储仿真时间。

④ 数据集格式，使用 MATLAB 的 timeseries 对象存储数据。

如果数据来源于文件，则选中“Input”复选框后，单击输入框右端的“Connect Input”按钮，打开“Root Inport Mapping”窗口选择文件，读取数据。

（2）Save to workspace or file（数据保存至工作空间或文件）

在“Save to workspace or file”栏中，可以设置输出的数据包括 Time（时钟）、States（状态）、Output（输出端口）等。保存数据的格式有 4 种，在“Format”下拉列表中可以根据需要进行选择。

（3）其他参数

Limit data points to last 用来限定保存到工作空间中的数据的最大长度。仿真步长过小，实际计算出来的数据量很大，如果指定了 Limit data points to last 为 1000，则在 MATLAB 工作空间将只保存 1000 组最新的数据。

Decimation 是指从几个数据中抽取 1 个，如在编辑框中输入 4，则表示输出数据时，每 4 个数据取一个，也就是每隔 3 个数据取 1 个数据，默认为 1。

## 11.3.2 运行仿真与仿真结果分析

在 MATLAB 中，可以在 Simulink 模型编辑器以交互的方式运行仿真，也可使用 MATLAB 命令运行仿真。

**1. 交互仿真**

Simulink 仿真有 3 种模式，可以通过在模型编辑器中选择“Simulation”菜单的“Mode”菜单项下的命令进行设置。

（1）Normal：标准模式（默认设置），以解释方式运行，仿真过程中能够灵活地更改模型参数和显示结果，但仿真运行最慢。

（2）Accelerator：加速器模式，通过创建和执行已编译的目标代码来提高仿真性能，而且在仿真过程中能够较灵活地更改模型参数。加速模式下运行是模型编译生成的 S 函数，不能提供模型覆盖率信息。

（3）Rapid Accelerator：快速加速器模式，比 Accelerator 模式能够更快地进行模型仿真。这种模式不支持调试器和性能评估器。

设置完仿真参数之后，单击模型编辑器工具栏中的“Run”按钮，或从“Simulation”菜单中选择“Run”菜单项，便可启动对当前模型的仿真。

Simulink 支持使用仿真步进器（Simulation Stepper）进行调试，通过步进方式，逐步查看仿真过程数据，观察系统状态变化及状态转变的时间点。单击模型编辑器工具栏中的“Step Forward”按钮，启动单步仿真；单击模型编辑器工具栏中的“Stop”按钮，终止单步仿真。

运行仿真前，单击模型编辑器工具栏中的“Stepping Option”按钮，在弹出的对话框中选中“Enable stepping back”，则可以在仿真过程中，通过单击模型编辑器工具栏中的“Step Back”按钮，回溯仿真过程。

### 2. 命令仿真

通过命令方式，以不同参数调用仿真函数 sim，可以对同一系统在不同的仿真参数或不同的系统模块参数下进行仿真，从而直接、快速地分析参数值对系统性能的影响。sim 函数调用格式如下：

```
simOut=sim(模型,属性 1,属性值 1,属性 2,属性值 2,…);
```

例如：

```
simOut=sim('simdemo','SimulationMode','rapid','AbsTol','1e-5',...
        'StopTime', '30', ...
        'ZeroCross','on', ...
        'SaveTime','on','TimeSaveName','tout', ...
        'SaveState','on','StateSaveName','xoutNew',...
        'SaveOutput','on','OutputSaveName','youtNew',...
        'SignalLogging','on','SignalLoggingName','logsout')
```

### 3. 仿真结果输出

Simulink 提供了多种有助于了解仿真行为的调试工具。使用 Scope 模块和波形查看器，可以可视化输出和调试模型；通过 Simulation Data Inspector，可以检查和比较仿真结果，还可以合成多次仿真的数据。使用 Dashboard 模块，可以通过交互方式控制和验证仿真输出。使用 MATLAB 构建自定义的 HMI 显示屏，或者将仿真结果导出到 MATLAB 工作区（或 MAT 文件），则可以调用 MATLAB 算法及其他工具来分析数据。

在仿真过程中，用户可以设置不同的输出方式来观察仿真结果。

（1）为了观察仿真结果的变化轨迹，可以把输出结果送给 Scope 模块或者 XY Graph 模块。Scope 模块用于显示时域信号，XY Graph 模块显示连接到该模块输入端的两个信号中的一个相对另一个的变化关系。模块参数 Sample time 用于指定仿真时示波器更新的时间间隔，参数 Input processing 指定是以基于样本还是基于帧的方式来处理信号。

Scope 模块的“Configuration Properties”对话框用于设置示波器属性。对话框中的“Main”选项卡的参数用于设置坐标轴、采样时间等；“Logging”选项卡用于控制示波器仿真数据量，如果仿真结果需要保存，就应选中“Log data to workspace”复选框，将使送入示波器的数据同时被导出到 MATLAB 工作空间默认名为 ScopeData 的变量中。

（2）也可使用 Outport 模块、To File 模块、To Workspace 模块，将仿真结果导出到文件或工作空间。在启动模型的仿真之前，先在“Configuration Parameters”对话框的“Data Impot/Export”面板中，指定导出的时间变量和输出变量的名称，例如 t 和 y（默认为 tout 和 yout），那么，当仿真结束后，时间值保存在时间变量 t 中，对应的输出端口的信号值保留在输出变量 y 中。

仿真结果还有其他一些输出方式，例如，使用 Display 模块可以显示仿真结果。

**【例 11.2】** 利用 Simulink 仿真求 $I=\int_0^2 x^3\mathrm{d}x$。

（1）启动 Simulink 并打开模型编辑器，新建一个空模型，在模型中加入一个 Sources 模块库中的 Clock（时钟）模块、一个 User-Defined Functions 模块库中的 Fcn（函数）模块、一个 Continuous 模块库中的 Integrator（积分）模块和一个 Sinks 模块库中的 Display（显示）模块。

（2）设置模块参数并连接各个模块组成仿真模型。双击“Fcn”模块，打开“Block Parameters”对话框，在“Expression”栏中输入“u*u*u”，单击“OK”按钮返回。其他模块的参数取默认值，不重新设置。设置模块参数后，用连线将各个模块连接起来组成仿真模型，如图 11.12 所示。

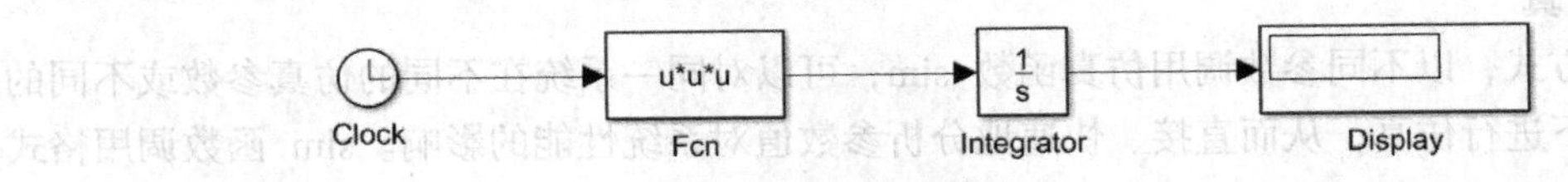


图 11.12　求积分的模型

（3）规划模型仿真过程。打开“Configuration Parameters”对话框，设置系统仿真停止时间为 2s，其他参数不变，单击“OK”按钮返回。

（4）运行仿真。在模型编辑器中单击工具栏中的“Run”按钮开始仿真。仿真结束后，Display 模块显示仿真结果为 4。

### 11.3.3　系统仿真实例

下面的应用实例将分别采用不同建模方法为系统建立模型并仿真。

**【例 11.3】** 有初始状态为 0 的二阶微分方程 $y'' + 1.5y' + 10y = 2u'(t) + 10u(t)$，其中 $u(t)$是单位阶跃函数，试建立系统模型并仿真。

方法 1：利用微分/积分器直接构造求解微分方程的模型。

把原微分方程改写为

$$y'' = 2u'(t) + 10u(t) - 1.5y' - 10y$$

$u$ 经微分作用得 $u'$，$y''$经积分作用得 $y'$，$y'$再经积分作用就得 $y$，而 $u'$、$u$、$y'$和 $y$ 经代数运算又产生 $y''$，据此可以建立系统模型并仿真，步骤如下。

（1）利用 Simulink 模块库中的基本模块建立系统模型（见图 11.13），并设置各个模型元素的参数和属性。

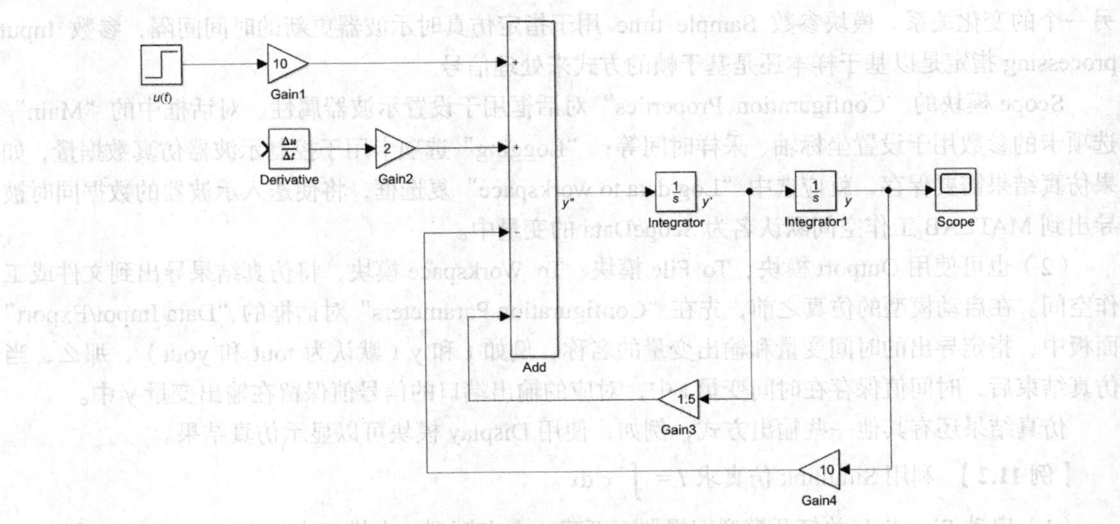


图 11.13　求解微分方程的模型

模型中各个模块说明如下。

① Step（阶跃）模块：属于 Sources 模块库，模块命名为 $u(t)$，模块的参数 Step time 设置为 0。

② Gain（增益）模块：属于 Math Operations 模块库。前向增益模块分别命名为 Gain1、Gain2，模块的参数 Gain 分别设置为 10 和 2。反馈增益模块分别命名为 Gain3、Gain4，模块的参数 Gain 分别设置为 1.5 和 10，从模块的右键快捷菜单中选择“Rotate & Flip”项的“Flip Block”子命令，或选择“Diagram”菜单的“Rotate & Flip”菜单项的“Flip Block”子命令实现模块的方向翻转。

③ Derivative（微分）模块：属于 Continuous 模块库，模块命名为 Derivative，模块的参数使用默认值。

④ Add（求和）模块：属于 Math Operations 模块库，模块命名为 Add，模块的参数 List of signs 框内输入++−−，其他参数使用默认值。

⑤ Integrator（积分）模块：属于 Continuous 模块库，模块命名为 Integrator 和 Integrator1，模块的参数使用默认值。

⑥ Scope 模块：用于显示求解结果。

模块的名称默认自动确定是否显示。若需要显示各个模块的名称，从模块的右键菜单选择“Format”—“Show Block Name”—“On”。若需要添加信号标识，先选择信号线，然后从该信号线的右键菜单中选择“Properties”项，或选择“Diagram”菜单的“Properties”项，打开“Signal Properties”对话框，在对话框上部的“Signal name”框中输入信号名称。

（2）设置模型仿真参数。打开模型的“Configuration Parameters”对话框，在“Solver”面板的“Simulation time”栏的“Stop time”框中输入仿真的停止时间为 5。

（3）仿真操作。在 Simulink 编辑器中双击“Scope”模块，打开示波器窗口。单击模型编辑器工具栏或示波器窗口工具栏的“Run”按钮，就可在示波器窗口中看到结果曲线，如图 11.14 所示。

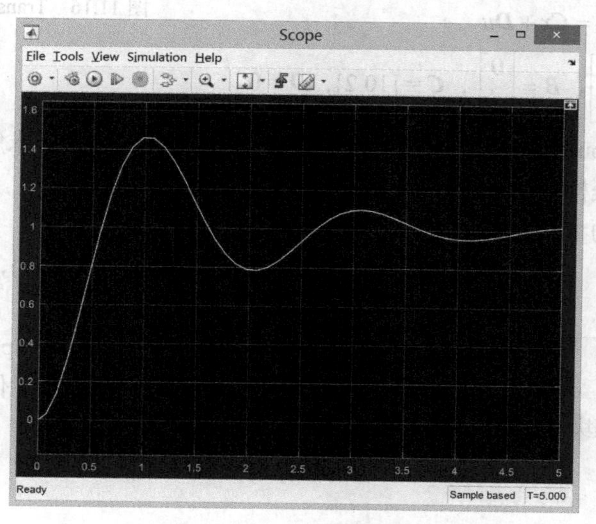


图 11.14 微分方程求解结果

方法 2：利用传递函数模块建模。

对方程 $y''+1.5y'+10y=2u'(t)+10u(t)$ 两边取 Laplace 变换，得

$$s^2Y(s)+1.5sY(s)+10Y(s)=2sU(s)+10U(s)$$

经整理得传递函数：

$$G(s)=\frac{Y(s)}{U(s)}=\frac{2s+10}{s^2+1.5s+10}$$

可以采用 Continuous 模块库中 Transfer Fcn（传递函数）模块构建求解微分方程的模型并仿真。采用系统传递函数模块构建图 11.15 所示的仿真模型。

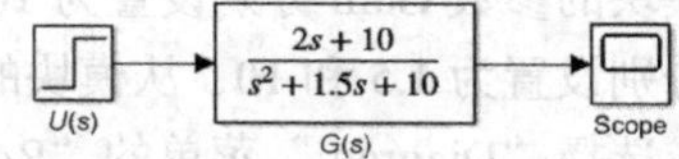


图 11.15　用传递函数模块构建的仿真模型

模型中各个模块说明如下。

① Step 模块：模块命名为 $U(s)$，模块的参数 Step time 设置为 0。

② Transfer Fcn 模块：模块命名为 $G(s)$，双击模块，打开“Block Parameters”对话框，在“Numerator coefficients”框中填写传递函数的分子多项式系数[2 10]，在“Denominator coefficients”框中填写传递函数的分母多项式的系数[1 1.5 10]，如图 11.16 所示。单击“OK”按钮返回。

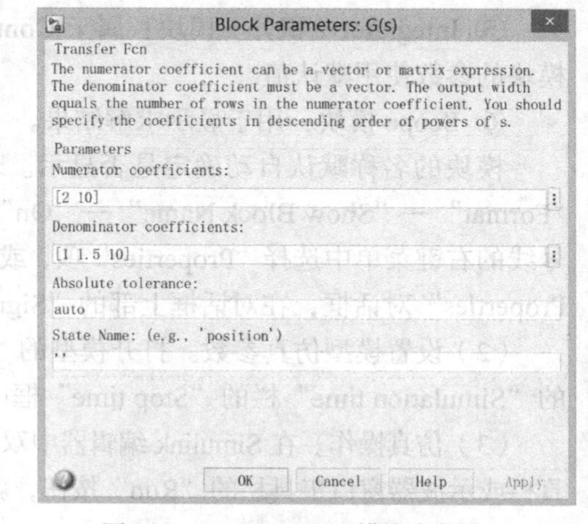


图 11.16　Transfer Fcn 模块参数设置

后续的操作与方法 1 相同。

方法 3：利用状态方程模块建模。

若令 $x_1=y$、$x_2=y'$，那么微分方程 $y''+1.5y'+10y=2u'(t)+10u(t)$可写成：

$$\begin{cases}\dot{x}_1=x_2\\ \dot{x}_2=-10x_1-1.5x_2+u\\ y=10x_1+2x_2\end{cases}$$

写成状态方程为

$$\begin{cases}x'=\boldsymbol{A}x+\boldsymbol{B}u\\ y=\boldsymbol{C}x+\boldsymbol{D}u\end{cases}$$

式中，$\boldsymbol{A}=\begin{bmatrix}0 & 1\\ -10 & -1.5\end{bmatrix}$，$\boldsymbol{B}=\begin{bmatrix}0\\ 1\end{bmatrix}$，$\boldsymbol{C}=[10\ 2]$，$\boldsymbol{D}=0$。

可以采用 Continuous 模块库中的 State-Space（状态方程）模块构建求解微分方程的模型并仿真。根据系统状态方程构建图 11.17 所示的仿真模型。

模型中各个模块的参数如下。

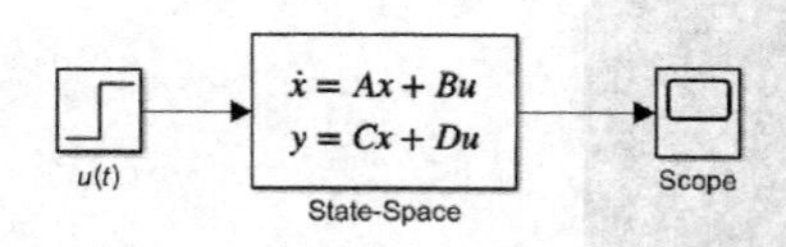


图 11.17　用状态方程模块构建的仿真模型

① Step 模块 $u(t)$：模块命名为 $u(t)$，模块的参数 Step time 设置为 0。

② State-Space 模块：双击“State-Space”模块，打开“Block Parameters”对话框，在 $\boldsymbol{A}$、$\boldsymbol{B}$、$\boldsymbol{C}$、$\boldsymbol{D}$ 各栏依次输入[0,1; -10,-1.5]、[0; 1]、[10, 2]和 0。

后续的操作与方法 1 相同。

# 11.4　子系统

Simulink 采用模块化架构，当模型的规模较大或者较复杂时，可以把整个系统划分为若干具有独立功能的模块集，一个模块集由几个有关联的模块组成，这样的模块集称为子系统。划分子系统可以减少系统的模块数目，使系统易于分块调试。此外，将一些常用的子系统封装成一些模块，这些模块可以在其他模型中使用，实现组件重用。

## 11.4.1　子系统的创建

建立子系统有两种方法：通过 Subsystem 模块建立子系统和将已有的模块集转换为子系统。两者的区别是：前者先建立子系统，再为其添加功能模块；后者先选择模块，再建立子系统。

**1. 通过 Subsystem 模块建立子系统**

新建一个空模型，将 Ports & Subsystems 模块库的 Subsystem 模块添加到模型中。双击“Subsystem”模块打开子系统编辑窗口，子系统中已经自动添加了一个 Inport 模块和一个 Outport 模块（表示子系统的输入端口和输出端口）。将要组合的模块插入到输入模块和输出模块中间，一个子系统就建好了。然后单击工具栏的“Up to parent”按钮，返回模型设计窗口。若双击已建立的子系统，则打开子系统内部结构设计窗口。

**2. 通过已有的模型建立子系统**

在模型中选择要组建子系统的模型元素，然后执行创建子系统的命令，可将模块集变为子系统。

【**例 11.4**】 PID 控制器是在自动控制系统中经常使用的模块，PID 控制器由比例单元（P）、积分单元（I）和微分单元（D）组成。PID 控制器的传递函数为

$$U(s)=K_{\mathrm{p}}+\frac{K_{\mathrm{i}}}{s}+K_{\mathrm{d}}s$$

建立 PID 控制器的模型并建立子系统。

先建立 PID 控制器模型，如图 11.18（a）所示。注意，模型中含有 3 个变量 $K_{\mathrm{d}}$、$K_{\mathrm{p}}$ 和 $K_{\mathrm{i}}$，仿真时这些变量应该在 MATLAB 工作空间中赋值。

在模型中框选所有模块（不包括 In1 和 Out1 模块）后，选中区域的左上角，会出现一个工具条，单击其中的“Create Subsystem”图标（或从模型编辑器的“Diagram”菜单中选择“Subsystem & Model Reference”项的“Create Subsystem from Selection”子命令，或按 Ctrl+G 组合键），所选模块集将被一个 Subsystem 模块取代，如图 11.18（b）所示。若需要查看或修改子系统内部结构，则双击“Subsystem”模块，打开模块内部结构图进行操作，操作完成后，单击工具栏的“Up to parent”按钮返回。

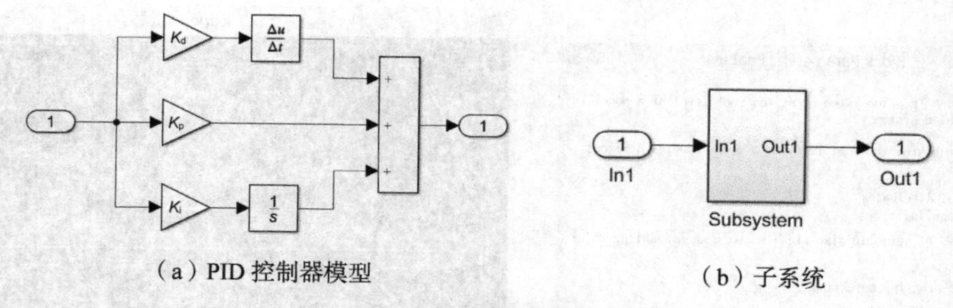


（a）PID 控制器模型　　（b）子系统

图 11.18　PID 控制器模型及子系统

## 11.4.2　条件子系统

子系统的执行可以由信号来控制。用于控制子系统执行的信号称为控制信号，而由控制信号控制的子系统称为条件子系统。在一个复杂模型中，有的模块的执行依赖于其他模块，这种情况

下，条件子系统是很有用的。条件子系统分为使能子系统、触发子系统和使能加触发子系统。

1. 使能子系统

若子系统在控制信号为正时执行，控制信号为负时结束执行，则称该子系统为使能子系统（Enabled Subsystem）。控制信号可以是标量、向量或矩阵。若控制信号是标量，则当标量的值大于 0 时子系统开始执行；如若控制信号是向量或矩阵，则信号中任何一个元素大于 0 时子系统将执行。

使能子系统外观上有一个使能控制信号输入端。可以利用 Ports & Subsystems 模块库的 Enabled Subsystem 模块来建立使能子系统，也可以从已有模型中框选模块后，单击左上角工具条中的“Create Enabled Subsystem”按钮⎍，将该模型转换为使能子系统。双击模型中的“Enabled Subsystem”模块，将打开该子系统内部结构设计窗口。

【例 11.5】 利用使能子系统设计一个正弦半波整流器。

新建一个空模型，在模型中添加一个 Sources 库的 Sine Wave 模块、一个 Ports & Subsystems 库的 Enabled Subsystem 模块和一个 Sinks 库的 Scope 模块，按图 11.19 所示连接各模块并存盘。其中 Enabled Subsystem 模块的使能信号端连接 Sine Wave 模块。

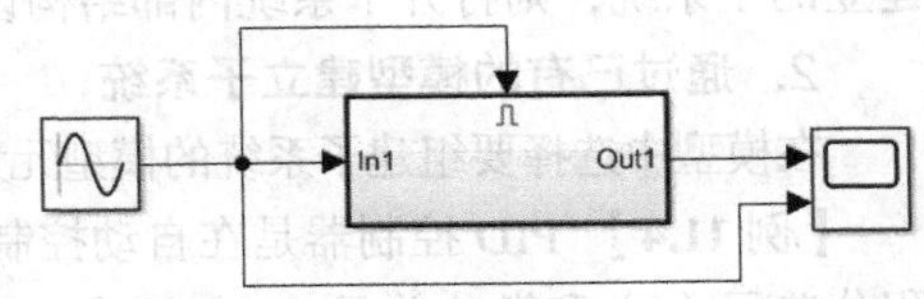

图 11.19 利用使能子系统实现半波整流

使能子系统建立好后，可对子系统的 Enable 模块进行参数设置。在模型中双击使能子系统，打开子系统内部结构设计窗口，然后双击此窗口中的“Enable”模块⎍，打开 Enable 模块的“Block Parameters”对话框，如图 11.20 所示。

在 Main 面板中选中“Show output port”复选框，可以为 Enable 模块添加一个输出端，用以输出控制信号。在“States when enabling”下拉列表中有两个选项：held 项表示当使能子系统停止输出后，输出端口的值保持最近的输出值；reset 项表示当使能子系统停止输出后，输出端口重新设为初始值。这里选择“reset”项。设置完成后，单击“OK”按钮返回子系统设计窗口。然后单击模型编辑器工具栏的“Up to Parent”按钮，返回模型设计窗口。

双击模型中的“Scope”模块，打开示波器窗口。在示波器窗口的 View 菜单中单击“Layout”菜单项，从弹出的布局表中选择“2 × 1”，设置示波器的显示方式为一列两行。单击编辑器工具栏的“Run”按钮或示波器窗口工具栏的“Run”按钮，即可在示波器窗口看到图 11.21 所示的半波整流波形和正弦波形。

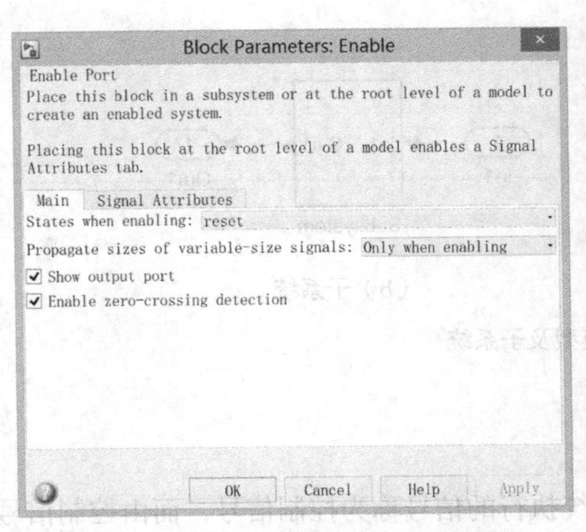

图 11.20 Enable 模块参数设置对话框

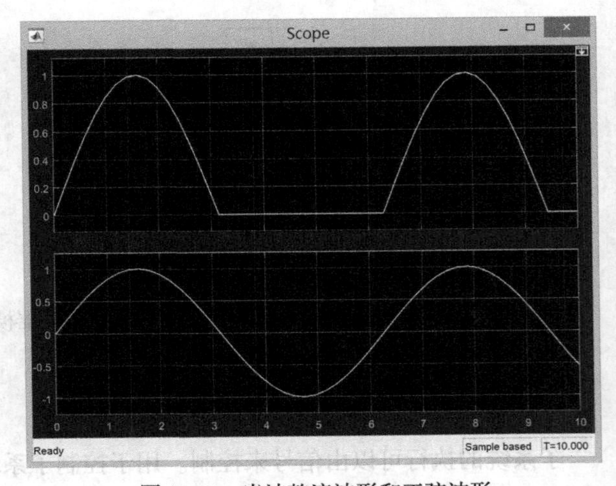

图 11.21 半波整流波形和正弦波形

### 2. 触发子系统

当触发事件发生时子系统开始执行，则称该子系统为触发子系统。可以利用 Ports ＆ Subsystems 模块库的 Triggered Subsystem 模块来建立触发子系统，也可以从已有模型中框选模块后，单击左上角工具条中的“Create Triggered Subsystem”按钮，将该模型转换为触发子系统。双击模型中的“Triggered Subsystem”模块，将打开该子系统内部结构设计窗口。

触发子系统在每次触发结束到下次触发之前总是保持上一次的输出值，而不会重新设置初始输出值。触发子系统建立好后，可对子系统的 Trigger 模块进行参数（如触发形式）设置。在模型中双击触发子系统，打开子系统内部结构设计窗口，然后双击此窗口中的“Trigger”模块，打开 Trigger 模块的“Block Parameters”对话框，如图 11.22 所示。

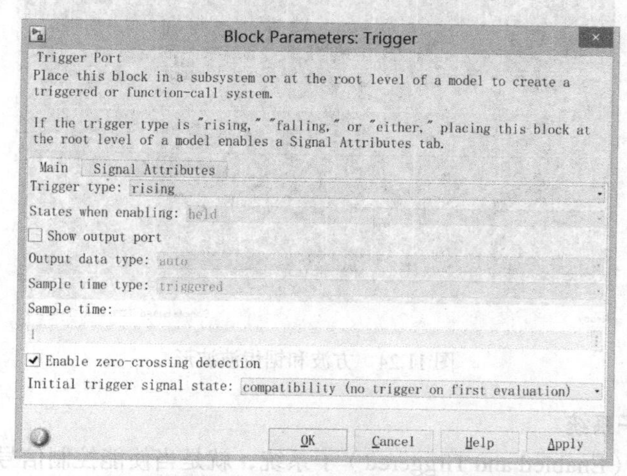


图 11.22 “Block Parameters:Trigger”对话框

触发形式包括以下几种。

（1）rising（上跳沿触发）：控制信号从负值或 0 上升到正值时子系统开始执行。

（2）falling（下跳沿触发）：控制信号从正值或 0 下降到负值时子系统开始执行。

（3）either（上跳沿或下跳沿触发）：当控制信号满足上跳沿或下跳沿触发条件时，子系统开始执行。

（4）function-call（函数调用触发）：表示子系统的触发由 S 函数的内部逻辑决定，这种触发方式必须与 S 函数配合使用。

**【例 11.6】** 利用触发子系统将锯齿波转换成方波。

新建一个空模型，在模型中添加一个 Sources 库的 Signal Generator 模块、一个 Ports ＆ Subsystems 库的 Triggered Subsystem 模块和一个 Sinks 库的 Scope 模块。Triggered Subsystem 模块触发信号端接 Signal Generator 模块，构成图 11.23 所示的子系统。

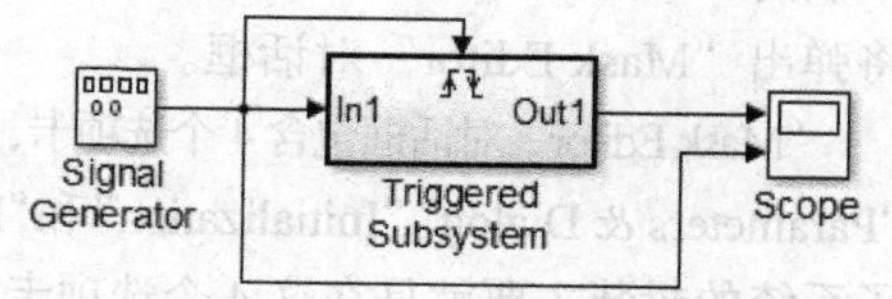


图 11.23 利用触发子系统将锯齿波转换为方波

双击“Signal Generator”模块，弹出“Block Parameters”对话框，在“Wave from”的下拉列表中选择“sawtooth”（即锯齿波）项，“Amplitude”（幅值）栏中输入 0.8，“Frequency”（频率）栏中输入 4，单击“OK”按钮返回。

双击“Triggered Subsystem”模块，打开 Triggered Subsystem 模块内部结构设计窗口。在此窗口中双击“Trigger”模块，弹出 Trigger 模块的“Block Parameters”对话框，从“Trigger type”下

拉列表中选择“either”项，即上升沿或下降沿皆可触发，单击“OK”按钮返回 Triggered Subsystem 模块设计窗口。然后单击工具栏的“Up to Parent”按钮，返回模型设计窗口。

为了方便比较，系统除显示处理得到的方波外，还显示原锯齿波，故设置示波器的显示方式为一列两行。

单击编辑器工具栏或示波器工具栏的“Run”按钮，即可在示波器窗口看到图 11.24 所示的波形。

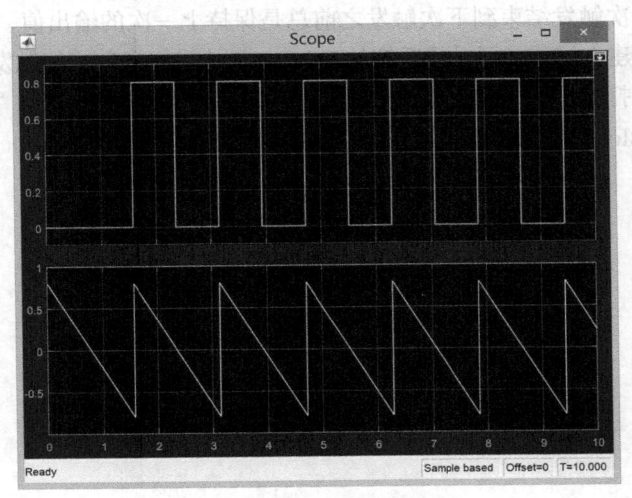


图 11.24　方波和锯齿波波形

### 3. 使能加触发子系统

所谓使能加触发（Enabled and Tirggered）子系统，就是当使能控制信号和触发控制信号共同作用时执行子系统。该系统的行为方式与触发子系统相似，但只有当使能信号为正时，触发事件才起作用。

## 11.4.3　子系统的封装

在对子系统进行参数设置时，需要打开其中的每个模块，然后分别进行参数设置，子系统本身没有基于整体的独立操作界面，因而应用受到很大的限制。为解决此问题，Simulink 提供了子系统封装技术。通过子系统的封装方式将一组模块和信号封装在一个模块内，隐藏子系统内容，并为子系统定制自己的图标和参数对话框。

子系统的封装过程很简单：先选中所要封装的子系统，再从模型编辑器的“Diagram”菜单中选“Mask”菜单项的“Create Mask”子命令，或按 Ctrl+M 组合键，将弹出“Mask Editor”对话框。

“Mask Editor”对话框包含 4 个选项卡，即“Icon & Ports”“Parameters & Dialog”“Initialization”和“Documentation”。子系统的封装主要就是在这 4 个选项卡中设置封装子系统的参数。

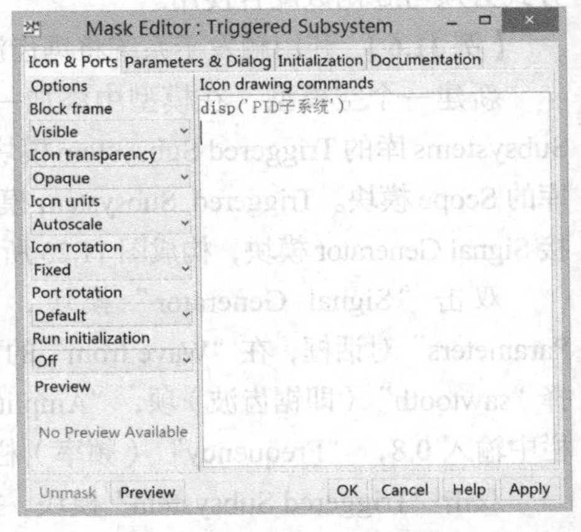


图 11.25　“Icon & Ports”选项卡

### 1. “Icon & Ports”选项卡的参数设置

“Icon & Ports”选项卡用于设置封装子系统的图标和端口，如图 11.25 所示。各部分的功能如下。

（1）"Icon drawing commands"编辑框

用于输入命令生成模块图标，常用命令如下。

① 显示文本。disp、text、fprintf 和 port_lable 函数用于在封装图标中显示文本。前 3 个函数的功能与用法在前面的章节已介绍，port_label 函数用于为端口添加标签，其调用格式为

```
port_label(端口类型,端口号,端口标签)
```

其中，第 1 个参数指定端口类型，可取值有'input'、'output'、'lconn'（封装子系统左侧的 Physical Modeling 连接端口）、'rconn'（封装子系统右侧的 Physical Modeling 连接端口）、'Enable'、'trigger'、'action'（封装的 Switch Case Action Subsystem 中的操作端口）。

下面以例 11.4 的子系统为例，在"Icon drawing commands"编辑框中输入如下命令：

```
disp('PID 子系统');
port_label('input',1,'输入端');
port_label('output',1,'输出端');
```

则封装子系统的图标如图 11.26 所示。

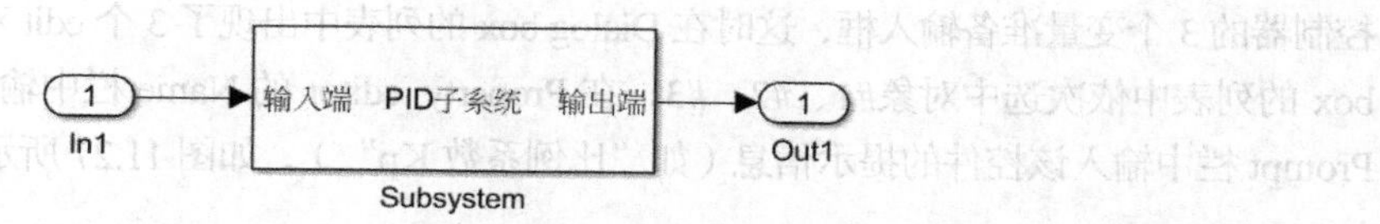


图 11.26　显示文本的子系统图标

命令输入不正确时，Simulink 将在图标方框内显示 3 个问号。

② 显示图形图像。在图标中显示图形可以用 plot 函数、patch 函数和 image 函数。例如，想在图标上画出一个圆，可使用下列命令：

```
plot(cos(0:0.1:2*pi),sin(0:0.1:2*pi));
```

又如，将当前文件夹的图形文件 flower.jpg 显示在子系统图标上，可使用下列命令：

```
image(imread('flower.jpg'));
```

③ 显示传递函数。在图标中显示传递函数使用 dpoly 函数，显示零极点模型的传递函数使用 droots 函数，其调用格式为

```
dpoly(num,den,'character');
droots(zero,pole,gain,'z');%或 droots(zero,pole,gain,'z-');
```

其中，dpoly 函数的参数 num 和 den 是两个行向量，分别存储传递函数的分子多项式和分母多项式的系数，选项'character'用于指定传递函数的自变量，默认为 s。droots 函数的参数 zero 和 pole 用于存储传递函数的零点和极点，gain 用于存储传递函数的增益，选项'z'和'z-'用于指定传递函数的自变量是用 z 还是 1/z 表示。

（2）设置封装图标特性

左窗格的 Options 面板用于指定封装图标的属性，包括是否显示模块框架、图标的透明度等。

① Block frame 设置图标的边框。选项 Invisible 和 Visible 分别表示隐藏和显示边框。

② Icon transparency 设置图标的透明度。选项 Transparent 表示显示图标中的内容；Opaque 表示不显示图标中的内容。

③ Icon units 设置在"Icon drawing commands"编辑框中使用绘图命令（plot 和 text）时的坐

标轴度量方式。选项 Autoscale 表示规定图标的左下角的坐标为(0,0)，右上角的坐标为(1,1)，要显示的文本等必须把坐标设在 0～1 之间才能显示，当模块大小改变时，图标也随之改变；Pixels 表示图标以像素为单位，当模块大小改变时，图标不随之改变；Normalized 表示根据设定的坐标点自动选取坐标系，使设置中的最小坐标位于图标左下角，最大坐标位于图标右上角。当模块大小改变时，图标也随之改变。

④ Icon rotation 设置图标是否跟模块一起旋转。选项 Fixed 表示不旋转，Rotates 表示旋转。

⑤ Port rotation 设置端口旋转方式。选项 Default 表示图形旋转时，端口信号流向从由上至下变为由左至右，Physical 表示信号流向相对位置不做变化。

## 2. “Parameters & Dialog”选项卡的参数设置

“Parameters & Dialog”选项卡用于设计配置封装子系统的参数对话框。选项卡由 3 个部分组成：左窗格为 Controls 工具箱，中间窗格 Dialog box 显示对话框中的控件对象，右窗格的 Property editor 用于编辑控件对象、对话框的属性及界面图标。

下面以例 11.4 中的 PID 控制器子系统为例，说明封装子系统参数对话框的设置方法。

在“Parameters & Dialog”选项卡左窗格的 Controls 工具箱中，3 次单击“Edit”按钮，为 PID 控制器的 3 个变量准备输入框，这时在 Dialog box 的列表中出现了 3 个 edit 对象#1、#2、#3。在 Dialog box 的列表中依次选中对象#1、#2、#3，在 Property editor 的 Name 栏中输入控件名（如“Kp”），Prompt 栏中输入该控件的提示信息（如“比例系数 Kp”），如图 11.27 所示。单击“OK”按钮返回。

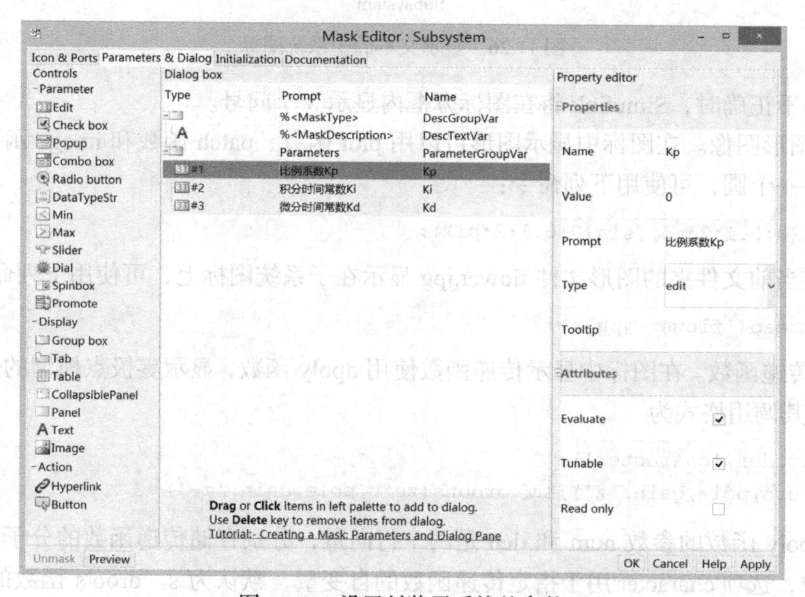


图 11.27　设置封装子系统的参数

子系统参数配置完成后，双击子系统图标，将弹出其参数对话框。图 11.28 是例 11.4 的 PID 控制器子系统的参数对话框，这时，可以在对话框中输入 PID 控制器的参数。

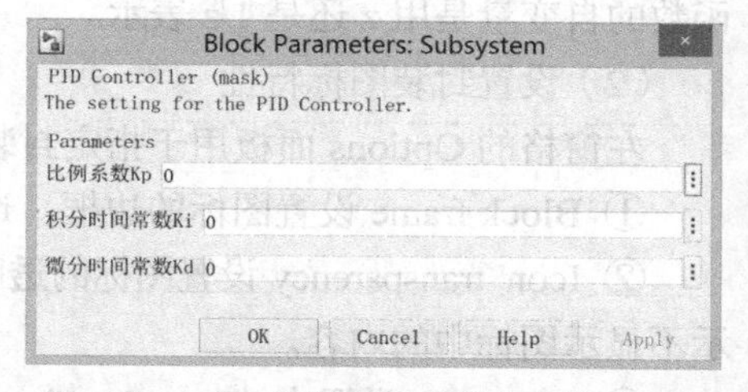


图 11.28　PID 控制器子系统的参数对话框

## 3. “Initialization”选项卡的参数设置

“Initialization”选项卡用于初始化封装模块的参数。在选项卡左部的“Initialization commands”编辑框内输入初始化命令，这些初始化命令将在仿真开始、更新块图和代码生成时被调用。

初始化的命令由 MATLAB 中的表达式组成，其中包括 MATLAB 函数、操作符和封装子系统参数对话框中定义的变量，但这些变量不包括 MATLAB 基本工作区中的变量。

**4. "Documentation" 选项卡的参数设置**

"Documentation" 选项卡用于定义封装模块的功能及用法的说明。"Type" 编辑框中输入的字符串（如 "PID Controller"）作为封装模块的名称，将显示在封装模块参数对话框的顶部；"Description" 编辑框中输入的字符串作为封装模块的注释，将显示在封装模块的名称下（如 "The setting for the PID Controller."）；"Help" 编辑框中输入的字符串将作为封装模块的帮助信息，当单击模块参数对话框的 "Help" 按钮时，在 MATLAB 帮助浏览器中显示这些信息。

封装信息设置完成后，单击 "OK" 按钮保存。例 11.4 中的子系统封装后如图 11.29 所示。子系统图标左下角有一个箭头（Look inside mask），单击该箭头，将展开模块的内部构造。双击子系统图标，将弹出参数对话框。

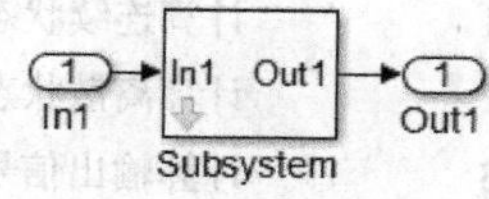


图 11.29 封装后的 PID

要修改对话框，则从模型编辑器的 "Diagram" 菜单中选择 "Mask" 菜单项的 "Edit Mask" 子命令，或按 Ctrl+M 组合键，在弹出的 "Mask Editor" 对话框中进行操作。

子系统封装完成后，成为一个独立的模块，可以和标准模块一样，在其他系统模型里直接使用。

## 11.5 S 函数的设计与应用

MATLAB 提供了一个对模块库进行扩展的机制——S 函数。S 函数称为系统函数（System Function），采用非图形化的方式开发 Simulink 功能模块。在 S 函数中使用文本方式输入公式、方程，非常适合复杂动态系统的数学描述，并且在仿真过程中可以对仿真进行更精确的控制。

S 函数可以采用 MATLAB、C/C++、FORTRAN 等语言编写。MATLAB 语言编写的 S 函数可以充分利用 MATLAB 所提供的丰富资源，调用各种工具箱函数和图形函数；使用 C、C++、FORTRAN 语言编写的 S 函数，可以实现对操作系统的访问，如实现与其他进程的通信和同步等，但这些语言编写的 S 函数需要用编译器生成 MEX 文件。本节只介绍用 MATLAB 语言设计 S 函数的方法，并通过例子介绍 S 函数的应用。

### 11.5.1 用 MATLAB 语言编写 S 函数

S 函数有固定的程序格式，我们可以从 Simulink 提供的 S 函数模板程序开始构建自己的 S 函数。

**1. 主函数**

S 函数的主函数引导语句为

```
Function [sys,x0,str,ts]=fname(t,x,u,flag,p1,p2,…)
```

其中，fname 是 S 函数的主函数名，输入参数 $t$、$x$、$u$、flag 分别为当前时间、状态向量、输入向量和仿真过程中的状态标志。flag 控制在仿真的各阶段调用 S 函数的哪一个子程序，其含义如表 11.3 所示。Simulink 每次调用 S 函数时，必须给出这 4 个参数。可选参数 $p1$、$p2$ 等是设计者自定义变量，用于存储其他信息。输出参数 sys、$x0$、str 和 ts 用于存储 S 函数的返回值。sys 是一个结构体变量，其值取决于输入参数 flag 的值。例如，flag = 3 时，sys 得到的是 S 函数的输出值。$x0$ 是初始状态值，如果系统中没有状态变量，$x0$ 将得到一个空阵。str 仅用于系统模型同 S 函数 API（应用程序编程接口）的一致性校验。ts 是一个两列矩阵，第一列是 S 函数中各状态变量的采样时间间隔，第二列是相对仿真起始时刻的偏移量。对于连续系统，采样时间间隔和偏移量都应置成 0；如果将继承输入信号的采样率，则设置 ts 为[-1 0]；如果要设置从启动仿真后 0.1s 开始每隔 0.25s 执行，则设置 ts 为[0.25 0.1]。

表 11.3　flag 参数的含义

| 取值 | 功能 | 调用函数名 | 返回参数 |
| --- | --- | --- | --- |
| 0 | 初始化 | mdlInitializeSizes | sys 为初始化参数，$x_0$、str、ts 如定义 |
| 1 | 计算连续状态变量的导数 | mdlDerivatives | sys 返回连续状态 |
| 2 | 计算离散状态变量的更新 | mdlUpdate | 更新离散状态 |
| 3 | 计算输出信号 | mdlOutputs | sys 返回系统输出 |
| 4 | 计算下一个采样时刻 | mdlGetTimeOfNextVarHit | sys 返回下一步采样的时间点 |
| 9 | 结束仿真任务 | mdlTerminate | 无 |

**2. 子函数**

S 函数的定义主要采用 switch-case 语句，通过 flag 的值引导调用不同的子函数。

（1）初始化子函数 mdlInitializeSizes

子程序 mdlInitializeSizes 定义 S 函数的采样时间、输入量、输出量、状态变量的个数及其他特征。为了向 Simulink 提供这些信息，在子程序 mdlInitializeSizes 的开始处，应调用 simsizes 函数，这个函数返回一个结构体变量 sizes，其成员 sizes.NumContStates、sizes.NumDiscStates、sizes.NumOutputs 和 sizes.NumInputs 分别表示连续状态变量的个数、离散状态变量的个数、输出的个数和输入的个数。这 4 个值置为-1，则可以动态调整这些变量的大小。成员 sizes.DirFeedthrough 是直通标志，即输入信号是否直接在输出端出现的标志，是否设定为直通，取决于输出是否为输入的函数，或者采样时间是否为输入的函数，1 表示 yes，0 表示 no；成员 sizes.NumSampleTimes 是模块采样周期的个数，一般取 1。

（2）其他子函数

状态的动态更新使用 mdlDerivatives 和 mdlUpdate 两个子函数，前者用于连续状态的更新，后者用于离散状态的更新。这些函数的输出值，即相应的状态，均由 sys 变量返回。对于同时含有连续状态和离散状态的混合系统，则需要同时写出这两个函数来分别描述连续状态和离散状态。

模块输出信号的计算使用 mdlOutputs 子函数，系统的输出仍由 sys 变量返回。

一般应用中很少使用 flag 为 4 和 9，因此 mdlGetTimeOfNextVarHit 和 mdlTerminate 两个子函数较少使用。

### 11.5.2　S 函数实例

下面来看一个简单的用 MATLAB 语言设计的 S 函数例子。

【例 11.7】 采用 S 函数实现 $y = a\sin x + b\cos x$。

（1）S 函数的编写

程序如下：

```
function [sys,x0,str,ts]=sfundemo(t,x,u,flag,a,b)
switch flag
case 0
    [sys,x0,str,ts]=mdlInitializeSizes;       %调用初始化函数
case 3
    sys=mdlOutputs(t,x,u,a,b);                %调用计算函数
case {1,2,4,9}
    sys=[];                                    %返回空值
otherwise
    error(num2str(flag));                      %出错处理
end

function [sys,x0,str,ts]=mdlInitializeSizes()
%调用函数 simsizes 建立结构体变量 sizes
sizes=simsizes;
sizes.NumContStates=0;          %无连续状态
sizes.NumDiscStates=0;          %无离散状态
sizes.NumOutputs=1;             %有一个输出量
sizes.NumInputs=1;              %有一个输入信号
sizes.DirFeedthrough=1;         %输出量中含有输入量
sizes.NumSampleTimes=1;         %单个采样时间序列
%用 sizes 初始化输出参数 sys
sys=simsizes(sizes);
%给其他返回参数赋值
x0=[];
str=[];
ts=[-1,0];          %设定输出信号继承输入信号的采样周期

function sys=mdlOutputs(~,~,u,a,b)
sys=a*sin(u)+b*cos(u)
```

将以上程序以文件名 sfundemo.m（文件名与主函数 sfundemo 同名）存盘。

（2）S 函数模块的封装

① 建立 S 函数模块

新建一个 Simulink 空模型，向模型中添加一个 User-Defined Functions 库中的 S-Function 模块、一个 Source 库中的 Repeating Sequence 模块和一个 Sinks 库中的 Scope 模块，构建图 11.30 所示的仿真模型。

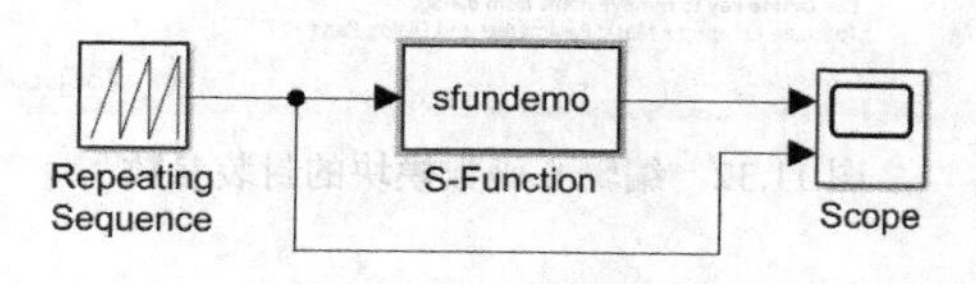


图 11.30　S 函数仿真模型

打开 S-Function 模块的“Block Parameters”对话框，在“S-function name”框中输入 S 函数

名“sfundemo”，在“S-function parameters”框中输入计算式的参数 a 和 b，参数之间用逗号分隔，如图 11.31 所示。然后单击“OK”按钮返回。

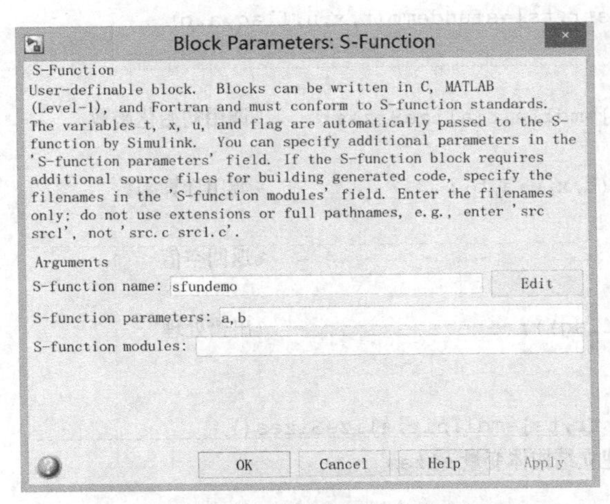


图 11.31 S 函数模块参数对话框

② 封装 S 函数模块

选中“S-Function”模块，按 Ctrl+M 组合键，打开 Mask Editor，选择“Parameters & Dialog”选项卡，在左窗格的 Controls 工具箱中两次单击“Edit”工具，这时“Dialog box”的控件列表中加入了两个编辑框控件对象#1、#2。选中控件对象#1 后，在 Property editor 中，在“Name”栏中输入“a”，“Prompt”栏输入“第 1 项系数”，选中“Evaluate”复选框，如图 11.32 所示。用同样方式设置控件对象#2 后，单击“OK”按钮返回。

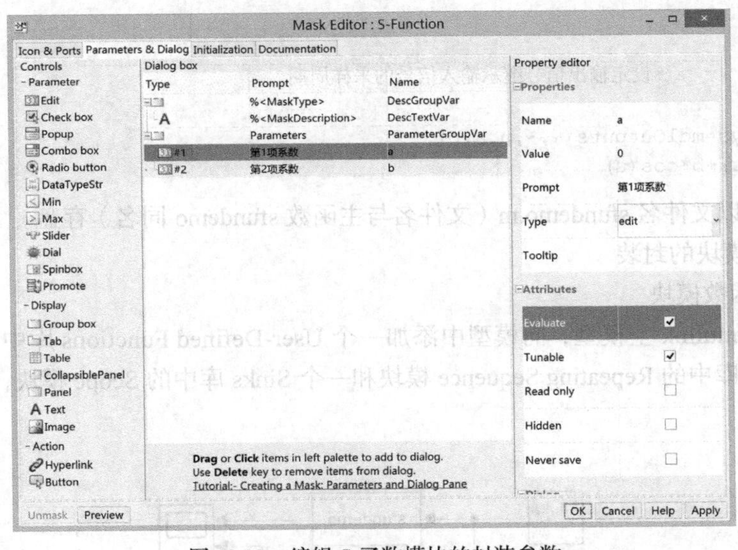


图 11.32 编辑 S 函数模块的封装参数

（3）S 函数模块的测试

在模型编辑器中双击封装后的 S 函数模块，在打开的模块参数对话框中输入系数为 2、1（见图 11.33），单击“OK”按钮，得到的仿真结果如图 11.34 所示。

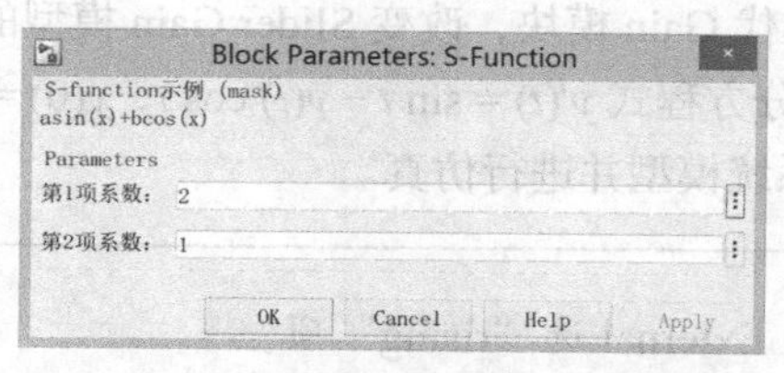


图 11.33　封装后的 S 函数模块参数对话框

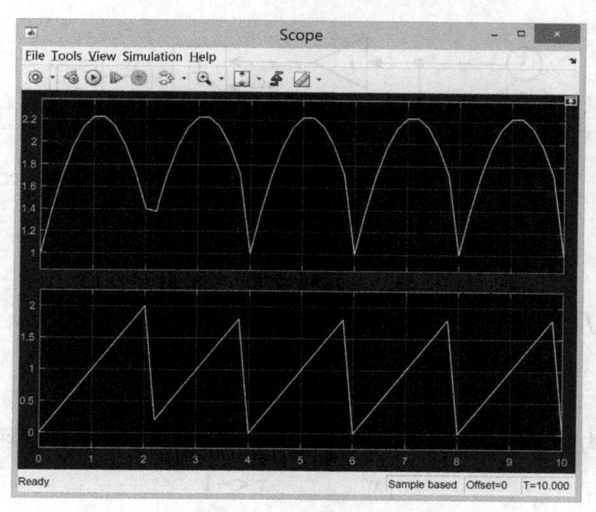


图 11.34　S 函数的仿真结果

# 思考与实验

## 一、思考题

1. Simulink 的仿真性能及精度受到哪些因素影响？
2. 如何建立 Simulink 的仿真模型？
3. 在 Simulink 中，有哪些求解微分方程的算法？
4. 为了输出仿真结果，可以采用哪些方法？
5. 创建子系统的方法有哪些？

## 二、实验题

1. 建立图 11.35 所示的仿真模型并进行仿真。

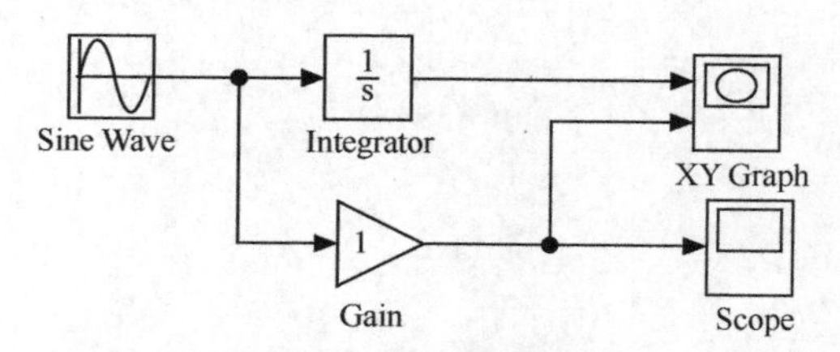


图 11.35　第 1 题仿真模型

（1）改变 Gain 模块的增益，打开示波器，观察波形的变化。

（2）用 Silder Gain 模型取代 Gain 模块，改变 Slider Gain 模型的增益，观察 $x$-$y$ 波形的变化。

2. 利用 Simulink 求解微分方程式 $y'(t)=\sin t - y(t)\cos t$，$y(0)=1$，$0\leqslant t\leqslant 40$。

3. 建立图 11.36 所示的系统模型并进行仿真。

积分模块的参数 External 选"rising"项。

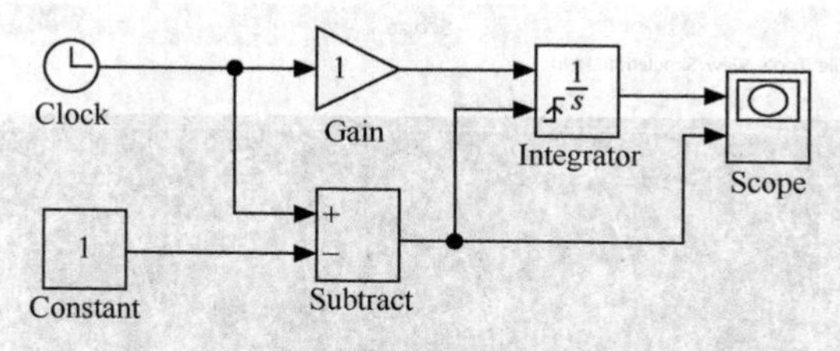


图 11.36　第 3 题系统模型

4. 设计一个实现 $f(x)=ae^{-cx}\sin bx$ 的子系统，并对子系统进行封装，通过对话框输入 $a$、$b$、$c$ 的值。

5. 采用 S 函数来构造分段函数 $y=\begin{cases}\sqrt{x} & x>1\\ \sin(2\pi x) & -1\leqslant x\leqslant 1\\ x^2 & x<-1\end{cases}$，并进行 S 函数模块的封装与测试。

# 第 12 章 MATLAB 应用接口

MATLAB 具有极好的开放性，提供了扩展 MATLAB 应用的数据接口和应用接口（Application Programming Interface，API）。数据接口用于 MATLAB 和其他应用程序间交换数据；应用接口用于将 MATLAB 程序集成到其他高级编程语言开发的程序中，或在 MATLAB 中调用其他语言开发的程序，提高程序的开发效率，丰富程序开发的手段。

**【本章学习目标】**

- 掌握 MATLAB 与 Excel 的混合使用方法。
- 掌握 MATLAB 数据接口的使用方法。
- 了解 MATLAB 编译器的使用方法。
- 了解 MATLAB 与其他语言的应用接口。

## 12.1 MATLAB 与 Excel 的接口

Microsoft Office 是应用十分广泛的办公软件。MATLAB 与 Office 中的 Excel 相结合，为用户提供了一个集数据编辑和科学计算于一体的工作环境。在这种工作环境下，用户可以利用 Excel 的编辑功能录入数据后导入到 MATLAB 工作空间，也可以把 MATLAB 程序和数据导出到 Excel 数据表中。

### 12.1.1 在 Excel 中导出/导入数据

Spreadsheet Link 插件是 MATLAB 提供的 Excel 与 MATLAB 的接口，通过 Spreadsheet Link，可以在 Excel 工作区和 MATLAB 工作区之间进行数据交换，即在 Excel 中将 Excel 表格中的数据导出到 MATLAB 工作空间，或者将 MATLAB 工作空间数据导入到 Excel 表格中。

1. Spreadsheet Link 的安装与启动

Spreadsheet Link 的安装是在 MATLAB 安装过程中，随其他组件一起安装的。安装完成后，还需要在 Excel 中进行一些设置后才能使用。

以 Excel 2013 为例，启动 Excel 后，从“文件”菜单选“选项”命令，弹出“Excel 选项”对话框。在这个对话框中，单击左窗格的“加载项”，然后单击右窗格的加载项面板下端的“转到”按钮，弹出“加载宏”对话框。在“加载宏”对话框中，单击“浏览…”按钮，打开“浏览”对话框，找到 MATLAB 安装文件夹下的子文件夹 toolbox\exlink，选中 excllink.xlam 文件，单击“确定”按钮返回到“加载宏”对话框。这时，“加载宏”对话框的“可用加载项”列表中多了一个“Spreadsheet Link 3.3.2 for use with MATLAB and Excel”选项。勾选该项后，单击“确定”按钮，返回 Excel 编辑窗口。此时，在 Excel 窗口的“开始”选项卡的工具栏右端多了一个“MATLAB”按钮，该按钮下拉列表包含的命令如表 12.1 所示。

表 12.1　“MATLAB”按钮包含的 Spreadsheet Link 命令

| 命令项 | 功能 |
| --- | --- |
| Start MATLAB | 启动 MATLAB |
| Send data to MATLAB | 导出数据到 MATLAB 工作区 |
| Send named ranges to MATLAB | 导出命名区域的数据到 MATLAB 工作区 |
| Get data from MATLAB | 从 MATLAB 工作区导入数据 |
| Run MATLAB command | 执行 MATLAB 命令 |
| Get MATLAB figure | 导入 MATLAB 中绘制的图形 |
| MATLAB Function Wizard | 调用 MATLAB 函数 |
| Preferences | 设置 MATLAB 插件的运行模式 |

2. Spreadsheet Link 的主要功能和操作

利用 Spreadsheet Link 提供的工具，可以轻松地实现 Excel 和 MATLAB 之间的数据交换。Spreadsheet Link 工具支持 MATLAB 的二维数值数组、一维字符数组和二维单元数组，不支持多维数组和结构。

（1）将 Excel 表格中的数据导出到 MATLAB 工作空间中

在 Excel 中选中需要的数据，单击“开始”选项卡的“MATLAB”按钮，在打开的下拉列表中选择“Send data to MATLAB”命令，弹出“Microsoft Excel”对话框，在“Variable name in MATLAB”栏中输入变量名，单击“确定”按钮，如果指定的变量在 MATLAB 工作空间中不存在，则创建该变量，否则，更新指定变量。导出成功后，MATLAB 工作区出现了该变量。

（2）从 MATLAB 工作空间导入数据到 Excel 表格中

在 Excel 中选中要导入数据的起始单元格，单击“开始”选项卡的“MATLAB”按钮，在打开的下拉列表中选择“Get data from MATLAB”命令，弹出“Microsoft Excel”对话框，在对话框的“Name of Matrix to get from MATLAB”栏中填入 MATLAB 工作区的变量名，单击“确定”按钮完成导入操作。

## 12.1.2　在 Excel 中调用 MATLAB 函数

通过 Spreadsheet Link，我们可以在 Excel 中调用 MATLAB 的计算、图形引擎，方便、高效地处理和分析数据。

单击“开始”选项卡的“MATLAB”按钮，在打开的下拉列表中选择“MATLAB Function Wizard”命令，弹出“MATLAB Function Wizard”对话框，如图 12.1 所示。在“Select a category”栏内选择函数的类别（如 matlab\elmat）后，在“Select a function”栏内出现该类的所有函数。这时选择其中的一个函数（如 flip），在“Select a function signature”栏内出现所选函数的所有调用方法，在列表中选择一种（如 FLIP(X)），弹出“Function Arguments”对话框，如图 12.2 所示。

在“Function Arguments”对话框中可以设置函数的输入、输出参数。这时可以在“Inputs”编辑框中直接输入一个常量或 MATLAB 变量，也可以单击编辑框右侧的展开按钮，在 Excel 工作表中选择作为输入的数据区域，然后单击编辑框右端的确认按钮，返回“Function Arguments”对话框。然后单击“Optional output cell(s)”编辑框右侧的展开按钮，在 Excel 工作表中单击输出单元的起始位置，按 Enter 键返回“Function Arguments”对话框。单击“Function

Arguments”对话框的“OK”按钮确认设置，返回“MATLAB Function Wizard”对话框。这时，在 Excel 工作表呈现出结果。

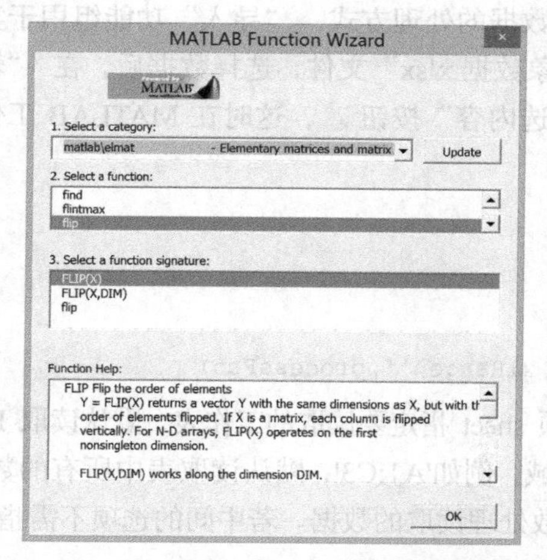


图 12.1　“MATLAB Function Wizard”对话框

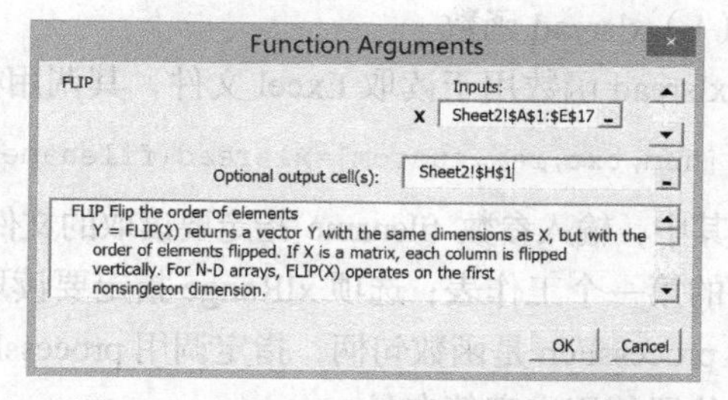


图 12.2　“Function Arguments”对话框

如果不需要修改，则在“MATLAB Function Wizard”对话框中单击“OK”按钮，确认操作。

### 12.1.3　在 MATLAB 中导入/导出数据

在 MATLAB 中，我们可以通过导入工具和命令从 Excel 表中读取数据，也可以通过命令将数据写入 Excel 文件。

1．导入工具

通过 MATLAB 的导入工具，可以从 Excel 文件、分隔文本文件和等宽的文本文件中导入数据。

在 MATLAB 桌面的主页选项卡中单击“变量”命令组中的“导入数据”按钮，将弹出“导入数据”对话框，在对话框中选择要读取的数据文件，单击“打开”按钮，将打开数据导入窗口，如图 12.3 所示。要打开数据导入窗口，也可以通过在 MATLAB 桌面的“当前文件夹”的文件列表中双击数据文件，或在命令行窗口输入以下命令：

```
uiimport(数据文件名)
```

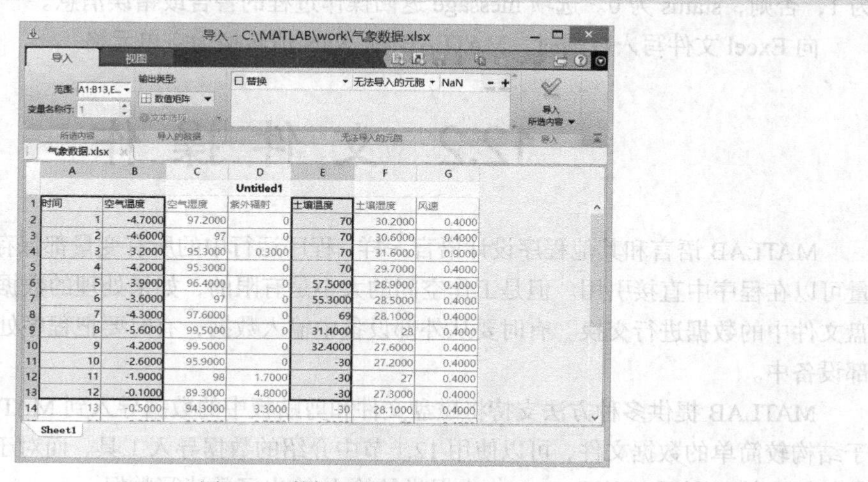


图 12.3　数据导入窗口

导入数据窗口的“导入”选项卡提供了导入操作的工具，“所选内容”功能组用于显示和修改要导入的数据区域，“导入的数据”功能组用于指定将创建的 MATLAB 变量类型，“无法导入的元胞”功能组用于指定所选数据中包含无法导入数据的处理方式，“导入”功能组用于实现导入操作。例如，在导入数据窗口打开一个名为“气象数据.xlsx”文件，选择数据后，在“输出类型”列表中选择“数值数据”，然后单击“导入所选内容”按钮✓，这时在 MATLAB 工作区增加了一个变量。

2. 读写 Excel 文件的 MATLAB 函数

（1）xlsread 函数

xlsread 函数用于读取 Excel 文件，其调用格式为

```
[num,txt,raw,custom]=xlsread(filename,sheet,xlRange,'',processFcn)
```

其中，输入参数 filename 指定要读取的文件；选项 sheet 指定要读取的工作表，默认读取 Excel 文件的第一个工作表；选项 xlRange 指定要读取的区域，例如'A1:C3'，默认读取表中所有的数据；选项 processFcn 是函数句柄，指定调用 processFcn 函数处理读取的数据。若中间的选项不需指定，对应位置使用空字符向量。

xlsread 函数的输出参数一般只有 1 个 num，存储读到的数据；选项 txt 和 raw 是单元数组，若读取的数据有多重类型，可用 txt 返回文本字段，raw 返回数值数据和文本数据；选项 custom 用于返回调用 processFcn 函数处理后的数据。

读取 Excel 文件时，MATLAB 将 Inf 值转换为 65535。

（2）xlswrite 函数

xlswrite 函数用于将数据写入 Excel 文件，其调用格式为

```
[status,message]=xlswrite(filename,A,sheet,xlRange)
```

其中，输入参数 filename 指定要写入数据的文件，A 是存储数据的 MATLAB 变量；选项 sheet 指定要写的工作表，默认写入 Excel 文件的第一个工作表；选项 xlRange 指定要写的区域，例如'A1:C3'。如果 xlRange 大于输入数组 A 的大小，则 Excel 软件将使用#N/A 填充该区域的其余部分；如果 xlRange 小于数组 A 的大小，则将适应 xlRange 的子集写入到文件。

xlswrite 函数的输出参数一般只有 1 个 status，存储写入操作的状态。当操作成功时，status 为 1，否则，status 为 0。选项 message 返回操作过程的警告或错误消息。

向 Excel 文件写入数据时，MATLAB 将 NaN 值转换为空单元格。

# 12.2 文件操作

MATLAB 语言和其他程序设计语言一样，程序运行中的所有变量都保存在工作空间，这些变量可以在程序中直接引用。但是工作空间的大小是有限的，如果处理的数据量较大，就需要和磁盘文件中的数据进行交换。有时要从外部设备中输入数据，有时要把程序处理过的数据输出到外部设备中。

MATLAB 提供多种方法支持将磁盘文件和剪贴板中的数据导入到 MATLAB 的工作空间，对于结构较简单的数据文件，可以使用 12.1 节中介绍的数据导入工具，而对于结构复杂、内容繁多的数据文件，则可以调用 MATLAB 提供的输入/输出函数读写数据。

### 12.2.1 文件输入/输出操作

第 2 章介绍的 load 和 save 函数是 MATLAB 为工作空间装载和存储数据提供的工具，但 load 函数只能读取以 ASCII 形式存储、每一行数据长度相同、符合 MATLAB 规范的文件。如果文件中的每行数据长度不同，或者文件中包含非 ASCII 字符，则不能用 load 函数加载。MATLAB 提供了一系列访问自由格式文件的函数，这些函数是基于 ANSI 标准 C/C++语言库实现的，两者的格式和用法有许多相似之处。

**1. 文件打开与关闭**

对一个文件进行操作以前，必须先打开该文件，系统将为其分配一个输入/输出缓冲区。当文件操作结束后，还应关闭文件，及时释放缓冲区。

（1）fopen 函数

fopen 函数用于打开文件以供读写，其基本调用格式为

```
fid=fopen(filename,permission)
```

其中，输入参数 filename 指定待操作的文件名，文件名可带路径，默认文件位于当前文件夹；参数 permission 用于指定对文件的访问方式，常用值如表 12.2 所示，默认为'r'。输出参数 fid 为文件识别号，其值是一个大于 2 的整数（0、1、2 是系统分配给标准输入设备、标准输出设备和标准错误设备的识别号）。打开文件成功时，fid 返回一个整数，用来标识该文件；打开文件不成功时，fid = −1。

表 12.2 permission 常用值

| 参数 | 文件访问方式 |
|---|---|
| 'r' | 为输入数据打开一个文件。如果指定的文件不存在，则返回值为−1 |
| 'w' | 为输出数据打开一个文件。如果指定的文件不存在，则创建一个新文件，再打开它；如果存在，则打开该文件，并清空原有内容 |
| 'a' | 为输出数据打开一个文件。如果指定的文件不存在，则创建一个新文件，再打开它；随后的写操作将在该文件末尾追加数据 |
| 'r+' | 为输入和输出数据打开一个文件。如果指定的文件不存在，则返回值为−1；如果指定的文件存在，则打开该文件，文件打开后，既可以读取数据，也可以写入数据 |
| 'w+' | 为输入和输出数据打开一个文件。如果指定的文件不存在，则创建一个新文件，再打开它；如果存在，则打开该文件，并清空原有内容。文件打开后，须先写入数据，然后才可以读取其中的数据 |
| 'a+' | 为输入和输出数据打开一个文件。如果指定的文件不存在，则创建一个新文件，再打开它；随后的输出操作在该文件末尾添加数据 |

文件打开后，默认以二进制模式读写数据，若要以文本模式读写文件，则需在参数值后加't'，如'rt'、'wt'等。例如：

```
%以文本模式打开文件 old.txt，允许进行读操作
F1=fopen('old.txt','rt');
%以二进制模式打开可供读写的文件 new.dat
F2=fopen('new.dat','w+')
```

在 Windows 系统中，以二进制模式读写文件比以文本模式读写文件速度更快，且采用二进制模式写入的文件更精简。

（2）fclose 函数

fclose 函数用于关闭已打开的文件，其调用格式为

```
status=fclose(fid)
```

其中，输入参数 fid 是要关闭文件的标识号。若 fid 为'all'，则关闭所有已打开的文件，但标准文件（即屏幕、键盘）除外。输出参数 status 返回 0 表示关闭成功，返回−1 则表示关闭不成功。

**2. 文本文件读写**

日常生活中很多类型的数据用文本文件保存，如监控日志、观测记录、实验结果等。文本文件中的数据为 ASCII 字符形式，该类型的文件可以用任何文本编辑器打开查看，但数据在读写时需要转换类型，即读取时由字符串转换为对应的数，写入时将数中的数字逐个转换为对应的 ACSII 字符，因此对于大量数据的读写，花费的时间较长。

在 MATLAB 中，常用 fprintf 函数和 fscanf 函数读写文本文件，函数名的第 1 个字符 f 表示文件，最后 1 个字符 f 表示按格式存取数据。

（1）fprintf 函数

fprintf 函数可以将数据按指定格式写入到文本文件中。其调用格式为

```
count=fprintf(fid,fmt,A1,A2,…,An)
```

其中，输入参数 fid 为文件识别号，默认为 1，即输出到屏幕。参数 fmt 用以控制输出数据的格式，用一个字符串描述，常见格式符如表 12.3 所示。输入参数 *A1*,*A2*,…,*An* 为存储数据的 MATLAB 变量。输出参数 count 返回成功写入文件的字节数。

表 12.3 常见格式符

| 格式符 | 含义 |
|---|---|
| %d 或%i | 有符号整数 |
| %u | 无符号的十进制整数 |
| %o | 无符号的八进制整数 |
| %x 或%X | 无符号的十六进制整数 |
| %f | 定点计数法形式的实数，使用精度操作符指定小数点后的位数 |
| %e 或%E | 指数计数法形式的实数，使用精度操作符指定小数点后的位数 |
| %g 或%G | 根据数据长度自动确定采用 e 或 f 格式，使用精度操作符指定有效数字位数 |
| %s | 字符向量或字符串数组 |
| %c | 字符 |

在%和格式描述符之间还可以加上输出宽度和输出精度等标识。例如，输出实型数据时，%10.3f 表示输出 10 个字符，小数部分占 3 位。

【例 12.1】 计算当 $r = [1, 1.1, 1.2, \cdots, 2]$时，$A = \pi r^2$ 的值，并将结果写入文件 file1.txt。

程序如下：

```
r=1:0.1:2;
A=pi*r.*r;
Y=[r;A];
fid=fopen('file1.txt','wt');
fprintf(fid,'%6.2f  %12.8f\n',Y);
fclose(fid);
```

程序中的格式字符串中的'\n'表示换行符，其他常用特殊字符包括回车符'\r'、水平制表符'\t'、垂直制表符'\v'。通常用这些符号及空格作为文件中数据的分隔符。

程序执行后，在当前文件夹生成了文件 file1.txt，由于是文本文件，可以在 MATLAB 命令行

窗口用“type”命令查看其内容，或者在 MATLAB 编辑器中打开查看内容。从文件中可以看出，第一列数据受格式符'%6.2f'控制，为 6 个字符，小数部分占 2 位，数据实际的输出宽度小于 6，前面填充空格；第二列数据受格式符'%12.8f'控制，为 12 个字符，小数部分占 8 位。

（2）fscanf 函数

fscanf 函数用于读取文本文件，并按指定格式存入 MATLAB 变量。其基本调用格式为

```
[A,count]=fscanf(fid,fmt,size)
```

其中，输入参数 fid 为文件识别号，fmt 用于控制读取的数据格式，size 指定读取多少数据。输出参数 *A* 用于存放读取的数据，*A* 的类型和大小取决于输入参数 fmt，若 fmt 仅包含字符或文本格式符（%c 或%s），则 *A* 为字符数组；若 fmt 仅包含整型格式符，则 *A* 为整型数组，否则为 double 型数组。输出选项 count 返回成功读取的字符个数。输入参数 size 的可取值如下。

- Inf：表示一直读取到文件尾，默认值是 Inf。
- *n*：表示最多读取 *n* 个数据。
- [*m*, *n*]：表示最多读取 $m \times n$ 个数据，数据按列的顺序存放到变量 *A* 中，即读到的第 1～*m* 个数据作为 *A* 的第 1 列，读到的第 $m$+1～2$m$ 个数据作为 *A* 的第 2 列，依次类推。*n* 的值可以为 Inf。

**【例 12.2】** 将整数 1～200 写入文件 file2.txt，每行放置 5 个数据，数据之间用空格分隔。然后重新打开文件，用不同格式读取数据。

```
u=1:200;
fid=fopen('file2.txt','wt');
fprintf(fid,'%d %d %d %d %d\n',u);
fclose(fid);
fid=fopen('file2.txt','rt');
x=fscanf(fid,'%d',10);                %从当前位置读取 10 个整数，存入列向量 x 中
y=fscanf(fid,'%d',[10,10]);           %从当前位置读取 100 个整数，存入 10×10 矩阵 y 中
A=fscanf(fid,'%s',[4]);               %从当前位置读取 4 个数据，存储为一个字符串
C=fscanf(fid,'%g %g',[2 inf]);        %从当前位置读取后面的所有数据，生成一个 2 行矩阵
```

（3）fgetl 与 fgets 函数

除上述读写文本文件的函数外，MATLAB 还提供了 fgetl 和 fgets 函数，用于按行读取数据。其基本调用格式为

```
tline=fgetl(fid)
tline=fgets(fid,nchar)
```

fgetl 函数读入数据时去掉了文件中的换行符，fgets 函数读入数据时保留了文件中的换行符。fgets 函数的选项 nchar 指定最多读取的字符个数。输出参数 tline 是一个字符向量，存储读取的数据，若文件为空或读到文件尾，则 tline 返回−1。

**【例 12.3】** 读出并显示实例 12.1 生成的文件 file1.txt 中的数据。

程序如下：

```
fid=fopen('file1.txt','rt');
tline=fgetl(fid);  %读取第 1 行数据
while tline~=-1  %判断是否读到文件尾
    disp(tline);
    tline=fgetl(fid);
end
fclose(fid);
```

该程序把文件 file1.txt 的内容一行一行地读入到变量 tline，每读一行在屏幕上显示一行，直

至文件尾。当读到文件尾时，line 的返回值为-1，终止读操作。

（4）textscan 函数

textscan 函数用于读取多种类型数据重复排列、但非规范格式的文件。函数的基本调用格式为

```
C=textscan(fid,fmt,N,param,value)
```

其中，输入参数 fid 为文件识别号，fmt 用以控制读取的数据格式。选项 *N* 指定重复使用该格式的次数。选项 param 与 value 成对使用，param 指定操作属性，value 是属性值。例如，跳过两行标题行可将'headerlines'属性设为 2。输出参数 C 为单元数组。

**【例 12.4】** 假定文件 file4.txt 中有以下格式的数据。

```
Name    English   Chinese   Mathmatics
Wang      99        98        100
Li        98        89        70
Zhang     80        90        97
Zhao      77        65        87
```

此文件第一行是标题行，第 2～5 行是记录的数据，每一行数据的第 1 个数据项为字符型，后 3 个数据项为整型。打开文件，跳过第 1 行，读取前 3 行数据，命令如下：

```
fid=fopen('file4.txt','rt');
grades=textscan(fid,'%s %d %d %d',3,'headerlines',1);
```

### 3. 二进制文件读写

二进制文件中的数据为二进制编码，例如图片文件、视频文件，数据在读写时采用二进制模式，不需要转换类型，因此对于大量数据的读写，二进制文件比文本文件读写速度更快，文件更小，读写效率更高。

（1）fread 函数

fread 函数用于读取二进制文件中的数据。其基本调用格式为

```
[A,count]=fread(fid,size,precision,skip)
```

其中，输入参数 fid 为文件识别号；选项 size 用于指定读入数据的元素数量，可取值与 fscanf 函数相同，默认读取整个文件内容；选项 precision 指定读写数据的精度，通常为数据类型名，或形如'源类型=>输出类型'的字符向量、字符串标量，默认为'uint8=>double'；选项 skip 称为循环因子，若 skip 值不为 0，则按 skip 指定的比例周期性地跳过一些数据，使读取的数据具有选择性，默认为 0。输出参数 A 用于存放读取的数据，count 返回所读取的数据个数。

一个文本文件可以以文本模式或二进制模式打开，两种模式的区别是：二进制模式在读写时不会对数据进行处理，而文本方式会按一定的方式对数据做相应的转换。例如，在文本模式中回车换行符被当成一个字符，而二进制模式读到的是回车换行符的 ASCII 码 0x0D 和 0x0A。

**【例 12.5】** 假设文件 alphabet.txt 的内容是按顺序排列的 26 个小写英文字母，读取并显示前 5 个字母的 ASCII 码和这 5 个字符。

程序如下：

```
%以二进制模式读取数据
fid=fopen('alphabet.txt','r');
c1=fread(fid,5);
display(c1);
fclose(fid);
%以文本模式读取数据
```

```
fid=fopen('alphabet.txt','rt');
c2=fgets(fid,5);
display(c2);
fclose(fid);
```

程序运行结果如下：

```
c1 =
    97
    98
    99
   100
   101
c2 =
    'abcde'
```

fscanf 与 fread 函数在读取数据时较灵活，不论数据文件中数据是否具有确定的规律，均可以将数据文件的全部数据读入。load 函数在载入数据时，要求数据文件中的数据是有规律排列的，数据的排列类似矩阵或表格形式，否则不能成功读取数据。

（2）fwrite 函数

fwrite 函数用于将数据用二进制模式写入文件。其基本调用格式为

```
count=fwrite(fid,A,precision,skip)
```

其中，输入参数 fid 为文件识别号，*A* 是存储了数据的变量；选项 precision 用于控制数据输出的精度，默认按列顺序以 8 位无符号整数的形式写入文件；选项 skip 控制每次执行写入操作跳过的字节数，默认为 0。输出参数 count 返回成功写入文件的数据个数。

**【例 12.6】** 建立数据文件 magic5.dat，用于存放 5 阶魔方阵。

程序如下：

```
fid=fopen('magic5.dat','w');
cnt=fwrite(fid,magic(5),'int32');
fclose(fid);
```

上述程序将 5 阶魔方阵以 32 位整数格式写入文件 magic5.dat 中。下列程序则可实现对数据文件 magic5.dat 的读操作。

```
fid=fopen('magic5.dat','r');
[B,cnt]=fread(fid,[5,inf],'int32');
display(B);
display(cnt);
fclose(fid);
```

程序执行结果如下：

```
B =
    17    24     1     8    15
    23     5     7    14    16
     4     6    13    20    22
    10    12    19    21     3
    11    18    25     2     9
cnt =
    25
```

**4. 其他文件操作**

当打开文件并进行数据的读写时，需要判断和控制文件的读写位置，例如，判断文件数据是

否已读完，或者读写指定位置上的数据等。MATLAB 自动创建一个文件位置指针来管理和维护文件读写数据的位置。

（1）fseek 函数

用于定位文件位置指针，其调用格式为

```
status=fseek(fid,offset,origin)
```

其中，输入参数 fid 为文件识别号；offset 表示位置指针相对移动的字节数（若为正整数，则表示向文件尾方向移动；若为负整数，则表示向文件头方向移动）；origin 表示位置指针移动的参照位置（可取值有 3 种：'cof '或 0 表示文件指针的当前位置，'bof '或–1 表示文件的开始位置，'eof'或 1 表示文件的结束位置）。若操作成功，status 返回值为 0，否则返回值为–1。

例如：

```
fseek(fid,0,-1);            %指针移动到文件头
fseek(fid,-5,'eof');        %指针移动到文件尾倒数第 5 个字节
```

（2）frewind 函数

用来将文件位置指针移至文件首，其调用格式为

```
frewind(fid)
```

（3）ftell 函数

用来查询文件位置指针的当前位置，其调用格式为

```
position=ftell(fid)
```

position 返回位置指针的当前位置。若查询成功，则返回从文件头到指针当前位置的字节数；若查询不成功，则返回–1。

（4）feof 函数

用来判断当前的文件位置指针是否到达文件尾，其调用格式为

```
status=feof(fid)
```

当到达文件尾时，测试结果为 1，否则返回 0。

（5）ferror 函数

用来查询最近一次输入或输出操作中的出错信息，其调用格式为

```
[message,errnum]=ferror(fid,'clear')
```

其中，选项'clear'用于清除文件的错误指示符。输出参数 message 返回最近的输入/输出操作的错误消息；输出选项 errnum 用于返回错误代号，errnum 为 0 表示最近的操作成功，为负值表示 MATLAB 错误，为正值表示系统的 C 库错误。

## 12.2.2　MAT 文件

MAT 文件是 MATLAB 存储数据的标准格式，在 MAT 文件中不仅保存变量的值，而且保存了变量的名称、大小、数据类型等信息。每个变量的相关信息放在变量所存储的数据之前，称为变量头信息。MAT 文件为其他语言程序读写 MATLAB 数据提供了一种简便的操作机制。本节以 C++为例，说明在其他语言程序中读写 MAT 文件的方法。

### 1. MAT 文件

MAT 文件的数据单元分为标志和数据两个部分，标志包含数据类型、数据大小等信息。

在 MATLAB 中，使用“save”命令将工作区的数据保存为 MAT 文件，“load”命令读取 MAT 文件中的数据并加载到工作区。在其他语言程序中，读写 MAT 文件则需要调用 MATLAB 提供的 API 函数，这些函数封装于两个标准库文件中：libmat.lib 文件包含对 MAT 文件的操作函数，libmx.lib 文件包含对 mxArray 矩阵的操作函数。

### 2. MAT 文件的基本操作

在 C++程序中，通过指向 MAT 文件的指针对文件进行操作，因此，首先需要申明一个文件指针。定义指向 MAT 文件的指针的格式为

```
MATFile *mfp;
```

其中，MATFile 指定指针类型，mfp 为指针变量。MATFile 类型是在头文件 mat.h 中定义的，因此，C++程序首部要使用以下命令：

```
#include "mat.h"
```

在其他语言程序中，通过调用 MAT 函数对 MAT 文件进行操作。文件操作分成以下 3 步。

（1）打开 MAT 文件

对 MAT 文件进行操作前，必须先打开这个文件。matOpen 函数用于打开 MAT 文件，函数调用格式如下：

```
mfp=matOpen(filename,mode)
```

其中，输入参数 filename 指定待操作的文件，选项 mode 指定对文件的使用方式。输出参数 mfp 是已经定义为 MATFile 类型的指针变量。如果文件打开成功，mfp 返回文件句柄，否则返回 NULL。选项 mode 常用值如下，默认为"r"。

- "r"：以只读方式打开文件。
- "u"：以更新方式打开文件，既可从文件读取数据，又可将数据写入文件。
- "w"：以写方式打开文件。如果指定的文件不存在，则创建一个新文件，再打开它；如果存在，则打开该文件，并清空文件中的原有内容。

（2）读写 MAT 文件

读写 MAT 文件是指向文件输出数据和从文件中获取数据。读写操作中常用以下 3 类函数。

① 将数据写入 MAT 文件的函数

matPutVariable 函数用于将数据写入 MAT 文件，其调用格式为

```
matPutVariable(mfp,name,mp)
```

其中，输入参数 mfp 是指向 MAT 文件的指针，name 指定将数据写入文件中所使用的变量名，mp 是 mxArray 类型指针，指向内存中待写入文件的数据块。如果文件中存在与 name 同名的 mxArray，那么将覆盖原来的值；否则将其添加到文件尾。写操作成功，返回 0，否则返回一个非零值。

matPutArrayAsGlobal 函数也用于将数据写入 MAT 文件，但写入文件后，使用“load”命令装入文件中的这个变量时，该变量将成为 MATLAB 全局变量。其调用格式为

```
matPutArrayAsGlobal(mfp,name,mp)
```

② 从 MAT 文件读取数据的函数

matGetVariable 函数用于从 MAT 文件读取指定变量，其调用格式为

```
matGetVariable(mfp,name)
```

其中，输入参数 mfp 是指向 MAT 文件的指针，name 是 mxArray 类型变量。若读操作成功，

则返回一个 mxArray 类型值，否则返回 NULL。

matGetVariableInfo 函数用于获取指定变量的头信息。若操作成功，则返回指定变量的头信息，否则返回 NULL。其调用方法与 matGetVariable 函数相同。

③ 获取 MAT 文件变量列表的函数

matGetDir 函数用于获取 MAT 文件的变量列表。其调用格式为

```
matGetDir(mfp,n)
```

其中，输入参数 mfp 是指向 MAT 文件的指针。参数 *n* 是整型指针，用于存储 MAT 文件中所包含的 mxArrary 类型变量的个数。操作成功时，matGetDir 返回一个字符数组，其每个元素存储 MAT 文件中的一个 mxArray 变量名；操作失败，matGetDir 返回一个空指针，*n* 值为-1。若 *n* 为 0，则表示 MAT 文件中没有 mxArray 变量。

matGetDir、matGetVariable 函数通过 mxCalloc 函数申请内存空间，在程序结束时，必须使用 mxFree 函数释放内存。

（3）关闭 MAT 文件

读写操作完成后，要用 matClose 函数关闭 MAT 文件，释放其所占用的内存资源。函数的调用格式为

```
matClose(mfp)
```

其中，参数 mfp 是指向 MAT 文件的指针。若操作成功，则返回 0，否则返回 “EOF” 。

### 3. mx 函数

在 C++程序中，使用 mxArray 类型的数据需要调用 mx 函数进行处理。MATLAB 的矩阵运算是以 C++的 mwArray 类为核心构建的，mwArray 类的定义在 MATLAB 安装文件夹的子文件夹 extern\include 下的 matrix.h 文件中。表 12.4 列出了 C++程序中常用的 mx 函数。

表 12.4　C++程序中常用的 mx 函数

| mx 函数 | 功能 |
| --- | --- |
| char *mxArrayToString(const mxArray *array_ptr) | 将 mxArray 数组转变为字符串 |
| mxArray *mxCreateDoubleMatrix(int m, int n, mxComplexity ComplexFlag) | 创建二维双精度类型 mxArray 数组 |
| mxArray *mxCreateString(const char *str) | 创建 mxArray 字符串 |
| void mxDestroyArray(mxArray *array_ptr) | 释放由 mxCreate 一类函数分配的内存 |
| int mxGetM(const mxArray *array_ptr) | 获取 mxArray 数组的行数 |
| int mxGetN(const mxArray *array_ptr) | 获取 mxArray 数组的列数 |
| void mxSetM(mxArray *array_ptr, int m) | 设置 mxArray 数组的行数 |
| void mxSetN(mxArray *array_ptr, int m) | 设置 mxArray 数组的列数 |
| double *mxGetPr(const mxArray *array_ptr) | 获取 mxArray 数组元素的实部 |
| double *mxGetPi(const mxArray *array_ptr) | 获取 mxArray 数组元素的虚部 |
| void mxSetPr(mxArray *array_ptr, double *pr) | 设置 mxArray 数组元素的实部 |
| void mxSetPi(mxArray *array_ptr, double *pr) | 设置 mxArray 数组元素的虚部 |
| void *mxCalloc(size_t n, size_t size) | 在内存中分配 n 个大小为 size 字节的单元，并初始化为 0 |

### 4. 读写 MAT 文件的方法

下面用实例说明 C++程序中读写 MAT 文件的方法。

【例 12.7】 编写 C++程序，创建一个 MAT 文件 mattest.mat，并写入 3 种类型的数据。

程序如下：

```
#include "mat.h"
#include <iostream>
using namespace std;

int main()
{
    MATFile *pmat;  /* 定义 MAT 文件指针*/
    mxArray *pa1,*pa2,*pa3;
    double data[9]={1.1,2.2,3.3,4.4,5.5,6.6,7.7,8.8,9.9};
    const char *file="mattest.mat";
    int status;
    /* 打开一个 MAT 文件，如果不存在则创建一个 MAT 文件，如果打开失败，则返回  */
    cout<<"生成文件:"<<file<<endl;
    pmat=matOpen(file,"w");
    if(pmat==NULL){
      cout<<"不能创建文件:" <<file<<endl;
      cout<<"(请确认是否有权限访问指定文件夹?)\n";
      return(EXIT_FAILURE);
    }
    /* 创建 3 个 mxArray 对象，其中 pa1 存储一个实数，pa2 为 3×3 的实型矩阵，*/
    /* pa3 存储字符串，如果创建失败则返回 */
    pa1=mxCreateDoubleScalar(1.234);
    if(pa1==NULL) {
      cout<<"不能创建变量.\n";
      return(EXIT_FAILURE);
    }
    pa2=mxCreateDoubleMatrix(3,3,mxREAL);
    if(pa2==NULL){
      cout<<"不能创建矩阵.\n";
      return(EXIT_FAILURE);
    }
    memcpy((void *)(mxGetPr(pa2)),(void *)data,sizeof(data));
    pa3=mxCreateString("MAT 文件实例");
    if(pa3==NULL) {
      cout<<"不能创建字符串.\n";
      return(EXIT_FAILURE);
    }
    /* 向 MAT 文件中写数据，失败则返回 */
    status=matPutVariable(pmat,"LocalDouble",pa1);
    if(status!=0) {
      cout<<"写入局部变量时发生错误.\n";
      return(EXIT_FAILURE);
    }
    status=matPutVariableAsGlobal(pmat,"GlobalDouble",pa2);
    if(status!=0) {
      cout<<"写入全局变量时发生错误.\n";
      return(EXIT_FAILURE);
    }
    status=matPutVariable(pmat,"LocalString",pa3);
```

```
    if(status!=0) {
        cout<<"写入 String 类型数据时发生错误.\n";
        return(EXIT_FAILURE);
    }
    /* 清除矩阵 */
    mxDestroyArray(pa1);
    mxDestroyArray(pa2);
    mxDestroyArray(pa3);
    /* 关闭 MAT 文件 */
    if(matClose(pmat)!=0) {
        cout<<"关闭文件时发生错误.\n";
        return(EXIT_FAILURE);
    }
    cout <<"文件创建成功!\n";
    return(EXIT_SUCCESS);
}
```

### 5. 编译读写 MAT 文件的 C++程序

读写 MAT 文件的 C++源程序用 MATLAB 的编译器编译、生成应用程序，也可以用其他编译器编译、生成应用程序，下面分别介绍这两种方法。

（1）使用 MATLAB 编译器编译

可以利用 MATLAB 提供的编译器编译读写 MAT 文件的 C++源程序，MATLAB 编译器将在下一节详细介绍。

在 MATLAB 编辑器中输入例 12.7 的代码，并保存为.cpp 文件（例如 MatDemo.cpp）。

在 MATLAB 桌面的命令行窗口执行以下命令：

```
>> mex -v -client engine MatDemo.cpp
```

这时，在 MATLAB 当前文件夹下生成了应用程序文件 MatDemo.exe。

（2）使用其他编译器编译

如果用其他编译器编译读写 MAT 文件的 C++源程序，需要先对含该源程序的项目的属性进行设置。下面以 Visual Studio 2013 为例，说明设置项目属性并在 VS 中编译 C++程序的基本过程。

Visual Studio 是一个集成开发环境，用于创建、调试、测试、共享多种平台的应用程序。

① 创建项目

打开 Visual Studio，单击“文件”菜单中的“新建项目”项，打开“新建项目”对话框。在对话框左边的模板栏中选择“Visual C++”下的“Win32”，在中间的项目类型列表中选择“Win32 控制台应用程序”，在名称栏中输入项目名称，单击“确定”按钮，弹出“Win32 应用程序向导”对话框，单击“完成”按钮，创建一个空项目。

Visual Studio 2013 新建项目时，会自动创建一个与项目同名的 CPP 文件，并在编辑区打开了这个源程序文件。

编辑源程序并保存项目。

② 设置项目的编译属性

选择 Visual Studio 窗口“项目”菜单中的“属性”项，打开项目“属性页”对话框。在这个对话框设置编译过程路径。单击对话框左窗格“配置属性”下的“VC++目录”项，右窗格切换到对应面板，在“常规”目录列表中添加 MATLAB 支撑文件的搜索路径。

单击“可执行文件目录”栏右端的展开按钮⌄，然后在弹出的面板中单击“<编辑...>”链接，将弹出“可执行文件目录”对话框。单击这个对话框上端的“新行”按钮，在列表框中增加了一个空行，单击空行右端的“浏览”按钮，从弹出的“选择目录”对话框中找到 MATLAB 安装文件夹下的子文件夹 bin\win64，单击“选择文件夹”按钮返回。这时，在“可执行文件目录”对话框中增加了一条路径。单击“确定”按钮返回“属性页”对话框。

按同样方法，在“包含目录”中添加 MATLAB 安装文件夹下的子文件夹 extern\include，在“库目录”中添加 MATLAB 安装文件夹下的子文件夹 extern\lib\win64\microsoft。完成设置后，属性页面板如图 12.4 所示。

图 12.4　编译 VC++项目的配置属性

单击“属性页”对话框左窗格中的“配置属性”下的“链接器”的子项“输入”，右窗格切换到对应面板，选择“附加依赖项”行，单击其右端的按钮，从弹出的面板中单击“<编辑...>”链接，将弹出“附加依赖项”对话框。在弹出的“附加依赖项”对话框的编辑框中输入 3 个静态链接库文件“libmx.lib”“libmat.lib”“libmex.lib”，每行输入一项，如图 12.5 所示。输入后，单击“确定”按钮返回“属性页”对话框。

设置成功后，单击“属性页”对话框的“确定”按钮，关闭对话框，返回 Visual Studio 的主窗口。

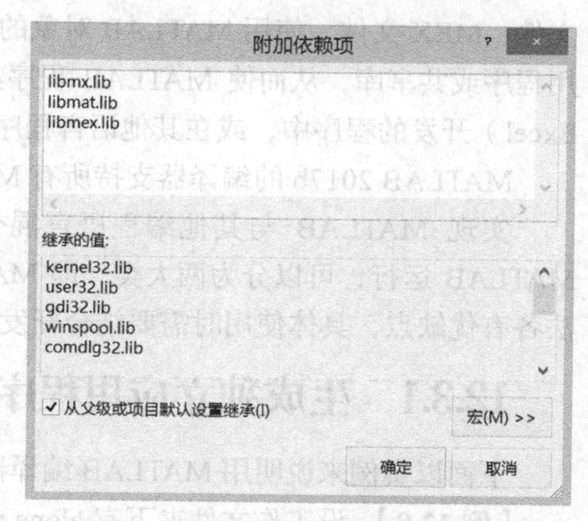


图 12.5　设置 VC++项目的附加依赖项

MATLAB 是 64 位的，而 Visual Studio 2013 默认的开发配置是 32 位的，因此需要修改 Visual Studio 2013 的开发配置。在 Visual Studio 窗口中选择“生成”菜单的“配置管理器”命令，打开“配置管理器”对话框，从“活动解决方案平台”下拉列表中选择“新建”，打开“新建解决方案平台”对话框。在此对话框的“键入或选择新平台”的下拉列表中选择“x64”，在“从此处复制设置”列表里选择“Win32”，单击“确定”按钮返回。然后在“配置管理器”对话框的“活动配置方案管理平台”下拉列表中选择“x64”，单击“关闭”按钮关闭“配置管理器”对话框。

③ 编译项目，生成应用程序

选择 Visual Studio 2013 窗口的“生成”菜单的“生成”命令，编译、链接无误，将在项目文件夹的子文件夹 x64\Debug 下生成一个应用程序文件（EXE 文件）。

**6. 运行应用程序**

（1）设置运行环境

打开 Windows 的“环境变量”对话框。在“系统变量”列表中双击“Path”变量，弹出“编辑系统变量”对话框，在“变量值”编辑框中文字末尾添加 MATLAB 的系统文件所属文件夹（如“C:\Program Files\MATLAB\R2017b\bin\win64”），单击“确定”按钮返回。

（2）运行应用程序

运行编译成功后生成的应用程序，这时，在相同文件夹下生成了 MAT 文件 mattest.mat。

（3）加载 MAT 文件

在 MATLAB 桌面的“当前文件夹”面板双击文件 mattest.mat，工作区将增加 3 个变量，如图 12.6 所示。

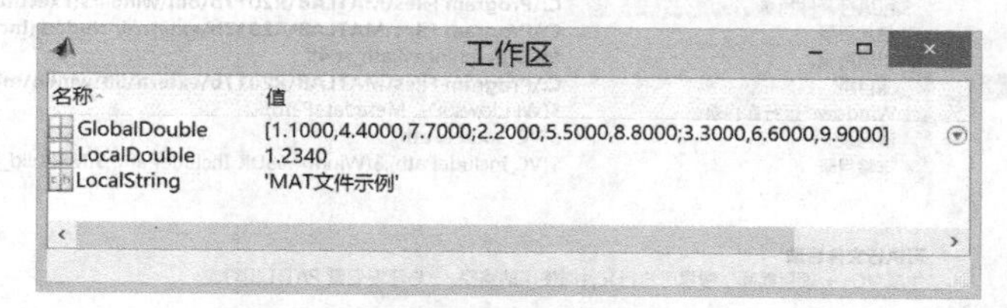


图 12.6　加载 MAT 文件后的工作区

## 12.3 MATLAB 编译器

MCR（MATLAB Compiler Runtime）是 MATLAB 提供的编译工具。使用 MCR，可以编译 M 文件、MEX 文件、使用 MATLAB 对象的 C++程序，生成基于 Windows、UNIX 等平台的独立应用程序或共享库，从而使 MATLAB 程序集成到其他高级编程语言（如 Java、Microsoft .NET 和 Excel）开发的程序中，或在其他语言程序中使用 MATLAB 对象，提高程序的开发效率。

MATLAB 2017b 的编译器支持所有 MATLAB 对象及大多数的 MATLAB 工具箱函数。

实现 MATLAB 与其他编程语言混合编程的方法很多，通常在混合编程时根据是否需要 MATLAB 运行，可以分为两大类，即 MATLAB 在后台运行和脱离 MATLAB 环境运行。这些方法各有优缺点，具体使用时需要结合开发系统的具体情况。

### 12.3.1　生成独立应用程序

下面以实例来说明用 MATLAB 编译器将 MATLAB 脚本编译生成独立应用程序的方法。

**【例 12.8】** 设工作文件夹下有 alone.m 文件，内容如下：

```
n=3;
theta=0:90;
x=n*cos(theta)+cos(n*theta);
y=n*sin(theta)-sin(n*theta);
plot(x,y)
```

用 MATLAB 编译器将 alone.m 文件生成一个独立的应用程序，步骤如下。

（1）建立工程。在 MATLAB 桌面选择“APP”选项卡，从“APP”功能组的下拉列表中选择“Application Compiler”，打开图 12.7 所示的编译器窗口。也可以在 MATLAB 命令行窗口中输入以下命令打开编译器窗口：

```
>> applicationCompiler
```

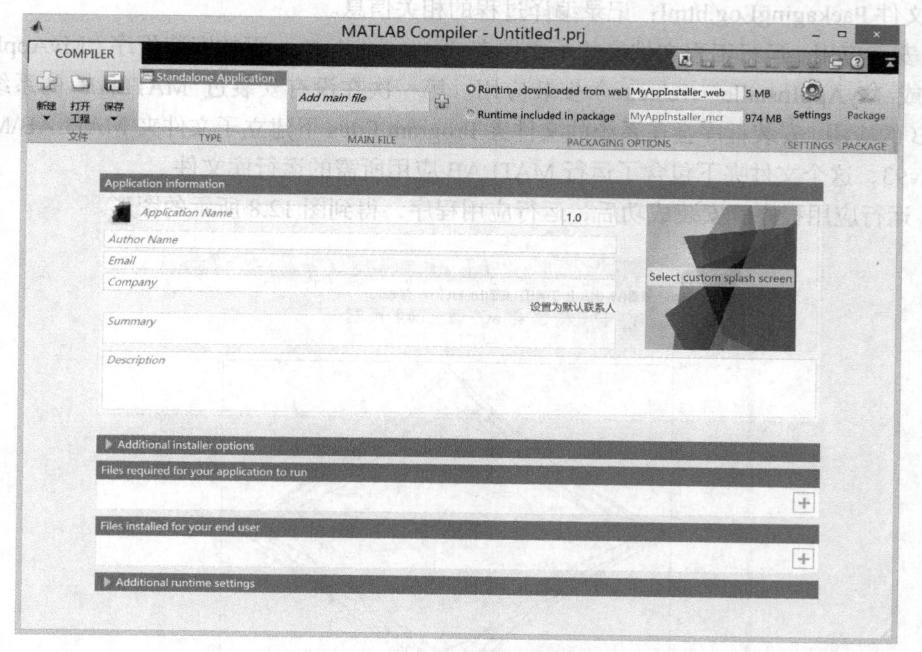


图 12.7 MATLAB 编译器窗口

编译器窗口的工具栏提供多类工具，“文件”组的按钮用于新建、打开和保存工程文件；“TYPE”列表框用于选择工程类型；“MAIN FILE”编辑框用于输入工程主文件；“PACKAGING OPTIONS”组的工具用于设置在其他机器上运行该应用时所需的 MATLAB 库文件的来源；“Settings”按钮用于打开工程属性设置对话框；“Package”按钮用于打包工程。

单击编译器窗口工具栏的“Add main file to the project”按钮，打开“添加文件”对话框，在文件列表中选择文件 alone.m，单击“打开”按钮返回。

这时，在编译器窗口“Application information”区的第 1 行编辑框中填入应用工程名，默认应用工程名为第一次添加的主文件名（如 alone）。单击编辑框左侧的按钮，将打开应用图标的设置面板，可以选择图标图像、设置图标的大小等参数。编辑区其他栏可按提示输入开发者名称、版本号、应用描述等。设置完成后，单击工具栏的“保存”按钮保存工程，保存为.prj 文件。

MATLAB 应用程序运行时需要 MATLAB 运行库支持，因此打包前须在工具栏的“PACKAGING OPTIONS”功能组设置 MATLAB 应用运行库来源。“Runtime downloaded from web”表示安装时从 Mathworks 公司的服务器下载 MATLAB 运行库文件，“Runtime included in package”表示在打包时将 MATLAB 运行库文件与应用程序一起打包，安装时直接从安装包获取。

（2）打包工程。单击编译器工具栏右端的“Package”按钮，开始对工程进行编译和打包。

打包成功后，在当前文件夹下会创建项目文件夹，项目文件夹下有以下内容。

① 文件夹 for_redistribution：存储安装程序。如果编译前在编译器工具栏的“PACKAGING OPTIONS”组中选择“Runtime downloaded from web”，则打包完成后，此文件夹下生成了安装文件 MyAppInstaller_web.exe；如果编译前选择“Runtime included in package”，则打包完成后，此文件夹下生成了安装文件 MyAppInstaller_mcr.exe。

② 文件夹 for_redistribution_files_only：存储发布成功的应用程序、图标、说明文档等文件。

③ 文件夹 for_testing：存储用于测试的应用程序文件。

④ 文件 PackagingLog.html：记录编译过程的相关信息。

（3）安装应用。运行工程文件夹的子文件夹 for_redistribution 下的安装程序（MyAppInstaller_mcr.exe 或 MyAppInstaller_web.exe）安装应用。第一次在没有安装过 MATLAB 的系统中安装 MATLAB 的应用，安装程序会在系统的文件夹 Program Files 下建立子文件夹 MATLAB\MATLAB Runtime\v93，这个文件夹下包含了运行 MATLAB 应用所需的运行库文件。

（4）运行应用程序。安装成功后，运行应用程序，得到图 12.8 所示的图形。

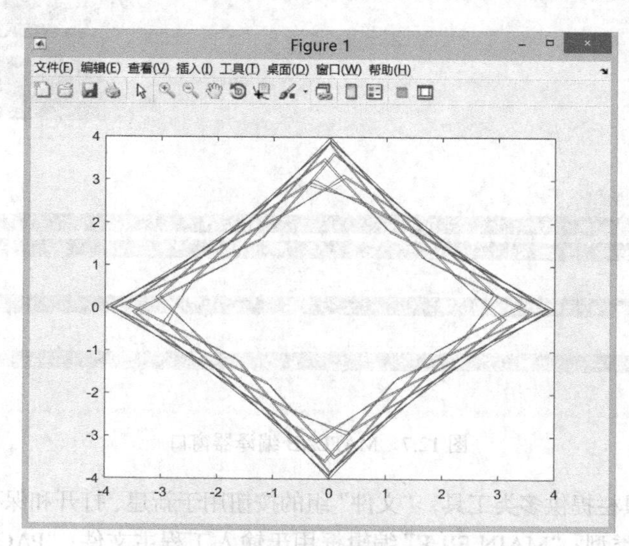


图 12.8　M 文件编译后的运行结果

## 12.3.2　生成组件和共享库

MATLAB 编译器也可以将 MATLAB 程序编译生成在其他程序中调用的组件。

### 1. 生成.NET 组件

MATLAB Builder NE 用于将 MATLAB 程序生成.NET 或 COM 组件，随后可以在.NET 程序中调用。下面通过例子说明利用 MATLAB Builder NE 生成.NET 组件，并在 Visual Basic 程序中引用这个组件的方法。

【**例 12.9**】 在当前文件夹下有函数文件 mymagic.m，文件的内容如下：

```
function y=mymagic(x)
y=magic(x);
```

将 mymagic.m 编译生成.NET 组件，并发布到.NET 应用中。

（1）用 MATLAB Builder NE 生成.NET 组件

① 创建 MATLAB Builder NE 类的.NET Assembly 工程

单击 MATLAB 编译器窗口工具栏的“新建”按钮，从展开的列表中选择“Library Compiler Project”，切换到图 12.9 所示的库编译器窗口。

也可以在 MATLAB 命令行窗口中输入以下命令打开库编译器窗口：

```
>> libraryCompiler
```

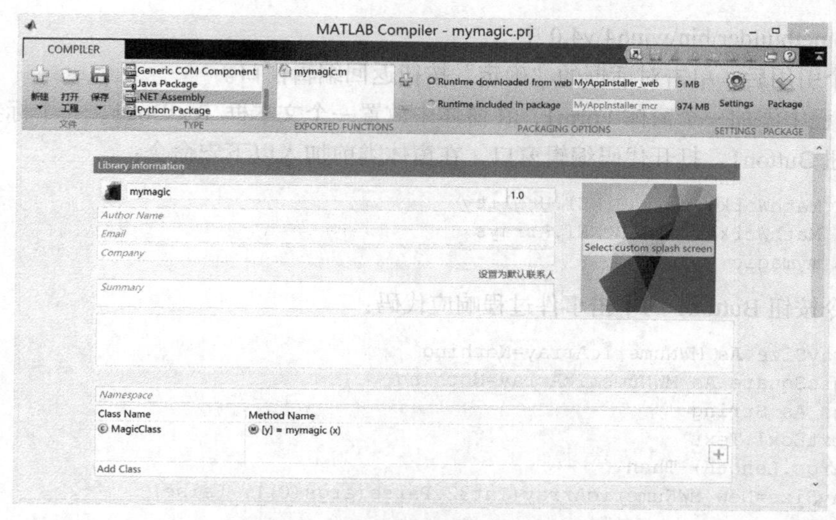


图 12.9　MATLAB 库编译器窗口

工具栏的“TYPE”列表列出了可生成的共享库、组件类型。

在“TYPE”列表里选择“.NET Assembly”项，然后单击工具栏的“Add exported function to the project”按钮，在打开的对话框中选择文件 mymagic.m，单击“打开”按钮返回，mymagic.m 被添加至工程中。单击工具栏的“保存”按钮保存工程，默认命名为 mymagic.prj。

② 修改工程参数

双击“ClassName”列表里的“Class1”，修改类名为 MagicClass。

③ 打包工程

单击编译器窗口工具栏右端的“Package”按钮，开始对 M 文件进行编译和打包。打包成功后，在工程文件夹下生成与例 12.8 相同的 3 个子文件夹。

④ 安装应用

运行工程文件夹的子文件夹 for_redistribution 下的安装程序（MyAppInstaller_mcr.exe 或 MyAppInstaller_web.exe）安装应用。在没有安装过 MATLAB 的系统中第一次安装 MATLAB 的应用，安装程序将在系统的文件夹 Program Files 下建立子文件夹 MATLAB\MATLAB Runtime\v93，这个文件夹下包含了运行 MATLAB 应用所需的运行库文件。

应用默认安装在系统的文件夹 Program Files 下，并建立了一个与应用工程同名的子文件夹 mymagic。

（2）在.NET 应用中使用.NET 组件

① 建立 Visual Studio 项目。启动 Visual Studio 2013，新建一个“Visual Baisc”的“Windows 窗体应用程序”项目，命名为 MagicASM。

如果 MATLAB 是 64 位的，而 VS 2013 默认的开发配置是 32 位的，就需要按 12.2 节中的方法修改 VS2013 的“活动配置方案管理平台”为 x64。

② 添加对组件 mymagic.dll 的引用。在 Visual Studio 窗口中选择“项目”菜单的“添加引用”命令，打开“引用管理器”对话框，单击“浏览”按钮，在第（1）步安装应用时建立的文件夹 mymagic 的子文件夹 application 下选中 mymagic.dll 文件，单击“添加”按钮进行添加。

③ 添加对 MATLAB 系统库文件 MWArray.dll 的引用。MATLAB 的 MWArray.dll 中包含一个应用程序与 MATLAB 运行库的数据交换的接口，按第②步同样的方式查找并添加 MWArray.dll 文件，该文件位于第（1）步安装应用时建立的文件夹 MATLAB\MATLAB Runtime\v93 的子文件

夹 toolbox\dotnetbuilder\bin\win64\v4.0 中。

添加两个引用后，单击对话框的“确定”按钮返回编辑窗口。

④ 向工程中添加一个窗体 Form1，在窗体中放置一个文本框 TextBox1、一个标签 Label1 和一个命令按钮 Button1。打开代码编辑窗口，在窗体类前加入以下宏命令：

```
Imports MathWorks.MATLAB.NET.Utility
Imports MathWorks.MATLAB.NET.Arrays
Imports mymagic
```

编写命令按钮 Button1 的单击事件过程响应代码：

```
Dim arraySize As MWNumericArray=Nothing
Dim magicSquare As MWNumericArray=Nothing
Dim args As String
args=TextBox1.Text
If(0<>args.Length) Then
   arraySize=New MWNumericArray(Int32.Parse(args(0)), False)
Else
   arraySize = New MWNumericArray(4, False)
End If
Label1.Text="Magic square of order " & args & vbCrLf
' 创建MagicClass类型的对象
Dim magic1 As New MagicClass
' 生成魔方数组
magicSquare=magic1.mymagic(arraySize)
' 显示魔方数组
Label1.Text &= magicSquare.ToString
```

设置应用程序的启动对象为窗体 Form1。启动该应用程序，在文本框中输入“5”，单击命令按钮，在标签上将显示：

```
Magic square of order 5
   17    24     1     8    15
   23     5     7    14    16
    4     6    13    20    22
   10    12    19    21     3
   11    18    25     2     9
```

### 2. 生成 Excel 插件

MATLAB Builder EX 把 MATLAB 函数生成 Excel 插件，可以在 Excel 表中调用。Spreadsheet Link 也有此功能，但 MATLAB 6.5 以后的版本提供的 MATLAB Builder EX 的开发效率更高。下面以 Excel 2013 为实例来说明将 MATLAB 函数转化为 Excel 插件的方法。

**【例 12.10】** 将例 12.9 的函数文件 mymagic.m 生成 Excel 插件，并在 Excel 中使用。

（1）编译预处理。

启动 Excel，选择“文件”菜单的“选项”命令，打开“Excel 选项”对话框。

在“Excel 选项”对话框中，单击左窗格的“信任中心”，右窗格切换到“信任中心”面板。单击右窗格面板的“信任中心设置”按钮，弹出“信任中心”对话框。单击“信任中心”对话框左窗格的“宏设置”，右窗格切换到“宏设置”面板，在“宏设置”面板中选中“信任对 VBA 工程对象模型的访问”，然后单击“确定”按钮返回“Excel 选项”对话框。

在“Excel 选项”对话框中，单击左窗格的“加载项”，右窗格切换到“加载项”面板。单击右窗格面板下方的“转到”按钮，弹出“加载宏”对话框。单击“加载宏”对话框中的“浏览”

按钮，打开“浏览”对话框，在系统的文件夹 Program Files\MATLAB\MATLAB Runtime\v93 的子文件夹 toolbox\matlabxl\matlabxl\win64 中找到 FunctionWizard.xla 文件，单击“确定”按钮返回到“加载宏”对话框，这时对话框中多了一个“MATLAB Compiler Function Wizard”选项。选中该项后，单击“确定”按钮，返回 Excel 主窗口，这时在 Excel 的“开始”选项卡的工具栏中多了一个“MATLAB Compiler”工具组，组中有一个“Function Wizard”按钮。

（2）建立一个 MATLAB Library Compiler 类的 Excel Add-in 工程。方法与例 12.9 相同，不同的是在“TYPE”列表中选中“Excel Add-in”项，给工程命名为 xlmagic。

（3）打包工程。

（4）安装应用，注册组件。

运行工程文件夹的子文件夹 for_redistribution 下的安装程序（MyAppInstaller_mcr.exe 或 MyAppInstaller_web.exe）安装应用。安装过程中，会自动在系统中注册组件。

（5）在 Excel 加载组件。在 Excel 窗口中单击“MATLAB Compiler”工具组中的“Function Wizard”按钮，打开“Function Wizard Start Page”对话框，在此选中“I have an Add-in component that was built in MATLAB with the Deployment Tool that I want to integrate into a workbook”，单击“OK”按钮，将打开“Function Wizard Control Panel”对话框。

在“Function Wizard Control Panel”对话框中单击“Add Function”按钮，打开“MATLAB Components”对话框，在“MATLAB Components”对话框的“Select an Excel Add-in Component”下拉列表中选择 mymagic 1.0 插件，然后在“Function”列表中选择 mymagic 函数，单击“Add”按钮，将打开“Function Properties”对话框。

在“Function Properties”对话框定义函数的输入和输出属性，主要有以下两项。

① 在下部的“Inputs”选项卡中单击“Set Input Data”按钮，打开“Input Data for x”对话框，在“Range”编辑框指定函数的输入参数所在单元格（如 A1），或在“Value”编辑框输入函数的输入参数的值（如“6”），单击“OK”按钮返回“Function Properties”对话框。

② 在“Outputs”选项卡中单击“Set Output Data”按钮，打开“Output Data for y”对话框，在“Range”编辑框指定函数的输出起始单元格（如 A2），选中“Auto Resize”，单击“Done”按钮返回“Function Properties”对话框。

定义输入和输出属性后，在“Function Properties”对话框中单击“Done”按钮返回“Function Wizard Control Panel”面板，mymagic 出现在“Active Functions”列表里。此时，单击“Execute”按钮，Excel 表单呈现函数调用的结果。

如果要添加其他 MATLAB 组件，则单击“Function Wizard Start Page”对话框的“Start Over”按钮，否则，单击“Close”按钮关闭函数向导。

### 3. 生成 Java 组件

MATLAB Builder JA 可以把 MATLAB 程序生成 Java 组件，在 Java 程序中调用。

MATLAB Builder JA 的使用方法与 MATLAB Builder NE 相似，参考 MATLAB 的帮助文件和演示程序。

## 12.4 MATLAB 与其他语言程序的应用接口

应用接口是 MATLAB 与其他语言程序相互调用各自函数的方法，MEX 文件使 MATLAB 程序中可以调用或链接其他语言编写的函数，而 MATLAB 引擎使其他语言程序中可以调用 MATLAB 函数。

### 12.4.1 MEX 文件

MEX 是 MATLAB Executable 的缩写，是 MATLAB 中用于调用其他语言编写的程序的接口。用其他语言编写的 MEX 程序经过编译，生成 MEX 文件，可以作为 MATLAB 的扩展函数。MEX 文件能够在 MATLAB 环境中调用，在用法上和 MATLAB 函数类似，但 MEX 文件优先于 MATLAB 函数执行。下面以 C++为例，介绍 MEX 库函数、MEX 源程序的构成、编译 MEX 源程序，以及调用 MEX 文件的方法。

#### 1. MEX 函数

MEX 库函数用于 MEX 程序与 MATLAB 环境交换数据和从 MATLAB 工作空间获取相应信息。所有 MEX 函数均在 MATLAB 的子文件夹 extern\include 中的头文件 mex.h 得到声明。表 12.5 列出了 C/C++语言常用 MEX 函数及功能。

表 12.5　C/C++语言常用 MEX 函数及功能

| MEX 函数 | 功能 |
|---|---|
| mexCallMATLAB | 调用 MATLAB 函数 |
| mexErrMsgTxt | 输出从 MATLAB 工作空间获取的运行过程错误信息 |
| mexWarnMsgTxt | 输出从 MATLAB 工作空间获取的运行过程警告信息 |
| mexEvalString | 在 MATLAB 环境中执行表达式。如果该命令执行成功，返回值为 0，否则返回一个错误代码 |
| mexGetVariable | 从 MATLAB 工作区获取指定变量 |
| mexPutVariable | 向 MATLAB 工作区输出指定变量 |
| mexGet | 获得图形对象的属性 |
| mexSet | 设置某个图形对象的属性 |
| mexAtExit | 在 MEX 文件被清除或 MATLAB 终止运行时释放内存、关闭文件 |

#### 2. MEX 文件源程序的建立

MEX 文件源程序由如下两个部分组成。

（1）入口子程序

默认标识名为 mexFunction，其作用是在 MATLAB 系统与被调用的外部子程序之间建立联系，定义被 MATLAB 调用的外部子程序的入口地址、MATLAB 系统和子程序传递的参数等。入口子程序的定义格式如下：

```
void mexFunction(int nlhs,mxArray *plhs[],int nrhs,const mxArray *prhs[])
{
......
}
```

入口子程序有 4 个参数。nlhs 定义输出结果的个数，plhs 指向用于返回输出结果的变量，nrhs 定义输入参数的个数，prhs 指向存储输入参数的变量。prhs 和 plhs 都是指向 mxArray 对象的指针，C++程序与 MATLAB 工作空间交换数据必须使用 mxArray 对象，对象各成员的值默认为 double 类型。

（2）计算子程序

计算子程序（Computational Routine）包含所有完成计算功能的程序，由入口子程序调用。计算子程序的定义格式和其他 C/C++子程序的定义格式相同。

头文件 mex.h 中包含了所有的 MEX 函数声明，因此在文件首加入以下宏命令：

```
#include "mex.h"
```

下面用一个例子说明 MEX 文件的基本结构。

【例 12.11】用 C++编写求两个数的最小公倍数的 MEX 文件源程序，并编译生成 MEX 文件。调用该 MEX 文件，求两个整数的最小公倍数。

```
#include "mex.h"
/* 求最小公倍数子程序 */
double com_multi(double *x,double *y)
{
int a,b,c,d;
  a=int(*x);b=int(*y);
  c=a>=b?a:b;d=c;
  while(c%a!=0 || c%b!=0)
 {c=c+d;}
 return c;
}
/* 入口子程序 */
void mexFunction(int nlhs, mxArray *plhs[],
              int nrhs, const mxArray *prhs[])
{
 double  *result;
 int m,n,i;
   /* 检查参数数目是否正确 */
 if(nrhs!=2) {
   mexErrMsgTxt("输入参数应有两个！");return;
}
  if(nlhs!=1) {
   mexErrMsgTxt("应有 1 个输出参数！");return;
 }
   /* 检查输入参数的类型 */
 for(i=0;i<2;i++){
    m=int(mxGetM(prhs[i]));
    n=int(mxGetN(prhs[i]));
    if(mxIsClass(prhs[i],"int") || !(m==1 && n==1)) {
       mexErrMsgTxt("输入参数必须是一个数.");
    }  }
/*  准备输出空间 */
 plhs[0]=mxCreateDoubleMatrix(1,1,mxREAL);
 result=mxGetPr(plhs[0]);
   /* 计算*/
 *result=com_multi(mxGetPr(prhs[0]),mxGetPr(prhs[1]));
}
```

将以上程序保存到当前文件夹，文件名为 cmex.cpp。

### 3. MEX 文件源程序的编译

MEX 文件源程序的编译需要具备两个条件：一是要求已经安装 MATLAB 应用程序接口组件及其相应的工具，二是要求有合适的 C/C++语言编译器。

编译 mex 文件源程序有两种方法：一是利用其他编译工具，如 Microsoft Visual Studio；二是利用 MATLAB 提供的编译器。若使用 MATLAB 提供的编译器，编译 MEX 源程序应使用“mex”命令。例如，编译例 12.11 的 MEX 源程序，应在 MATLAB 命令行窗口输入以下命令：

```
>> mex cmex.cpp
```

系统使用默认编译器编译源程序，编译成功，将在当前文件夹下生成与源程序同名的 MEX 文件 cmex.mexw64。扩展名 mexw64 表示生成的是一个可以在 64 位 Windows 系统下运行的 mex 文件。

调用 MEX 文件的方法和调用 MATLAB 函数的方法相同。例如，在 MATLAB 命令行窗口输入以下命令测试上述 MEX 文件：

```
>> z=cmex(6,9)
z =
    18
```

### 12.4.2 MATLAB 引擎

MATLAB 引擎（engine）是用于和外部程序结合使用的一组函数和程序库，在其他语言编写的程序中利用 MATLAB 引擎来调用 MATLAB 函数。MATLAB 引擎函数在 UNIX 系统中通过通道来和一个独立的 MATLAB 进程通信，而在 Windows 操作系统中则通过组件对象模型（COM）接口来通信。

当用户使用 MATLAB 引擎时，采用 C/S（客户机/服务器）模式，相当于在后台启动了一个 MATLAB 进程作为服务器。MATLAB 引擎函数库在用户程序与 MATLAB 进程之间搭起了交换数据的桥梁，完成二者的数据交换和命令的传送。

本节以 C++程序为例，说明在其他语言程序中如何使用 MATLAB 引擎，以及 MATLAB 引擎程序的编译与运行方法。

#### 1. MATLAB 引擎函数

MATLAB 引擎提供了用于在其他语言程序中打开和关闭 MATLAB 引擎、与 MATLAB 工作空间交换数据、调用 MATLAB 命令等函数。头文件 engine.h 包含了所有 C/C++引擎函数的定义，因此在文件首须加入以下宏命令：

```
#include "engine.h"
```

在 C++程序中，通过指向 MATLAB 引擎对象的指针操作 MATLAB 引擎对象。定义指向 MATLAB 引擎对象指针的格式为

```
engine *mep
```

其中，engine 是 MATLAB 引擎类型，mep 为指针变量。

引擎函数名以 eng 开头，函数的第 1 个参数是 engine 类型的指针，表示在该指针所指向的工作区进行操作。C/C++语言常用引擎函数及功能如表 12.6 所示。

表 12.6　C/C++语言常用引擎函数及功能

| C/C++语言引擎函数 | 功能 |
|---|---|
| engOpen | 启动 MATLAB 引擎 |
| engClose | 关闭 MATLAB 引擎 |
| engGetVariable | 从 MATLAB 工作空间获取数据 |
| engPutVariable | 向 MATLAB 工作空间输出数据 |
| engEvalString | 执行 MATLAB 命令 |

在 C/C++程序中使用 MATLAB 引擎，还要用到 mx-函数，以实现对 mxArray 对象的操作。

### 2. MATLAB 引擎的使用

使用 MATLAB 的计算引擎，需要创建 mxArray 类型的变量，用来在其他语言程序中和 MATLAB 的工作空间交换数据，主要步骤如下。

（1）建立 mxArray 类型的变量

常用 mxCreateDoubleMatrix 函数建立 mxArray 类型的变量存储数值数据，函数的原型如下：

```
mxArray *mxCreateDoubleMatrix(mwSize m, mwSize n, mxComplexity ComplexFlag);
```

其中，m、n 指定矩阵的大小，ComplexFlag 指定成员值是否为复数，当 ComplexFlag 为 mxREAL 时，成员值是实数。

（2）给 mxArray 类型的变量赋值

通常调用 memcpy 函数将自定义的数据复制到 mxArray 类型的变量中，函数的原型如下：

```
void * memcpy (void * destinationPtr, const void * sourcePtr, size_t num);
```

其中，destinationPtr、sourcePtr 分别为指向目标矩阵、源矩阵的指针，num 指定复制的数据个数。复制数据时，应注意 C++程序和 MATLAB 中数据存储方式的差别，在 MATLAB 中矩阵元素是按列存储的，而 C++的多维数组元素是按行存储的。

（3）将变量放入 MATLAB 引擎所启动的工作区中

通过调用以 engPut 开头的函数将变量放入 MATLAB 引擎所启动的工作区中。

通过调用 engEvalString 函数来实现执行 MATLAB 的命令。

下面用一个例子说明计算引擎的使用方法。

**【例 12.12】** 用 C++编写一个程序，该程序按极坐标方程 $\rho=a+b\theta$ 计算数据点坐标，然后调用 MATLAB 的绘图函数绘制出曲线。

程序如下：

```
#include "engine.h"
#include <iostream>
using namespace std;
int main()
{
engine *ep;
/* 声明 3 个 mxArray 类型的指针，用于指向所调用 MATLAB 函数的输入对象和输出对象。*/
mxArray *T=NULL,*R=NULL,*result=NULL;
double t[180],r[180];
double a,b;
a=2;b=3;
for (int i=0;i<180;i++)
   {t[i]=i*0.1;
    r[i]=a+b*t[i];}
 /* 启动 MATLAB 计算引擎。如果函数的参数为空字符串，指定在本地启动 MATLAB 计算引擎*/
/* 如果在网络中启动，则需要指定服务器，即 engOpen("服务器名") */
if (!(ep=engOpen(NULL)))    {
      cout<<"\n 不能启动 MATLAB 引擎\n";
      return 0;
}
```

```
    //创建 MATLAB 变量 T、R
    T=mxCreateDoubleMatrix(1,180,mxREAL);
    R=mxCreateDoubleMatrix(1,180,mxREAL);
    //将数组 t 各元素的值复制给指针 T 所指向的矩阵
    memcpy((void *)mxGetPr(T),(void *)t, sizeof(t));
    memcpy((void *)mxGetPr(R),(void *)r, sizeof(r));
    //将数据放入 MATLAB 工作空间
    engPutVariable(ep,"T",T);
    engPutVariable(ep,"R",R);
    //执行 MATLAB 命令
    engEvalString(ep,"polar(T,R);");
    engEvalString(ep,"title('阿基米德螺线 r=a+bt');");
    //暂停程序的执行，使运行的图形窗口暂时不关闭
    system("pause");
    //释放内存空间，关闭计算引擎
    mxDestroyArray(T);
    mxDestroyArray(R);
    engClose(ep);
    return 1;
}
```

将源程序保存在当前文件夹，文件名为 cppeng.cpp。

### 3. 编译 MATLAB 计算引擎程序

使用“mex”命令对源程序文件进行编译，生成可执行程序文件。例如，编译例 12.12 的计算引擎程序，在 MATLAB 命令行窗口输入以下命令：

```
>> mex -client engine cppeng.cpp
```

编译成功，在当前文件夹下生成一个与源程序文件同名的可执行文件 cppeng.exe。

如果在 MATLAB 中测试该程序，则在命令行窗口输入以下命令：

```
>> !cppeng
```

运行结果如图 12.10 所示。

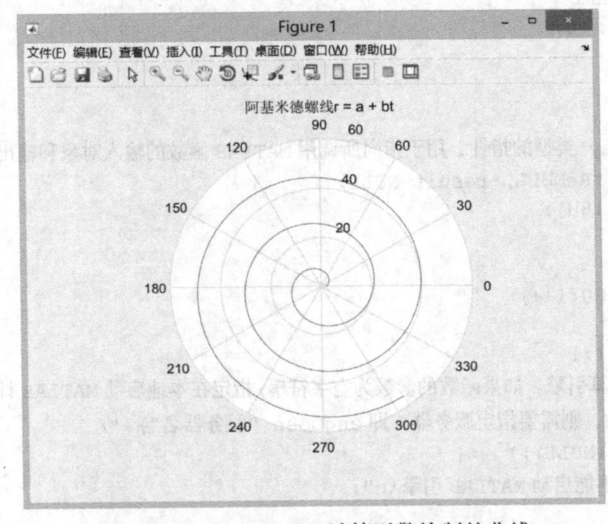


图 12.10　用 MATLAB 计算引擎绘制的曲线

# 思考与实验

## 一、思考题

1. 在 MATLAB 中建立一个 100 × 200 的随机矩阵 ***X***。

（1）在 Excel 中将 MATLAB 的变量 *X* 的值导入 Excel 表格。

（2）在 Excel 中调用 MATLAB 的差分函数按列进行差分运算。

（3）在 Excel 中将计算结果导出到 MATLAB 工作空间。

（4）在 MATLAB 中将计算结果导入到 MATLAB 工作空间。

2. 在 MATLAB 中建立一个向量 ***A***，存储 2000 个随机数。

（1）将向量 ***A*** 按指定格式（小数点后保留 6 位有效数字，数据之间用 1 个空格分隔，每行 10 个数）写入文本文件 file1.txt 中。

（2）将向量 ***A*** 按 single 类型写入二进制文件 file2.dat 中。

（3）比较两个文件的大小。

3. 在 MATLAB 中建立一个 6×3 的随机矩阵 ***Y***。

（1）将矩阵 ***Y*** 写入 MAT 文件 file3.mat，写入时将数据命名为“MATY”。

（2）在 MATLAB 中加载 MAT 文件 file3.mat 中的数据，对比矩阵 ***Y*** 和 ***MATY***。

4. 在 MATLAB 中如何将 MATLAB 的脚本文件编译为独立应用程序和共享库？

5. 在 MATLAB 中如何编译使用 MATLAB 数据接口和应用接口的 C++程序？

## 二、实验题

1. 在 Excel 中建立一个表，记录某日 6:00 时至 18:00 时每隔 2 小时的室内外温度（℃），保存后将数据导出到 MATLAB 工作空间。在 Excel 中调用 MATLAB 的 3 次样条插值函数，分别求该日室内外 6:30 至 17:30 时每隔 1 小时各时刻的近似温度（℃）。

2. 统计一个文本文件中每个英文字母出现的次数（不区分字母的大小写）。

3. 编写 C 程序，其功能是生成一个 39×71 的矩阵，矩阵的每个元素的值为该元素的行号和列号之积的立方根，并写入 MAT 文件。

4. 在 C 程序中利用 MATLAB 计算引擎，绘制三维立体图形。

$$z = \frac{x}{1 + x^2 + y^2}$$

5. 已知 $C(n,r) = \frac{n-r+1}{r}C(n,r-1)$。若 $r = 0$，则 $C(n,r) = 1$；若 $n = 1$，则 $C(n,r) = n$。用 C++语言设计一个 MEX 程序，编译成 MEX 文件，在 MATLAB 环境中调用该 MEX 文件求 $C(5,4)$、$C(8,12)$。

# 第 13 章 MATLAB 的学科应用

MATLAB 提供的工具箱大致可分为两类，即功能性工具箱和学科性工具箱。功能性工具箱主要用来扩充 MATLAB 的符号计算功能、图形建模仿真功能、文字处理功能及与硬件的实时交互功能，能用于多种学科。学科性工具箱涵盖了控制系统设计与分析、数字信号处理、数字图像处理、金融财务分析、生物信息学等许多专业领域，可以利用这些工具箱进行科学研究，解决相关领域的实际问题。

**【本章学习目标】**

- 综合运用所学 MATLAB 程序设计知识，学会针对具体的问题，选择合适的解题方案，灵活掌握利用 MATLAB 解决实际问题的方法。
- 了解 MATLAB 中几个典型的学科工具箱。
- 熟悉 MATLAB 在相关学科领域的应用案例。

## 13.1 MATLAB 在优化问题中的应用

在日常生活和实际工作中，人们对于同一个问题往往会提出多个解决方案，并通过各方面的论证从中提取最佳方案。最优化方法就是专门研究如何从多个方案中科学合理地提取出最佳方案的科学。例如，当设计一个机械零件时，如何在保证强度的前提下使重量最轻或用量最省；在安排生产时，如何在现有的人力、设备的条件下，合理安排生产，使其产品的总产值最高；在确定库存时如何在保证销售量的前提下，使库存成本最小；在物资调配时，如何组织运输使运输费用最少。最优化方法的应用和研究已经深入到生产和科研的各个领域，如土木工程、机械工程、化学工程、运输调度、生产控制、经济规划、经济管理等，并取得了显著的经济效益和社会效益。

### 13.1.1 优化模型与优化工具

**1. 优化模型**

优化模型是用数学关系式表示的研究对象的某种本质特征，它有如下 3 个要素。

- 决策变量：问题中要确定的未知量，用以表示优化方案。
- 目标函数：表示待决策问题期望达到的目标，它是决策变量的函数。
- 约束条件：指决策变量取值时受到的各种资源条件的限制，通常用含决策变量的等式或不等式表示。

**2. 优化函数**

MATLAB 的优化工具箱（Optimization Toolbox）提供了 GUI 和命令行两种方式进行优化模型的求解。命令行方式调用各种函数建立和求解模型。表 13.1 所示为优化工具箱中的常用函数。

表 13.1 优化工具箱中的常用函数

| 函数 | 描述 |
|---|---|
| fgoalattain | 多目标达到问题 |
| fminbnd | 有约束的一元函数最小值求解 |
| fmincon | 多变量有约束非线性函数极小值 |
| fminimax | 最大最小化 |
| fminsearch | 采用 Nelder-Mead 简单搜寻法求多变量无约束函数极小值 |
| fminunc | 采用基于梯度算法求多变量无约束函数极小值 |
| fseminf | 半无限问题 |
| linprog | 求解线性规划问题 |
| quadprog | 求解二次规划问题 |
| fzero | 标量非线性方程求解 |
| lsqlin | 有约束的线性最小二乘优化 |
| lsqcurvefit | 非线性曲线拟合 |
| lsqnonlin | 非线性最小二乘优化 |
| lsqnonneg | 非负线性最小二乘优化 |

使用“type”命令可以查看这些函数的帮助信息，了解函数的用法。例如：

```
type fmincon
```

## 13.1.2 应用实例

利用 MATLAB 的优化工具箱，可以求解线性规划、非线性规划和多目标规划问题。使用优化工具箱，先要定义目标函数和约束条件，然后设置优化参数（如算法），最后调用优化工具求解。

**1. 一元函数最小值问题**

fminbnd 函数用于求解有约束的一元函数最小值问题，其调用格式为

```
[x,fval]=fminbnd(fun,x1,x2,options)
```

其中，$x$ 是最优解，fval 为目标函数的最小值，fun 为目标函数，解的约束为 $x1 \leqslant x \leqslant x2$。

**【例 13.1】** 对边长为 3m 的正方形铁板，在 4 个角剪去相等的正方形以制成方形无盖水槽，如何剪才能使水槽的容积最大？

设剪去的正方形的边长为 $x$，则水槽的容积为$(3-2x)^2x$。fminbnd 函数用于求最小值，因此将求解水槽最大容积转换为

$$\min y = -(3-2x)^2x,\ 0 < x < 1.5$$

命令如下：

```
>> [x,fval]=fminbnd(@(x)-(3-2*x)^2*x,0,1.5)
```

执行命令，结果如下：

```
x =
    0.5000
fval =
   -2.0000
```

计算结果表明，剪掉的正方形的边长为 0.5m 时，水槽的容积最大，最大容积为 $2m^3$。

**2. 线性规划**

研究线性约束条件下线性目标函数的极值问题的数学理论和方法，用线性规划求解的典型问题有运输问题、生产计划问题、配套生产问题、下料和配料问题等。线性规划问题的标准形式为

$$\begin{aligned} \min \quad & f(x) \quad x \in R^n \\ \text{s.t.} \quad & A \cdot x \leqslant b \\ & \text{Aeq} \cdot x = \text{beq} \\ & l_b \leqslant x \leqslant u_b \end{aligned}$$

求解线性规划问题使用函数 linprog，其调用格式为

```
[x,fval]=linprog(f,A,b,Aeq,beq,lb,ub)
```

其中，$x$ 是最优解，fval 是目标函数的最优值。函数中的各项参数是线性规划问题标准形式中的对应项，$f$ 为目标函数。

**【例 13.2】** 某企业在计划期内计划生产甲、乙、丙 3 种产品。这些产品分别需要在设备 A、B 上加工，需要消耗材料 C、D，按工艺资料规定，单件产品在不同设备上加工及所需要的资源如表 13.2 所示。已知在计划期内设备的加工能力各为 200 台时，可供材料分别为 360kg、300kg；每生产一件甲、乙、丙 3 种产品，企业可获得利润分别为 40、30、50 元，假定市场需求无限制。企业决策者应如何安排生产计划，使企业在计划期内总的利润最大？

表 13.2　单位产品资源消耗

| 资源 \ 消耗 \ 产品 | 甲 | 乙 | 丙 | 现有资源（kg） |
|---|---|---|---|---|
| 设备 A | 3 | 1 | 2 | 200 |
| 设备 B | 2 | 2 | 4 | 200 |
| 材料 C | 4 | 5 | 1 | 360 |
| 材料 D | 2 | 3 | 5 | 300 |
| 利润（元/件） | 40 | 30 | 50 | |

设在计划期内生产这 3 种产品的产量为 $x_1$、$x_2$、$x_3$，用 $Z$ 表示利润，则有 $Z = 40x_1 + 30x_2 + 50x_3$。在安排 3 种产品的计划时，不得超过设备 A、B 的可用工时，材料消耗总量不得超过材料 C、D 的供应量，生产的产量不能小于零。企业的目标是要使利润达到最大，这个问题的数学模型为

$$\max Z = 40x_1 + 30x_2 + 50x_3$$

$$\begin{cases} 3x_1 + x_2 + 2x_3 \leqslant 200 \\ 2x_1 + 2x_2 + 4x_3 \leqslant 200 \\ 4x_1 + 5x_2 + x_3 \leqslant 360 \\ 2x_1 + 3x_2 + 5x_3 \leqslant 300 \\ x_1 \geqslant 0, x_2 \geqslant 0, x_3 \geqslant 0 \end{cases}$$

优化函数 linprog 是求极小值，因此目标函数转换为 $\min Z = -40x_1 - 30x_2 - 50x_3$。命令如下：

```
>> f=[-40;-30;-50];
>> A=[3 1 2;2 2 4;4 5 1;2 3 5];
>> b=[200;200;360;300];
>> [x,fval]=linprog(f,A,b)
```

执行命令，结果如下：

```
Optimal solution found.
x =
  50.0000
  30.0000
  10.0000
fval =
 -3.4000e+03
```

结果表明，A 产品的产量为 50 件，B 产品的产量为 30 件，C 产品的产量为 10 件时，利润最大，此种情形利润为 3400 元。

**3. 非线性规划**

求解非线性规划问题的函数是 fmincon，其调用格式为

```
[x,fval]=fmincon(f,x0,A,b,Aeq,beq,lb,ub)
```

其中，$x0$ 是初值，其余参数含义与 linprog 函数的相同。

**【例 13.3】** 设有 400 万元资金，要求 4 年内使用完，若在一年内使用资金 $x$ 万元，则可得效益 $\sqrt{x}$ 万元（效益不能再使用），当年不用的资金可存入银行，年利率为 10%。试制定出资金的使用计划，以使 4 年效益之和为最大。

设变量 $x_i$ 表示第 $i$ 年所使用的资金数，则有

$$\max z=\sqrt{x_1}+\sqrt{x_2}+\sqrt{x_3}+\sqrt{x_4}$$

$$\begin{cases}x_1\leqslant 400\\ 1.1x_1+x_2\leqslant 440\\ 1.21x_1+1.1x_2+x_3\leqslant 484\\ 1.331x_1+1.21x_2+1.1x_3+x_4\leqslant 532.4\\ x_i\geqslant 0, i=1,2,3,4\end{cases}$$

优化函数 fmincon 是求极小值，因此目标函数转换为

$$\min Z=-(\sqrt{x_1}+\sqrt{x_2}+\sqrt{x_3}+\sqrt{x_4})$$

求解方法如下。

（1）定义目标函数

```
function f=xymb(x)
f=-(sqrt(x(1))+sqrt(x(2))+sqrt(x(3))+sqrt(x(4)));
```

（2）求解

```
>> x0=[1;1;1;1];
>> A=[1 0 0 0; 1.1 1 0 0; 1.21 1.1 1 0; 1.331 1.21 1.1 1];
>> b=[400;440;484;532.4];
>> [x,fval]=fmincon(@xymb,x0,A,b)
```

执行命令，结果如下：

```
x =
  86.1883
```

```
   104.2878
   126.1882
   152.6880
fval =
   -43.0860
```

结果表明，第 1 年使用资金 86.1883 万元，第 2 年使用资金 104.2878 万元，第 3 年使用资金 126.1882 万元，第 4 年使用资金 152.688 万元，效益之和最大，最大效益和为 43.086 万元。

# 13.2 MATLAB 在控制系统中的应用

控制系统的分析工具包括控制系统工具箱（Control System Toolbox）、系统辨识工具箱（System Identification Toolbox）、模糊逻辑工具箱（Fuzzy Logic Toolbox）、鲁棒控制工具箱（Robust Control Toolbox）、模型预测控制工具箱（Model Predictive Control Toolbox）、线性矩阵不等式工具箱（LMI Control Toolbox）等。这些工具箱提供了诸多功能强大的开发工具，不仅涵盖了传统的根轨迹、波特图等频域分析方法，还包括 LQG、H∞ 等现代控制系统设计方法。

## 13.2.1 控制系统工具箱

控制系统工具箱提供了很多用于系统分析、设计和调制线性控制系统的工业标准算法和应用模块，能够实现线性控制系统的设计、分析和校正。

**1. 系统分析**

控制系统的分析包括系统的时域分析、频域分析、稳定性分析及根轨迹分析等。

（1）时域分析

MATLAB 的控制系统工具箱提供了很多对线性系统在特定输入下进行仿真的函数，如求取系统单位阶跃响应的函数 step、求取系统的冲激响应函数 impulse 等。

时间响应探究系统对输入和扰动在时域内的瞬态行为，系统特征（如上升时间、调节时间、超调量和稳态误差）都能从时间响应上反映出来。控制系统工具箱提供了大量对控制系统进行时域分析的函数，如连续系统对白噪声的方差响应函数 covar、连续系统的零输入响应函数 initial 和连续系统对任意输入的响应函数 lsim。

对于离散系统，只需在连续系统对应函数前加字母 d 即可，如 dstep，dimpulse 等。

控制系统工具箱还提供了进行线性时不变系统（Linear Time Invariant，LTI）分析的图形用户界面 LTI Viewer。在 MATLAB 命令窗口输入“ltiview”命令可以打开 LTI Viewer。利用 LTI Viewer 可以同时观察和对比不同的线性模型的响应曲线，还可以在时域响应曲线中加入关键的性能指标，如上升时间、超调量、稳定裕度等。

（2）频域分析

频域分析是应用频率特性研究控制系统的一种典型方法，通常将频率特性用曲线的形式进行表示。控制系统工具箱提供了多种绘制频率特性图的函数，如求取连续系统对数频率特性图（波特图）的函数 bode、求取连续系统奈奎斯特图的函数 nyquist、求取连续系统零极点图的函数 pzmap、求取连续系统的尼科尔斯频率响应曲线（即对数幅相曲线）的函数 nichols 等。

（3）稳定性分析

控制系统工具箱提供了计算系统的频域性能指标（如截止频率、相角稳定裕度、幅值稳定裕度等）的函数 margin，以便研究系统控制过程的稳定性、快速性。

也可使用 MATLAB 提供的求取系统零极点的函数 pole、zero 和 roots，根据零极点的分布情况对系统的稳定性及是否为最小相位系统进行判断。

（4）根轨迹分析

根轨迹分析是分析和设计线性定常控制系统的图解方法，MATLAB 提供了绘制根轨迹的有关函数，如求系统根轨迹的函数 rlocus、计算给定一组根的根轨迹增益的函数 rlocfind、在连续系统根轨迹图和零极点图中绘制出阻尼系数及自然频率栅格的函数 sgrid。

**2. 系统设计**

控制系统工具箱提供了多种函数建立和转换系统模型，表 13.3 列出了 MATLAB 常用的模型构建和转换函数。

表 13.3　模型构建和转换函数

| 函数名 | 函数功能 | 函数名 | 函数功能 |
|---|---|---|---|
| tf | 建立传递函数模型 | series | 模型串联 |
| ss | 建立状态方程模型 | parallel | 模型并联 |
| zpk | 建立零极点增益模型 | feedback | 反馈连接 |
| tfdata | 获取传递函数模型参数 | set | 设置 LTI 对象属性 |
| ssdata | 获取状态方程模型参数 | get | 获取 LTI 对象属性 |
| zpkdata | 获取零极点增益模型参数 | | |

也可以使用函数 ss、tf 及 zpk 实现 LTI 对象之间的相互转换。

使用控制系统工具箱中的函数还可以进行各种系统的补偿设计，如 LQG（线性二次型设计）、Root Locus（线性系统的根轨迹设计）、Pole placement（线性系统的极点配置）、Observer-based regulator（线性系统观测器设计）等，这些内容涉及较多的专业知识，在此不进行介绍。

## 13.2.2　应用实例

控制系统工具箱在控制系统仿真、分析和设计方面得到了广泛应用。

**1. 常用函数**

MATLAB 控制系统工具箱中提供的 LTI 仿真函数用于系统设计。

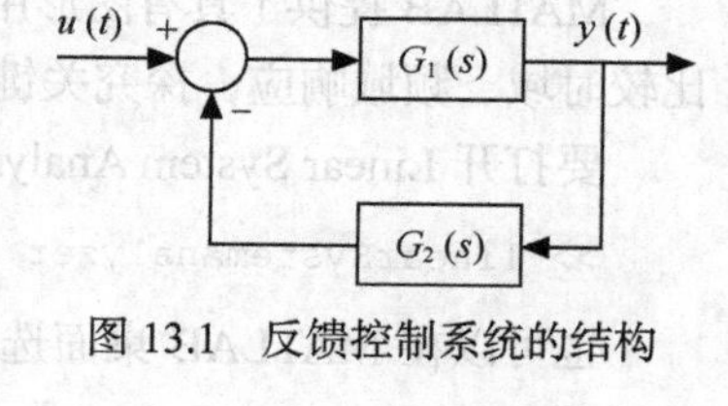

图 13.1　反馈控制系统的结构

**【例 13.4】** 图 13.1 所示为一典型线性反馈控制系统的结构图。

已知 $G_1(s)=\dfrac{2s^2+5s+1}{s^2+2s+3}$，$G_2(s)=\dfrac{s(s+2)}{s+10}$。试利用 MATLAB 控制系统工具箱求出负反馈结构的时域响应曲线。

程序如下：

```
G1=tf([2 5 1],[1 2 3]);
G2=zpk([0 -2],-10,1);
Cloop=feedback(G1,G2);          %构造闭环系统的传递函数
step(Cloop);                    %求系统的阶跃响应
hold on;
impulse(Cloop,'r-.');           %求系统的冲激响应
legend('Step','Impulse');
```

说明：

（1）tf 函数的调用格式为

```
G=tf(num,den)
```

其中，num、den 分别为系统的分子和分母系数向量，返回的变量为系统传递函数。

（2）zpk 函数的调用格式为

```
G=zpk(z,p,k)
```

其中，$z$、$p$、$k$ 分别为系统的零点、极点和增益，返回的变量为系统传递函数。

（3）feedback 函数的调用格式为

```
G=feedback(G1,G2,sign)
```

其中，$G1$ 和 $G2$ 分别为前向模型和反向模型的 LTI 对象，而 $G$ 为总系统模型。选项 sign 指定反馈类型，默认采用负反馈，sign =+1 表示采用正反馈。

执行程序，得到闭环系统的阶跃响应和冲激响应曲线如图 13.2 所示。

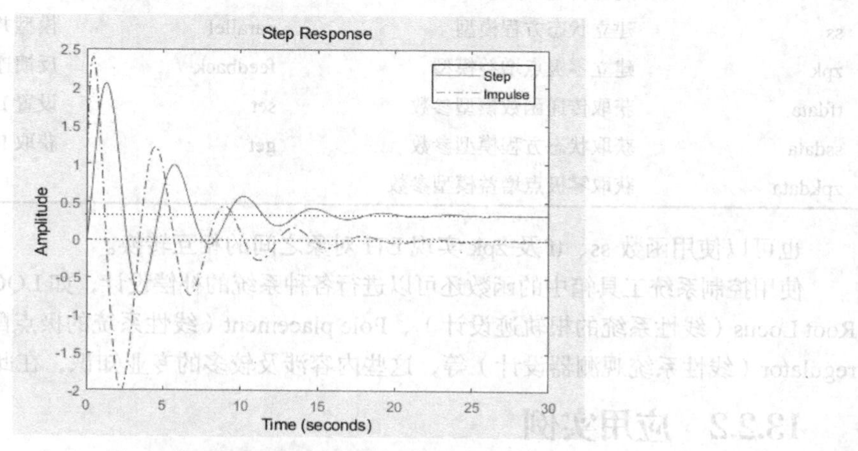


图 13.2　线性反馈控制系统的响应曲线

## 2. Linear System Analyzer

MATLAB 提供了具有图形用户界面的线性系统分析工具 Linear System Analyzer，用于观测和比较时域、频域响应，探究关键响应参数，例如上升时间、最大超调和稳定裕度等。

要打开 Linear System Analyzer，应在 MATLAB 命令行窗口输入以下命令：

```
>> linearSystemAnalyzer
```

也可以在 MATLAB 桌面选择“应用”选项卡，从 App 列表的“控制系统设计和分析”块中选择“Linear System Analyzer”。

下面以例 13.4 系统为例，说明 Linear System Analyzer 的基本用法。在“Linear System Analyzer 窗口”选择“File”菜单的“Import”命令，弹出“Import System Data”对话框。在对话框左部选择“Workspace”作为数据源，再从右部“Systems in Workspace”列表中选择“Cloop”，单击“OK”按钮返回。

此时，在“Linear System Analyzer”窗口显示系统的阶跃响应曲线。选择“Edit”菜单的“Plot Configurations”命令，弹出“Plot Configurations”对话框，在对话框的“Select a response plot configuration”面板中选一种绘图布局，再从右部的“Response type”列表中选择各个子图的响应类型，如图 13.3 所示。然后单击“OK”按钮返回。

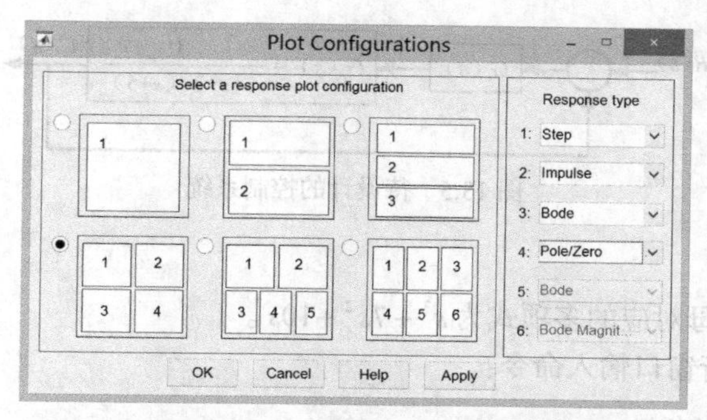


图 13.3　设置 Linear System Analyzer 绘图参数

设置绘图参数后，在“Linear System Analyzer”窗口显示图 13.4 所示的图形。

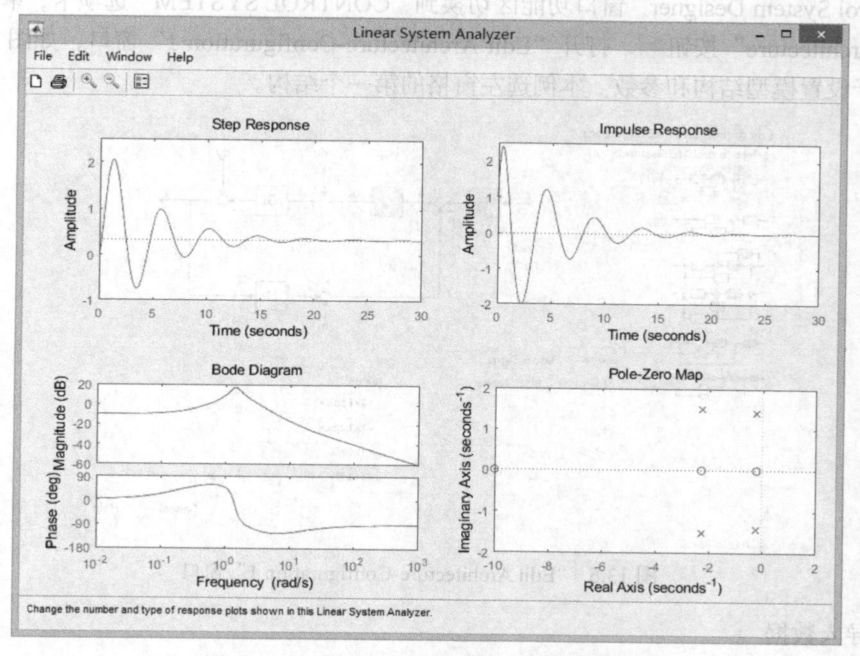


图 13.4　Linear System Analyzer 绘制的图形

在“Linear System Analyzer”窗口的曲线上单击任意一点，则弹出系统在该时刻的相关信息，包括系统的名称、该点频率、幅值等参数。

### 3. Control System Designer

MATLAB 提供的控制系统设计工具 Control System Designer，可以通过零极点配置、根轨迹分析、系统波特图分析等传统的方法对线性系统进行设计。

要打开“Control System Designer”窗口，应在命令行窗口输入命令：

```
>> controlSystemDesigner
```

也可以在 MATLAB 桌面选择“应用”选项卡，从 App 列表的“控制系统设计和分析”块中选择“Control System Designer”。

**【例 13.5】** 在图 13.5 所示的控制系统中，$G_c(s)$是一比例环节。试利用 MATLAB 的控制系统设计器（Control System Designer）求取系统临界稳定的开环增益值 $K$。

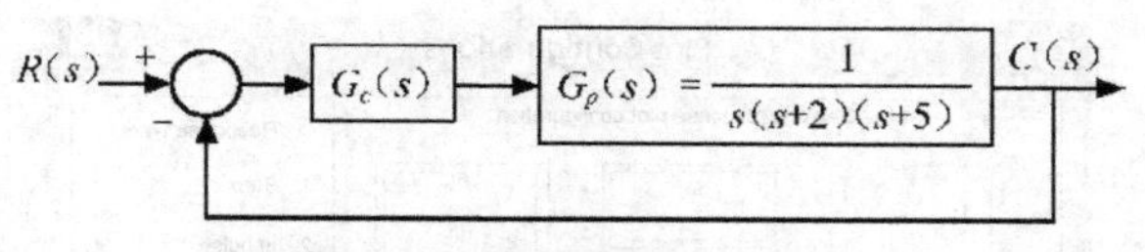


图 13.5　待设计的控制系统

（1）建立系统模型

系统传递函数的分母对应的多项式为 $s^3+7s^2+10s$。

在 MATLAB 命令行窗口输入命令：

```
>> Gp=tf(1,[1 7 10 0]);
>> controlSystemDesigner
```

执行命令后，打开“Control System Designer”窗口。

“Control System Designer”窗口功能区切换到“CONTROL SYSTEM”选项卡，单击工具栏中的“Edit Architecture”按钮，打开“Edit Architecture-Configuration 1”窗口，如图 13.6 所示。此窗口用于设置模型结构和参数。本例选左窗格的第一个结构。

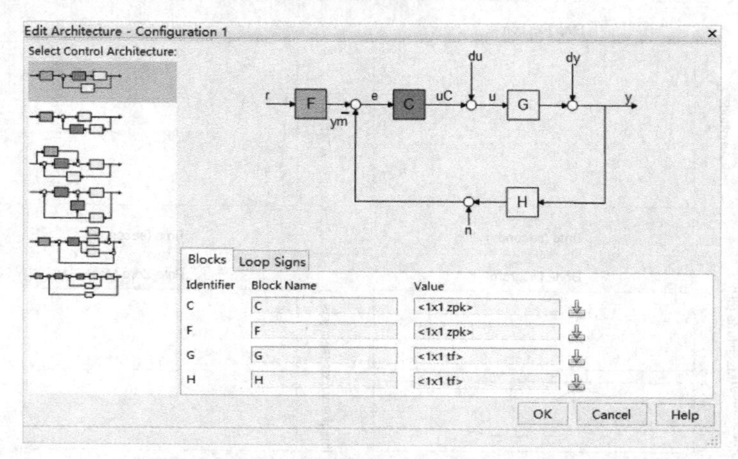


图 13.6　“Edit Architecture-Configuration 1”窗口

（2）导入数据

单击右窗格下方面板中“G”栏右端的“Import”按钮，打开“Import Data for G”对话框，如图 13.7 所示。在对话框的“Import From”区选中“Base Workspace”单选按钮，从“Available Models”列表中选择“Gp”，单击“Import”按钮将数据导入模型。其他参数（H、C、F）均设为 1。然后单击“OK”按钮返回。

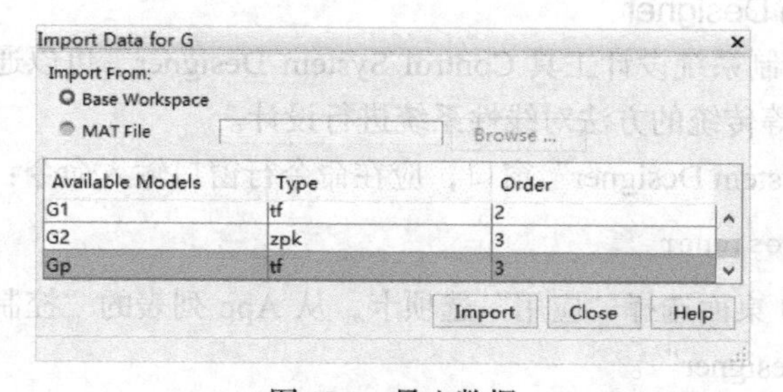


图 13.7　导入数据

此时，“Control System Designer”窗口中绘制出所设计系统的波特（Bode）图、根轨迹（Root

Locus）图，如图 13.8 所示。

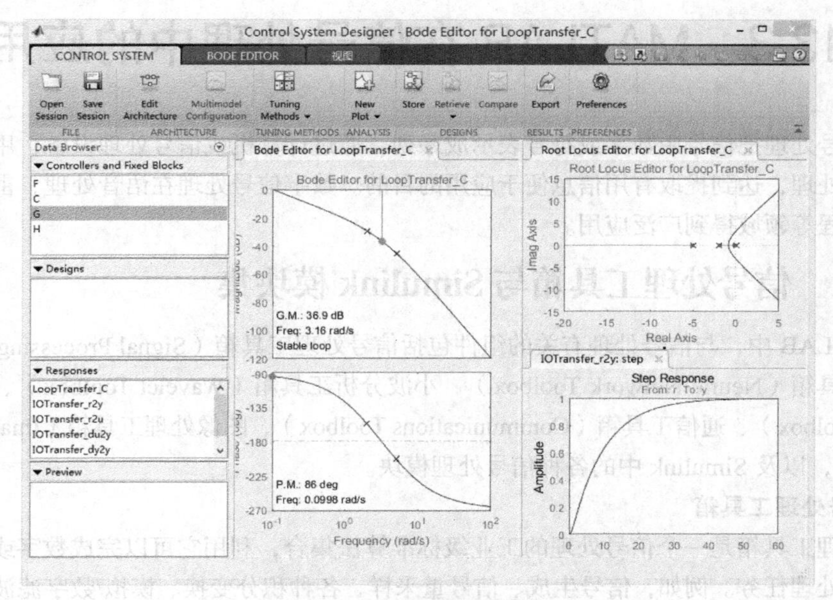


图 13.8　初始的系统响应

（3）求临界稳定增益

在“Root Locus Editor”面板中，红色的方块表示闭环系统的极点。将指针移动到最右边的极点上，按住鼠标左键，拖曳鼠标，直到开环系统幅值增益裕度接近 0dB，停止拖曳。这时，在窗口左窗格的“Designs”面板中选中“Design1”，左下部的“Preview”面板显示 C（开环增益）为 67.049，如图 13.9 所示。

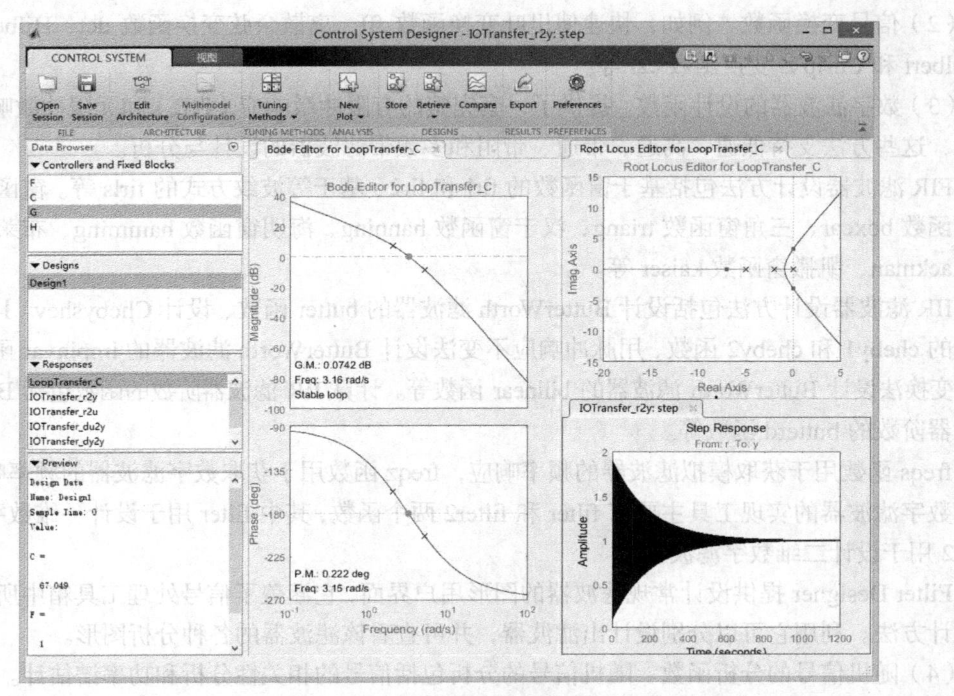


图 13.9　临界稳定时的系统响应

# 13.3 MATLAB 在信号处理中的应用

数字信号处理把信号用数字或符号表示成序列，通过计算机或信号处理设备，用数字化的数值计算方法处理，达到提取有用信息便于应用的目的。数字信号处理在语音处理、雷达、图像处理、通信工程等领域得到广泛应用。

## 13.3.1 信号处理工具箱与 Simulink 模块集

在 MATLAB 中，与信号处理有关的组件包括信号处理工具箱（Signal Processing Toolbox）、神经网络工具箱（Neural Network Toolbox）、小波分析工具箱（Wavelet Toolbox）、统计工具箱（Statistics Toolbox）、通信工具箱（Communications Toolbox）、图像处理工具箱（Image Processing Toolbox）等，以及 Simulink 中的各种信号处理模块。

**1. 信号处理工具箱**

信号处理工具箱是一个信号处理的工业级标准算法集合，利用它可以完成数字或模拟系统中常规的信号处理任务。例如，信号生成、信号重采样、各种积分变换、模拟/数字滤波器的设计和分析、频谱分析、随机信号分析、参数模型分析、线性预测等。它提供了求解函数和用于交互式设计与分析的图形化用户界面。

信号处理工具箱提供的函数包括以下几类。

（1）产生基本信号的函数。例如，方波函数 square、锯齿波函数 sawtooth、矩形脉冲函数 tectpuls、三角脉冲函数 tripuls、高斯调制正弦波脉冲函数 gauspuls、扫频余弦信号函数 chrip 等。这些基本信号是信号处理的基础。

（2）信号变换函数。例如，快速傅里叶变换函数 fft、离散余弦变换函数 dct、Hilbert 变换函数 hilbert 和 Chrip Z 变换函数 czt 等。

（3）数字滤波器的设计函数。提供了一套完整的有限冲激响应（FIR）和无限冲激响应（IIR）方法，这些方法支持低通、高通、带通、带阻和多频带滤波器的设计与分析。

FIR 滤波器设计方法包括基于窗函数的 firl 和 fir2、基于等波纹方式的 firls 等。窗函数包括矩形窗函数 boxcar、三角窗函数 triang、汉宁窗函数 hanning、海明窗函数 hamming、布莱克曼窗函数 blackman、凯撒窗函数 kaiser 等。

IIR 滤波器设计方法包括设计 ButterWorth 滤波器的 butter 函数、设计 Chebyshev Ⅰ和Ⅱ型滤波器的 cheby1 和 cheby2 函数、用脉冲响应不变法设计 ButterWorth 滤波器的 impinvar 函数、用双线性变换法设计 ButterWorth 滤波器的 bilinear 函数等。计算 IIR 滤波器阶数的函数包括 ButterWorth 滤波器阶数的 butterd 函数等。

freqs 函数用于获取模拟滤波器的频率响应，freqz 函数用于获取数字滤波器的频率响应。

数字滤波器的实现工具主要有 filter 和 filter2 两个函数，其中 filter 用于设计一维数字滤波器，filter2 用于设计二维数字滤波器。

Filter Designer 提供设计常规滤波器的图形用户界面，它涵盖了信号处理工具箱中所有的滤波器设计方法。利用它可以分别设计出滤波器，并可查看该滤波器的各种分析图形。

（4）随机信号的分析函数。随机信号的分析包括信号的相关性分析和功率谱估计。

函数 xcorr 和 xcov 分别用来计算两个平稳随机信号的互相关和互协方差。

功率谱估计的目的是根据有限数据给出信号、随机过程的频率成分分布的描述。信号处理工具箱提供的常用功率谱估计方法包括周期图法函数 periodogram、特征分析法函数 peig、协方差法函数 pcov、修正的协方差法函数 pmcov、Welch 法函数 pwelch、Yule-Walker 法函数 pyulear、多信号分类法函数 pmusic 等。

Signal Analyzer 提供一个信号处理的图形用户界面，提供对信号、滤波器和频谱分析函数的访问入口。在 MATLAB 命令窗口输入“signalAnalyzer”命令，打开 Signal Analyzer 窗口。利用 signal Analyzer 可以从 MATLAB 工作空间或从文件中导入已经设计好的信号和滤波器频谱进行时域和频域分析，还可以用于设计滤波器和实现对信号的滤波，以及对随机信号进行谱分析。

2. Simulink 模块集

Simulink 的信号处理模块集（Signal Processing Blockset）提供了一系列信号处理模块，允许用户在不进行底层编程的情况下设计和仿真实时系统。信号处理模块约定以列向量表示单通道信号，在多通道情况下，每一列代表一个通道，每一行对应一个采样点。

## 13.3.2 应用实例

**【例 13.6】** 采用海明窗函数设计一个 95 阶的线性相位带通滤波器，其技术指标要求为：采样频率 1000Hz，通带下限截止频率为 70Hz，通带上限截止频率为 84Hz。

利用 MATLAB 信号处理工具箱中的滤波器设计函数设计滤波器，程序如下：

```
n=95;
fc1=70; fc2=84;
fs=1000;
w1=2*pi*fc1/fs; w2=2*pi*fc2/fs;
window=hamming(n+1);
h=fir1(n,[w1/pi w2/pi],window);
freqz(h,1,512 )
```

说明：

（1）hamming 函数用于产生一个长度为 $n$ 的海明窗，其调用格式为

```
w=hamming(n)
```

（2）fir1 函数用于生成一个 FIR 滤波器，其调用格式为

```
fir1(n,Wn,Window)
```

其中，$n$ 为阶数，$Wn$ 为截止频率，如果 $Wn$ 为二元矢量[$W1$, $W2$]时，将设计带通滤波器，其通带为 $W1<w<W2$。

程序执行后，得到滤波器的频率响应曲线如图 13.10 所示。

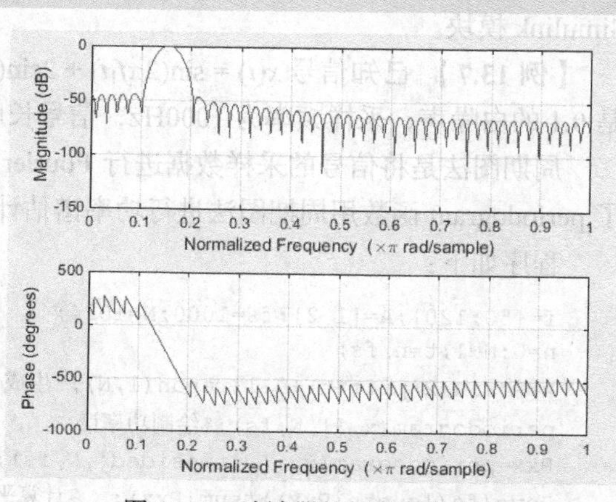


图 13.10 滤波器的频率响应曲线

MATLAB 提供了具有图形用户界面的滤波器设计工具 Filter Designer。在 MATLAB 命令行窗口输入“filterDesigner”命令，将打开“Filter Designer”窗口，如图 13.11 所示。也可以在 MATLAB 桌面切换到“APP”选项卡，从 App 列表的“信号处理与通信”块中选择“Filter

Designer”打开设计器。

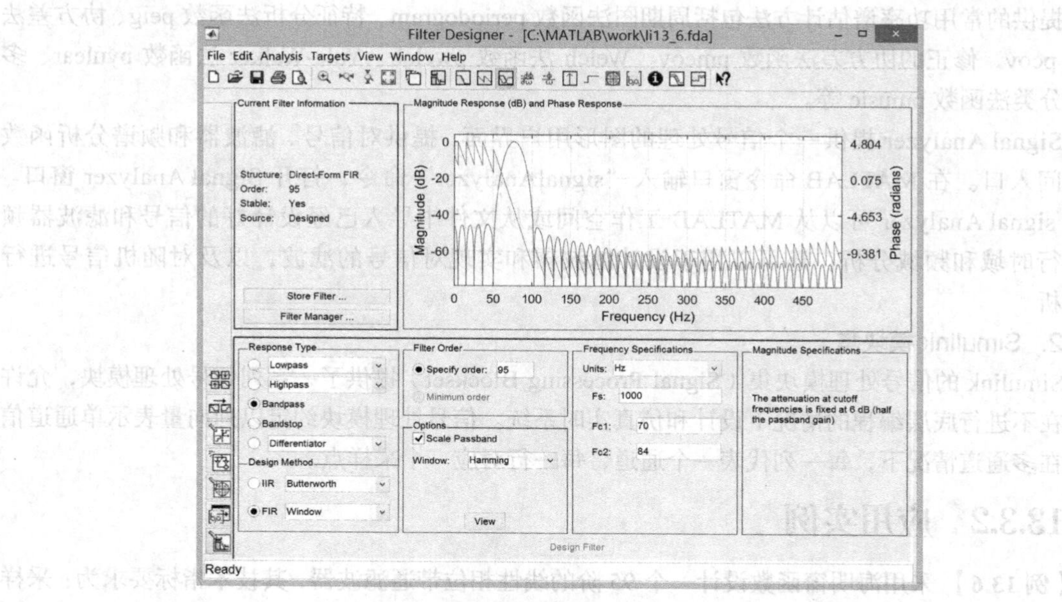


图 13.11 “Filter Designer”窗口

“Filter Designer”窗口分上下两个部分，上部显示滤波器的信息，下部用于设置滤波器参数。

在“Filter Designer”窗口下部的“Response Type”区选择“Bandpass”（带通滤波器），在“Design Method”区选择“FIR”，然后在“FIR”下拉列表中选择“Window”；在“Filter Order”区选中“Specify order”，在其右端的编辑框中输入“95”；在“Options”区的“Window”下拉列表中选取“Hamming”；在“Frequency Specifications”栏的“Units”下拉列表中选择“Hz”，在“Fs”编辑框中输入“1000”，“Fc1”编辑框中输入“70”，在“Fc2”编辑框中输入“84”。

设置参数后，单击“Design Filter”按钮，则在右上部绘制出所设计的 FIR 滤波器的响应曲线。若工具栏的“Magnitude and Phase Responses”按钮为选中状态，则同步绘制幅频响应和相频响应曲线，如图 13.11 所示。选择“Analysis”菜单的命令或单击工具栏相应按钮，可以查看所设计滤波器的零极点配置、滤波器系数等特性。

在完成滤波器设计后，可以将滤波器参数导出到 MATLAB 工作空间、M 文件、MAT 文件或 Simulink 模块。

**【例 13.7】** 已知信号 $x(t)=\sin(2\pi f_1 t)+2\sin(2\pi f_2 t)+w(t)$，$f_1=50\text{Hz}$，$f_2=120\text{Hz}$，$w(t)$为标准差是 0.1 的白噪声，采样频率为 1000Hz，信号长度为 1024。使用周期图法求信号的功率谱。

周期图法是将信号的采样数据进行 Fourier 变换求取功率谱密度估计的方法，MATLAB 提供了 periodogram 函数用周期图法进行功率谱估计。

程序如下：

```
f=[50;120];A=[1 2];fs=1000;N=1024;
n=0:N-1;t=n/fs;
x=A*sin(2*pi*f*t)+0.1*randn(1,N);%生成带噪声的信号
periodogram(x,[],N,fs);%绘制功率谱
Pxx=periodogram(x,[],'twosided',N,fs);
Pow=(fs/length(Pxx))*sum(Pxx);   %计算平均功率
```

periodogram 函数的第 2 个参数为[ ]，表示使用默认窗口。函数不带返回值时绘制功率谱密度图，带返回值时返回与信号长度相同的功率谱密度矢量。

程序执行后，得到信号的功率谱如图 13.12 所示。

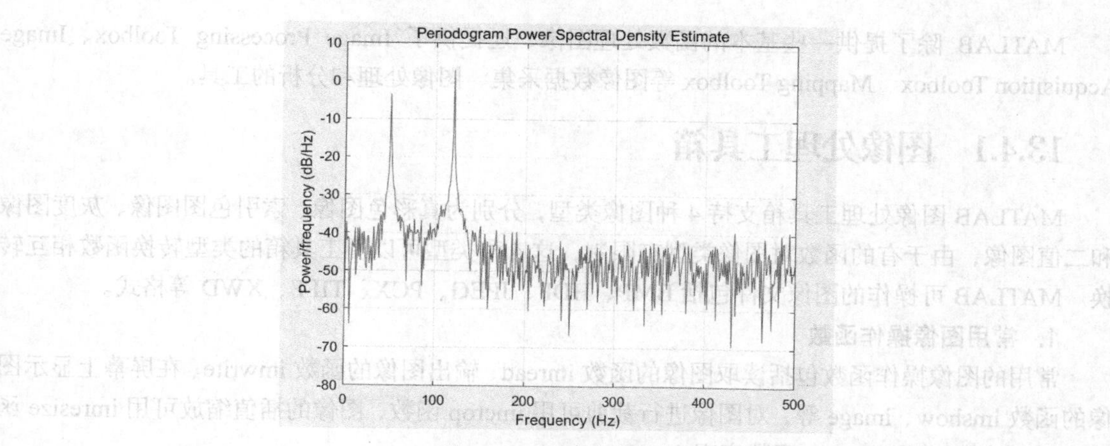


图 13.12　信号的功率谱

谱估计也可用数字信号分析工具 Signal Analyzer 实现。在 MATLAB 命令窗口输入“signalAnalyzer”命令，将打开“Signal Analyzer”窗口。也可以在 MATLAB 桌面切换到“APP”选项卡，从“App”列表的“信号处理与通信”块中选择“Signal Analyzer”，启动信号分析器。

在“Signal Analyzer”窗口的“Workspace Browser”面板选信号 x，拖曳 x 至“Filter Signals”区。然后单击 x 前的方框，使其为选中状态。功能区切换到“DISPLAY”选项卡，单击“Specturm”按钮，使其为按下状态，此时，“Signal Analyzer”窗口右窗格绘制出 x 的功率谱，如图 13.13 所示。

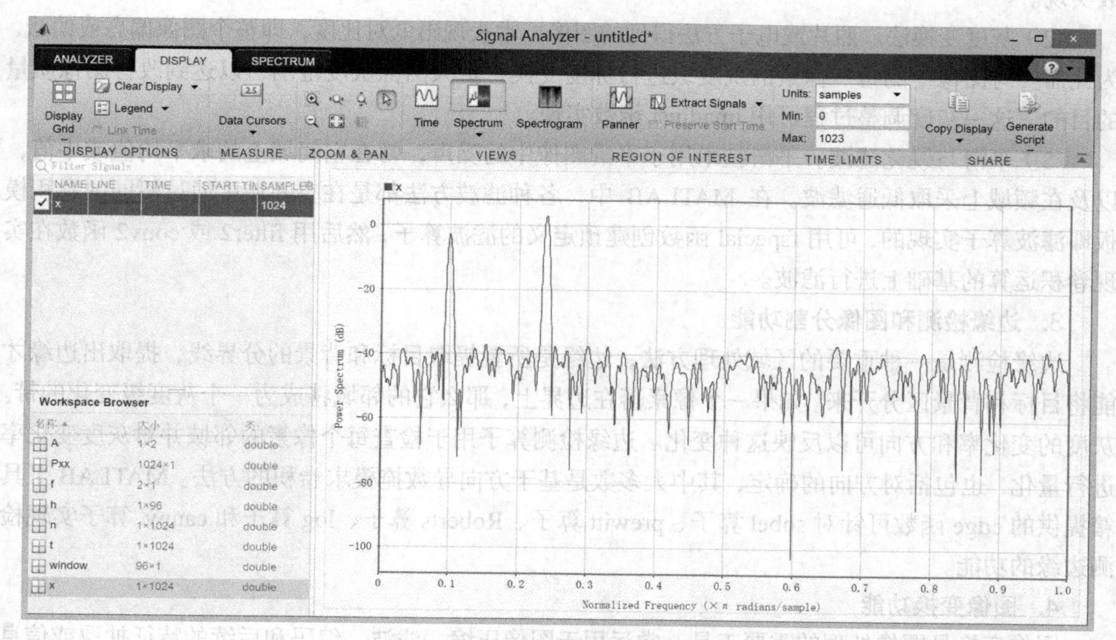


图 13.13　“Signal Analyzer”窗口

# 13.4　MATLAB 在数字图像处理中的应用

MATLAB 除了提供一些基本的函数处理图像，还提供了 Image Processing Toolbox、Image Acquisition Toolbox、Mapping Toolbox 等图像数据采集、图像处理和分析的工具。

## 13.4.1　图像处理工具箱

MATLAB 图像处理工具箱支持 4 种图像类型，分别为真彩色图像、索引色图图像、灰度图像和二值图像，由于有的函数对图像类型有限制，这 4 种类型可以用工具箱的类型转换函数相互转换。MATLAB 可操作的图像文件包括 BMP、HDF、JPEG、PCX、TIFF、XWD 等格式。

**1. 常用图像操作函数**

常用的图像操作函数包括读取图像的函数 imread、输出图像的函数 imwrite、在屏幕上显示图像的函数 imshow、image 等，对图像进行裁剪可用 imcrop 函数，图像的插值缩放可用 imresize 函数实现，旋转可用 imrotate 函数实现。

**2. 图像增强功能**

图像增强是数字图像处理过程中常用的一种方法，目的是采用一系列技术去改善图像的视觉效果或将图像转换成一种更适合于人眼观察和机器自动分析的形式。常用的图像增强方法有以下几种。

（1）灰度直方图均衡化。均匀量化的自然图像的灰度直方图通常在低灰度区间上频率较大，因而图像中较暗区域中的细节看不清楚，采用直方图修整可使原图像灰度集中的区域拉开或使灰度分布均匀，从而增大反差，使图像的细节清晰，达到增强的目的。直方图均衡化可用 histeq 函数实现。

（2）灰度变换法。照片或电子方法得到的图像，常表现出低对比度，即整个图像偏亮或偏暗，为此需要对图像中的每一像素的灰度级进行标度变换，扩大图像灰度范围，以达到改善图像质量的目的。这一灰度调整过程可用 imadjust 函数实现。

（3）平滑与锐化滤波。平滑技术用于平滑图像中的噪声，常在空间域上的求平均值或中值，以及在频域上采取低通滤波。在 MATLAB 中，各种滤波方法都是在空间域中通过不同的卷积模板即滤波算子实现的，可用 fspecial 函数创建预定义的滤波算子，然后用 filter2 或 conv2 函数在实现卷积运算的基础上进行滤波。

**3. 边缘检测和图像分割功能**

边缘检测是一种重要的区域处理方法，边缘是所要提取目标和背景的分界线，提取出边缘才能将目标和背景区分开来。如果一个像素落在边界上，那么它的邻域将成为一个灰度级变化的带。灰度的变化率和方向可以反映这种变化。边缘检测算子用于检查每个像素的邻域并对灰度变化率进行量化，也包括对方向的确定，其中大多数是基于方向导数掩模求卷积的方法。MATLAB 工具箱提供的 edge 函数可针对 sobel 算子、prewitt 算子、Roberts 算子、log 算子和 canny 算子实现检测边缘的功能。

**4. 图像变换功能**

图像变换是图像处理的重要工具，常运用于图像压缩、滤波、编码和后续的特征抽取或信息分析过程。图像处理工具箱提供了图像变换函数，如 fft2 与 ifft2 函数分别实现二维快速傅里叶变换与逆变换，dct2 与 idct2 函数实现二维离散余弦变换与逆变换，wavedec2 和 waverec2 函数分别实现二维多尺度小波变换与逆变换。

除了以上基本的图像处理功能，MATLAB 还提供了如二值图像的膨胀运算 dilate 函数、腐蚀运算 erode 函数等基于数学形态学与二值图像的操作函数。

**5. 图像获取**

使用图像获取工具箱可以直接在 MATLAB 环境下通过工业标准硬件设备获取图像和视频信号。通过该工具箱，可以直接将 MATLAB 环境同图像采集设备连接起来，预览图像、采集数据，并且利用 MATLAB 提供的强大数学分析功能完成图形图像的处理。

## 13.4.2 应用实例

**【例 13.8】** 显示两幅图像在空域和频域融合后的效果。图 13.14 所示为原图像。因为要做矩阵的算术运算，要求两幅图同样大小。

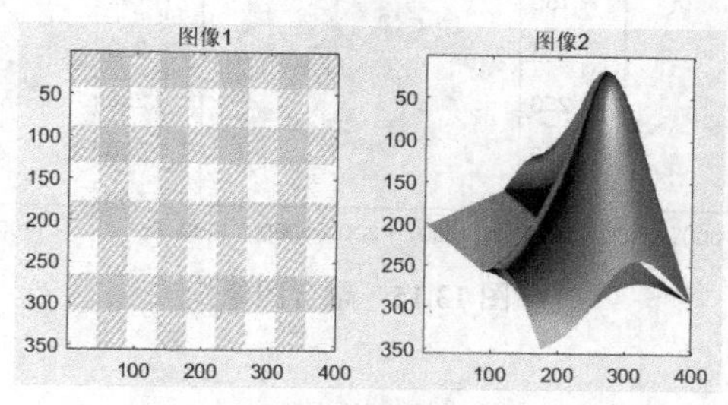


图 13.14 原图像

调用 MATLAB 提供的图像处理函数读取图像和变换图像，程序如下：

```
X1=imread('Pic_1.jpg');
X2=imread('Pic_2.jpg');
subplot(1,2,1);image(X1);title('图像 1');
subplot(1,2,2);image(X2);title('图像 2');
figure;
XR1=X1/2+X2/2;
subplot(1,3,1);image(XR1); %在空域内直接融合
title('直接相加融合');
F1=fft2(X1);F2=fft2(X2);
XR2=uint8(abs(ifft2(F1+F2)/2));
subplot(1,3,2);image(XR2); %显示经过傅里叶变换融合后的图像
title('傅里叶变换融合');
 %分别对两幅原图像进行小波分解
[C1,L1]=wavedec2(X1,2,'sym4');
[C2,L2]=wavedec2(X2,2,'sym4');
C=C1+C2; %对分解系数进行融合
XR3=waverec2(C,L1,'sym4');   %对融合后的信号进行图像重构
subplot(1,3,3);
image(uint8(XR3/2));  %显示经过小波变换融合后的图像
title('小波变换融合')
```

（1）fft2 与 ifft2 函数分别实现二维快速傅里叶变换与逆变换，其调用格式为

```
Y=fft2(X)
Y=ifft2(X)
```

其中，***Y***、***X*** 为同等大小的矩阵，其元素为双精度或单精度浮点类型的数据。

（2）wavedec2 和 waverec2 函数分别实现二维多尺度小波变换与逆变换，其调用格式为

```
[C,S]=wavedec2(X,N,'wname')
X=waverec2(C,S,'wname')
```

表示用小波基函数 wname 对二维信号 *X* 进行 *N* 层分解和由多层二维小波分解的结果 *C*、*S* 重构原始信号 *X*。其中，*C* 为分解结构变量，*X* 为原始信号，*N* 为分解层度，wname 为小波类型。程序中的 *L* 为原始信号长度变量。

程序执行结果如图 13.15 所示。

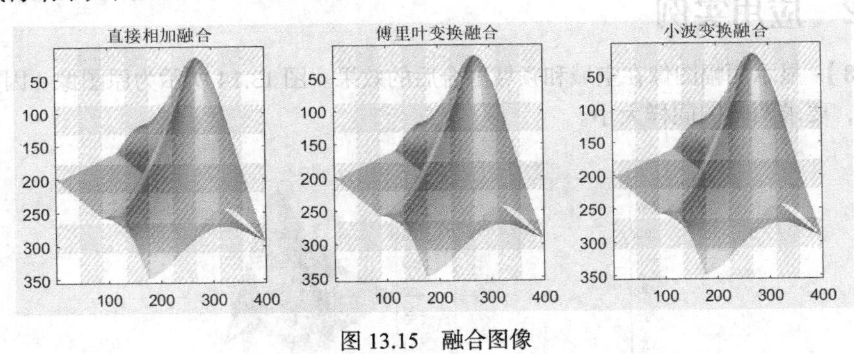


图 13.15　融合图像

# 13.5　MATLAB 在经济和金融领域中的应用

经济和金融领域的建模和分析工具包括 Econometrics Toolbox、Financial Toolbox、Financial Derivatives Toolbox、Fixed Income Toolbox、Datafeed Toolbox、Statistic Toolbox 等，提供财务数据分析、投资组合最佳化、商品评价、风险管理、敏感度分析，以及经济模型建立与预测的工具。

## 13.5.1　经济和金融领域的工具箱

Econometrics Toolbox 用于财务和金融系统建模和分析，提供了用于对财经领域数据进行建模的函数，如构建 GARCH 模型的仿真函数 garchsim 和预测函数 garchpred、绘制多变量时间序列过程的函数 vgxplot、用于经济周期分析的 Hodrick-Prescott 滤波器函数 hpfilter 等。

Financial Toolbox 提供了财务数据分析和开发财务模型的工具，可用于固定收益、股票资产、投资管理与交易、衍生金融商品与保险/再保险等方面的计算。例如，计算投资组合风险值的函数 portvrisk、使用 Black Scholes 方法进行期权定价的函数 blkprice、计算养老金周期利率的函数 annurate、根据现金流计算修订内部回报率的函数 mirr 等。利用此工具箱可以进行投资组合最佳化、评估风险值、分析利率水平、权益型衍生性商品的评价，以及解决财务时间序列的各项问题。

Fixed Income Toolbox 提供了有价证券固定收益建模与分析工具，如定价、收益和现金流动等有价证券固定收益计算。支持的固定收益类型包括有价证券抵押回报、社会债券、保证金等。

Statistic Toolbox 提供了数据统计分析的工具，如偏度函数 skewness、峰度函数 kurtosis、求指数分布的估计函数 expfit、求泊松分布的估计函数 poissfit、画标准偏差图的函数 schart、对单个样

本均值进行 $t$ 检验的函数 ttest、绘制 Weibull 概率图的函数 weibplot 等。

Datafeed Toolbox 可用于访问数据服务提供商的服务器，从而获取实时市场数据、时间序列和历史数据，在 MATLAB 中进行数据集成、分析和可视化。

此外，MATLAB 提供的神经网络工具箱在经济和金融领域也有广泛应用，如基于人工神经网络建立经济和金融活动的预测模型，进行商品价格走势或生产活动的产量预测、加工的投入产出分析、工厂的成本控制、债券评级等；优化工具箱可用于求解经济问题中的费用指标、可靠性指标及其他性能指标寻优等复杂问题。

## 13.5.2 应用实例

**【例 13.9】** 假设投资者有两种资产，总价值为 1 亿元，资产权重分别为 30%与 70%，资产的日波动率均值分别为 0.002 和 0.004，标准差为 0.03 和 0.01。这两种资产的相关系数为 0.8，给定置信度为 0.99，求总资产在 30 天的投资组合风险值。

金融工具箱中提供了计算投资组合风险值函数 portvrisk，其调用方式为

```
Var=portvrisk(PortReturn,PortRisk,RiskThreshold,PortValue)
```

其中，参数 PortReturn 为总资产的回报，PortRisk 为总资产的标准差，RiskThreshold 为概率阈值，默认值为 0.05，PortValue 为资产的总价值，输出参数 Var 为在概率阈值下的投资组合风险值。

程序如下：

```
w=[0.3,0.7];
ret=[0.002,0.004];
d=[0.03,0.01];
cov=[1,0.8;0.8,1];
time=30;
pret=time*dot(w,ret);          %计算总收益
sd=w.*d;
pd=sqrt(sd*cov*sd'*time);      %计算总资产的标准差
Var=portvrisk(pret,pd,0.01,1)
```

程序执行后，得到 Var = 0.0916。由此可得该资产的投资组合风险值为 0.0916 亿元。

**【例 13.10】** 某商店为了确定向公司 A 或公司 B 购买某种产品，将 A、B 公司以往各次进货的次品率进行比较，数据如表 13.4 所示，设两样本独立。两公司商品的质量有无显著差异？

表 13.4 产品的历次次品率

| | | | | | | | | | | | | |
|---|---|---|---|---|---|---|---|---|---|---|---|---|
| A | 7.0 | 3.5 | 9.6 | 8.1 | 6.2 | 5.1 | 10.4 | 4.0 | 2.0 | 10.5 | | | |
| B | 5.7 | 3.2 | 4.2 | 11.0 | 9.7 | 6.9 | 3.6 | 4.8 | 5.6 | 8.4 | 10.1 | 5.5 | 12.3 |

对配对比较的数据一般采用符合秩和检验方法，该方法将两组数据分别从小到大依次排队，并统一编秩，求出秩和，以了解两组差别是否有显著性。MATLAB 的统计工具箱提供了进行秩和检验的函数 ranksum，其基本调用方式为

```
[p,h]=ranksum(x,y)
```

其中，$\boldsymbol{x}$、$\boldsymbol{y}$ 为向量（可以不等长）。$p$ 返回产生两独立样本的总体是否相同的显著性概率，$h$ 返回假设检验的结果。如果 $\boldsymbol{x}$ 和 $\boldsymbol{y}$ 的总体差别不显著，则 $h$ 为零；如果 $\boldsymbol{x}$ 和 $\boldsymbol{y}$ 的总体差别显著，则 $h$ 为 1。如果 $p$ 接近于零，则可对原假设质疑。

程序如下：

```
>> a=[7.0,3.5,9.6,8.1,6.2,5.1,10.4,4.0,2.0,10.5];
>> b=[5.7,3.2,4.2,11.0,9.7,6.9,3.6,4.8,5.6,8.4,10.1,5.5,12.3];
>> [p,h]=ranksum(a,b)
p =
    0.8282
h =
  logical
   0
```

运行结果表明两样本总体均值相等的概率为0.8282，接近1，且h为0，说明可以接受原假设，即认为两个公司的商品的质量无明显差异。

# 思考与实验

**一、思考题**

1. 总结建立和求解优化模型的方法及步骤。
2. 连续系统响应的计算机求解包括哪些方法？
3. 比较信号处理工具箱和Simulink中信号处理模块的使用方法。
4. 结合自己的专业或从事的学科领域，了解有关学科工具箱。

**二、实验题**

1. 某农场需要围建一个面积为512m$^2$的矩形晒谷场，晒谷场的一边可以利用原来的1个石条沿，其他3边需要砌新的石条沿。晒谷场的长$x$和宽$y$分别设定为多少时才能使材料用得最省？

2. 假设某厂计划生产甲、乙两种产品，现库存主要材料有A类3600kg，B类2000kg，C类3000kg。每件甲产品需用材料A类9kg，B类4kg，C类3kg。每件乙产品，需用材料A类4kg，B类5kg，C类10kg。甲单位产品的利润为70元，乙单位产品的利润为120元。如何安排生产，才能使该厂所获的利润最大？

3. 某商场规定，营业员每周连续工作5天后连续休息2天，轮流休息。根据统计，商场每天需要的营业员如表13.5所示。

表13.5　营业员需要量统计表

| 星期 | 一 | 二 | 三 | 四 | 五 | 六 | 日 |
|---|---|---|---|---|---|---|---|
| 需要人数（人） | 300 | 300 | 350 | 400 | 480 | 600 | 550 |

商场人力资源部应如何安排每天的上班人数，才能使商场总的营业员最少？

4. 已知某控制系统的开环传递函数$G(s)H(s)=\dfrac{K}{(0.2s+1)(0.5s+1)(s+1)}$，试使用控制系统工具箱，完成以下任务。

（1）将系统开环传递函数改写为零、极点的形式；

（2）绘制系统Bode图和负反馈系统的根轨迹；

（3）确定系统临界稳定的开环增益值$K$。

5. 设计一个ButterWorth高通滤波器，其性能指标为：通带截止频率为300Hz，阻带截止频率为250Hz，通带允许的最大衰减为3dB，阻带应达到的最小衰减为40dB，采样频率为1000Hz。

6. 已知信号 $x(t) = 2\cos(2\pi f_1 t) + 0.5\cos(2\pi f_2 t) + 0.5\sin(2\pi f_3 t) + w(t)$。其中，$f_1 = 25$Hz，$f_2 = 75$Hz，$f_3 = 150$Hz，$w(t)$为白噪声，采用 Welch 法和 MUSIC 法谱估计方法进行功率谱估计并绘制其功率谱估计图。

7. 读取一幅图像，在窗口显示该图像。将该图像转化成灰度图像，并在原图左边显示该灰度图像。然后采用 Roberts 算子检测图像的边缘并显示。

8. 从一大批袋装糖果中随机地取出 16 袋，称得重量（g）如下：508，507.68，498.5，502，503，501，498，511，513，506，492，497，506.5，501，510，498。设袋装糖果的重量近似地服从正态分布，试求总体均值和方差的区间估计（置信度分别为 0.95 与 0.9）。

# 参 考 文 献

[1] 刘卫国．MATLAB 程序设计与应用[M]．3 版．北京：高等教育出版社，2017.
[2] 蔡旭晖，刘卫国，蔡立燕．MATLAB 基础与应用教程[M]．北京：人民邮电出版社，2009.
[3] MOLER C B．MATLAB 数值计算[M]．张志涌，等译．2 版．北京：北京航空航天大学出版社，2015.
[4] 尚涛．MATLAB 基础及其应用教程[M]．北京：电子工业出版社，2014.
[5] MOORE H. MATLAB for Engineers[M]. 3rd ed. New Jersey: Prentice Hall, 2012.